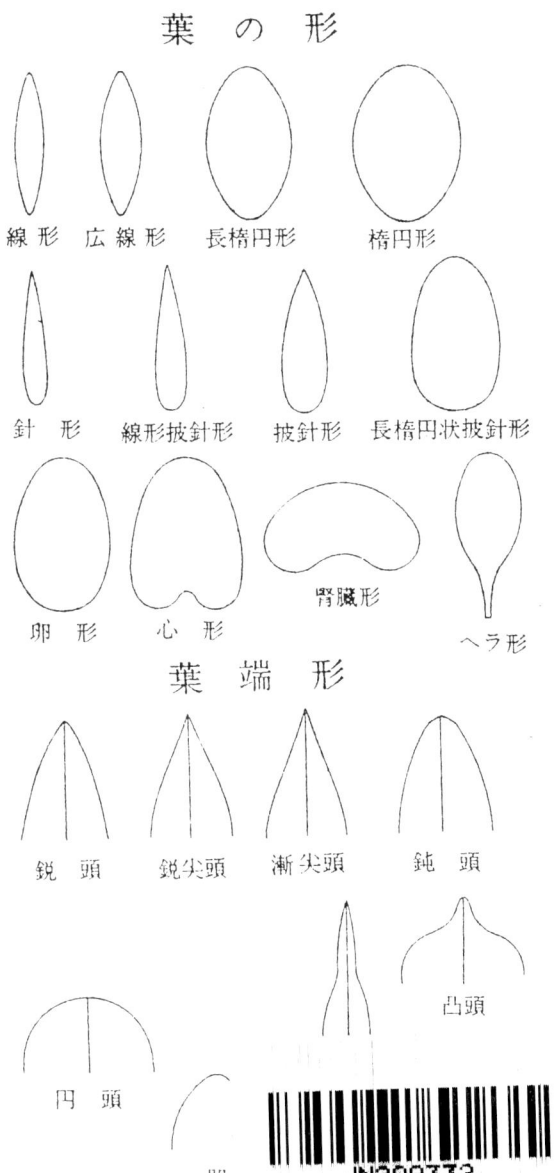

樹木ガイドブック

The Field-book of
Trees and Shrubs

上原敬二 [著]

朝倉書店

まえがき

　野外で樹木採集を行うとき，庭園や公園に植栽されたものを見るとき，生花や盆栽に用いられている樹木を観賞するとき，それが何の種類であり，どういう性質をもっているものであるかを知るのに簡単なポケット・ブックに樹木の記載があれば携帯にも便利であろうと考えて編集したものが本書である。内容は野外に出て最も多く目に触れるもの，造園，園芸，盆栽などに利用されているもの，人の生活に必要とされる林木や特用樹，造園設計のほか風景地や観光地の設計に役に立つであろうと考えられる範囲の樹木を集録したつもりである。何分にも小冊子であり，図鑑をかねている上字数に制限があるので充分に意を尽せない点もあるがこの程度の記述でも参考となれば幸いである。

　昭和37年5月

著　者　識

　本書は，『樹木ガイド・ブック』（加島書店，1962年刊）を判型・装丁を新たにして再刊したものである。

凡　　　例

1. 日本産のもののほか主要な外国産樹木で必要と思われるもの430種を選び出した。
2. 90科，241属を記述してある。
3. 430種のうちには変種，品種で重要なものを含んでいる。類似種，同属のものも加えてある。
4. 名称は標準和名のほか，別名，方言も必要なものは加えておいた。
5. 430種を理解すれば推定によって図や解説がなくても約200種は判定されると考える。
6. 片仮名は外国産，平仮名は日本産の樹木である。2種の仮名をつかって統一がとれていないように思われるが産地を一々記さなくてもこれでわかる。なお見出しと目次の科名(和名)もこの意味だが一つの科のうちに日本産を含んでいればたとえそのものが解説から除かれていても平仮名とした，全部が外国産のものは片仮名とした。本文中の科名，和名もこの区別によるはずだが文字を読みやすくするため全部片仮名とした。
7. 高さ，直径はm，葉はcm，花と種子はmmをもって示してある。
8. 葉の大きさを示すに例えば10cm×5cmとあるのは長さが10cm，幅が5cmの意味で幅という字を省いた。種子や果実の大きさには幅（直径）の字を入れたがときに省いたものもある。
9. 配列の順序は植物学上の統計によってはいるが一部分利用本位によったものもある。
10. 着色していないので判然したものは自分で着色されると記憶を助ける。
11. 平成20年，原作の体裁をそのままに誤植脱字および表現について最小限の修正を加えた。

目　次

そてつ科 (Cycadaceae) ……………… 1
　そてつ ……………………………………… 1
いちょう科 (Ginkgoaceae) …………… 2
　いちょう …………………………………… 2
いちい科 (Taxaceae) …………………… 3
　いちい ……………………………………… 3
　かや ………………………………………… 4
まき科 (Podocarpaceae) ……………… 5
　なぎ ………………………………………… 5
　いぬまき …………………………………… 6
　いぬがや …………………………………… 7
ナンヨウスギ科 (Araucariaceae) …… 8
　アラウカリア ……………………………… 8
まつ科 (Pinaceae) ……………………… 10
　あかまつ …………………………………… 10
　たぎょうしょう …………………………… 11
　くろまつ …………………………………… 12
　ごようまつ ………………………………… 13
　ひめこまつ ………………………………… 14
　ちょうせんまつ …………………………… 15
　はいまつ …………………………………… 16
　ダイオウショウ …………………………… 17
　ストロブマツ ……………………………… 18
　もみ ………………………………………… 19
　とどまつ …………………………………… 20
　しらびそ …………………………………… 21
　ばらもみ …………………………………… 22
　えぞまつ …………………………………… 23

```
        とうひ……………………………………24
        つ　が…………………………………25
        からまつ………………………………26
        ヒマラヤスギ…………………………27
こうやまき科 (Sciadopityaceae)……………28
        こうやまき……………………………28
す　ぎ　科 (Taxodiaceae)……………………29
        す　ぎ…………………………………29
        あしょうすぎ…………………………30
        えんこうすぎ…………………………31
        コウヨウザン…………………………32
        ラクウショウ…………………………33
        メタセコイア…………………………34
ひのき科 (Cupressaceae)……………………35
        ひのき…………………………………35
        さわら…………………………………36
        ねずこ…………………………………37
        コノテガシワ…………………………38
        あすなろ………………………………39
        びゃくしん……………………………40
        ねずみさし……………………………41
モクマオウ科 (Casuarinaceae)………………42
        トキワギョリュウ……………………42
せんりょう科 (Chloranthaceae)……………43
        せんりょう……………………………43
やなぎ科 (Salicaceae)………………………44
        シダレヤナギ…………………………44
        ウンリュウヤナギ……………………45
        ねこやなぎ……………………………46
        きぬやなぎ……………………………47
        かわやなぎ……………………………48
        どろのき………………………………49
        やまならし……………………………50
```

```
      ポプラ……………………………………………51
      ギンドロ……………………………………52
やまもも科 (Myricaceae) ……………………………53
      やまもも……………………………………53
くるみ科 (Juglandaceae) ……………………………54
      おにぐるみ…………………………………54
      のぐるみ……………………………………55
      さわぐるみ…………………………………56
かばのき科 (Betulaceae) ……………………………57
      はんのき……………………………………57
      やまはんのき………………………………58
      みやまはんのき……………………………59
      やしゃぶし…………………………………60
      ひめやしゃぶし……………………………61
      しらかんば…………………………………62
      みずめ………………………………………63
      うだいかんば………………………………64
      いぬしで……………………………………65
      あかしで……………………………………66
      くましで……………………………………67
      さわしば……………………………………68
      はしばみ……………………………………69
      あさだ………………………………………70
ぶ な 科 (Fagaceae) …………………………………71
      ぶ な………………………………………71
      く り………………………………………72
      しいのき……………………………………73
      まてばしい…………………………………74
      しらかし……………………………………75
      あかがし……………………………………76
      うばめがし…………………………………77
      あらかし……………………………………78
      いちいがし…………………………………79
```

うらじろがし……………………80
　　かしわ……………………………81
　　みずなら…………………………83
　　こなら……………………………84
　　くぬぎ……………………………85
　　あべまき…………………………86
に れ 科 (Ulmaceae)……………87
　　むくのき…………………………87
　　えのき……………………………88
　　はるにれ…………………………89
　　あきにれ…………………………90
　　おひょう…………………………91
　　けやき……………………………92
く わ 科 (Moraceae)………………93
　　イチジク…………………………93
　　インドゴムノキ…………………94
　　あこう……………………………95
　　いぬびわ…………………………96
　　く　わ……………………………97
　　かじのき…………………………98
やまぐるま科 (Trochodendraceae)……99
　　やまぐるま………………………99
ふさざくら科 (Eupteleaceae)……100
　　ふさざくら………………………100
かつら科 (Cercidiphyllaceae)……101
　　かつら……………………………101
うまのあしがた科 (Ranunculaceae)……102
　　ボタン……………………………102
　　かざぐるま………………………103
あけび科 (Lardizabalaceae)………104
　　む　べ……………………………104
　　あけび……………………………105
　　みつばあけび……………………106

— 4 —

めぎ科 (Berberidaceae) 107
- なんてん 107
- ヒイラギナンテン 108
- ホソバヒイラギナンテン 109
- めぎ 110

もくれん科 (Magnoliaceae) 111
- タイサンボク 111
- ハクモクレン 112
- モクレン 113
- しでこぶし 114
- こぶし 115
- ほおのき 116
- おおやまれんげ 117
- たむしば 118
- おがたまのき 119
- ユリノキ 120
- さねかずら 121
- しきみ 122

ロウバイ科 (Calycanthaceae) 123
- ロウバイ 123

バンレイシ科 (Anonaceae) 124
- ポーポーノキ 124

くすのき科 (Lauraceae) 125
- ゲッケイジュ 125
- くすのき 126
- やぶにっけい 127
- たぶのき 128
- しろだも 129
- くろもじ 130
- だんこうばい 131
- やまこうばし 132
- しろもじ 133
- あぶらちゃん 134

ゆきのした科 (Saxifragaceae) ……… 135
- がくあじさい……………… 135
- あじさい…………………… 136
- あまちゃのき……………… 137
- のりうつぎ………………… 138
- たまあじさい……………… 139
- うつぎ……………………… 140
- ばいかうつぎ……………… 141
- モックオレンジ…………… 142
- ずいな……………………… 143

とべら科 (Pittosporaceae) ……… 144
- とべら……………………… 144

まんさく科 (Hamamelidaceae) ……… 145
- とさみずき………………… 145
- ひゅうがみずき…………… 146
- フウ………………………… 147
- まんさく…………………… 148
- いすのき…………………… 149

スズカケノキ科 (Platanaceae) ……… 150
- アメリカスズカケノキ…… 150

いばら科 (Rosaceae) ……… 151
- やまざくら………………… 151
- ひがんざくら……………… 152
- しだれざくら……………… 153
- さとざくら………………… 154
- おおしまざくら…………… 155
- そめいよしの……………… 156
- まめざくら………………… 157
- みやまざくら……………… 158
- うわみずざくら…………… 159
- しうりざくら……………… 160
- いぬざくら………………… 161
- ちょうじざくら…………… 162

うめ	163
もも	164
ユスラウメ	165
ニワウメ	166
りんぼく	167
ばくちのき	168
ハナカイドウ	169
ずみ	170
ボケ	171
くさぼけ	172
カリン	173
びわ	174
やまぶき	175
しろやまぶき	176
ざいふりぼく	177
まるばしゃりんばい	178
タチバナモドキ	179
ほざきななかまど	180
ななかまど	181
あずきなし	182
うらじろのき	183
サンザシ	184
コデマリ	185
しもつけ	186
ゆきやなぎ	187
シジミバナ	188
モッコウバラ	189
なにわいばら	190
コウシンバラ	191
はまなし	192
かなめもち	193
かまつか	194
トキンイバラ	195
まめ科 (Leguminosae)	196

ふじ	196
なつふじ	197
ハナスホウ	198
ムレスズメ	199
ニセアカシア	200
はぎ	201
エンジュ	202
いぬえんじゅ	203
ふじき	204
さいかち	205
エニシダ	206
ねむのき	207
にわふじ	208

みかん科 (Rutaceae) ……… 209

カラタチ	209
みやましきみ	210
きはだ	211
からすざんしょう	212
いぬざんしょう	213
さんしょう	214
ゴシュユ	215
こくさぎ	216

にがき科 (Simaroubaceae) ……… 217

ニワウルシ	217
にがき	218

せんだん科 (Meliaceae) ……… 219

せんだん	219
チャンチン	220

とうだいぐさ科 (Euphorbiaceae) ……… 221

ゆずりは	221
アブラギリ	222
あかめがしわ	223
ナンキンハゼ	224

しらき	225
つ げ 科 (Buxaceae)	226
くさつげ	226
つ げ	227
どくうつぎ科 (Coriariaceae)	228
どくうつぎ	228
うるし科 (Anacardiaceae)	229
はぜのき	229
やまはぜ	330
ぬるで	231
つたうるし	232
ウルシ	233
もちのき科 (Aquifoliaceae)	234
もちのき	234
いぬつげ	235
たらよう	236
ななめのき	237
そよご	238
くろがねもち	239
うめもどき	240
あおはだ	241
にしきぎ科 (Celastraceae)	242
まさき	242
にしきぎ	243
まゆみ	244
つりばな	245
もくれいし	246
つるうめもどき	247
みつばうつぎ科 (Staphyleaceae)	248
みつばうつぎ	248
ごんずい	249
しょうべんのき	250
かえで科 (Aceraceae)	251

もみじ	251
かじかえで	252
あさのはかえで	253
はうちわかえで	254
まいくじゃく	255
めうりのき	256
いたやかえで	257
あさひかえで	258
うりはだかえで	259
おがらばな	260
はなのき	261
からこぎかえで	262
みねかえで	263
てつかえで	264
ひとつばかえで	265
やましばかえで	266
ちょうじゃのき	267
みつでかえで	268
トウカエデ	269
ネグンドカエデ	270
サトウカエデ	271

とちのき科 (Hippocastanaceae) 272
 とちのき 272

むくろじ科 (Sapindaceae) 273
 むくろじ 273

あわぶき科 (Sabiaceae) 274
 あわぶき 274
 みやまほうそ 275

くろうめもどき科 (Rhamnaceae) 276
 ナツメ 276
 けんぽなし 277
 くまやなぎ 278
 くろうめもどき 279

くろかんば	280
いそのき	281
ねこのちち	282

ぶどう科 (Vitaceae) … 283
つた … 283

ほるとのき科 (Elaeocarpaceae) … 284
ほるとのき … 284

しなのき科 (Tiliaceae) … 285
しなのき … 285
ボダイジュ … 286
おおばぼだいじゅ … 287
へらのき … 288

あおい科 (Malvaceae) … 289
ムクゲ … 289
ふよう … 290

あおぎり科 (Sterculiaceae) … 291
あおぎり … 291

またたび科 (Actinidiaceae) … 292
またたび … 292

つばき科 (Theaceae) … 293
やぶつばき … 293
さざんか … 294
ちゃのき … 295
もっこく … 296
ひさかき … 297
はまひさかき … 298
さかき … 299
なつつばき … 300
ひめしゃら … 301

おとぎりそう科 (Guttiferae) … 302
キンシバイ … 302

ギョリュウ科 (Tamaricaceae) … 303
ギョリュウ … 303

項目	ページ
いいぎり科 (Flacourtiaceae)	304
いいぎり	304
きぶし科 (Stachyuraceae)	305
きぶし	305
じんちょうげ科 (Thymelaeaceae)	306
ジンチョウゲ	306
ミツマタ	307
ぐみ科 (Elaeagnaceae)	308
あきぐみ	308
なつぐみ	309
とうぐみ	310
なわしろぐみ	311
つるぐみ	312
みそはぎ科 (Lythraceae)	313
ヒャクジツコウ	313
ザクロ科 (Punicaceae)	314
ザクロ	314
うりのき科 (Alangiaceae)	315
うりのき	315
ふともも科 (Myrtaceae)	316
ハナマキ	316
ユーカリノキ	317
うこぎ科 (Araliaceae)	318
やつで	318
かくれみの	319
きずた	320
はりぎり	321
たかのつめ	322
こしあぶら	323
うこぎ	324
たらのき	325
ふかのき	326
かみやつで	327

- **みずき科 (Cornaceae)** ········· 328
  - あおき ························· 328
  - **みずき** ······················ 329
  - くまのみずき ··················· 330
  - やまぼうし ····················· 331
  - ハナミズキ ····················· 332
  - サンシュユ ····················· 333
  - はないかだ ····················· 334
- **りょうぶ科 (Clethraceae)** ······ 335
  - りょうぶ ······················· 335
- **しゃくなげ科 (Ericaceae)** ······ 336
  - しゃくなげ ····················· 336
  - やまつつじ ····················· 337
  - きりしまつつじ ················· 338
  - さつきつつじ ··················· 339
  - れんげつつじ ··················· 340
  - みつばつつじ ··················· 341
  - ひかげつつじ ··················· 342
  - どうだんつつじ ················· 343
  - さらさどうだん ················· 344
  - あぶらつつじ ··················· 345
  - あせび ························· 346
  - いわなんてん ··················· 347
  - ねじき ························· 348
  - しゃしゃんぼ ··················· 349
  - すのき ························· 350
  - こけもも ······················· 351
  - カルミア ······················· 352
- **やぶこうじ科 (Myrsinaceae)** ···· 353
  - まんりょう ····················· 353
  - からたちばな ··················· 354
  - やぶこうじ ····················· 355
  - たいみんたちばな ··············· 356

かきのき科 (Ebenaceae)	357
マメガキ	357
かきのき	358
はいのき科 (Symplocaceae)	359
はいのき	359
さわふたぎ	360
えごのき科 (Styracaceae)	361
はくうんぼく	361
えごのき	362
あさがら	363
もくせい科 (Oleaceae)	364
もくせい	364
ひいらぎ	365
ヒイラギモクセイ	366
レンギョウ	367
オウバイ	368
マツリカ	369
ムラサキハシドイ	370
ねずみもち	371
いぼたのき	372
ひとつばたご	373
オレイフ	374
とねりこ	375
やちだも	376
しおじ	377
こばのとねりこ	378
ふじうつぎ科 (Loganiaceae)	379
ふじうつぎ	379
きょうちくとう科 (Apocynaceae)	380
キョウチクトウ	380
ていかかずら	381
むらさき科 (Boraginaceae)	382
ちしゃのき	382

くまつづら科 (Verbenaceae) ... 383
- むらさきしきぶ ... 383
- ヒギリ ... 384
- くさぎ ... 385

なす科 (Solanaceae) ... 386
- くこ ... 386
- ルリヤナギ ... 387

こまのはぐさ科 (Scrophulariaceae) ... 388
- きり ... 388

ノウゼンカズラ科 (Bignoniaceae) ... 389
- ノウゼンカズラ ... 389
- キササゲ ... 390

あかね科 (Rubiaceae) ... 391
- くちなし ... 391
- はくちょうげ ... 392
- ありどおし ... 393
- じゅずねのき ... 394

すいかずら科 (Caprifoliaceae) ... 395
- さんごじゅ ... 395
- はくさんぼく ... 396
- やぶでまり ... 397
- おおでまり ... 398
- がまずみ ... 399
- かんぼく ... 400
- おおかめのき ... 401
- おとこようぞめ ... 402
- ごまぎ ... 403
- ちょうじがまずみ ... 404
- アベリア ... 405
- はこねうつぎ ... 406
- たにうつぎ ... 407
- ツキヌキニンドウ ... 408
- すいかずら ... 409

	うぐいすかぐら	410
	ひょうたんぼく	411
	にわとこ	412
いね科 (Graminae)		413
	モウソウチク	413
	きんめいちく	414
	クロチク	415
	かんちく	416
	ホウオウチク	417
	くまざさ	418
	やだけ	419
	しゃこたんちく	420
	おかめざさ	421
	なりひらだけ	422
	かむろざさ	423
やし科 (Palmae)		424
	しゅろ	424
	シュロチク	425
ゆり科 (Liliaceae)		426
	ナギイカダ	426
	イトラン	427
	ニオイシュロラン	428
	さるとりいばら	429
ひがんばな科 (Amaryllidaceae)		430
	リュウゼツラン	430
バショウ科 (Musaceae) バショウ		431
へご科 (Cyatheaceae)		432
	まるはち	432
重要用語解説		433
科名（学名）索引		437
科名（和名）索引		440
属名索引		443
和名索引		451

そてつ　そてつ科
Cycas revoluta *Thunb.*

〔形態〕常緑喬木，雌雄異株で，幹は単立か，叢出，粗大な円柱状，塊状，きわめて重い。葉痕密布，暗黒色。葉は頂生，大形羽状複葉，光沢著しく暗緑色にて外反する，剛質，鋭尖，長さ50〜200cm。小葉は狭線形。鋭頭，全縁，葉柄に近いものは退化して短小の刺状となり，主脈がある。花は前年の気温に支配されて生じ頂生6月開花，雄花叢は円筒状，長さ500〜700mm，径100〜150mm，雄花が鱗状に配列する。雌花は葉状心皮の集まりで大形半球形，全面に淡褐色絨毛密布，心皮は上部が黄色羽状裂，下部は板状，その両側に3〜5個の裸出無柄の卵子をつける。種子は10月成熟，クルミ大のやや扁平卵形，長さ20〜40mm，平均4gr，外種皮は朱紅色，内に白色の仁がある。雌花に精虫の存することは明治29年（1896年）池野成一郎博士により発見された。種子を無漏子と呼び薬用，食用（南九州と琉球）とする。茎から澱粉をとって食用とする。

〔産地〕暖帯の産，南九州・琉球・中国南部に産する。

〔適地〕乾燥した暖地を好み，冬間霜除を行わずとも関東南部まで生存しうる。〔生長〕生育は遅いが長年に及び，高さ3〜10m，関東以南に名木として文化財指定のものが多い。雌雄の区別は開花前には無理である。〔性質〕湿地を嫌い，抵抗力強く，移植し易い。〔増殖〕実生，挿木，株分，挿木には根をつける必要なく，風により動かぬよう固定する。〔配植〕高植とし，庭園用，鉄分は肥料として効果がない。

【図は全形及び花】

いちょう　いちょう科
Ginkgo biloba *L.*

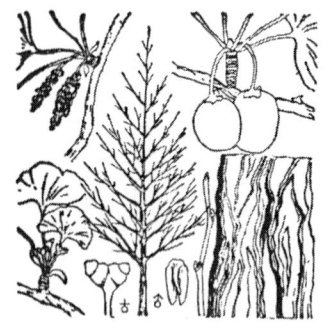

〔形態〕落葉喬木，雌雄異株または同株，幹は直上し整形樹，樹皮淡褐色，幹枝から「乳」を垂下する。これは栄養の関係で性別にはよらない。全株無毛，枝に短枝あり，老成して2～3cm。葉は長柄，扇形，秋の黄葉美し。花は4月，短枝上若葉の間に生じ不著明，雄花の花粉は遠地にまで風によって飛散する。卵口に入った花粉は秋季成熟直前に精虫を生じ蔵卵器に入り受精をとげる。精虫の発見はソテツの場合と同年で平瀬作五郎氏の発見，その原樹は小石川植物園にある。種子は核果様で，外種皮は黄色，肉質悪臭あり，内種皮は堅く白色，2～3稜あり，これが銀杏（ぎんなん）である，種子が葉上につくものをお葉つきいちょうといい変種である。種子を食用とする。諸説あるが雌雄の区別は開花後でないと判然しない。大木の樹形が西北に枝が傾いて風衝形をしているのは発芽時季の東南風によるものとされる。
〔産地〕日本自生説あるも昔中国から移入したものと認められる。〔適地〕土地を選ばず，北海道南部から九州まで生育しうる。〔生長〕きわめて早い，高さ15～30m，径4mにも及び日本の主として社寺境内に名木多く，文化財に指定されている。〔性質〕強健，病害虫ほとんどなく，剪定，萌芽力充分，移植力大にして大木でも移植容易である。樹皮厚く気胞分あり耐火力に勝れ，古来防火樹に用いられている。〔増殖〕実生，挿木，接木（特に雌樹）実生後15年で開花する。〔配植〕社寺樹，公園樹，並木，庭木，盆栽。市場品は多い。
【図は樹形，樹皮，葉，花，種実】

いちい（あららぎ）　いちい科
Taxus cuspidata *S. et Z.*

〔形態〕常緑喬木，雌雄異株で，樹形は整形。枝は長く伸び，下枝は永く残存する。材は赤褐色。雄株は枝立ちよく，雌株は横にひろがる。老木ではこの区別困難。樹皮は赤褐色，縦に浅裂する。枝は強靭。葉はほぼ2列，水平にラセン状に着生，軟質，扁平線状，急尖凸頭，上面深緑，下面淡緑色，主脈両側に2条の緑黄色気孔線がある。葉枕はやや隆起する。長さ1.2～2cm×0.15～0.2cm。葉は側枝にては2列羽状に着生する。花は3～4月前年枝に腋生。雄花は小形，楕円体の花穂をなす，雌花は小さく，成熟すると紅色，多汁，椀形の仮種皮のなかに種子を見る。種子は初め緑色，後にやや青味ある淡褐色の卵球形，微尖，上部に2～3稜があって，底に小臍点を見る。長さ5～6mm，径4～5mm，仮種皮は甘味があり，小児食用とする。青森県下では結実多くこの赤色が相集って花のように美しい。

〔産地〕寒地の産，特に東北地方，北海道に多い。飛驒の位山（くらいやま）は著名な産地である。〔生長〕きわめて遅い，70～80年で高さ9～12m，径0.2mといわれる。〔性質〕極陰樹であり，剪定はきくが移植力に乏しい，病害虫はほとんどない。〔増殖〕実生，挿木（不良）による。〔配植〕寒地有数の庭木であり，生垣に多く用い，刈込んで庭園用とする。〔変種〕キャラボク (var. umbraculifera Makino) 伯耆大山の山頂に自生品がある，庭木としてはイチイより多く用いられ，灌木状を呈する。性質はだいたい同じ。

【図は花と実】

かや いちい科

Torreya nucifera *S. et Z.*

〔形態〕常緑喬木，雌雄異株で，樹皮は灰褐色，老成して縦裂剝離する。枝は剛直，車輪状に着生，小枝は三叉状，初め緑色，2年目に赤褐色，根元近くからヒコバエを輪状に発することがある。葉は線状，鋭尖刺端にて鋭い，硬質上面は濃緑色，光沢著しく，ラセン状また2列着生。下面は淡緑色，中央に細い2条の淡黄色の気孔線があり，長さ1.8～2.5cm×0.2～0.3cm，カヤ特有の香気がある。花は4月，前年枝に雄花は腋生，雌花は頂生，雄株は枝上向して高く，雌株は枝拡開して樹高小なりといわれるが必ずしもそうではない。種実10月成熟，肉質で初め緑色，後に紫紅色となる，約8gr。種子は無柄，淡褐色，微凸円頭楕円体・倒卵形・卵球形の各種あり，初め青緑色，後に紅褐色となる，外面に縦筋あり，長さ20～30mm，径10～15mm。
〔産地〕本州・九州産，屋久島は自生南限地。産地では群落をなすところ少ない。〔適地〕土地を選ばず，各地に庭木として栽植する。〔生長〕生長は中庸，高さ10～30m，径2mに及ぶ，老木の形は不整形，種子を春播とすれば約40日で発芽するが，約半数は2年目に発芽する。秋の取播では翌年5月に90%は発芽し，ともに発芽の年に高さ25cmに伸びる。〔性質〕強度の剪定に耐え，萌芽力強く，また耐煙性著しく，都市有数の庭木である，病害虫は少ない。〔増殖〕実生。〔配植〕刈込形として庭木に用いる。〔用途〕種子からは油をとり，材は碁盤とする。

【図は花と実】

なぎ まき科

Podocarpus nagi *Zoll. et Moritz.*

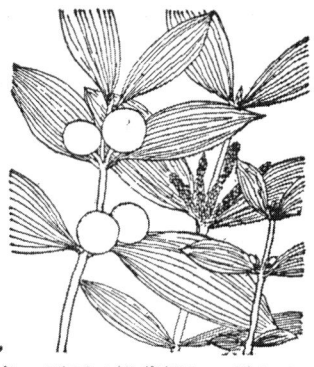

〔形態〕常緑喬木，雌雄異で，樹形は端正。幹は老成して平滑，薄片に剝げ，その跡は暗紅黄色を呈する。枝は拡開密生する。全株無毛。葉は対生稀に互生，楕円形，広披針形，鈍頭，全縁，主脈なく，20〜30本の脈が縦走し，縦には裂けやすいが横に裂けない。革質，強靱。上面は光沢ある濃緑色，下面は帯黄緑色，長さ4〜6cm×1.5〜2cm，上面に白粉を被うものがあり，品種でウスユキナギという。ほかに丸葉，細葉，斑入の品がある。花は5月，前年枝に腋生，雄花は黄白色円柱状の花穂，雌花は短梗小形。種子は10月成熟，球形，上面に微白粉を被い，外種皮は青藍色，内種皮は骨質で茶色，径10〜15mm，このなかの油分は燈火用とする。

〔産地〕暖地の産，東京では幼時霜除を完全に行わないと枯死する。成木ののちは必要ない，本州西部から琉球まで自生する。奈良春日神社の奥山は有数な群落を呈し著名であるが自生品ではないといわれる。〔生長〕暖地では早い，高さ20〜30m，径0.3〜0.7m。〔性質〕暖地にだけ栽植される。弱度の剪定に堪える，病害虫はほとんどない。〔増殖〕実生でよく発芽する。〔配植〕庭木としては静岡県以西に用いられる。葉は伝説上しばしば引用されたことが古書にあり，鹿が葉を喰わないので放牧場，野獣園用に適し，春日神社境内には特に多い。元来社寺や墓地に多く用いられてあるので一般在家の庭園木としては好まれない，紀州の神社には多く用いられ，神木となっているのもある，これらを縁起木という。

【図は花と実】

いぬまき〔まき〕 まき科
Podocarpus macrophylla *D. Don*

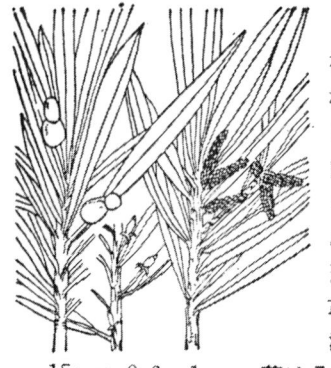

〔形態〕常緑喬木,雌雄異株で,樹形はやや不整形。枝は少なく太く,よく伸びる。幹は少しく捩曲し,灰白色で,外皮は縦に浅裂する。枝端の下垂するものもある。葉は互生し,扁平線形,狭披針形,鈍頭,全縁,革質,上面は深緑,下面は淡緑,主脈著しく,長さ10～15cm×0.6～1cm。花は5月,前年枝に腋生し,雄花は黄白色,円柱状花穂,雌花は小梗,緑色。種子は10月成熟,帯紫緑色,球形,径10mm,外側に微白粉を被う。この下方に花托の成熟したものをつける,初め濃紅色,後に紫色となる,楕円体または球形,種子よりやや長く水分に富み,肉質で甘味があり,生食できる。花托の形が羅漢が袈裟をつけて坐っている姿に似るのでラカンマキ(後述)の名を得た。
〔産地〕暖地の産,本州南部から琉球に及んで産する。
〔適地〕重い土壌を好み,荒木田土,重粘土地でも水分が充分あるところに生育がよい,また砂地にも適する。
〔生長〕早い,高さ10～20m,径0.5～1mの巨木もある。〔性質〕きわめて強健で土質にあまり関係なく生育し,病害虫なく,大木でも移植可能,かなりの剪定に耐える上天然の樹形もよい。〔増殖〕実生,挿木。〔配植〕有数の庭樹であり,生垣,風除垣にも用いられ,上総,安房に多い。関西では樹皮に白味の多いものは品質劣るとされる。〔類種〕ラカンマキ (P. chinensis *Wall.*) はこれより葉が短く,樹形しまる,庭樹としてはこの方が適格であり,高価。中国産というがその産地は不明。
【図は花と実】

いぬがや まき科

Cephalotaxus drupacea *S. et Z.*

〔形態〕常緑灌木または小喬木，雌雄異株で，樹形は不整。樹皮は灰褐色・暗褐色，繊維状に浅く縦裂する。枝は横に拡開。葉は互生線形，深緑色だが光沢少なく軟質，ラセン状または羽状に小枝に着生し，下面主脈の両側に白色気孔線あり，長さ3～5cm×0.3～0.4cm。花は3～4月，前年枝につく，雄花は腋生，淡緑色，球形，下向きに群生，雌花は枝端近く着生，卵形。種子は倒卵形または楕円体，1まれに2個つく，尖頭，外種皮は初め緑色，後に紫色を加え，内種皮は褐色，2稜あり，長さ15～30mm，径10～20mm。これより油分をとるも油質はカヤ油に劣る。ヘボガヤの方言はこれによる。

〔産地〕岩手県以南九州まで産し，路傍，低山帯の樹林内に自生する。〔生長〕遅い，高さ3～10m，径0.3～0.6m。〔性質〕きわめて強健，病害虫なく，庭木ではなくほとんど顧みられないが剪定がきくので樹形を整えれば造園木として用いられる。〔増殖〕実生。〔変種〕ハイイヌガヤ (var. nana *Kudo*) は北海道・本州北部特に日本海沿岸に自生し寒地で有数の常緑造園木となる。チョウセンマキ (f. fastigiata *Pilg.*) この方が造園，園芸用として用途がひろい。シホウガヤまたはチョウセンガヤともいい，樹形は箒状を呈し，高さ2m内外，樹形不整，刈込によって形を整える。生垣，列植用，切花としては生花材料に用いられる。未だ花実を知らず，産地不明のもの，挿木，株分により増殖する。

【図は花と実】

アラウカリア　ナンヨウスギ科

Araucaria bidwillii *Hook.*

　アラウカリアとは総称で属名でもある。ここに図示したのは上記学名のヒロハノナンヨウスギである。世界における常緑針葉樹中樹形の端正，整斉という点でこれにまさるものなく，世界三大美樹の一つである。壮大な樹木で高さ70mにも及ぶものがあり，樹皮は鱗片状に剝離する。枝は水平に近く，幹から正しく車輪状に派生し上下層を分ける。雌雄異株で，ときに同株（異枝）葉形は各種あり，果実は大形，球果状，種子は食用，材は有用建築材，造園樹，鉢植装飾樹として利用する。

　ブラジル，チリー，アルゼンチン，オーストラリア，ニューギニア，ポリニシア群島の産，約12種が知られている。アラウコとは住む場所というチリー土民の言葉であり，スペイン人がこの名称をつけたという。一説には南部チリーのアラウコという地名の場所でアメリカウロコモミが初めて発見されたともいうし，またこの地方の民族にアラウカノスというのが住み，それによるともいうし，またスペイン人が戦闘の結果，敗北を招いた相手の土族にアラウコニアというのがいて，その名にちなむともいわれる。いずれにしてもアラウカリアと呼ぶべきでアローカリアと発音するのは誤りである。

〔形態〕常緑喬木，雌雄異株まれに同株，樹形円錐形，高さ45〜70m，径1〜1.5m。樹皮は厚く，樹脂多く含み剥離する。枝は密生，10〜15本輪生，主枝は強く水平に，側枝は対生に着生，開出，下垂し，下枝は長く伸び地に接して先端上向する。葉は互生，2列またはラセン状につき，肥厚，普通枝のものは披針形，急尖，上枝および果枝の葉は短く剛直，彎曲し卵状披針形，長さ2〜5cm，光沢ある深緑色，少しく赤味があり，鋭尖頭。一見してコウヨウザンに似る。故に別名を「コウヨウザンバノウロコモミ」（広葉杉葉鱗樅）ともいう。花は頂生，長さ150〜180mm，径15mmの穂状。果実は球形，楕円体，人頭大，長さ300mm，径250mm，頂生直立，果鱗先端は鋭尖，緑色，内側は濃褐色，重さ4.5kgにも及ぶものがあるという。一見パイナップルに似る。種子は約150粒入り，大形，梨実状，両尖，淡黄色，長さ50mm，径25mm，花後3年目に成熟する。貴重な食料品であり，市販品も店頭に現われる。成熟季になると土民は果実を求めて旅に出るという。1株からの収穫で1年間18人の食料となるという。土民はブンヤブンヤ（Bunya Bunya）と呼んでいる。何種のアラウカリアであるか不明だが熱海で結実したものがあると聞いた。

〔類種〕

アメリカウロコモミ（A. imbricata *Pav.*）

シマナンヨウスギ（A. excelsa *R. Br.*）

ナンヨウスギ（A. Cunninghamii *Sweet*）

ブラジルアラウカリア（A. brasiliana *A. Rich.*）

クックアラウカリア（A. Cookii *R. Br.*）

この類の大木が植えられてあるのは江の島植物園，東京高輪の岩崎邸であるが樹形は良好とはいえない，気候によるかと思われる。

【図は枝と果実】

あかまつ　まつ科

Pinus densiflora S. et Z.

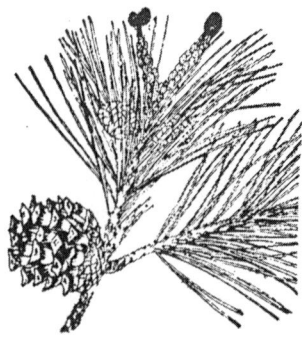

〔形態〕常緑喬木，雌雄同株で樹形は幼壮時は整形，老成してやや崩れる。樹皮は上幹は帯赤色，下幹は暗褐色，亀甲状鱗片に剝離する。**葉**は針状2葉，下部は短枝となる。長さ7～12cm，軟質。冬芽は円錐形，赤褐色，多数の小鱗片に被われる。花は4月，枝端に2～3個の紫色雌花，その下部に楕円体の雄花を群生し，花粉は黄色。**球果**は2年目の秋成熟，木質卵状円錐体，淡黄褐色，長さ30～50mm，径30mm，果鱗多数，露出部はやや菱状，その内側に2種子があり，倒卵形で約3倍の長さの翼を伴い，開裂した果実から飛散する。

〔**産地**〕北海道南部から以南の地，主として山地に生ずる。〔**適地**〕乾燥した壌土，花崗岩風化土を好むも比較的土質を選ばない。〔**生長**〕早い，高さ20～35m，径1.5mに達する。〔性質〕陽樹で若枝は剪定に耐え萌芽力あり，大木でも移植可能，病害より害虫（マツケムシ，キクイムシ類）の方が著しい。〔増殖〕実生，接木。〔配植〕庭園（真木，門冠り等），公園，風景地植栽，関東地方にて賞用される。〔用途〕有用材を供するので造林用樹種としてはクロマツより多く使われる。〔変種〕次項のタギョウショウ以外多数の変種，品種あり，園芸品として観賞される。アカバンダイショウ，シダレアカマツ，シラガマツ，ジャノメアカマツ，トラフアカマツ，アカオウゴンショウ，ツマジロマツ，オリヅルアカマツ，エンコウショウ，ガンセキマツ，アサママツはその一例。類種にリュウキュウマツがある。

【図は花と実】

たぎょうしょう　　まつ科

Pinus densiflora *S. et Z.* var. umbraculifera *Mayr*

〔形態〕アカマツの変種であり雌雄同株で，樹形は株立状根元近くから多数の幹を分ち樹冠は倒円錐形を呈する，樹皮，葉形はアカマツと同じ。花はきわめてまれに開き，球果の成熟も稀少である。要するに樹形の異なる点を特徴とする。
〔産地〕栽植品にして原産地はない。〔適地〕アカマツと同じ。〔生長〕遅い，短命のもの多く，高さ3m内外，根元の径0.2mに及ぶものがある。〔性質〕アカマツと同じ，やや弱性である。
〔増殖〕まれに結実したものを播種するほか大多数はクロマツ台に接木する，生長の後接目が明かに判然しているものが多い。〔配植〕庭園，神社，仏寺などの主として土坡上に列植するのを常とするが庭木，公園木としても利用する。〔変種〕**ウツクシマツ**（美松）f. umbraculifera *Miyoshi* は品種であり，滋賀県甲賀郡甲西町字美松にある部落有林19ヘクタールの土地に約500本を生じ，高さ最大6m，多くは1m内外，タギョウショウに樹形似るが樹冠は半球形を呈する。大正10年天然記念物に指定された。学名は三好理学博士による。**アカバンダイショウ** var. globosa *Mayr* は扁平半球形，**チョウセンタギョウショウ** f. multicaulis *Uyeki* は朝鮮産，幹の分岐点が地上より高い。近来各地に見られるタギョショウで衰弱が甚だしいもの，または枯死を来しているものがあるが，これらはこの樹が接木によって仕立てられたもので，もともと短命である，著者はだいたい50年を寿命とすると考えている。

【図は外形】

くろまつ　まつ科
Pinus thunbergii *Parl.*

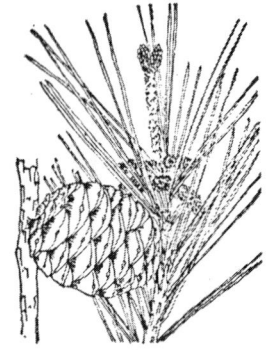

〔形態〕常緑喬木，雌雄同株で，樹形はアカマツに似る。樹皮は暗色，下部は粗らい大形亀甲状鱗片に剝離する。葉は短枝上に2葉生じ，長さ6〜15㎝，硬質，刺尖状。冬芽は円錐形，大形，灰白色，多数の小鱗片に被われる。花は4月，だいたいアカマツと同じ。球果もだいたいアカマツと同じであるが果鱗の先端は一層肥厚し，2年目の秋成熟する。種子もだいたい同じ。
〔産地〕本州以南・青森県が生育北限とされ，海岸地帯に多く，海岸風景の主木をなし，内陸にも見られる。アカマツより暖地性といわれる。〔適地〕乾燥する壌土，海岸砂地を好むが比較的土地を選ばない。〔生長〕アカマツ同様に早い，高さ30〜35m，径1〜2m，アカマツよりも大木多く，名木に富む。〔性質〕陽樹で若枝は剪定に耐え萌芽力がある。大木も移植可能で，病害虫についてもアカマツと大差がない。〔増殖〕実生，接木，この苗木はマツ類の接台として利用される。〔配植〕庭園，公園，並木，砂防地，風景地に用いられ，関西にあって賞用する。盆栽としてはアカマツより利用が多い，〔変種〕**クロバンダイショウ，クロヒトハノマツ，ニシキマツ**（盆栽用，錦松）などをはじめ多数ある。〔類種〕アイグロマツはアカマツとクロマツの中間種であり，天然に自生する，海岸に見られるアカマツと信ぜられているものにはアイグロマツが多い。アイアカマツというものも同様中間種だがアカマツに近いものの方を指す。アカマツもクロマツも天然にあって交配しやすい性質をもつ。
【図は花と実】

ごようまつ　まつ科
Pinus pentaphylla *Mayr*

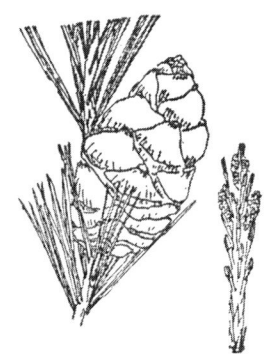

〔形態〕常緑喬木，雌雄同株で樹形は壮大，枝は多く太い。樹皮は暗灰色，老樹皮は不整形の小鱗片となって剝離する。主枝は多く水平に派生する。葉は短枝上に5葉となる。針状，彎曲，上面深緑，下面の白色気孔線は著しくない。長さ3〜5cm。花は5月，新枝の下部に着生，雄花は卵状長楕円体，苞鱗に2葯あり，そこから黄色の花粉を生ずる。雌花は新枝に頂生し，楕円体，多くは紫紅色を呈し花のように美しい。球果は2年目に成熟，長卵形・長卵状楕円体，枝に側向して着生し，初め緑色，後に淡褐色，長さ60〜75mm，径30〜45mm，果鱗はクロマツより肥厚している。種子は倒卵形，黒褐色，黒斑を伴い，クロマツより大形，長さ8〜10mm，幅7mm。翼は淡褐色で卵状楕円体，長さ10〜12mm，幅8mm，通常は種子の長さよりやや短い。

〔産地〕ヒメコマツの条に詳し。〔適地〕比較的土地を選ばないが肥地をこのむ。〔生長〕早いとはいえないが絶えず生長をつづけている。高さ25m，径0.7mにも及ぶ。〔性質〕陽樹ではあるがクロマツ，アカマツほどではない，栄養力に富む土地では日陰にも耐える性質がある。〔増殖〕実生。特に盆栽用としては接木を行ったものが多いけれど，高接とすることを普通としているので樹形にはあまりよくないものもある。この場合の接台はクロマツを用いるのが通常である。〔配植〕ヒメコマツの条にある。〔用途〕材は有用であるが造林するほどのことはなく，天然生を利用する。

【図は花と実】

ひめこまつ　まつ科
Pinus parviflora *S. et Z.*

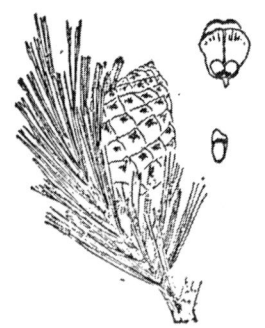

〔形態〕ヒメコマツとゴウマツとの区別については植物学上諸説がある。ともに五葉であり、同一のものと考えていたことがある。（ウィルスン氏の如き）これを別種とする説はマイル氏、工藤、宮部両博士によりマイル氏はゴヨウマツの学名（前項）をとり、牧野博士はこれにキタゴヨウマツ一名ゴヨウマツの和名をつけ、この変種 var. Himekomatsu *Makino* にゴヨウマツ一名ヒメコマツと和名を与えた。マイル氏は本項に示した学名を認め、これより球果が大きく、種翅の長いもの、その他に変異あるものをゴヨウマツ（前項の学名）をつけた。工藤、宮部両博士は別種としヒメコマツの学名を P. Himekomatsu *Miyabe et Kudo* とした。白井理学博士は区別が明かにわからぬとし、牧野博士は前記のように学名をつけ、草下正夫氏はこの学名を採用し、大井博士は和名キタゴヨウとしている。館脇博士はヒメコマツを P. Mayri *Tatewaki* とし、ゴヨウマツを P. pentaphylla *Mayr* としている。要するに北方種と南方種とで球果の形が長くなるもの（ナガミノゴヨウ）、丸くなるもの（マルミノゴヨウ）とに分ける。要するに分類上の異説であり、利用の上では次のように使いわける。

〔産地〕北海道産（北方種）、本州以南産（南方種）である。造園上では葉の短いものをヒメコマツ、長いものをゴヨウマツとし、神社木、林木、公園に用いるほか盆栽とする。庭園にはあまり用いない。

【図は枝葉、球果及び種子】

ちょうせんまつ　　まつ科
Pinus koraiensis *S. et Z.*

〔形態〕常緑喬木，雌雄同株で，樹形は雄大。枝は長く太い。枝端はフォーク状をなすものが多い。これは頂軸に結実するため軸の伸長力が衰えるためか，風によって梢端がいたみ側枝を出すことによるといわれる。皮は初め平滑，時暗灰色，後に灰褐色，不整の鱗片となって浅裂する。幼枝には軟毛がある。葉は五葉，内面帯白色，故に遠くから樹冠を望むと緑白色を呈し他樹と識別容易である。長さ6〜15cm，日本産五葉のもののうち最長である。花は5月，雄花は新枝の下方に着き卵状楕円体，紅黄色，雌花は枝端に生じ卵状円柱形，苞鱗は帯紫色。球果はきわめて大形（日本産マツ類中最大）初め直立，後に側向または下垂し，帯褐色，卵状円柱形，長さ90〜140mm，径50〜60mm，2年目成熟する。果鱗は肥厚，菱形。下半部は帯褐色，成熟してもひろく開かない。種子は大形，三角状卵形，暗紫色，紫黒色，長さ10〜18mm，幅7〜15mm，1果内に80〜90粒入る。食用または油をとる。朝鮮では採果のため矮林仕立てとしている。採果季(以外の季節にもあるが)には朝鮮で多く売り出されている。

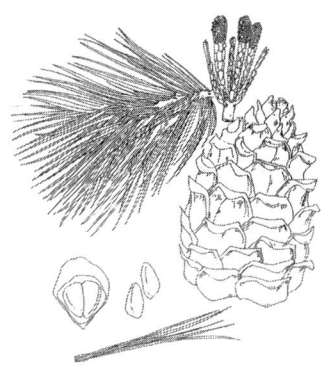

〔産地〕日本では本州の一部に自生し，朝鮮には多い。北地の産である。1889年マイル氏が群馬県で発見するまでは朝鮮産のものであると思われていた。〔生長〕やや早い，高さ30〜40m，径1〜1.5m，日本には大木がない。〔増殖〕実生。〔用途〕林木であり，採果および材を利用する。

【図は花と実】

はいまつ まつ科
Pinus pumila *Regel*

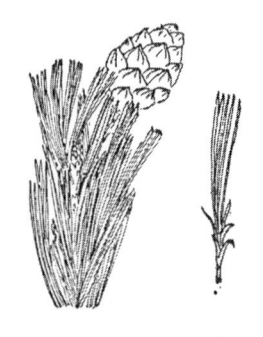

〔形態〕常緑大灌木，雌雄同株で，樹形では主幹なく伏臥状，枝張著しい。樹皮は暗褐色，薄くて狭い鱗片に剝離する。幼枝は柔軟で折れ難く淡赤褐色の短軟毛密生するが後に無毛となる。**葉**は短枝上に五葉，短く，内面に気孔線があり，樹冠は帯白緑色に見える。長さ2.5～5cm。花は6月，雄花は新枝の側面につき，雌花は枝端につく。**球果**は卵状楕円体，斜上し，1～3個つく，初め暗紫色，後に帯緑褐色から帯褐色となる。長さ30～40mm，径20～25mm，2年目に成熟するが開裂の程度は少ない。種子には翼なく，三角状倒卵形，黒褐色，点状斑紋があり，長さ6～8mm，幅4～5mm，厚さ4mm。北海道のアイヌ人はこれをノムまたはヌムと呼び食用としている。ロシアでも同様食用とし，熟期には多くの市販品を見る。

〔産地〕北海道・千島全列島・本州北中部の産，寒地の産である。〔生長〕純林をなし，ひろく高山の山頂近くに生ずることは登山の経験ある人にひろく知られていて千畳松の名はこれによる。枝張り15mにも及ぶものあり高さ1m内外，北海道の無風帯の地で高さ14mに伸びた記録がある，しかし梢端はいつも曲っている。植栽するものではなく，高山の風景を構成する要素としてここに述べる。〔変種〕球果の形によって**クビナガハイマツ，エゾハイマツ**といわれるものがあり，幼枝が褐色，葉の短いのを**アイズゴヨウ**といって盆栽に仕立てる，ヒメコマツの変種ネギシゴヨウに似る。

【図は葉と花及び実】

ダイオウショウ　まつ科
Pinus palustris *Mill.*

〔形態〕常緑大喬木、雌雄同株で、樹形は壮大、老成しても崩れず、主幹が立ち、太い枝は少ないが長く派生する。樹皮は暗褐色、上部は暗赤褐色、薄い鱗片に剝離する。冬芽は大形、帯白色、長楕円体・円錐形、尖頭、長さ 0.4～0.5cm, 鱗片に銀白色の軟毛がある。
枝は太く、節間長く、枝端にだけ葉をつける。幼枝を折損すると短枝から長枝を発する力の強いことマツ属中随一であるという。**葉**は短枝上に3葉束生し、細く、下垂する。各面に気孔線があり、老木では長さ 20～25cm, 幼壮木では45～50cm。花は4月、新条の下部に生ずる。**球果**は大形、円筒形・長楕円体、暗褐色、長さ150～250mm, 径 50～75mm, 5～7年目に豊産である。果鱗は薄く、扁平、長さ50mm, 幅20mm, 背面に短刺があり、多く反捲する。種子は楕円体、長さ10～13mm, 幅 6mm。翼は長さ 25～40mm, 脱落しやすい。著者はテキサス州でこの樹林地にいたがリスはこの実を好んで食するのを見ていた。

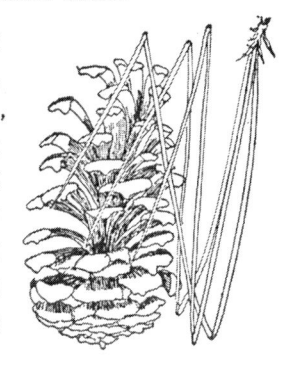

〔産地〕アメリカ南部の平地林に自生し、多くは水湿に富む地方に見られる。昔は相当の大森林であったが良材のために濫伐された。〔適地〕水分に富む肥沃壌土を好む、比較的暖地でないと生育不良である。〔生長〕初め遅く、後に早い、実生10年で高さ4m、原産地では高さ25～30m、径0.5～1mにも達する。〔増殖〕実生、接木。〔配植〕庭木に利用。〔性質〕移植は困難で、剪定は好ましくない。〔用途〕切枝を生花用とす。これとよく似るのがヒマラヤ産にある。　【図は葉と実】

ストロブマツ　　まつ科

Pinus strobus *L*.

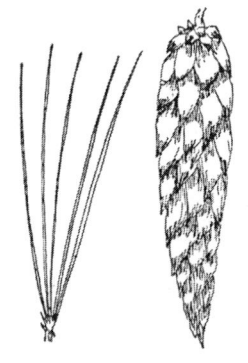

〔形態〕常緑喬木，雌雄同株で，樹形は端正，女性的である。樹皮は初め平滑，緑褐色，薄質，後に粗面，凸凹を生じ，鱗片は深裂して剝離する。冬芽は多数，鋭尖，長楕円体，赤黄色。幼枝には初め少しく毛がある。葉は短枝上に5葉，細く軟質，初め淡緑色後に青緑色，内面に白色気孔線あり，長さ8〜14cm，冬芽，小枝ともに特有の香気がある。花は4月，新条に腋生。球果は1〜3個着生，初め直立し2年目成熟のとき斜上向または側向，下垂するがやがて落下する。尖頭円筒形，成熟して帯褐色，長さ100〜150mm，径25〜40mm，2〜5年目に豊産。果鱗は薄く平滑，露出部は淡褐色，リスはこれを開きなかの種子を摘出して食う。種子は卵形，褐色，淡褐色，長さ5〜7mm，幅4mm，翼は黒色，長さ25mm，1果に100〜200粒入る。種子の発芽率はきわめて高い。

〔産地〕アメリカ東部地方にきわめて普通に産し，日本でアカマツ，クロマツが普遍しているのに似る。〔適地〕肥沃の壤土を好む。〔生長〕高さ30〜50m，径0.6〜1m，最高の記録は高さ78m，径2mという。日本に入って久しく，寒地では生育は良好である。〔配植〕アメリカでは造園木としているが多くは造林して木材を産するに役立てる。日本では寒地に試験的に植栽している。用材林としてはアメリカの代表樹種である。日本でも暖地で時に庭木に用いるが生育は良好とはいいかねる。

【図は葉と実】

もみ　まつ科
Abies firma *S. et Z.*

〔形態〕常緑喬木，雌雄同株で，樹形は端正，枝条は正しく車輪状に派生する。幼枝は黄緑色，淡褐色の細軟毛があるが後に無毛となる。樹皮は幼時は平滑，灰白色，老樹は灰褐色，鱗片状に剝離する。冬芽は大形卵球状，3個着生，淡赤褐色。葉は互生，2列着生，線形，微凹頭，矢筈形に浅く2岐する。剛強，鋭尖，刺端，上面は暗緑色で光沢あり，下面は帯白色，後に白色を失う。葉柄は吸盤状をなして小枝に密着する。長さ1.5～2cm。花は6月，前年枝に腋生，雄花は円柱形，黄色，雌花は長卵状長楕円形，緑色，上向する。球果は直立，円筒形，灰褐色，成熟して汚灰緑色，長さ100～220mm，径50mm。果鱗は薄く半円形，成熟すると果軸だけを残して果鱗，苞鱗，種子は飛散する。これはトウヒ属と異る区別である。種子は倒卵状楔形，長さ7～10mm，幅4～5mm，翼の長さは10mm，通常種子の2倍の長さがあり，新鮮のときは藍緑色，古くなって暗褐色となる。

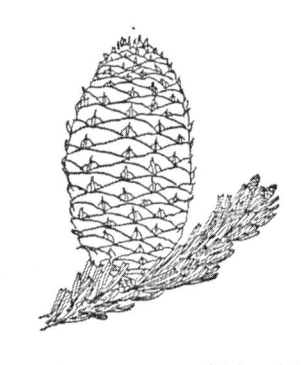

〔産地〕日本産，モミ属中最暖地に生ずる，岩手県以南から九州までに及ぶ，暖帯林の代表樹種である。〔適地〕深層の肥地を好む。〔生長〕初めきわめて遅く，10年後からきわめて早い，短命であり，高さ35m，径1.8mにも達する。〔性質〕移植は寒地以外は不良，剪定できず，煤煙に最も弱い。〔配植〕寒地では庭木，公園木とする。〔増殖〕実生。

【図は枝葉と実】

とどまつ（あかとどまつ） まつ科
Abies sachalinensis *Mast.*

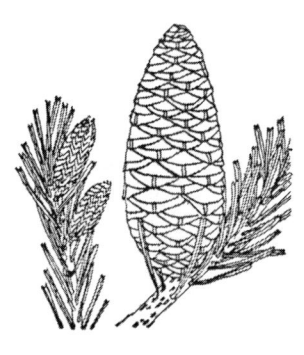

〔形態〕常緑喬木，雌雄同株で，樹形は整形，樹冠は円錐形。樹皮は灰白色，平滑，老成すると鱗片状に剝離する。枝は密生し，輪状に派生し水平または斜上し下枝は下垂する。幼枝は褐色，浅い溝があり，そのなかに短褐毛密生する。冬芽は小さく半球状，赤褐色，樹脂に被われる。葉は互生，線形，円頭，微凹頭。上面は濃緑色，下面には2条の白色気孔線があり，長さ 1.8～3cm。花は6月，腋生。球果は円筒形，楕円状円筒形，鈍頭，帯黒褐色あるいは紫黒色，長さ70mm，径22～25mm。苞鱗は果鱗より短いか，同長か，やや長い。種子は楔形，淡黄褐色に紫黒色の斑が入る，長さ6mm，幅 2.5～3.5mm。翼は紫黒色で短い。

〔産地〕北海道産。〔生長〕遅く後にやや早くなる，高さ25m，径0.5m。〔増殖〕実生。〔配植〕北海道ではときに造園木とするが本来は林木である。〔用途〕北海道にあってはエゾマツとともに有数の林木である，多く天然更新法により生育させている。〔変種〕かつてトドマツと呼んだものは今日は**アカトドマツ**（本種）と**アオトドマツ**に分かれている，しかしこれには中間種もあって区別は植物学上複雑である。**アオトドマツ** var. Mayriana *Miyabe et Kudo* は表皮と中皮との間が青緑色，材は白色，アカトドマツは皮部やや紅く，材もやや紅色を帯びる。ともに造園上の樹種としてはそう重要なものではなく，林木である。

【図は花と実】

しらびそ（しらべ） まつ科
Abies veitchii *Lindl.*

〔**形態**〕常緑喬木，雌雄同株で，幹は直立し，樹冠は広円錐形，ときにウラゴケ状となる。枝は輪生，粗着。樹皮は平滑，灰白色，老成して鱗片状に剝離する。枝はやや細く，幼時は淡褐色の開出毛やや密に生ずる。冬芽は小さく半球形，帯紫乃至赤褐色。葉は線状，やや軟質，2列着生し，微凹頭または円頭，上面は濃緑色，下面には銀白色の気孔線を現わす，長さ2～3cm。花は6月，雄花は小枝に群生，雌花も同様円柱形，紅紫色。**球果**は円筒形，初め青紫色，後に成熟して藍青色または黒褐色，長さ50～55mm，径20mm。種子は黄褐色，長さ6mm，翼がある。

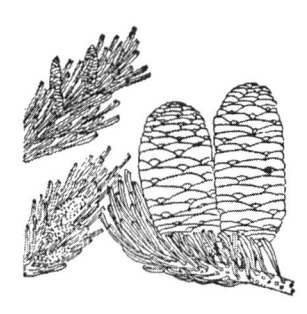

〔**産地**〕福島県以南本州の産，寒帯の代表樹種とされる。

〔**用途**〕造園木ではなく，天然生のものを材として利用する程度である。〔**類種**〕モミ類は欧米では有数の造園木であるが日本では用いない。**ウラジロモミ** A. homolepis *S. et Z.* クリスマス用としてモミとともに用いる。**オオシラビソ**（アオモリトドマツ）A. Mariesii *Mast.* 本州だけに産し，青森県下に多い。モミ以外のモミ属樹木の名称は方言と併せ名称上の混乱が甚だしい。台湾ではニイタカトドマツが有用材とされ，朝鮮ではサイシュウシラベ，トウシラベ，チョウセンモミが木材の利用に供される。中国ではモミ類を冷杉と呼び数種が知られている。欧米ではコロラドモミ，バルサムモミ，ノーブルモミ，ピンドローモミ，などかなり多くの種類が林木ならびに造園木として利用されている。

【図は花と実】

ばらもみ（はりもみ）　まつ科
Picea polita Carr.

〔形態〕常緑喬木，雌雄同株で，樹形は端正，樹冠は円錐形をなす。樹皮は厚く灰褐色，老成すると深裂し小鱗片に剝離する。枝は太くやや黄色を帯び，無毛剛強，水平に着生するものが多い。幼枝も太く剛強。冬芽は大形，円錐形，帯褐色，樹脂に被われる。葉は針状きわめて鋭く邦産針葉樹中これ以上に鋭いものはない。枝にほぼ直角につき濃緑色光沢多く，各面に気孔帯がある。モミの名をもってはいるがトウヒ属に入る，長さ1.5～2cm。葉枕は長く0.15cm。花は6月，腋生。球果は長楕円体，卵状楕円体，円頭，初め緑色または帯褐暗緑色，成熟して褐色，長さ75～110mm，径35～45mm。苞鱗は小形。種子は暗褐色，灰褐色，倒卵形，長さ6～7mm，幅4mm，日本産トウヒ属中最大。翼は楕円形，褐色を呈する。

〔産地〕本州産，日光以南九州までも及ぶ。富士山麓山中湖畔には30ヘクタールの純林あり，天然記念物に指定されている。これは特殊の環境により成林したものと考えられている。トウヒ属中では最も暖地に生じ垂直的には最下位を占めている。〔適地〕排水のよい肥沃な壌土質を好み西日を嫌う。〔生長〕やや遅い，高さ20～30m，径0.6～1mに達する。〔配植〕葉の鋭い点を利用して造園木とすることができるが利用率は少ない。実生によって育苗するのだが生育が遅いので苗木のつくりてがない。したがって苗の入手が困難である。

【図は枝と実】

えぞまつ　　まつ科
Picea jezoensis *Carr.*

〔形態〕常緑喬木，雌雄同株で，樹形は端正，樹冠は円錐形をなす。下方の枝は多く水平または下垂し，さらに枝端は上向する。樹皮は灰褐色・暗灰色，白斑を伴い，裂目を生じ円形の小鱗片となって剝離する。幼枝は淡黄褐色・黄褐色，無毛。冬芽は褐色，卵形，光沢がある。葉は扁平，線状，薄質，気孔をもつ側に彎曲するものを見る，微凸頭，下面に2条の銀白色気孔線がある，長さ1～2cm。葉枕は著しく発達し隆起する。花は5～6月，腋生。球果は短円筒形，初め紫紅色，後に淡黄褐色となり下垂する，長さ40～75mm，径20～22mm，形と大きさとには変異が著しい。種子は倒卵形，淡褐色，長さ2～3mm，翼は卵形，種子の2.5倍の長さがある。

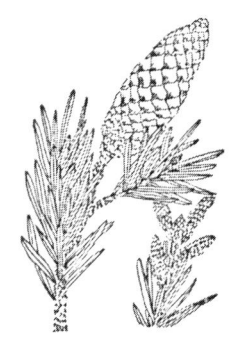

〔産地〕北海道産，本州では尾瀬地方にだけ産するという。〔生長〕比較的遅い，高さ30～40m，径1mに達する。〔配植〕造園木ではなく，北海道有数の林木である。

〔類種〕**アカエゾマツ** P. glehnii *Mast.* 本種とだいたい同じであるが幼枝は赤褐色，短毛密生し，冬芽は帯褐色。葉はトウヒ属中最小，長さ1～1.2cm。北海道北東部に多く自生し，湿原，岩石地，峰通りに純林をなし，南千島では国後，色丹の2島に産する。これは盆栽としてきわめて多く利用されるもの，排水のよい湿気分ある土質を好む。北海道では造園木としてはむしろ樹性強健で適応力が強いため，アカエゾマツの方を多く用いている。

【図は花と実】

とうひ まつ科
Picea hondoensis *Mayr*

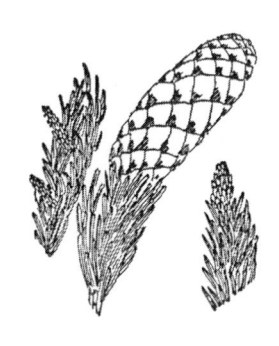

〔形態〕エゾマツによく似る，同種またはこの変種とする説もある。常緑喬木，雌雄同株で，樹幹は直立し，樹形は整形。樹皮は暗赤褐色，小形鱗片となって剝離する。幼枝は赤褐色。葉はエゾマツに似るが短く，鈍頭，下面帯白色，長さ1～2cm。葉枕は強く，大形。花は6月開花。雄花は円筒形，雌花は斜上，円筒形，紅紫色。球果は成熟して黄緑色となり下垂し，円柱状。種子は倒卵形，長さ2～3mm，翼はその2倍の長さ。本州の特産。〔類種〕造園的利用ではこれよりもむしろヨーロッパトウヒ一名ドイツトウヒ P.excelsa *Link* の方が重要である。これは喬木，雌雄同株で，高さ30～70m，径0.6～2m，樹冠円錐形，枝序は整斉，樹皮は初め平滑，後に黒褐色になり，鱗片に剝離する。老木では枝端やや下垂する。幼枝は淡褐色，光沢，無毛または軟毛あり，冬芽は帯紅色，鮮褐色，卵状円錐形。葉は線形，鋭頭，微彎曲，各面に1～4条の気孔線あり，長さ1.5～2.5cm。球果は下垂，円筒形，帯紫紅色，熟して鮮褐色，長さ100～200mm，径30～40mm，種子は長さ4～5mm，翼はその2倍の長さをもつ。

〔配植〕造園木として幼壮時の形を利用し，クリスマスに多く利用する。欧州産。　【図はトウヒの花と実】

	トウヒ	ヨーロッパトウヒ
小枝	下面白色	白色ならず
二年枝	濃緑色	淡緑色
葉長	最大1.5cm （葉断面は扁平）	最小1.5cm （同四角形）
球果	小（長さ50～55mm）	大（長さ100～200mm）

つが まつ科
Tsuga sieboldii *Carr.*

〔形態〕常緑喬木,雌雄同株で,樹形は大形。樹皮は帯灰色,深く縦裂。幼枝は細く黄褐色,無毛。葉は多く,長短あり,扁平線形,微凹頭,長さ1～2cm。花は3～4月,前年枝につく,雄花は卵形,雌花は頂生,やや下向,帯紫色。球果は下垂卵形,鮮褐色,長さ20～25mm,径12～15mm。種子は楕円状扁卵形,茶褐色,長さ5～6mm,翼は淡褐色,長さ5mm。

〔産地〕本州関東以南九州まででモミよりやや寒地,コメツガよりやや暖地に生ずるがそれらと多く混生する。

〔適地〕適潤,多湿の空気を好み海風にも強い。〔生長〕遅い,高さ25～30m,径1mに達する。〔性質〕浅根性で,側根多きも一般には移植力に鈍い。剪定は幼壮時は差支なく萌芽力もある。〔増殖〕実生。〔配植〕枝量多く,樹形密生するので優良な造園木に利用する。寒地ではモミと同様に取扱われる。〔類種〕**コメツガ** T. diversifolia *Mast.* ツガとは樹皮,幼枝,冬芽,葉,球果を少しく異にする。著しい区別点としては本種の幼枝が有毛であること,産地はツガより寒い地方(ツガは海抜約1,000m,本種は1,400～1,500m)に産する。〔用途〕用材。〔配植〕ツガと同様である。**カナダツガ** T. canadensis *Carr.* アメリカ産の用材樹であるが,日本に入って造園樹に使われている。ツガ,コメツガより樹形,剪定,管理の面においてはるかに優良であるが苗木の入手が困難とされる。

【図は花と実】

からまつ（ふじまつ）　まつ科
Larix leptolepis *Gordon*

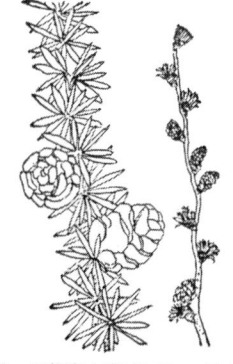

〔形態〕落葉喬木，雌雄同株で，樹幹は通直，樹形は円錐形。樹皮は暗褐色，老成して小鱗片に剝離する。枝は細く，斜上水平または下垂する。幼枝は無毛まれに細毛があり，軟質で屈曲しやすい。葉は4月発芽，鮮緑色，短枝上では20～30片茶筅形に束生する，狭線形で，下面は青白色，長さ1～3cm，長枝上ではラセン状に着生する。秋の黄葉とともに新緑は美しい。花は新芽と同時，雄花は卵形・球形，雌花は下向し楕円体。球果は上向，広卵形，黄褐色，果軸に長毛を密生する，長さ18～30mm，径17～28mm。種鱗は成熟して先端背反する。種子は倒卵状楔形，長さ3～4mm，翼はその2倍の長さ，豊凶に周期がある。

〔産地〕宮城県以南本州の産，富士山その他に多く見られる。〔適地〕乾燥した向陽地を好み，比較的土地を選ばない。〔生長〕早いが短命であり，高さ30m，径0.5～1mに及ぶ，幼時殊に生長が早い。〔性質〕陽樹であり，幼壮時は剪定がきく，耐寒力強く北海道でも植栽できる。〔増殖〕実生のほか特殊の方法で挿木可能。〔配植〕もともと林木であり造園木としては地方型である。新緑，黄葉の美を賞する風景地に純林として植栽し観賞するのに適当しているが東京以南の暖地においては樹容の美しさに劣る傾向がある。盆栽に利用する。〔用途〕用材林として浅間山麓，北海道に植林する，材は優良とはいえない。〔類種〕シコタンマツ 一名 グイマツ L. gmelinii *Gordon*，千島，樺太産，樹形カラマツに劣る。

【図は花と実】

ヒマラヤスギ（ヒマラヤシーダー）まつ科
Cedrus deodara *Loud.*

〔形態〕常緑喬木，雌雄同株または異株で，樹形は端正，世界三大公園木として美しい。枝は水平または下垂し，下枝よく残る。樹皮は灰褐色・灰黒色，鱗片に剝離する。幼枝は有毛。葉は軟質針状，短枝上に20〜50片束生し，長さ2〜3cm。花は9〜10月，雄花序は単一直立，長楕円体。雌花は無柄，単生，小円錐形であるが著明ではない。球果は翌年秋成熟，直立，卵形，鈍頭，暗褐色，成熟すると果軸だけを残し果鱗，種子ともに飛散落下する。長さ70〜130mm，径50〜60mm。種子は短褐色，尖頭扁三角形，長さ10〜16mm，短翼あり。1球果のなかの全部は発芽力がない。日本では結実すること少なく，種子の発芽力に乏しいものが多い。
〔産地〕インドのヒマラヤ山の産，中腹温帯に分布する。
〔適地〕肥沃深層土を好むが比較的土地を選ばない，耐寒力は強い。〔生長〕早い，高さ50m，径3mに及ぶという。〔性質〕強健で寒気に強く，剪定に耐え，萌芽力はあるが強い剪定を行いたくない。移植力充分である，病害虫の著しいものはない。〔増殖〕実生，挿木（良好とはいえない）。〔配植〕庭園木，公園木，風致木，並木，記念樹などに適する。〔類種〕レバノンシーダー C. libani *Loud.* 前種と同種または変種関係とする説がある。枝葉に優美性は少ないが樹形は雄大，欧米ではこの方を多く用いる。レバノンの原産。アトラスシーダー C. atlantica *Manett.* 前種の変種説があり，生育は日本では不良。アトラス山の産。

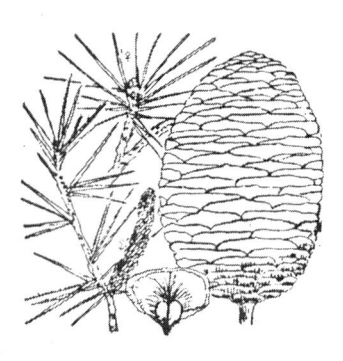

【図は花，果実及び種子】

こうやまき　こうやまき科
Sciadopitys verticillata *S. et Z.*

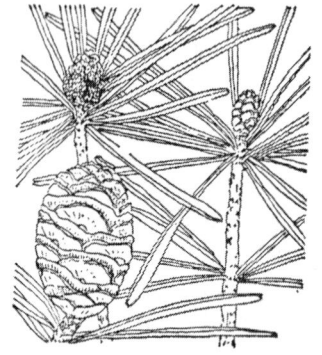

〔形態〕常緑喬木，雌雄同株で，樹形きわめて端正，世界三大公園木の一，狭円錐形を呈し枝序は整斉。樹皮厚く，灰褐色・帯赤褐色繊維状に長く剝離しこれをマキハダという。冬芽は円錐形，赤褐色で著明，幼枝は無毛。葉は長く短枝上では15～30片が茶筅状につく，もと2枚の葉が接着したものである。濃緑色，長さ6～12cm，幅0.3cm。花は4月，枝に頂生，雄花は円錐状花序について黄褐色，雌花は単生，長楕円体。球果は短柄，直立，楕円体，褐色，長さ60～100mm，径30～60mm，果鱗きわめて肥厚する。種子は扁平卵球形，鮮褐色，長さ5～12mm，翼は幅がせまい。

〔産地〕福島県以南・四国・九州の産，木曽では五木の一，高野山では六木の一。〔適地〕肥沃の土地を好み，地力が減退すると葉に黄色を増す。〔生長〕遅いが毎年少しずつ伸張し，高さ30～40m，径1mにも及ぶ。〔性質〕陰樹であり，剪定を好まない。移植力に乏しいが病害虫の著しいものはない。肥培することを要する。〔増殖〕実生，挿木（あまり良好ではないが土地適良であるとよくつく）。〔配植〕林木であり，天然生のものを利用しているが造園用としては主として庭園に用いる。剪定を行わなくとも自然と整形を保っている。権現社，東照宮にあっては神木とされている。樹形が端正にすぎるので庭園にあっては新しく用いることは次第に減少の傾向であり，主幹のない箒状の品種の方が多く使われる，これは樹高が低く列植などに適当する。

【図は花と実】

すぎ　すぎ科
Cryptomeria japonica D. Don

〔形態〕常緑喬木，雌雄同株で，樹形は整形，樹幹は通直，樹皮は帯赤褐色，繊維状に長く剝離す。幼枝は無毛。葉は短く鋭尖，刺頭，針状方錐形，通直またはやや彎曲し，斜立する。幼時は両側に白色気孔線を見る，長さ 0.4〜1 cm。秋冬の頃赤褐色に変色する。花は3〜4月，頂生，雄花は小楕円体叢生，雌花は緑色球状。球果は小球形・卵状球形，長さ 15〜18mm，径 16〜20 mm。果鱗は成熟して4〜6裂。種子は倒披針形，暗褐色，長さ 4〜7mm，狭い2翼がある。

〔産地〕日本の特産で，青森県から南は九州屋久島に及ぶ。〔適地〕排水のよい片岩質の地を好むが比較的土地を選ばない。〔生長〕早い，高さ 40m，径 2〜5 m に及ぶ。〔性質〕移植力に乏しい，剪定はきき萌芽力も相当である。煙害に弱いので都市のなかでは生育不良である。幼樹以外には著しい病害虫はない。幼時は比較的耐陰力がある。〔増殖〕実生，挿木。〔配植〕本来は造園木ではないが都会地以外では庭園，公園，並木，神社木に用いられ，盆栽にも仕立てられる。名木といわれるものが社寺に多い。ただし品種，変種の方が多く植栽されている。〔用途〕日本の林業にあって代表的な樹種であり，材質もヒノキについで良好なので造林上の徳用樹種に数えられる。学名はついていないが材質の差異が枝葉などにも反映し全国で材質本位の品種がきわめて多い，それらはその地方特有の適格種といってさしつかえない。挿木造林を本位とする林業地もある。

【図は花と実】

あしょうすぎ　　すぎ科

Cryptomeria japonica *D.Don*
var. radicans *Nakai*

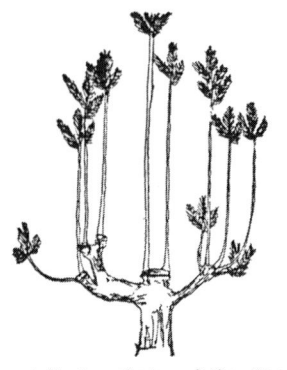

形態上の差異にもとづき変種とし命名された。北山杉，白杉，台杉の名がむしろ通用している。アショウ（芦生）は京都府下の地名，京都大学演習林の所在地である。中井博士の記文では「下枝が下垂して匍匐し発根して新しい株となり，葉は鈎形，球果は球状に見える」とある，だいたいスギとは大差がないが幹から萌芽し，接地の部分に発根を見るほか雄花を多く生ずるが雌花は少なく，したがって結実きわめてまれである。北山とは京都西郊の地名，床柱，タルキ丸太等の生産を目的とした林業地であり，それに使うスギが以上のような特殊な性質をもっているのでこの生産に役立っている。だいたい成木後10年毎に伐って利用し，さらに切口から新しく萌芽させ，下方の枝葉を取りのぞき梢頭近い部分にだけ枝葉を残しておき本来同大の細丸太，柱丸太をつくるのが目的である。そのために株立状の特殊な樹形を形成させるがそれが造園木として利用されるようにもなり，同地方から東京その他に移植出荷されている。台切にして萌芽させるので台杉という。庭木として最高価格のものである。さらにこの樹種を1～3mの蝋燭仕立としたものを庭師の方では吉野杉という，ともに京都西郊が本場であり，他の地方では仕立てていない。仕立てていてもそれは場違品で地杉（じすぎ）と称し葉にやわらか味がない。吉野の名はあっても大和の吉野には関係なく，杉の本場が吉野であるのでその名をかりたにすぎない。

【図は台杉の全形】

えんこうすぎ　　すぎ科

Cryptomeria japonica *D. Don*
　　　var. araucarioides *Henk. et Hochst.*

　常緑灌木，スギの一変種であるが主として樹形，枝形の変異によって名づけられたもの，エンコウとは猿のこと，手長猿が腕を伸ばしたような枝形にもとづいての名である。高さ1～4m，樹冠は広円錐形，枝は長く，輪生するが分岐少なく，長短不斉，直立，斜上下垂，側向し，小枝は少なく，細いものは紐状をなして下垂し，1枝で40～60cmにも及ぶ。葉はやや上向に着生し，長から短へと移行してその順序を繰返す。現在までに花も実も見たことがない，原産地不明の栽植品である。刈込，整姿を行って樹形を調整できる，移植もむつかしくはない，全くの造園木であり，庭園のうち特に下草，石付，鉢前，根締などに適当する。矮性に仕立てることもできる。増殖は挿木による。

〔**類種**〕**エイザンスギ** var. uncinata *S. et Z.* これも産地不詳の栽植品でエンコウスギによく似るが葉が外反する。叡山というが別に京都の原産ではない，挿木によって増殖するがエンコウスギのように普及してはいない。**センニンスギ** var. dacrydioides *Carr.* は以上と樹形は似ているが枝も葉も細小でむしろシダレスギといった感じであり，利用の範囲もまれである。いずれも古書によく紹介されている。その他の変種では枝葉のつまったジンダイスギ（木材の方でいう神代杉ではない），葉がクサリ状を呈するクサリスギ，冬間も葉が緑色のミドリスギがあるが造園用ではない。

【図は枝を示す】

コウヨウザン（広葉杉） すぎ科
Cunninghamia lanceolata *Hook.*

〔形態〕常緑喬木，雌雄同株で，幹は直立，樹冠は広円錐形。樹皮は褐色，老成すると繊維状に剝離する状態はスギとよく似る。幼枝は無毛。葉は大形，剛強，鎌状長披針形，鋭尖，光沢ある濃緑色，下面に幅ひろい2条の白色気孔線あり，下面に反捲する，長さ3～7cm。花は4月，頂生。雄花は球形，群生。雌花は卵球形，単生。球果は頂生，褐色，卵球形，長さと径とは30～50mm。種子は黄褐色，楕円体，扁平，小形，長さ6～7mm，短い翼がある。

〔産地〕中国南部，台湾の産。江戸時代の末期日本に入り，社寺の境内に多く植えられた。〔適地〕スギとだいたい同じ。〔生長〕早い，高さ10～30m，径0.3～1m，枝下20mにも及ぶ。〔性質〕本来造園木ではないが樹形雄大であり，公園，社寺木に適当する。移植力に富み，多少の剪定は差支ない，樹葉が大にすぎるので庭園には不向きである。〔増殖〕実生，挿木，根元から群生するヒコバエを搔いて根挿とする。〔配植〕公園，社寺境内用。〔用途〕材はスギに似て優良，原産地では貴重視されている〔類種〕ランダイスギ C. kawakamii *Hayata* 中国産のもの，樹皮は灰白色，日本に入って標本木とされている程度で未だ需要の途がひらかれてない。これに近いものに別属だがタイワンスギ(Taiwania cryptomerioides *Hayata*)がある。葉はスギによく似る。中国，台湾の産，日本では露地で育つが生育はあまりよくない。新宿御苑台湾館の近くに3株立っている。

【図は枝と実】

ラクウショウ(ヌマスギ) すぎ科
Taxodium distichum *Rich.*

〔形態〕落葉喬木,雌雄同株,樹形広円錐形,樹幹は直立する。樹皮は赤褐色・灰褐色で,繊維状に剝離する。枝は伸長しやや下垂する。葉は互生,軟質,鮮緑色,下面白帯色。長枝上のものは短鱗片形,短枝上のものは櫛歯状に2列に着生し,長さ1~1.7cm,短枝は長さ5~10cm。冬には葉とともに落下するものが多い。花は5月。球果は翌年秋成熟,卵球形で,暗褐色,径20~30mm。種子はやや大形の楔状,光沢ある褐色。
〔産地〕アメリカ南部の産,水湿地・沼沢地に産する。
〔適地〕乾いた土壌にも生育しうるが本来水湿地を好み,水中にも生じうる。〔生長〕きわめて早い,高さ25~50m,径2~5mにも及ぶ。〔性質〕特殊の土地に生育しうるもの,移植については日本での経験なし,原産地では大木移植の例を知らず,剪定に耐え,萌芽力あり,病害虫の著しいものはない。〔増殖〕実生。〔配植〕公園,風景地,遊園地などに用い,殊に水辺水湿地,池沼のなかに植えられる造園木である。母株の根元近くから「膝」と呼ぶ気根を生ずる。池沼のなかに植える方法はあらかじめ簡単な木箱に植えて根を充分に張らせ,これを池底に掘りこんだ穴のなかに箱ぐるみ沈めればよい,樹高は水深以上であることを必要とする。水松はこの一類である。〔用途〕有数の良材を生産する。〔類種〕メキシコサイプレス T. mucronatum *Tenore* メキシコ産,世界最大木(直径で)の一つである。ポンドサイプレス T. ascendens *Brongn.* 葉は細小,アメリカ東部の産。

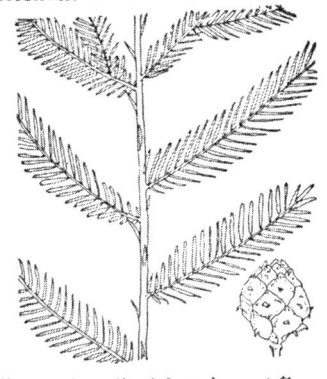

【図は枝と実】

メタセコイア　すぎ科

Metasequoia glyptostroboides *Hu et Cheng*

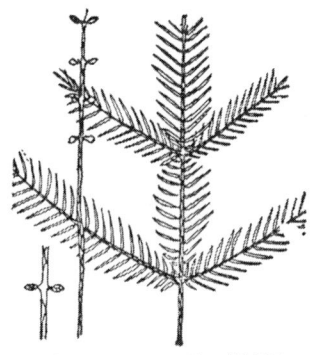

〔形態〕落葉喬木，雌雄同株で，樹冠広円錐形。枝葉はラクウショウにきわめてよく似る。樹皮は薄く，縦裂，板根は地上にも及ぶ。枝は緑色，後に灰褐色となり，幼枝は帯褐色，無毛。冬芽に鱗片あり，冬芽は枝に対して対生直角に出る。葉は2列に対生し，水平に着生，線形，軟質，鮮緑色，長さ 0.8〜1.2cm，下面淡緑色。秋は少し紅葉，一部分の枝とともに落下する。花は4月，雄花は腋生し，頂生，円錐花序につき，雌花は単生。球果は角球状，短円柱形，径 16〜22mm。種子は尖頭倒卵形，長さ5mm。日本では開花に至らない。

〔産地〕中国西部産，化石として存在しているといわれたものが生木で発見されたという有名な来歴をもつ樹種である。〔生長〕きわめて早い，中国現存のものは高さ35m，径2.3mという。日本では実生3年目に2.6mとなり200〜300年で高さ50m，径2mとなるであろうと推定されている。〔増殖〕実生，挿木はきわめて容易である。〔配植〕庭園木としてよりも公園木，風致木として適当している。日本に移入した歴史は1950年頃のことで生育はきわめて早く，美しい樹形をなし各地に普及しつつある。将来の林木，造園木として多大の期待がかけられている。挿木は容易でどの枝でも長短にかかわらず，春から8月までの間に挿せば根づく。著者の実験によれば水中にあっても生育しうることラクウショウおよびスイショウと同一である。強い日陰地は好ましくない。

【図は枝と冬芽】

ひのき ひのき科

Chmaecyparis obtusa *S. et Z.*

〔形態〕常緑喬木，雌雄同株で，樹形は整斉，樹冠は広円錐形となる。樹皮は赤褐色，縦に幅ひろく繊維状に剝離する。枝はやや水平に出る，強靭で折れがたい。葉は鱗状，鈍頭，覆瓦状十字形に対生する。上面は深緑色，下面には1～2の腺点がある。花は4月，枝端につき細小。球果は直立，頂生，球形，赤褐色，径8～10mm。果鱗は楯形，8～10片，種子は各果鱗に2～3粒入る，光沢ある赤褐色，扁平球形，径3mm，きわめて小形，小翼がある。

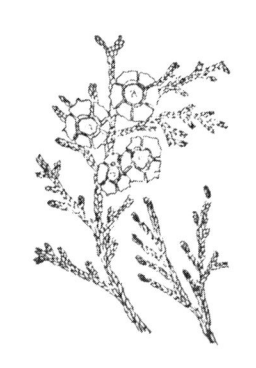

〔産地〕日本原産，福島県以南九州（屋久島）に分布する。木曽山は著名な産地である。〔適地〕乾湿中庸の地を好み深層土に適する。〔生長〕中庸，高さ30～35m，径1～1.5mに及ぶ。〔性質〕移植力に乏しく，剪定整姿には耐えるが強度では生育を害する，萌芽力はある。格別な病害虫はない。〔増殖〕実生，挿木。〔配植〕造園用としては庭園・公園に用いるがサワラの方が用途多い。〔用途〕日本産林木としては材質最も優秀であり，木材界の王者といわれる。〔変種〕**カマクラヒバ** var. breviramea *Beiss.* ヒノキより枝葉が密生し，生長遅く，庭園樹に用いる。チャボヒバはこれと植物学上では同一種とされるが造園上では明かに区別される。**スイリュウヒバ** var. pendula *Mast.* 枝葉の下垂するもの。これは次のヒョクヒバ，イトヒバと樹形がきわめてよく似る，しかしそれらの基本種が異っているので植物学上の識別は大切だが造園用としてはだいたい同じである。

【図は花と実】

さ わ ら ひのき科
Chamaecyparis pisifera *S. et Z.*

〔**形態**〕常緑喬木，雌雄同株で，形態はヒノキによく似る。樹冠は円錐形。樹皮は褐色，幅ややせまい繊維状をなして縦に剝離する。葉は鱗状，ヒノキに比して鋭頭である点を異にする。球果は球形で，小枝の基部に多く着生し，褐色，径6mm。種子は淡褐色，ほぼ楕円体，長さ2mm。

〔**産地**〕岩手県以南に産し，ヒノキよりやや寒地を好む。木曽山ではヒノキとともに五木の一である。〔**適地**〕ヒノキよりもやや湿気を好み，だいたいスギと同様に考えて差支ない。〔**生長**〕中庸, 高さ30m，径1mにも及ぶ。〔**性質**〕強健であるが移植力を欠く，剪定，整姿は弱度であることを望む，萌芽力は多い。〔**増殖**〕実生，挿木。〔**配植**〕庭園・公園・遊園地・風景地の風致木，東京では生垣樹としてひろく普及し，これをヒノキと呼んでいる。十中八九は挿木苗を使っている。〔**用途**〕材としてはヒノキに劣る，主として桶などをつくるに適する。これは割裂性の強いのによる。オケサワラとも呼ぶ。〔**変種**〕**ヒヨクヒバ** var. *filifera Beiss. et Hochst.* 枝葉の下垂するもの，庭園用。**シノブヒバ** var. *plumosa Beiss.* 葉は細く長く軟質，外反し，帯白淡緑色を呈す，庭園用。生垣に多く用いる。**ヒムロ** var. *squarrosa Beiss. et Hochst.* 一層葉の軟かなもの，性質は弱い，庭園用。これらの変種は生垣としても性質が弱いのは変種であってしかも挿木によるからで，むしろ基本種のサワラを用いた方が寿命が長い。

【図は花と実】

ねずこ（くろべ） ひのき科
Thuja standishii *Carr.*

〔形態〕常緑喬木，雌雄同株で，樹冠は鐘形，広円錐形。樹皮は褐色，薄片に縦裂し，光沢が多い。枝はほぼ水平に出て強靱。葉は鱗状，アスナロとヒノキとの中間大，下面に白色の気孔線があるがそう著しく白色ではない。上面は濃緑色。花は5月，頂生。球果は頂生，卵形・楕円体，黄褐色，長さ8～10mm，径5mm。種子は倒披針形，褐色，両側に淡褐色の狭翼あり，ともに長さ6mm。

〔産地〕秋田県以南木曽山までに産する。富山県黒部渓谷にはこの木が多いのでクロベスギという名を生じたと伝える。〔生長〕やや遅い，高さ25～30m，径0.6～1mに及ぶ。〔性質〕もともと林木であり，造園用には不適当である。自然生のものを利用する程度であり，植林などは行わない。〔類種〕ニオイヒバ T. occidentalis *L.* アメリカ産の喬木，日本に入って主として造園木とする。葉肉内に香気多くふくみ，葉を揉むと芳香を発する。葉はネズコとほぼ同じく，枝葉を剪定しなくても自然に樹形は狭円錐をなすものである。挿木で新苗をつくることができる。アメリカネズコ T. plicata *Lamb.* 木材としてアメリカから多く輸入され，いわゆる米材の一つであり，本種を「米杉」（ベイスギ）と呼ぶ。材は優良である。これらはアメリカでは有数の造園木とされている。日本でゴロウヒバと庭師のいうのはネゴスを指している。昔は庭木に使ったものであるが移植に耐える力がきわめて弱く，現在では全く用いない。

【図は花と実】

コノテガシワ　　ひのき科
Biota orientalis *Endl.*

〔形態〕常緑喬木,小喬木,雌雄同株で,樹冠は円錐形。樹皮は老木では帯褐灰白色繊維状に剝離し,幼木では赤褐色,根皮を柏白皮といい薬用とする。枝は着生方に特徴があり,垂直に一平面をなして立つ。葉は鱗形,表裏の別なく白色気孔線なし。花は4月。球果は卵球形・長楕円体,光沢ある濃褐色,長さ10～25mm。果鱗は6～7片,各片に種子2～1粒入る,種子を柏子と呼び薬用とする,やや黒褐色で,長卵球形,翼はない。

〔産地〕中国北部,西部といわれるが自生地は現在まで不明であり,朝鮮・日本にも渡来し多くは社寺廟営,墓域などに植えている。〔生長〕幼時は早く,中年後に樹形がくずれる。高さ5～20m,径1～3mに及ぶ。〔性質〕刈込は充分に行わないと枝葉量の重みで枝序がくずれ,したがって樹形不斉となる。陽地を好むが移植力には乏しい。〔増殖〕実生,挿木。〔配植〕公園,社寺廟,墓地用,個人の庭には少ない,中国では有数の造園樹木である。〔変種〕**イトヒバ** var. pendula *Parl.* 前述のスイリュウヒバ,ヒヨクヒバと同様枝の下垂するもの,庭園用。**ワビャクダン** var. falcata *Hort.* 幹は直立,ときに捩曲,枝は粗生する。**センジュ** var. compacta *Hort.* 樹形は卵球形,主幹なき灌木形のもの。これらの変種は見本木か,標本木でなければ社寺用にかぎられている。樹形が特異のものなので庭木には不向である。コノテガシワが日本に入ったのは相当に古い時代であり,「このてがしわのふたおもて」と古歌にもある。

【図は樹形,樹皮,果実及び種子】

あすなろ（ひば）　ひのき科
Thujopsis dolabrata *S. et Z.*

〔形態〕常緑喬木，雌雄同株で，樹冠は広円錐形。樹皮は灰褐または黒褐色，縦に長く繊維状に剥離する。枝は太く，水平に出て，枝端は下垂し，下枝を永く保ち著しく枝葉密生する。葉は濃緑色，鱗形で最大のもの。花は5月，頂生。球果は球形，径10～15mm。果鱗は6～10片，各々に種子3～5粒入る。種子は楕円体，灰黄色，2～3片の小翼がある。

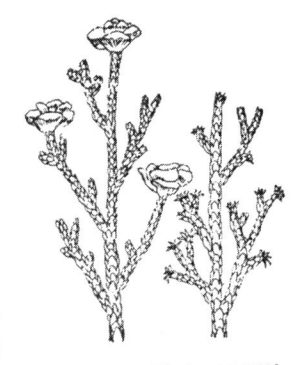

〔産地〕本州・九州の産。青森県と石川県（能登）は著名である。〔適地〕水湿に富む肥沃の陰地を好む。〔生長〕きわめて遅い，高さ30m，径0.6～2m。〔性質〕極陰樹であり，剪定に耐えず，萌芽力，移植力に乏しい，格別の病虫害はない。〔増殖〕実生，挿木。〔配植〕地方的には庭樹に用いているが一般的ではない。〔用途〕林木としてこの木材を利用する。水質に強い良材を産する。〔変種〕ヒメアスナロ var. nana *S. et Z.* 灌木状を呈し主幹を示さず，主として庭園用だが生垣状列植に用いるほか下木，根締，石付などに植栽する。陰地でもよく生育する。ヒノキアスナロ var. Hondai *Makino* 葉も球果も小形のもの，北海道江差町産のものは自生北限地として指定されている，材質上重要なもので造園木ではない。〔備考〕ここにヒバと示したがこれは，(1)木材名，(2)青森地方でヒノキ，サワラその他に鱗葉をもつ樹の総称，(3)同地方でヒノキアスナロの方言，(4)東京でヒノキ，サワラの変種名の総称，以上のとおり文字上の用例がある。

【図は花と実】

びゃくしん（いぶき）　ひのき科
Juniperus chinensis *L.*

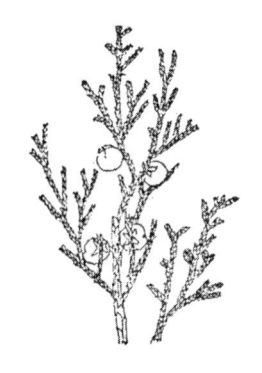

〔形態〕常緑喬木，雌雄異株まれに同株で，樹冠は狭円錐形。樹皮は赤褐色，薄片に剝離する。葉に2型あって，成木したものは鱗葉だが幼木，大木の下枝，ヒコバエのものは針葉。鱗葉は緑色，交互に対生して鈍頭，これがついた小枝は一見丸打の紐に似る。針葉は三輪生または交互対生，鋭尖狭披針形，上面主脈の両側に2条の白色気孔線がある。花は4月，小形。球果は球形，初年または2年目の秋成熟，紫褐色，白粉を被う，径5〜8mm。種子はほぼ卵球形，光沢ある帯褐色，径4mm。

〔産地〕宮城県以南九州・琉球まで，主として海岸近くに分布する。伊吹山自生のものには植栽説がある。〔適地〕乾燥した陽光の強い砂質壌土を好む。〔生長〕やや早い，高さ15〜20m，径0.5〜2mに及ぶ。〔性質〕陽樹であり，抵抗性はあまり強くない，移植力乏しく剪定刈込を好まない。病虫害も少なくないが致命的ではない。〔増殖〕実生，挿木。〔配植〕主として社寺廟等に植える。庭園用としてはカイズカイブキの方が多く用いられる。〔変種〕カイズカイブキ var. kaizuka *Hort.* 樹形が捩曲し樹冠線に凹凸が入るもの，枝葉は密生，庭園，公園用，列植，生垣に多く使う。〔類種〕ハイビャクシン J. procumbens *Sieb.* 地上匍匐型，葉型は同じで樹形の差である。公園，風景地，植物園などに用いる。光線の強い砂質地を好み陰地，日陰地には絶対に不適当である。害虫，病菌の被害は多い。枝は生花に使う。

【図は花と実】

ねずみさし（ねず） ひのき科
Juniperus rigida *S. et Z.*

〔形態〕常緑喬木，雌雄異株で樹冠は円錐状卵形，樹皮は黒褐色，縦に薄片に剝離する。葉は針状，鋭尖刺端，3片輪生，黄緑色，上面に白色気孔線あり，長さ1〜2cm。花は4月，前年枝に腋生する。球果は2年目の秋成熟，短柄，厚肉質，球形で外面に3鱗片の合着縫合線が三角状の突起をなして現われる，帯紫黒褐色，径6〜9mm。種子は鋭頭三面体，淡褐色，下面に凹溝あり，1果に2〜3粒，径2.5〜4mm。
〔産地〕本州中部以南・四国・九州の産。〔適地〕向陽の地で花崗岩風化土を好むが比較的土地を選ばない。
〔生長〕やや早い，高さ5〜15m，径0.3〜1m。〔性質〕陽樹であり，乾燥した排水のよい砂礫質の地を好むが，湿地には生育できない。移植力に乏しく，剪定は強く行なってはならぬ。格別の病虫害はない。〔増殖〕実生。〔配植〕もともと固有の造園樹ではないが地方によっては用いられる。〔変種〕ヨレネズ var. filiformis *Max.* 葉の捩曲したもの，園芸変種の一つである。〔類種〕ハイネズ J. conferta *Parl.* 前記ハイビャクシンに相当するものというべく，匍匐型で主として海岸地方に多く，北海道から九州にまで及んでいる。用途はハイビャクシンと同じ。ネズミサシとはネズミの穴にこの枝葉を逆に挿入しておくと刺端のためネズミの出入ができないのによる。この実を集めて蒸溜酒に入れると香気がうつるので用いられる，ジンはそうしてつくられるという，学名とジンとは関係があるらしい。
【図は花と実】

トキワギョリュウ モクマオウ科

Casuarina equisetifolia *Forst.*

〔形態〕常緑喬木,雌雄同株で,樹幹は直立し,整形で一見針葉樹に似る。樹皮は灰褐色。枝は淡緑色やや下垂し,節間短く多節,6〜8稜。葉は退化しトクサのように見える枝に鞘歯状に着生する。花は6月,同一株の異枝々端に雌雄花が別々につく。雄花穂は円筒形,長さ12〜20mm。花粉は黄色,雲のように散る。雌花は球形,猩々の毛に似て赤褐色で径12mm。果実は10月成熟,木質化した苞の発達した球果状,長楕円体,長さ25mm,径12mm,1果中30〜40の種子がある。種子は扁平,きわめて小粒で,油状光沢あり,褐色または灰色,小翼がある。下種するとよく発芽する。

〔産地〕オーストラリアの原産,熱帯,亜熱帯各地にひろく普及している。〔適地〕暖地の砂地,砂質壌土地を好む。日本では房総,伊豆辺の海岸に適する。〔生長〕きわめて早い,高さ15〜25m,ときに40m,径1mに及ぶ。〔性質〕陽樹で剪定はきくが移植力は大なりとはいえない。病害虫ほとんどない。〔増殖〕実生。〔配植〕海岸地帯の風致樹,並木,防風樹,公園木に用いる。〔用途〕材は建築用,薪材用,皮から染料をとり,葉を飼料とする。熱帯地方では有用樹とされる。〔類種〕モクマオウ C. stricta *Ait.* 一名小笠原松とも呼ばれ,トキワギョリュウよりすべての点で小形である。産地は同じ。明治初年日本に入り,初め小笠原島に植えられたのでこの名がある。日本では温室に入れて栽培している。用途,植栽などは大体同じである。

【図は花,枝及び果実】

せんりょう　せんりょう科
Chloranthus glaber *Makino*

〔形態〕常緑草本状灌木，株立状で，全株無毛。枝はやや太く，茎は緑色，節があって隆起する。葉は短柄，対生，薄い革質，暗緑色，光沢あり，卵状長楕円形・披針状長楕円形，鋭尖頭，鈍脚，中辺以上に波状鈍鋸歯があり，長さ5〜15cm×2〜6cm。花は6月，複穂状花序，分岐，花被なく，雄蕊1個子房外壁に沿着する。果実はマンリョウに似るが花は以上のように簡単でマンリョウの花の複雑さに及ばない。果実は初冬に成熟，肉質，球形，マンリョウに似るも果梗短く，光沢ある朱紅色を呈する。径5〜7mm，種子は1個，白色，球形，果実の黄色のものを**キミノセンリョウ** f. flava *Okuyama* という，これは栽培品である。

〔産地〕本州中部以南・琉球・台湾・中国，さらに南方諸国にも産する。〔適地〕高温，多湿の砂質壤土地を好む。〔性質〕草質を帯びるので強健とはいえない，暖地でないと良好の生育を見ない。〔増殖〕実生，挿木，株分。〔配植〕暖地の庭園にかぎって下木，根締，石付などに用いられる。多く家の北側に植えられているのは乾燥を嫌うからである。造園用よりむしろ切花とし園芸生産物栽培に従事している地方が多く，産地の地況によって収穫や品質の点にも上下の差を生ずる。銚子千両の名があるように茨城県波崎をはじめ安房，三浦三崎などで栽培し，正月用の切花としている。栽培品種は2種あり，オオシオ種は早生，大形，切花向きに適し，コシオ種は晩生小形，鉢ものにはこの方がよい。

【図は果枝】

シダレヤナギ　やなぎ科
Salix babylonica *L.*

〔形態〕落葉喬木，雌雄異株で，樹形は枝垂形。樹皮帯灰色，深く縦裂する。小枝は柔軟，細長，下垂。幼時は有毛または無毛，帯褐緑色。葉は互生，短柄，線状披針形，鋭尖，鋭脚，細鋸歯。下面は帯緑灰白色，無毛または初め軟毛散生，長さ $8～15cm × 0.5～1.2cm$。花は早春発芽前に開き黄緑色，多毛。雄花には2本の雄蕊，雌花の雌蕊は無柄，柱頭2裂，日本には雌本なしともいわれる。果実は蒴果で，夏季成熟する。

〔産地〕中国中南部の産，楊子江畔に多いという。日本に渡来した年代は不明である。〔適地〕水湿地に適するが相当の乾燥地でも好んで生育する，比較的土地を選ばないと見なしてよい。〔生長〕生育きわめて早い，そのためか日本では短命である。高さ $10～15m$，径 $0.6m$，ウィルスン氏によれば中国では径 $1～1.2m$ にも及ぶという。〔性質〕剪定に耐え，萌芽力強いが移植力に富むとはいえない，病害虫の著しいものはない。〔増殖〕挿木。〔配植〕造園樹としてはほとんど池畔，水辺の風致樹，並木用である。〔類種〕ロッカクドウ S. elegantissima *K. Koch* 六角堂，日本産といわれるが産地不詳，樹形，枝振りは一層優美である。並木にはこれを用いたい。オオシダレ S. ohsidare *Kimura* シダレヤナギより枝は一層太く，生育のよいものは，枝端を地に曳く。東北地方に栽植が多い。一種コシダレというのはシダレヤナギの雌本であるといわれるが，ヤナギ類はむずかしい。

【図は樹形，葉，花，樹皮】

ウンリュウヤナギ　　やなぎ科

Salix matsudana *Koidz.* var. tortuosa *Vilm.*

〔形態〕落葉喬木，雌雄異株で，カンリュウ（旱柳）の変種とされる。基本種では枝が捩曲していないが本種は全く不規則に捩曲して一見奇形を呈する，こうした型を雲竜型または香篆型と呼ぶ。葉も捩曲し不斉に着生する。線状披針形，細鋸歯あり，下面灰白粉を帯びた淡緑色，長さ10cm×1～1.5cm。枝が真直で葉だけが捩曲するものを羊角柳という。花は3月頃開き黄色を呈する。

〔産地〕中国中部地方の産，黄河の流域に多い。〔適地〕水湿に富む土地を好むが乾燥地にも生育よい。〔生長〕きわめて早い，高さ10～20m，径0.6mにも及ぶ。〔性質〕陽地を好み移植力に乏しいが，強い剪定に耐え，よく萌芽するゆえ初めから樹形を充分に考えて剪定を行わないと樹形がくずれやすい。格別の病害虫はない。

〔増殖〕挿木によりきわめて容易に新苗を仕立てうる。

〔配植〕特殊な樹形であるので他の庭樹との調和力に乏しい点を考えて造園用とすべきもの，弘前の公園に池畔近くに大木あり，寒地でも庭木として充分利用できる。園芸上では切花として生花材料に供給している。中国では雲竜柳，九曲柳の名で呼ばれ，南京や上海では主として寺院の境内に植えられている。日本に入ったのは雄木だけであるといわれる。なおこの一類にスイリュウ var. pendula *Schneid.* があり北京では寺院，宮室などに植えている，枝を逆にして挿してもつくというので倒栽柳と呼ばれているが日本に来てるかどうかを知らない。

【図は枝を示す】

ねこやなぎ やなぎ科
Salix gracilistyla *Miq.*

〔形態〕落葉灌木，雌雄異株で，株立状，幹と枝は細い。枝は密生し幼枝には初め長軟毛多く密生し全形帯白色に見える。葉は互生，有柄，長楕円形・披針状長楕円形，短鋭尖頭，楔脚，支脈多く細鋸歯がある。初め両面に絹毛あるが後に上面は無毛となる，下面は帯白色の毛を残す。托葉は半月形。葉柄はときに紅色に変ずる。花は早春葉に先だちて生じ大形の上向花穂，白色絹毛密生する。俗にネコというのはこれである。雌雄花とも上半黒色苞鱗を有する。果実は蒴果で絹毛を密生し，成熟して2裂し白色毛あり種子を飛散させる。

〔産地〕北海道から九州に及んで主として平野水辺に産する。〔適地〕水湿地を好むが乾燥地にも自生するのを見ると土地を選ぶこと少ない。〔生長〕きわめて早い。そのため幹は短命となり新幹がこれに代る，高さ1～3m，径0.3mのものがある。〔性質〕強健であり，剪定に耐え萌芽力あるが強く刈込むと衰弱を来し根ぶきを多くする。〔増殖〕実生，挿木。〔配植〕水辺の風致樹として適良であり，公園と庭園とを問わない。多くは園芸上切花として仕立て市場に出荷している。〔変種〕**ネコシダレ** var. pendula *Kimura* 枝垂のもので奇形であるが造園用に適する。自生品はないと報ぜられている。稀品であり栃木県内の小学校内に1種発見された。**クロヤナギ** var. melanostachys *Ohwi* 鱗片と花序は暗褐色で花穂に毛がない。朝鮮・中国の産というが牧野博士は三河に自生品ありという，栽植品である。

【図は花と実】

きぬやなぎ　　やなぎ科
Salix kinuyanagi *Kimura*

〔**形態**〕落葉小喬木，雌雄異株で，枝序は粗生，直立状をなし，幼枝には白色絹毛をつける。**葉**は互生，大形，線状披針形，漸尖頭，鋭脚。上面は深緑色で，無毛，下面は白色の絹毛密生し全面白銀色を呈する。不明の波状低鋸歯があるが多くは少しく上面に巻きこんでいるので著明でない。長さ10～15cm×1cm。花は早春，葉に先だって開く，雄花穂は長さ25mm，白色絹毛の密生するなかから葯だけを現わす，葯は初め紅色，後に黄色となる。雌花穂はやや細長，柱頭は2岐する。
〔**産地**〕北海道・本州・四国の産，栽植品はしばしば農家の庭前などに見られる。〔**適地**〕土地を選ばない。
〔**生長**〕きわめて早い，不斉形の樹容をなす。〔**増殖**〕挿木。〔**配植**〕庭木として用いられるものではないが充分に強い剪定を行い枝を減少させると大形の葉は縮少して庭木に適する美しい形となる。葉の下面が白色であり上面との対照が美しい点を考えて今後多く利用の価値ある雑木の一種であると考える。刈込垣，生垣などに応用しうる価値は大きい。〔**類種**〕コリヤナギ S. koriyanagi *Kimura* はこれに反し葉は線形，きわめて細く，樹形も枝も繊細である。皮を利用して行李を作る，庭木にも用いるが弱い。行李の需要は年々減少するのでこの製造は衰微しているが但馬国がこの生産では著名な地方とされている。同地では3種に分け，大葉は一名丸葉，品質は劣る。中葉は品質はよいが収量が少ないとされ，細葉は一層品質は劣るが水害地などに植えて強いものである。
【図は樹形，葉，花，実及び樹皮】

かわやなぎ（ながばかわやなぎ）やなぎ科
Salix gilgiana *Seeman*

〔形態〕落葉大灌木，雌雄異株で，土地によって株立状をなし，枝は直立する。**春の葉**は線状長楕円形，鈍頭，白絹毛を被りほとんど全縁，**秋の葉**は広線状長楕円形・狭長披針形，漸尖頭，鈍脚，微鋸歯。上面は光沢あり，無毛，下面は粉白色，長さ6〜12cm，両者の形に以上の差異がある。花は葉に先だち花序を生じ，直立。果穂は多く彎曲し，長さ50mm，蒴果には絨毛がある。花穂は切花に利用しうるがネコヤナギのように美しくない。産地はネコヤナギとだいたい同じ。（ヤナギ総説）カワヤナギの名は川辺に生じている矮小なヤナギの総称とされ，古来の俳句にも多数読みこまれているが，もとよりその種類は明かでない。カワヤナギといわれる方言をもつものはカワヤナギ，マルバノヤナギ，コメヤナギ，ネコヤナギ，コリヤナギなどがある。牧野博士は前記学名のネコヤナギが本来のカワヤナギであるとし，ここにのべるカワヤナギは本来ナガバカワヤナギであると主張しているが本書は従来の慣用上この学名のものにカワヤナギをあてた。ヤナギの分類，識別は植物学上でも困難であるが造園上ではそうした区別は必要ない。

以上のほか路傍に見るものに**バッコヤナギ** S. bakko *Kimura* **イヌコリヤナギ** S. integra *Thunb*. などがある。前者は喬木，後者は灌木である。このほか喬木性のものはシロヤナギあり，葉の下面に白味あり。エゾヤナギは上高地に見られる。コメヤナギはシロヤナギに似るが花を異にする，中部日本での最大木である。

【図は樹形，葉，花，樹皮】

どろのき（てろ）　やなぎ科
Populus maximowiczii *A. Henry*

〔**形態**〕落葉喬木，雌雄異株。樹皮は幼樹では帯緑白色，平滑だが成木して暗灰色となり，縦裂する。枝は太く，幼時は軟毛あり，灰褐緑色，光沢がある。葉痕は狭く鎌形，皮目著明。冬芽は多数の鱗片がある。葉は互生，やや革質，卵形・楕円形・広卵形，急鋭尖，鈍脚・心脚，細鈍鋸歯，若木では短柄，老木では長柄，短枝上に束生する。上面は濃緑，光沢あり，下面は淡白色，脈上は有毛，長さ 6〜15cm×3〜7cm。花は葉に先だち，花序は帯紅色で美しい。雄花穂は長さ 70mm，雌花穂は 50mm。果実は蒴果で，晩夏成熟，尖頭卵球形，黄色，長さ 200mm の果穂につく。木質の果皮は頂部で 4 裂，白綿毛ある種子を飛散させる。

〔**産地**〕寒地産，北海道・本州の北中部に産し，中国・満州に分布する。〔**適地**〕軽くて水湿に富む土地を好む，河岸など適地である。〔**生長**〕きわめて早い，高さ 20〜30m，径 1〜2m に及ぶ。〔**性質**〕強い剪定に耐え萌芽力もある，移植力は強いとはいえない。〔**増殖**〕実生，挿木は簡単に成功する。〔**配植**〕造園木としては本来の用途ではなく，林木，パルプ材，マッチの軸木などに用いる。旧満州国では公園木として唯一の用途をもっていた。このほか並木にも利用された。酸性，アルカリ性両方の土質に生じうる。挿木法は満州では 1 年生の枝を 50〜100cm に切り，地下 30cm に水平に埋めておくだけで年内に発芽する。通常の方法で行うならば 3cm の直径の枝を 30cm 内外に切り三分の二を水湿地に挿せばよい。

【図は葉，冬芽，実】

やまならし（はこやなぎ）　やなぎ科
Populus sieboldii *Miq.*

〔形態〕落葉喬木，雌雄異株で，樹皮は縦裂。枝は太く帯紫暗黄色。若枝は暗灰色で光沢を有し，幼時には白毛がある。冬芽は褐色，光沢ある多数の鱗片に包まれ表面には粘性がある。葉は互生，長柄，葉柄上部に小球状の腺あり，広卵形・卵形，鋭頭，円脚・広楔脚，細鋸歯。上面は濃緑色，下面は灰白色，幼時は長白毛あり，長さ3～8cm×3～5cm。花は4～5月，葉に先だって開き，雄花穂は長さ約50mm，雌花穂は約100mm。蒴果は成熟後裂けて白毛ある種子を散ずる。
〔産地〕北海道・本州・四国・九州の山地に生ずる。
〔適地〕ドロノキと同じであるがやや乾燥地に適する。
〔生長〕早い，高さ15m，径0.6mに及ぶ。〔性質〕浅根性なので風害をうけやすい，暖地に植えると病害虫の被害が多い。剪定はきかない，以上の点はドロノキとてもだいたい同様である。〔増殖〕実生による，挿木は困難または不可能とされている。〔識別点〕ヤマナラシの方は葉は三角形，下面有毛，山のやや上部乾地を好み，やや暖地にも向く，生育力劣る。ドロノキは葉は長卵形，下面無毛，低湿地山谷に生じ，やや寒地を好む，生育力著し。〔用途〕ドロノキと大体同じ。ドロノキと同じく本来の造園木ではない。ヤマナラシの名は長柄のため風により葉がよく動くによる。方言としてアサアラシ，ヤマアラシというのもこの意味から来ている。ハコヤナギとはこの材で木箱をつくるのによる，しかし方言ではこの樹もドロ，ドロノキ，ドロヤナギと呼ばれている。
【図は花と実】

ポプラ　やなぎ科

Populus nigra *L.* var. italica *Moench*

〔形態〕落葉喬木，雌雄異株で，アメリカヤマナラシの変種とされている。この差異は樹形にある。基本種と異なり狭円柱状，枝はほとんど直立して幹に沿うようである。樹幹には発芽しかけている眠芽多く，粗面を呈する。葉は互生，長柄（4～5cm），菱卵形，短鋭尖，漸狭脚，粗鋸歯，光沢あり，風をうけてよく動く，長さ6～10cm×5～8.5cm。日本には雌樹は輸入されていないといわれる。

〔産地〕原産地は不明とされ，欧州説と西方アジア説とある。学名にイタリアとあり，同国ロンバルディー地方に植栽されているが同国は原産地とは関係がない。〔適地〕土地を選ばす，かなりの痩地にも生ずる。〔生長〕きわめて早い，高さ40m，径1mに及ぶものがある。〔性質〕剪定に耐え，萌芽力はあるが移植力に乏しく，浅根性のため風力に弱い，病害もある。〔増殖〕挿木。
〔配植〕樹形の特徴から見ても並木，列植用を主とするほか公園，工場など土質不良の地に用いる。生長があまりにも早いので庭園には用いても効果は少ない。〔用途〕材は軟いが箱材などには適する。日本にはこの材からつくった木炭が火薬の原料になるといわれ，輸入当時は多く陸軍用地，兵営の構内などに植えられたものである。今日でもかかるところに大木が見られる。〔類種〕**カロリナポプラ** P. carolinensis *Moench* は葉大形である。パルプ材に適し，造園用では並木，公園樹に多く使われ関西地方に特に多い。大枝を挿しても容易につく。
【図は樹形，葉，芽，花及び樹皮】

ギンドロ　やなぎ科
Populus alba *L.*

〔**形態**〕落葉喬木，雌雄異株で，樹形は拡開し，枝序は乱雑である。樹皮は幼枝では初め白色，絹毛あり，老成して無毛，灰色または灰白色，平滑で縦条に裂ける。老木では暗色粗皮となる。雌株の枝は横に張るが雄株の枝はやや直立に出る傾向がある，故に並木としては傘形樹冠ではない雄株の方を用いるがよいといわれる。葉は互生，広卵形・円形，若木では3～5浅裂，老木では卵円形・広卵形，鋭頭・鈍頭，円脚または浅心脚深い波状の歯牙状欠刻がある。上面は暗緑色，初め有毛，後に無毛となる。下面は著しい銀白色，有毛，これが特徴とされている。長さは老木で4～7cm，幼枝または上枝のもの15cm，幅は12cmにも及ぶ大形である。
〔**産地**〕欧州中南部・西北アジアの産，日本・中国・朝鮮に移入されている。寒地に適する。〔**適地**〕土地を選ばない，強健な樹性である。〔**生長**〕きわめて早い，高さ25～30m，径0.6mに及ぶ，枝序はそのために乱雑に派生する。〔**性質**〕剪定は頻繁に強度に行わなければならぬ，浅根性なので風には弱い，暖地では病害虫あり，移植力に乏しい。〔**増殖**〕挿木。〔**配植**〕庭園，公園用，生垣，並木，海岸植栽にも用いられている。葉の下面の白色を利用すれば洋風庭園にも適当する。ウラジロハコヤナギまたはギンヤマナラシの名で呼ばれ，むしろこの方が多く通用している。白楊と書く。葉の下面の白いことは著しくこれ以上のものはない。欧米では造園用にひろく植えられているが日本では普及していない。
【図は葉を示す】

やまもも　やまもも科
Myrica rubra *S. et Z.*

〔形態〕常緑喬木，雌雄異株で，枝葉は密生し，樹形は広円蓋状をなす。樹皮は帯赤褐色，表面に青灰色斑あり，この皮をモモ皮と呼び古来薬用，染用とする。葉は互生，ときに輪生，無柄，革質，倒披針形，濃緑色，無毛，鋭頭・鈍頭，狭脚・楔脚，全縁，ときに粗鋸歯があり，下面に小腺点を有し，脈は両面に隆起する。長さ6～12cm×1～3.5cm。花は4月，腋生し，雄花穂は黄褐色，雌花穂は卵状長楕円体で，花被はない。果実はその年6～7月成熟する。球形で，漿液多く，密に表面に突起あり，暗紅色，径10～20mm，熟すると落下する。白色のものをシロモモ var. alba *Makino* という。種子は1個，扁球形，褐色，周囲に稜線があり，径6～8mm，厚さ3～4mm，年によって豊凶の差著しい。

〔産地〕原産地は不明とされるが本州中部以南，四国・九州・琉球とされる。〔適地〕向陽，深層の肥沃で暖地を好む。〔生長〕遅い方であり，高さ6～20m，径1mに及ぶ。〔性質〕深根性，剪定もきくし萌芽力も移植力もある，格別の病害虫なし，関東北部では幼時防寒装備の必要がある。〔配植〕もともと造園樹ではなく果実をとることを目的として改良された品種が多い。地方的には庭木，公園木，並木，生垣にも用いている。四国・和歌山県は果実の産地である。原産地では多く単にモモという。現在改良された種類は多い。タンニン分を含むので挿木はきかず，接木もかなりむつかしい，造園用には実生すればよく，種子を貯蔵して播けばよい。

【図は花と実】

おにぐるみ　くるみ科
Juglans sieboldiana *Max.*

〔形態〕落葉喬木，雌雄同株で，樹形は粗雑枝張りは著しい。枝は太く長く小枝少なく，灰褐色，粗生，幼枝に腺毛密生する。樹皮は暗褐色，灰白色，深く縦裂する，葉痕丁字形，冬芽は大形，根は深根性，根皮の内側は黄色。葉は互生，有柄，奇数羽状複葉，小葉は4～10双，上面は星毛粗生，下面には粗生，細鋸歯あり，卵状長楕円形，急鋭頭，中脈にも密毛あり，脈は18～20双，長さ8～15cm×3～5cm。花は5月，新葉とともに生ずる，雄花穂は前年枝に腋生，下垂，緑色，雌花穂は当年枝々頭に直立する。果実は核果，ほぼ球形，径30mm，淡緑色，白点あるほか表面に絨毛がある。核はきわめて堅く側襞あり，広卵形・球形，鋭頭，長さ15～25mm，仁を含み脂分に富む。

〔産地〕本州北部地方の産。〔適地〕水分に富み肥沃な深層土を好み寒気には強い。〔生長〕早い，高さ30m，径1mにも及ぶ。〔性質〕深根性で，風に強いが移植力を欠く。葉に甘味がある。暖地では害虫の被害著しい。剪定はきかず，萌芽力は望めない。だいたい東京以北の寒地が適当する。〔増殖〕実生。〔配植〕造園木ではなく，改良されない半野生の果木と見なされる。〔用途〕材はきわめて優良，銃砲の台座としてはこれに勝るものがない，戦時中いつもこの材の不足がうったえられる。変種にヒメグルミがあり，核の形を異にする。現在では改良されたクルミが果樹となっている。一般に西洋クルミという，果皮が軟かく割りやすく，仁が充実している。
【図は花と実】

のぐるみ（のぶのき）　くるみ科
Platycarya strobilacea *S. et Z.*

〔形態〕落葉喬木，雌雄同株で，幹は太く直立する。樹皮は帯黄褐色，薄い裂目あり，樹皮をノブ皮という小枝は赤褐色，平滑，幼枝は有毛。冬芽には鱗片が多い。葉は互生，有柄，奇数羽状複葉，長さ30cm，小葉は5〜7双，披針形・狭卵形，細鋭重鋸歯あり，長鋭尖，左右不斉脚で，上面は暗緑色，下面は黄緑色，脈沿以外は無毛，長さ5〜10cm×2〜3cm。花は6月，頂生，帯黄色，雄花穂は上向，中央の花穂は単に雌花だけからなるか，または下部に雌花をつけ他はすべて雄花穂である。花被はなく，雄花には苞鱗内に6〜10の雄蕊があり，雌花は2小苞，1子房，2花柱からなる。果穂は同じくクルミ科であってもオニグルミなどとは全く異なり楕円体で直上し，鋭尖頭で披針形をなす多数の硬質苞を有し，あたかも針葉樹の球果状を呈する，濃褐色，落葉後も枝間に残っている。苞内に小堅果を抱く，小苞と堅果と合して翼状をなし，黄褐色，長さ幅ともに6mm。

〔産地〕本州・四国・九州の山地に生じ，朝鮮・中国に分布する。〔適地〕肥沃，深層の土地を好む。〔生長〕早い，高さ27m，径1mに及ぶ。〔増殖〕実生。〔配植〕造園木ではなく，林木としても格別の用途を有しない。山間にある未利用の喬木である。この材を焼くと沈香のような香を発し蚊やり線香の代用となるという。また葉をもんで河に投ずると魚類が浮きあがり容易に捕えられるという，ともに古書に記されてある。

【図は花と実】

さわぐるみ　くるみ科
Pterocarya rhoifolia *S. et Z.*

〔形態〕落葉喬木，雌雄同株で，樹形は壮大，幹は直立する。枝はやや斜上，樹冠は卵球形をなす。樹皮はよく剝げる，小枝は帯紅黒褐色，老木では深裂する。幼枝は太く灰黒色で，細軟毛を有するがときに無毛。皮目は灰白色で著明，葉痕は倒心形，淡黄褐色。冬芽は灰褐色の密毛に被われる，皮を寿光皮と呼び細工物に利用する。**葉**は互生，肥厚する葉柄をもつ奇数羽状複葉で，長さ20～80cm，小葉は無柄，5～10双，卵状長楕円形・披針形，鋭尖，楔脚，細鋭鋸歯あり，上面は緑色，下面は白緑色，帯黄色の小腺点粗生し，脈沿に軟褐毛を密生する，長さ6～12cm×1.5～5cm，狭い翼葉を伴うのが特徴とされる。花は5月，長い花穂を腋生下垂する。果穂は著しく長く下垂し，**果実**は乾質の堅果で2片の小苞は宿存増大して両翼を張り，淡褐色，円錐形で，径5mm。外果皮は海綿状，10月成熟し果軸を残して落果する。

〔**産地**〕北海道南部・四国・九州の山地に産する。〔**適地**〕湿気に富む渓谷を好み，肥土には生育がよい。〔**生長**〕早い，高さ30m，径1m。〔**増殖**〕実生にて100％発芽する。〔**配植**〕もともと造園樹ではないがかつて大阪市の公園に試植したものが成功し，樹形優美に，よく公園木として適当している。関東地方にはあまり見かけない。中国では並木として利用している。11月に種をとり，取播として育苗すれば苗は容易にできる。造園木として今後，多く用いたいと思う樹の一つである。

【図は花と実】

はんのき かばのき科
Alnus japonica *Steudel*

〔形態〕落葉喬木，雌雄同株で，樹形は粗生する。樹皮は淡褐色，粗渋，不斉に裂開する。幼枝は灰褐色，やや3稜，やや無毛，または褐色の軟毛が粗生する。葉痕は半円形，冬芽は有柄（これは区別点）2～3個の同大の鱗片により密に被われ，あたかも1鱗片のように見える，細長不斉三稜形，上端彎曲，蠟質灰白色の微粉で被われる。葉は互生，有柄（1.5～3cm），長楕円状卵形・広披針形，鋭尖頭，鋭脚・楔脚，短凸点に終る低平細鋸歯，上面光沢なく，脈腋に赤褐色の毛叢あるを区別点とする。下面は淡緑色，その他は無毛または少毛，側脈7～9双，上方に弓曲する。花は早春，葉に先だって開く，雄花穂は前年の秋すでに小枝端に生じて越年し，有柄下垂，細長円柱形，暗紫褐色，雌花穂は小枝上雄花穂の下部に単立して紅紫色，楕円体をなす。果穂は10月成熟，初め緑色，後暗褐色，球形または卵状楕円体，長さ15～20mm，径9～15mm。果鱗は楔形，先端5浅裂する。種子は褐色の球形，倒卵形で，長さ3～5mm，径3mm，狭翼がある。

〔産地〕北海道・本州以南九州までに産する。〔適地〕水湿に富む肥沃地を好む。〔生長〕早い，高さ15m，径0.6m。〔配植〕造園木ではなく水田の畔に植えて稲架用とする。（関東及び北陸地方）種実を染料に供する。関東地方の水田の畔に見られる。枝おろしを行い，秋季水田から刈取った稲をこの幹を利用して架け乾燥させる。延いて農家の屋敷林樹木にも用いられている。

【図は花と実】

やまはんのき　かばのき科
Alnus tinctoria *Sarg.* var. glabra *Call.*

〔形態〕落葉喬木，雌雄同株。樹皮は帯紫褐色。幼枝は黄褐色で無毛。冬芽は倒卵状楕円体，短柄，灰色の密毛がある。葉は互生，有柄（1～3cm），広卵形・広楕円形，薄膜質，鈍頭・鋭頭，ときには微円頭をなし，鈍脚・截脚，縁辺は6～8片の欠核状浅裂で，不斉の鋸歯がある，上面は鮮緑色，下面は無毛，ときに脈上に少毛著しく粉白色を呈するのを特徴とする。側脈は6～8双，長さ，幅とも7～12cm。花は4月，葉に先だって開く。雄花穂はすでに前年の秋生じて越年していることはハンノキと同じ，有柄の細長円柱形，小枝端から数条下垂し，雌花穂は数条総状に配列する，花色はともに紫褐色。果実は10月成熟，果穂は広楕円体，長さ15～25mm。果鱗は楔形で，4浅裂。小堅果は扁平長楕円体，周辺に狭翼がある。

〔産地〕北海道・本州・四国・九州の山地に産し，ときに純林をなす。〔適地〕向陽の乾燥地を好み，寒気には強い。〔生長〕きわめて早く主幹は直立に伸び整形，枝序整然とする，高さ18m，径0.8mに及ぶ。〔性質〕陽樹であり樹性強健，比較的土地を選ばない，剪定に耐え，萌芽力は強い。〔増殖〕実生によって容易に育苗することができる。〔配植〕本来造園樹ではなく，砂防，土留，土地改良，飼料などに用いられる。朝鮮では有数の緑化樹種となされた。濫伐によって植生を失った半島の山地は日本に併合されて以来年々多数の苗をもって植林された歴史があり，ほとんどヤマハンノキが用いられた。
【図は花と実】

みやまはんのき　かばのき科
Alnus maximowiczii *Call.*

〔形態〕落葉喬木，高山では灌木状，雌雄同株で，山地では枝条密生し，ときに伏臥状となるが低地では樹形直立する。樹皮は薄く暗灰色で粗面。枝はやや太く灰褐色で，角稜がある。冬芽は短柄，紡錘形，鋭尖，やや彎曲。鱗片は暗紫紅色，光沢を有する。葉は互生，有柄，広卵形・楕円形・卵円形，鋭頭，円脚・心脚で，やや厚質，細密の重鋸歯があり，上面平滑，深緑色をなし，下面は淡黄緑色，脈沿以外は無毛，多少の粘性あり，幼時は殊に粘性が強い，側脈は 8～12双，長さ 5～12cm×3～9cm。秋は黄変しないことヤマハンノキと同じ。花は5～6月，雄花穂は枝端に着生し，黄褐色円柱形，長さ60mm，雌花穂も同様に出て楕円体をなす。果穂は広楕円体，3～5個の果実をつけ，各々長さ15～18mm。果鱗は楔形。小堅果は倒卵形で，膜質の小翼がある。

〔産地〕千島・北海道・中部以北の本州産，海抜1500m以上の高山に生じ，森林限界地帯を占め，ときにハイマツと混生する。造園樹でも林木でもないが森林風景帯の景観上，森林の上部限界近くに見られるという点で特に重視してここに示す。低地に下種すればよく発芽する。

〔生長〕高山地帯では灌木状で高さ4m以下，径0.1～0.15m，低山帯では高さ10m，径約0.3mにも達することがある。〔増殖〕種子をまけば容易に発芽する。〔備考〕高山の限界樹木としてハイマツ，ミヤマハンノキ，シラベ，コメツガなどとともに利用よりも景観樹とする。

【図は花と実】

やしゃぶし　かばのき科
Alnus firma *S. et Z.*

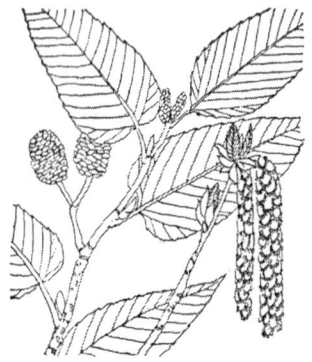

〔形態〕落葉喬木，雌雄同株で，樹枝は繁密，幹は直立する。樹皮は灰褐色で，肥厚。幼枝はジグザグ形で分岐著しく，灰褐色，初めは少しく有毛。冬芽は紡錘形，やや彎曲。鱗片は暗紅褐色，光沢に富む。葉は互生，有柄（0.7〜1.2cm），卵状披針形・長楕円状披針形・狭卵状・狭卵状三角形，漸尖鋭頭，円脚・広楔脚で，低平にて短凸端に終る鋸歯と短凸端だけの鋸歯と混じた重鋸歯状である。初め下面脈上，ときに上面に伏毛がある，後にほぼ平滑となり，下面脈上に少しく毛を残存する。下面は帯青白色，側脈は10〜17双，葉の長さ5〜10cm×3〜4.5cm。花は3月，雄花穂は枝端に下垂し，無柄，黄褐色円柱状。雌花穂はそれより下方の小枝々端に頂生，単立，有柄，紅色長楕円体をなす。果穂は10月成熟，楕円体・卵状広楕円体，長さ15〜20mm。小堅果は長楕円体で，狭翼がある。

〔産地〕本州・四国・九州の低地または山地に生ずる。暖地では周年落葉しないものがある。〔生長〕きわめて早い，高さ5〜7m，径0.5mに及ぶ。〔配植〕もともと造園樹ではなく，砂防，風除，土留などに用いる。〔増殖〕実生によりよく繁茂する。〔用途〕薪炭用材のため植林することあり，果実にはタンニン分多く，染料とする。黒八丈はこれで染めたものである。〔類種〕オオバヤシャブシ A. sieboldiana *Matsum.* だいたい同様の形態と用途である。この方の小枝には毛がない。産地も同じく，ヤシャブシと混生している。海岸帯に多い。
【図は花と実】

ひめやしゃぶし　かばのき科
Alnus pendula *Matsum.*

〔形態〕落葉の小喬木，灌木，雌雄同株。枝は長く，細く，斜上し繁密分岐著しい。側根多く，肥地では10年で1株2m平方を被うという。樹皮は黒褐色，平滑。幼枝は有毛。冬芽は短柄，紡錘形，鱗片赤褐色，光沢，やや彎曲する。葉は互生，有柄（有毛），狭卵形・広披針形・卵状長楕円形・長卵状披針形，（前種より細長），長鋭尖，広楔脚で，突端に終る低平細重鋸歯があり，上面平滑だがときに小粗毛あり，下面は淡緑色，脈上に伏毛あり，側脈は16〜26双，下面に隆起し，斜に平行し葉縁に達する。葉は長さ4〜12cm×2〜4.5cm，托葉は大形，ときに宿存する。花は4月，葉に先だって生じ，雄花穂は前年枝に秋季着生し枝端から下垂し，黄褐色，長さ45mm，雌花穂は有柄，緑色，長楕円体を呈する。果穂は8〜9月成熟，楕円体・広楕円体，長さ10〜15mm，径7〜8mm。細長柄あり，果実の多いのは3〜6個着生する。小堅果は長楕円体・卵形，長さ3mm，小翼がある。

〔産地〕北海道・本州の山地に生じ，向陽乾燥または適潤の地に多く生ずる。〔生長〕早い，灌木状では1m内外のものもあるが小喬木としては高さ6m，径0.3mにも及ぶ。〔配植〕造園木ではなく，砂防，土留，土地改良，殊に林地の地力回復，保持に必須のものとされる。根瘤バクテリアの作用は著しく，空気中の窒素をとって固定し地中に養分を還元する。ハゲシバリ，ツチシバリの方言は細根によって土を固着するの謂である。

【図は花と実】

しらかんば　かばのき科

Betula tauschii *Koidz.*

〔形態〕落葉喬木，雌雄同株で，樹冠は粗生し，主幹は直立する。枝は細くよく伸び，小枝は暗紫褐色，初めジグザグ状に出る。無果枝には幼時やや粘質の脂点があるが果枝にはない。皮目は横線形をなす。樹皮は薄く，外皮は白色または帯白色で蠟質分，光沢があって，紙状に剝離する。内皮は淡褐色，脂蠟分多く生木でもよく燃える。冬芽は長紡錘形，鱗片は暗褐色，光沢なく，脂気がある。葉は互生，有柄，三角状卵形・菱卵形，鋭尖，広楔脚または截脚・円脚，やや心脚で，不斉の重鋸歯があり，側脈は6〜11双，両面無毛または下面脈上および脈腋に少しく短毛と小腺点があり，通常は脈腋に毛叢がある，長さ4〜10cm×4〜6cm。花は5月，雄花穂は枝端に下垂し，単生または双生，黄褐色，長さ50〜80mm，雌花穂は枝端に頂生，直立，長さ30mm。果穂は9月成熟，直立または下垂，短柄，長楕円体，長さ30〜40mm。果鱗は梯形・三角形。小堅果は長卵球形・倒卵形，帯赤褐色，長さ3mm，両側に狭翼あり，発芽力保存期は短い。

〔産地〕北海道・中部以北の本州産，向陽地に生じ乾地または湿地に見る。〔適地〕比較的土地を選ばない。
〔生長〕きわめて早く，高さ25m，径0.3m。〔性質〕陽樹にして短命，病害虫，風害に弱く，剪定不能，老成したのちは移植力に乏しい。〔増殖〕実生。〔配植〕本来造園木ではないが白色の幹を賞し雑木林風の庭園で材料とする。暖地では直径0.2mが肥大限度とされる。
【図は花と実】

みずめ（よぐそみねばり）　かばのき科
Betula grossa S. et Z.

〔形態〕落葉喬木，雌雄同株で，幹は直立する。樹皮は灰褐色，灰黒色，不斉に裂開し剝離する。幼枝は黄褐色，のちに栗褐色となる，枝を折るとサロメチールのような臭気を発する。冬芽は卵形，急尖，紡錘形。鱗片は黄褐色で光沢がある，縁辺は赤褐色で，少しく有毛。葉は互生，有柄，薄質，卵形・狭卵形・卵状楕円形・広卵形，鋭尖，心脚・円脚で，鋭鋸歯があり，上面は深緑色，無毛または長毛あって粗生する。下面は脈上に有毛，葉柄も有毛，側脈は8～15双，斜に平行して葉縁に達する。葉の長さ5～10cm×3～6cm。花は5月，雄花穂は前年枝に腋生して下垂し，細円柱形をなし，黄褐色。雌花穂は雄花穂の下方枝頂に単生する。果穂は10月成熟，直生，広楕円体・長楕円体，短枝上に立ち，短柄または無柄，長さ30mm。果鱗は3尖裂，成熟後も脱落しない。小堅果は楕円体，両側に狭翼がある。

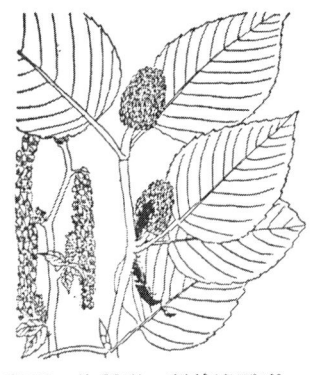

〔産地〕本州・四国・九州の主として山地に生ずる。
〔生長〕早い，高さ20m，径0.6mに及ぶ。〔配植〕もともと造園樹ではなく，材にも特用はない。〔類種〕ミズメに類するシラカバ属のものは多く，分類も困難であるが山野に見るもので特用はない。オオバミネバリ，オノオレカンバその他多い。〔備考〕枝を折ったときの異臭が特徴であり，葉形は似ていてもこの特臭がない，夜糞の名はこれによる。本種が古来いわれた梓弓となるアズサである，一時はアズサにキササゲ説，アカメガシワ説もあるとされている。

【図は花と実】

うだいかんば かばのき科
Betula maximowicziana *Regel*

〔形態〕落葉喬木，雌雄同株。樹皮は厚く平滑で帯黄褐色，ときに帯白色をなし，薄片または鱗片状に剝離することがない。皮目は著明である。枝は細く幼時軟毛あり，後に無毛，光沢がある。葉は互生し，有柄，本属中最大で，幼時は表面ビロードのような触感があり，広卵形・卵円形・卵状心形，短鋭尖，深心脚で，長い腺状突起に終る不斉の細鋸歯がある。葉の上面は深緑色で，光沢に富み，幼時は密毛あり，後に無毛となる，下面は初め密毛があるが後に無毛となる，小腺点あり，脈腋に毛を残す，側脈は8～14双，長さ8～15cm×6～10cm。花は5月。雄花穂は数本総状をなして枝端から下垂する。雌花穂はだいたい同様に下垂する。果穂は10月成熟，2～4個の果実をつけて下垂し，長さ50～100mm。小堅果には狭翼がある。

〔産地〕南千島・北海道・中部以北の本州の山地に生ずる。北海道には最も多い樹で同地でマカバと呼ぶ。同地では材の利用せられるものも多く，材質も優秀である。

〔生長〕早い，高さ20m，径0.6m，北海道では高さ30m，径1.2mのものがあるという。〔用途〕造園木ではなく材用である。〔類種〕多くあるが造園用のものはない。オノオレ B. Schmidtii *Regel* オオバミネバリ B. sollennis *Koidz*., ダケカンバ B. ermani *Cham*., ジゾウカンバ B. globispica *shirai* ウラジロカンバ一名ネコシデ B. corylifolia *regel et Max*. 等が主なものとされている。本種は一名サイハダカンバという。

【図は樹形，葉，花及び樹皮】

いぬしで（そろ）　かばのき科
Carpinus tschonoskii *Max.*

〔形態〕落葉喬木，雌雄同株で，主幹はやや捩曲し，枝は細く粗生，樹形優美である。老木の幹に深い凹刻あり，樹皮は平滑，灰白色，枝は淡緑褐色，幼時は若葉，葉柄とともに白色の軟毛が密生する。冬芽は紡錘形で，頂端やや彎曲し，鱗片は淡赤褐色で，光沢に富む。葉は互生，有柄，卵形・楕円形・卵状長楕円形，鋭頭，短鋭尖，円脚・鈍脚で，不斉の重鋸歯がある。上面に少しく軟い長伏毛あり，下面特に脈上，脈沿に長軟毛がある。側脈は著明，10～15双，斜に平行して走る，長さ4～8cm×2～4cm。花は4～5月，新葉に先だって生ずる。雄花穂は枝端から長く下垂，打紐状，黄褐色，雌花穂は新枝に頂生，淡緑色。果穂は10月成熟，有柄で，下垂し，長さ30～40mm，その年の気候によって鱗果状の果実をは多数につけることがある。小堅果は卵球形・広卵形，鋭頭，長さ4～5mm。

〔産地〕本州・四国・九州の低山帯に多い。〔適地〕向陽地を好み比較的土地を選ばない。〔生長〕早い，高さ12～15m，径0.6mに達する。〔性質〕剪定は可能であるが独特の樹形美を傷うので好まない，移植力あり，特に病害虫はない。〔増殖〕実生。〔配植〕本来の造園木ではないが雑木林を主とする庭の主木に利用される。盆栽にも用いられる。公園木にはきわめて適当し，優美な樹形を賞用する。大正10年頃は流行した庭樹であり，自然性の樹林から掘りとったものが多く市場に現われたことがある。しかしそれも永続しないで飽きられた。

【図は花と実】

あかしで かばのき科
Carpinus laxiflora *Blume*

〔形態〕落葉喬木，雌雄同株で，樹幹はイヌシデに似る。樹皮は灰白色で平滑。小枝は細長，幼時有毛だが後無毛となる。冬芽は紡錘形，やや短肥，角稜あり，変種には枝垂性がある。葉は互生，有柄，薄質，シデ属中では最小，新葉は葉柄とともに紅色を帯びるのがイヌシデと異る点として著しい。葉は卵形・卵状楕円形・長楕円形，鋭尖頭，急尾鋭尖，円脚，やや浅心脚で不斉の細小重鋸歯があり，上面には幼時長毛あり，後無毛，下面にも幼時毛を有するが後に脈上だけ毛を残す，脈腋に短毛叢があり，側脈は8〜15双で，平行して葉縁に達し，長さ4〜7cm×2〜4cm。花は4〜5月，新葉に先だって生じ，雄花穂は小枝から下垂し，帯紅黄褐色で，丸打の紐状を呈する。雌花穂は上向，有柄，緑色。果穂は10月成熟，長柄，小枝端から下垂し，長さ30〜80mm。苞は3裂，側片に抱かれる小堅果は広卵形，長さ3mm。

〔産地〕北海道，特に太平洋岸に多く，本州・四国・九州に生ずる。〔適地〕イヌシデと同じ。〔生長〕早い，高さ12〜15m，径0.6m。〔性質〕イヌシデと同じ。〔増殖〕実生。〔配植〕イヌシデと同様に用いられるが盆栽としては新葉時の紅葉を賞してイヌシデより多く培養されている。盆栽名をアカソロと呼び，イヌシデのシロソロに相対する。雑木林の庭というのが十数年来流行しているがその主木となることイヌシデと同じく混生して植栽すると新芽の発生する早春にはかなり美しい。

【図は花と実】

くましで かばのき科

Carpinus carpinoides *Makino*

〔形態〕落葉喬木，雌雄同株で，幹は直立する。樹皮は帯褐黒色。幼枝には褐色の軟毛がある。冬芽は紡錘形，鋭尖，やや角稜を有し，鱗片は褐色で光沢がある。葉は互生，有柄，狭卵形・卵状長楕円形・披針状長楕円形，鋭尖，円脚・浅心脚，左右不斉形で，重鋸歯があり，上面やや無毛，下面は脈上に帯褐色の長軟毛，脈腋に毛叢があり，側脈は16～24双，葉は長さ6～10cm×2～4cm。花は4～5月，新葉とともに出で雄花穂は無柄，小枝から下垂し，打紐状にて黄褐色，雌花穂は新枝に頂生，上向，緑色。果穂は10月成熟，大形，長楕円状円柱形，長く下垂し，60～90mmに達する，葉状の苞鱗密生し，その下部にある小堅果は卵形・楕円体，長さ3～5mm。

〔産地〕本州・四国・九州の山地もしくは低山帯に生ずる。〔適地〕イヌシデと同じ。〔生長〕早い，高さ12～15m，径0.6mに及ぶ。〔性質〕だいたいイヌシデと同じく，剪定萌芽力があって移植も可能とされる。〔増殖〕実生。〔配植〕地方的には庭樹として利用されるが一般には造園木ではない。葉形がサワシバとともに大に過ぎるので雑木林用樹としては見劣りがする。〔備考〕葉がヤシャブシによく似るので区別しにくいが新枝を見るとクマシデの方は帯紅色であり，ヤシャブシの方は純緑色であるので区別される。この外側脈の数を見るとクマシデの方がはるかに多い。またヤシャブシのように群生していることが少ないので現地にあってもわかる。

【図は花と実】

さわしば　かばのき科
Carpinus cordata *Blume*

〔形態〕落葉喬木，雌雄同株で，幹は直立し，樹形密生。樹皮は帯黄褐色，淡緑灰色，裂刻がある。枝は褐色を帯び平滑，幼枝は紅色を帯び初めは粗毛を生ずるが後に無毛となる。冬芽は鮮褐色，縁辺に暗色の多数の鱗片が4列に並び，頂芽は側芽よりかなり大形で紡錘形，頂端4角稜。葉は互生，有柄，卵形・楕円形・広卵形・広楕円形，鋭尖，著しい心脚を特徴とする。細小にて不斉の重鋸歯があり，上面は無毛，ときに微毛，下面は脈上に粗毛があり，脈腋に短い褐毛あり，側脈は14～22双，平行に走り葉縁に達する。葉は長さ7～13cm×4～7cm。花は4～5月，新葉とともに生じ，雄花穂は小枝に下垂し黄緑色，雌花穂は有柄，新枝に頂生，下垂，緑色。果穂は10月成熟，大形，楕円状円柱形，有柄，枝端に下垂し，緑色。小苞は葉状，卵形，鋭頭，鋸歯あり，長さ20mm。基部にある小堅果は楕円体，長さ4 mm。

〔産地〕北海道・本州・四国・九州の産。〔適地〕湿気に富む深層土を好む。〔生長〕早い，高さ12～15m，径0.6 mに及ぶ。〔性質〕クマシデとだいたい同じ。〔増殖〕実生。〔配植〕もともと造園木ではない，クマシデより葉が大きいのでイヌシデのような優美性にかける。
〔備考〕この属のものは日本ではあまり造園樹としていないが，Hornbeam と呼んで欧米では多く使う。この名称のものはアメリカではカロライナシデを，ヨーロッパではセイヨウシデのことを指している。
【図は花と実】

はしばみ かばのき科

Corylus heterophylla *Fisch*. var. thunbergii *Blume*

〔形態〕落葉灌木，雌雄同株で，多くは株立状を呈する。オオハシバミの変種であるが主として葉形を異にする。幼枝に軟毛を見る。冬芽は無柄，球形，両側やや扁平，鱗片は赤褐色，縁は有毛。葉は互生，有柄，広倒卵形，ほぼ円形，急鋭尖，心脚，浅い欠刻のある不斉の細鋸歯があり，薄質，下面に短毛あり，幼時早落性托葉を伴い，葉面上にはときに紫斑があるのを特徴とする。側脈は7～8双，葉縁に達し，長さ6～12cm×5～12cm。花は3月，葉に先だって生じ，雄花穂は1筋乃至数本，小枝上に下垂し，長い打紐状で，黄褐色。雌花穂はやや小形，やや卵形，小枝について上向，無柄。果実は10月成熟，1～3個短梗上につき，頂部6～9裂，超出する堅果は堅く球形，径20mm，鐘状を呈する葉状の2総苞片に包まれる。果実を生食，炒食とする。

〔産地〕北海道・本州・九州産，低山帯に見る。〔適地〕湿気ある肥沃土層を好む。〔生長〕早い，通常は株立状で高さ1～2mだが適地では高さ5m，径0.1mにも及ぶものがある。〔増殖〕実生，株分。〔配植〕もともと造園木ではなく，果実を食用とするが栽培するほどのものではない。造園上では別種ツノハシバミ C. sieboldiana *Blume* の方が果実の形を賞して多く用いられている。〔備考〕欧米ではハシバミ類を改良し，その果実を食用とする目的で栽培している。こうしたものをフィルバート (filbert) と呼ぶ。ただしフィルバートと称する植物が地中海岸沿に生じている。

【図は花と実，別にツノハシバミの実を添える】

あさだ かばのき科
Ostrya japonica *Sarg.*

〔形態〕落葉喬木，雌雄同株で，樹形高大，枝葉は密生し，直幹性であるが，ときに少しく撓曲する，枝下の高いものを見る。白斑あり，幼枝は灰黒色，初め腺毛がある。冬芽は頂尖円柱形，卵形，やや扁平。鱗片は褐色，暗紅色，一部分は黄緑色で光沢に富む。葉は互生，有柄（葉柄に粗毛あり），卵形・卵状楕円形・楕円形，鋭尖，鋭脚・心脚・歪円脚で，不斉の歯牙状重鋸歯がある。葉の上面は鮮緑色，下面は淡緑色，橙紅色の腺毛を交える軟毛密生するが，後に老成して脈上を除きやや無毛となる。側脈は9〜13双，上面では凹入する，葉は長さ6〜12cm×3〜5cm。花は4〜5月，葉に先だって生じ，雄花穂は無柄，前年枝の枝端に下垂し，黄褐色，丸打の紐状，長さ30mm。雌花穂は当年枝の枝端に着し短柄あり上向する。果穂は10月成熟，長楕円体，やや下垂，長さ40〜50mm。苞鱗は卵状楕円形，基部は嚢状を呈し，そのなかにある小堅果は灰黒色，尖頭楕円体，径8mm。

〔産地〕北海道・本州・四国・九州の産。〔生長〕早い，高さ12〜17m，径0.6mに及び1mの巨木もある。〔増殖〕実生。〔配植〕もともと造園木ではないが地方的には用いている。樹形雄大なので公園木にきわめてよく適する。地方の自然公園などでは地方色を出すためにこうしたものを並木として植栽するのも一法である。そうした要求にはよくあてはまる樹である。樹体に腺毛のある状態によって区別されるものに変種コアサダがある。
【図は花と実】

ぶな　ぶな科
Fagus crenata *Blume*

〔形態〕落葉喬木, 雌雄同株で, 樹形は雄大, 幹は直立する。樹皮は灰白色, 平滑, 幼枝に初め長軟毛あるが直に無毛。幼枝は細く, 帯褐色, 光沢があって, 多少ジグザグ形に出る。冬芽は細く紡錘状, 鮮褐色または灰褐の芽鱗に被われる。葉は互生, 葉柄に長毛あり, 広卵形・卵形・菱卵形・菱状楕円形, 往々左右葉片不等形, 短鋭頭, 広楔脚・円脚で, 波状鈍鋸歯あり, 側脈は7〜11双で, 斜上平行し, 葉縁の鈍鋸歯間の凹部に達する。幼時両面, 特に縁辺と下面脈上に白色の長軟毛があり, 後に無毛となる, ときに脈上に少しく毛を残すことあり, 秋はやや黄葉する。長さ5〜15cm×3〜7cm。花は5月, 雄花穂は長柄, 頭状, 新枝の下部に下垂。雌花穂は有柄, 頭状, 新枝に腋生する。堅果は広卵形の殻斗に入り, 長さ18〜22mmで3稜形, 成熟して頂部4裂開, 内に堅果2〜3個入り, 3稜形, 長さ12〜18mm, 幅6〜9mm, 褐色を呈し, 食用, 飼料となる。〔産地〕後志以南の北海道・本州中部・四国・九州の山地に生じ, 温帯林の代表恒在樹種である。〔適地〕陰湿の肥沃地を好む。〔生長〕遅い, 高さ25m, 径1.7mの巨木となる。〔性質〕陰樹であり, 萌芽, 剪定ともに可能, 移植力は鈍い。〔増殖〕実生。〔配植〕造園木ではなく, 林木である。〔類種〕**イヌブナ** F. japonica *Max.* は一層暖地性, 盆栽とする。この方は葉の下面に白色の毛があるので明かに区別される。ブナ類は日本では林木として天然生を利用するがヨーロッパでは造園木とする。

【図は花と実】

く り   ぶな科
Castanea crenata *S. et Z.*

〔形態〕落葉喬木，雌雄同株で，幹は直立する。樹皮は黒褐色，壮年までは平滑，老木では深裂刻，幼枝に灰白色短毛があり，皮目は著明。冬芽は球形，やや尖頭，鱗片は暗赤褐色を呈する。**葉**は互生，有柄，長楕円状披針形・長楕円形，鋭尖，鈍脚・浅心脚，左右片やや不等で，芒尖状鋸歯があり，上面は深緑色，脈上に小星毛あり，下面は淡色，小腺点を有し，脈上有毛。枝端近い葉は淡黄褐色の細毛を有し，帯白色に見える，ときには無毛となるが脈上にだけ毛を残す，側脈15〜20双，先端鋸歯部にまで及ぶ，幼葉には托葉あり，長さ8〜15cm×3〜4cm。 花は6月，一種の香気があり，蜜源植物とされるが蜜の香はよくない。雄花穂は新枝の下方葉腋に直上してつき，長さ50 mm，多数の黄白色細花をつける。雌花は無柄，雄花穂の下部につく，雌花のつかないものもある。雄花穂が成熟して落下し，雌花だけが残って成熟する。果実はイガのうちに包まれる。成熟して裂開し堅果は脱落する。果の大きさは品種により異なり，成熟期も品種による。

〔**産地**〕北海道の西南部・本州・四国・九州の産。〔**適地**〕向陽の肥沃深層土を好む。〔**生長**〕早い，高さ17m，径0.6〜1.7m にも及ぶ。〔**性質**〕陽樹で煤煙に弱いし，深根性で移植不能，剪定不可，病害虫多い。〔**配植**〕果樹，庭園木，林木とする。採果の目的では園芸果樹に入るが庭園用としては品種を選ぶ必要がある。接木苗の必要はなく大粒種の実生苗で充分結果を楽しめる。

【図は花と実】

しいのき　ぶな科

Castanopsis cuspidata *Schottky*

〔形態〕常緑喬木，雌雄同株で，シイノキには**ツブラジイ**（ここに示す学名）と**スダジイ** var. sieboldii *Nakai* とがある。だいたい同様であるが利用上からいえばは区別の必要なく，前者は堅果がほぼ球形で，後者は鋭頭円錐状卵形でいわゆる椎実型を呈する。両種の材は相違するという。ここではツブラジイを主として説明する。樹形壮大，樹皮は初め平滑，後に浅裂，幼枝は若葉とともに鱗毛がある。葉は互生，有柄，卵状長楕円形・広披針形・卵形，革質，鋭尖，円脚・楔脚で，上半に不明の粗鋸歯がある（スダジイの方は一層厚く，大形），上面は深緑色，下面は灰白色または灰褐色，長さ 5〜10cm×2〜5cm。 花は6月，雄花穂は新枝の葉腋に上向してつく，強い甘味ある香気を発する。雌花は単一，枝頭に生ずる。堅果は翌年10月成熟，尖頭，ほぼ球形・卵球形，黒褐色で，光沢があり，スダジイの方は尖頭長楕円体，長さ15mm。 ともに食用とする。

〔産地〕関西以西の本州・四国・九州の産。〔適地〕肥沃の深層土を好む。〔生長〕中庸，高さ18m，径1.5mの巨木あり。〔増殖〕実生。〔配植〕庭園，公園用としては防火，防風，目隠し，植つぶし等実用樹であり，生垣にも用いる。その他海岸にあっては防潮用にも使われる，だいたい暖地の産であるがかなりの耐寒力をもっている。関東地方では江戸時代から邸宅の外周に植え，主として防火用とした歴史が古い，近畿地方にはこの用法少なく，カシ類が代用されている。

【図は花と実】

まてばしい　ぶな科
Lithocarpus edulis *Nakai*

〔形態〕常緑喬木，雌雄同株で，樹形は雄大，枝はひろく拡開する。樹皮は暗褐色，平滑。枝は太くほとんど無毛。葉は互生，有柄，大形，厚革質，全縁，倒披針形・倒卵状長楕円形，短鋭尖，鈍端，楔脚・狭脚。幼時にだけ下面主脈の上と葉柄に斜上毛あるほか全く無毛で，上面は深緑色，光沢，下面は帯褐灰緑色，不著明の鱗状片があり，側脈は10～12双。葉は長さ8～18cm×3～8cm。花は6月，雄花穂は直立，穂状，長さ50～80mm。雌花は雌花穂の下方につくかまたは別個に穂状をなしてつく。堅果は翌年10月成熟，光沢ある褐色，堅硬，鋭頭長楕円体または楕円体で，長さ20～30mm，下方に皿状の殻斗があって，そこに鱗片が覆瓦状につく。生食または炒食することができるが味はシイより劣り大味である。

〔産地〕近畿以南の本州・四国・九州の山地に産するが各地に植栽されている。〔適地〕肥沃な深層壌土を好むがかなりの乾燥にも耐えうる。〔生長〕早い，高さ10～15m，径1.5mに及ぶ。南部九州には大木がある。〔性質〕剪定に耐え，萌芽力あり，移植力も相当である，格別の病害虫はない。〔増殖〕実生。〔配植〕もともと造園樹ではなく，海岸防風用，防火用に使われた実用樹であるが大正初期からひろく造園樹に用い，現在育苗も多い。千葉県，殊に上総の内湾地帯に多く植えて防風の用に備えている。苗もこの方面で多く生産している。枝を切ってシビその他漁用に使う理由にもよる。

【図は花と実】

しらかし ぶな科

Quercus myrsinaefolia *Blume*

〔形態〕常緑喬木，雌雄同株で，樹幹は直立し，樹形壮大。樹皮は灰黒色，平滑のものとイボ状突起の生ずるものとある。幼枝は無毛。深根性。葉は互生，有柄，薄革質，幼時は鮮緑色，披針形・長楕円状披針形，長鋭尖，鋭脚・鈍脚・円脚，上半部に凸頭の粗鋸歯がある，上面は緑色，滑沢で，下面は灰白色，幼時は主脈上にきわめてまれだが少しく毛あり，若葉はときに紫褐色を呈する，気候の如何によっては寒地で落葉することがある。側脈は10～16双。葉は長さ5～12cm×2～3cm。花は4～5月，雄花穂は前年枝に腋生し，下垂する。雌花は新枝の葉腋に生じ直立し総苞に包まれる。堅果は10月成熟，広楕円体，長さ10～15mm，殻斗はやや深い椀形，灰緑色，外面に6～8層の横紋がある。シラカシの名は葉裏または材に白色を帯びることによる。
〔産地〕本州・四国・九州の山地に産する。生育の北限は宮城県であり，カシ属中では最も寒地に産する。〔適地〕深層肥沃の土性を好む。〔生長〕比較的早く，高さ20m，径1mにも及ぶ。〔性質〕剪定に耐え萌芽力苦しい，移植力を欠くも根廻すれば容易である。〔増殖〕実生。〔配植〕もともと造園木ではなく，実用の樹種として防風，防火，目隠し用，生垣にも用いられる。関東地方で単にカシというときは本種を指す。関東地方で特殊の用法といえば家の南側縁先に列植して日射と強風を除け，藁屋根の保全に役立てているほか，さらに関東北部では家の北側に生垣状に高く植えて寒風を防いでいる。

【図は花と実】

あかがし ぶな科

Quercus acuta *Thunb.*

〔形態〕常緑喬木，雌雄同株で，樹形は雄大，枝葉は繁茂する。樹皮は灰黒色で粗渋。幼枝には初め赤褐色の長軟毛密生するが後に無毛となる。葉は互生，有柄，大形，革質，長卵形・卵状楕円形・長楕円形，急長鋭尖，円脚・鈍脚・楔脚・全縁で少しく波状，往々上辺に少数の鋸歯を見る。上面は濃緑色，無毛で，光沢があり，下面は淡緑色で，無毛，側脈は8～13双，葉は長さ8～20cm×3～6cm。花は5月，雄花穂は新枝の下部につき長く下垂して黄褐色，雌花は上部葉腋に直立し，ともに褐色軟毛で被われる。堅果は翌年秋成熟，楕円体，褐色，長さ18～20mm，径15～18mm。殻斗は椀形，6～7層の横紋あり，密に短い褐色の伏毛を伴う。

〔産地〕本州中南部・四国・九州・琉球の産。カシ属中南部の産である。〔適地〕暖地の深層肥沃の壤土質の好む。〔生長〕やや早い，高さ20m，径0.7mに及ぶ。〔性質〕萌芽力強く，強剪定に耐え適地であれば壮木まで移植可能である。〔増殖〕実生。〔配植〕もともと造園樹ではなく，材を利用するもの，材に紅色を帯びるのでアカガシの名がある。特に広島，山口両県下ではこの山地産の壮木の枝葉を強く切り払い棒状にして庭に持ち込み列植に使う，これを棒ガシという。根廻を行わなくても移植活着の率はよい。これは枝の切り込みが多いのと気候に適していることが原因であると考えられる。葉が大形でマテバシイ，イヌグスと誤られやすい。通常は庭園の真木として雄大な樹形を賞する例が多い。

【図は花と実】

うばめがし ぶな科

Quercus phylliraeoides *A. Gray*

〔形態〕常緑喬木，雌雄同株で，枝葉きわめて繁密する。樹皮は灰黒色で，浅く縦裂し凸凹あり，幼枝には葉柄とともに淡黄褐色の星毛密生する。葉は互生，有柄，厚革質，邦産カシ属中では最小形，広楕円形・倒卵状長楕円形・鋭頭・円頭，鈍脚・円脚，心脚であり，上半部に波状の粗鋸歯がある。上面は濃緑色，微光沢，初め両面主脈の下部に少しく毛を有するが後に無毛となる。側脈は5～8双であるが，不著明，葉は長さ2～6 cm×1.5～3 cm。花は5月，雄花穂は新枝の下部につき下垂，雌花は新枝の上部につく。堅果は10月成熟，楕円体・紡錘状楕円体，鋭頭，褐色，長さ13～25mm，殻斗は椀形，縁は薄く，外面に覆瓦状につく鱗片を密布する，渋味なく食用となる。

〔産地〕近畿以南の本州・四国・九州の主として沿海地方に産する。〔適地〕暖地であれば比較的土質を選ばない，深層肥沃地を好む。〔生長〕やや遅く，高さ15～20 m，径0.6～1 mの巨木あり。〔性質〕カシ属中最も強い刈込に耐え，萌芽力も充分であり，根廻により大木の移植可能，格別の病虫害はない。〔増殖〕実生。〔配植〕海岸防風用生垣，風除垣，丸刈として公園，庭園木とする。関西では多く用いる。〔用途〕材を炭に焼いたものが備長炭であり，火力絶大，ウナギの蒲焼用に使用することはよく知られている。〔変種〕ビワバガシというのは葉に鋸がありビワの葉の小形のような形をする，栽植品であって自生品はないが庭樹として適良である。

【図は花と実】

あらかし　ぶな科
Quercus glauca *Thunb.*

〔形態〕常緑喬木，雌雄同株。樹皮は帯緑暗灰色・淡灰色，割目少なく粗渋。幼枝には帯黄色の毛がある。葉は互生，有柄，革質，広楕円形・長楕円形・倒卵状広楕円形，急鋭尖，円脚，やや鋭脚，上半部に上向の鋭鋸歯あるものを見る，下半部は全縁，上面は光沢あり，無毛，下面は灰白色を帯び，帯褐色の伏毛密生するがのち毛を減じ無毛に見える。新葉には初め絹状の軟毛があるがこれものちに毛を失う。側脈は8～11双。葉は長さ5～13 cm×3～6 cm。花は4月，新葉とともに開く，雄花穂は新枝下部に腋生，下垂，軸に白毛あり，長さ50～100mm，雌花も同じく新枝の中辺に腋生し，頭状を呈する。堅果は10月成熟，球状楕円体で，尖頭，長さ15～20mm，径12mm。殻斗は椀状，灰褐色，8層の横紋がある。〔産地〕本州・四国・九州・琉球産。〔適地〕シラカシと同じ，それより暖地向きである。〔生長〕やや早い，高さ18m，径0.6m。〔性質〕シラカシと同じ。〔増殖〕実生，特殊の方法で挿木も成功。〔配植〕関西地方で主として庭木に用いる。丸刈もの，生垣，根締，下木，同地では関東のシラカシの代りにこれを栽植する。関東には用例が少ない。〔類種〕ヒリュウガシ var. lacera *Matsum*. 葉端羽状にさける。ヨコメガシ var. fasciata *Blume* 葉脈間に白紋が入る。これらのほか葉形の変異によって細長いのがホソバアラカシ，幅のひろいのが，ヒロハアラカシである。果実の形が幾分細いのがホソミノアラカシで，いずれも栽植品であって自生品はない。
【図は花と実】

いちいがし　ぶな科
Quercus gilva *Blume*

〔形態〕常緑喬木，雌雄同株で，樹形壮大，直幹性で本幹は直立する。樹皮は暗褐色，やや黒紅色を帯び，外皮は剝離する，直根性，幼枝に黄褐色の星状軟毛を生ずるが後に無毛となる。葉は互生，有柄，革質，葉柄にも星状軟毛あり，倒披針形・広倒披針形，急鋭尖，鋭脚・鈍脚，上半にだけ短鋸歯があり，上面は深緑色，幼時にだけ星状毛があるが後に毛を失う。下面は帯黄褐色の星芒状細毛を密生するのが特徴で他のカシ類と容易に区別される，側脈10〜14双，明かに平行して著明，新葉はやや下垂して密毛多く，長さ5〜15cm×1.5〜3cm。花は5月，雄花穂は長く，新枝の下部から下垂し，黄褐色，長さ50〜100mm。雌花は同じく上部に着く。堅果は11月成熟，楕円体，褐色，長さ20mm。殻斗は浅く椀状，6〜7層の横紋を見る。

〔産地〕関東南部以西・四国・九州の産，邦産カシ属の内最も南方の産である。奈良公園に多いのはよく知られている。〔適地〕シラカシと同じ。〔生長〕早いとはいえない，高さ30m，径1.7mに及ぶ，関西以南に大木が多い。〔性質〕剪定に耐えるが強度には行えない，移植力はかなり強い。〔増殖〕実生。〔配植〕公園木として特質があるが関西以南では社寺境内に多く植えられている。関西には櫟の文字を書いてイチまたはイチイと読ませているところがある，この樹の分布を示しているとも思われる。社寺にあるためか一般在家の庭にはこの樹を植えることが少ないように思われるがどうであろう。

【図は花と実】

うらじろがし　ぶな科
Quercus stenophylla *Makino*

〔形態〕常緑喬木，雌雄同株で，幹は直立し，枝葉繁密する。樹皮は灰色，灰黒色，老木でも平滑，幼枝には淡黄褐色の軟毛を密生する。葉は互生，有柄，革質だがやや薄い，披針形・広披針形・長楕円状披針形で，シラカシに似る，長鋭尖，尾状鋭尖，鋭脚ときに鈍脚，上部にだけ上向するやや長い低平鋸歯があり，上面は光沢あり無毛，下面は蠟質を被り，無毛，ときに伏毛を見る，灰白色を呈する。ウラジロガシの名はこれによる，シラカシより白色味が強い。幼葉には絹毛多く生ずるが後に無毛となる，側脈は10～13双，葉は長さ9～15cm×2.5～4cm。花は5月，雄花穂は新枝の基部に下垂し，黄色，雌花は新枝の葉腋に短穂をなして直生する。堅果は11月成熟，広楕円体・卵状広楕円体，濃褐色，長さ15～22mm，殼斗は椀形，灰褐色，5～7層の横紋がある。

〔産地〕本州・四国・九州の産，主として中京地方に多く用いられる。〔適地〕シラカシに同じだが寒気には弱い。〔生長〕やや早い，高さ20m，径1mに及ぶものがある。〔性質〕シラカシに同じ。〔増殖〕実生。〔配植〕造園用としては関東地方のシラカシに同じ，名古屋を中心とする中京地方の庭園に用いられ，同地でカシというときには本種を指している。〔類種〕ツクバネガシ Q. paucidentata *Franch.* 葉がツクバネ状に枝頭についているのが特徴である。関東以南の暖地，四国・九州に産する暖地性カシである。台湾にも分布する。

【図は花と実】

かしわ ぶな科
Quercus dentata *Thunb.*

〔形態〕落葉喬木，雌雄同株で，幹は太く，樹形は粗大。枝は太い。樹皮はきわめて厚く，灰黒色，粗渋，裂刻あり，コルク質の発達著しく，耐火力があるため野火に会っても枯れることがない。新枝は淡褐色，灰黄褐色の軟短毛密生する。冬芽は枝端に叢生し大形，円錐形，角稜あり，鱗片に密毛あり。葉は互生，短柄，大形，倒卵形・広倒卵形，鈍頭，基部はせまく耳状をなし葉柄に移行する，粗大の円頭波状鈍鋸歯があり，初め上下面に星芒毛あるが後に上面は平滑となり，下面にだけ残る，下面はやや灰白色，側脈は9～12双，葉は長さ10～30cm×6～20cm。秋冬の候に変色して枯葉状となるが落葉せず，翌春新葉発芽ののち落下する。葉は大形古来食物を包むのに用いられる。花は5月，新葉に遅れて開き，雄花穂は新枝の基部につき下垂，黄褐色。雌花は新枝に腋生する。堅果は10月成熟，ほぼ球形，径15～20mm，殻斗は椀状で果の半を被う多数の鱗片は褐色，薄い線状をなして外反する。

〔産地〕北海道・本州・四国・九州の産。〔適地〕肥沃の深層土を好み寒気に強い。〔生長〕早い，高さ17m，径0.5～1mに及ぶ。〔性質〕強健で野火に強く，剪定を好まない。移植力は乏しい。〔増殖〕実生。〔配植〕造園上では縁起木として中壮木1株を植える習慣がある。変種は盆栽とする。ハゴロモガシワ一名イトガシワのほかにクジャクガシワ，ホウオウガシワなどと呼ばれて，葉が細かく裂けたような形になる。稀品である。

【図は花と実】

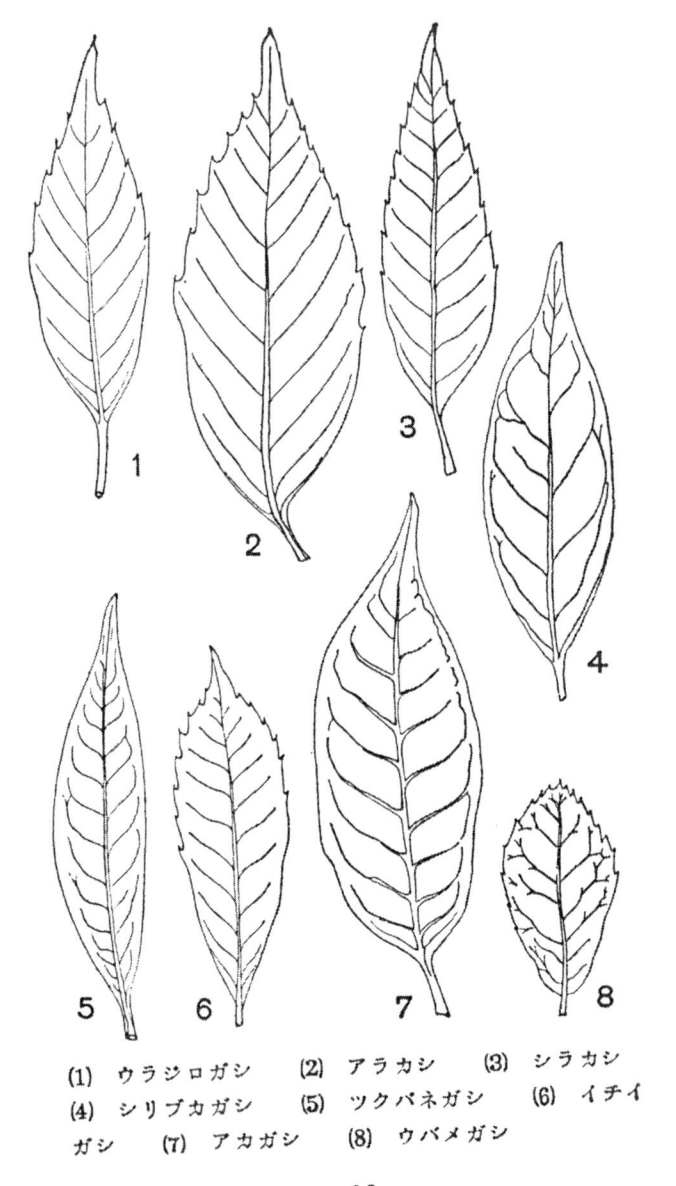

(1) ウラジロガシ　(2) アラカシ　(3) シラカシ
(4) シリブカガシ　(5) ツクバネガシ　(6) イチイガシ　(7) アカガシ　(8) ウバメガシ

みずなら（おおなら）　ぶな科
Quercus crispula *Blume*

〔形態〕落葉喬木，雌雄同株で，樹形壮大，枝序は粗生，枝葉はきわめて繁密である。樹皮は黒褐色，不斉に深く縦裂する。幼枝は帯黒赤褐色，白色の皮目を示し，初め粗毛があるが後に無毛となる。葉は互生，短柄，大形，薄質，カシワに次ぐ，倒卵形・倒卵状長楕円形，短鋭尖，楔脚で，次第に狭くなり葉柄に移行することカシワと同じだが一層せまい，粗大の鋭鋸歯があり，両面に初め長軟毛があるが後には下面脈上にだけ毛を残す，側脈は13～17双，葉は長さ9～23cm×5～16cm。花は5月，雄花穂は新枝の基部に出て下垂，黄褐色，長さ50mm。雌花は新枝の上方葉腋につく。堅果は10月成熟，卵状楕円体・長楕円体，濃褐色，長さ24～27mm，径15～18mm。殻斗は深い椀状，外面に小鱗片を密生するが隆起の程度少なく圧着する。

〔産地〕北海道・本州・四国・九州の産，本州中央山脈では海抜1000m以上の地方に見られ，北中部以南では平地に見られない。〔適地〕肥沃の深層土を好む。〔生長〕早い，高さ30m，径1.7mに及ぶ巨木がある。〔増殖〕実生。〔配植〕造園木ではなく，自然生を利用し木材用に供する，十和田湖畔など東北地方の自然林にあって風致樹として貴重なものの一つに数えられ巨木を多く見る。〔備考〕昔はミズナラとオオナラとは別種のものとされていたが今日では同一種とされている。オークという木材が輸入品にあるがこの材が日本産オークに相当する，ただし材質は外国種よりも劣っている。

【図は花と実】

こなら (なら) ぶな科
Quercus serrata *Thunb.*

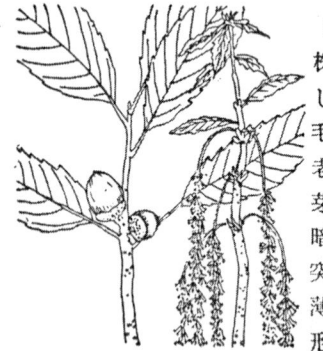

〔形態〕落葉喬木，雌雄同株で，幹は直上し，分岐著しい。枝は細く，幼時は粗毛を有する。樹皮は灰白色，老木となると浅裂する。冬芽は尖頭，五角稜。鱗片は暗褐色。葉痕は扁三角形で突出する。葉は互生，短柄，薄質，倒卵形・倒卵状楕円形・狭倒卵形，ときに長楕円形，まれに広披針形，鋭尖，楔脚・円脚・鋭脚で，尖頭粗鋭鋸歯があり，幼葉には初め両面灰白色伏毛を有するが，後は上面は無毛となり，下面は灰白色で，伏毛を残存する，ときに不著明の星毛を有することもある。秋季紅葉の美しいのは多く幼木で壮老木以上は黄褐色に変色する。枝にナラゴウ（俗にナラ団子という）という瘤状のものをつけるが，これは虫癭であり，球形を呈してその径30〜50mmに及ぶものがある。花は5月，雄花穂は新枝の下方から出て下垂し黄褐色を呈する。雌花は新枝上部に腋生する。堅果は10月成熟，褐色，楕円体，ときに卵形，長さ15〜22mm，殻斗は小皿状，縁辺は浅く外面に小鱗片を密布する。

〔産地〕北海道・本州・四国・九州の産，平地には薪炭林として造林している。〔適地〕肥沃の深層土を好む。〔生長〕やや早い，高さ17m，径0.6m。〔配植〕造園木ではないが雑木林樹種として庭師の好むものは実生木で根元細く，枝葉の少ないヒョロものである。東北のミズナラ，関東のコナラと相対する，古語でいうところのハハソ（発音ホオソ）はこれである。古歌にもハハソの紅葉として詠じている。紅葉は光沢があり美しい。

【図は花と実】

くぬぎ　ぶな科
Quercus acutissima *Carruthers*

〔形態〕落葉喬木，雌雄同株で，樹幹の伸長著しく枝張り比較的少なく，枝条は粗生し，太い。樹皮は深い裂刻をなして灰黒色，幼枝に初め軟毛密生するが後に無毛。冬芽は灰褐色，粗毛を生ずる。葉は互生，有柄，長楕円形・長楕円状披針形・広披針形，鋭頭・鋭尖頭，円脚・鈍脚，左右不斉，芒尖状鋸歯があって，クリに似るが鋸歯の尖端に葉緑のない点で区別される。初め両面に軟毛密生，後に上面は無毛となる，下面は淡緑色，脈腋を除いて無毛または微毛を残す。側脈は12～16双，葉は長さ8～15cm×2～4cm，秋冬の頃，落葉しないことカシワと同じく，翌春新葉発生時に落下する。花は5月，雄花穂は新枝の基部につき下垂。雌花は新枝の上部に腋生する。堅果は11月成熟，褐色，大形，ほぼ球形・卵球形，径20～25mm，俗にドングリという。殻斗は大形，椀状，線形の長鱗片を多数に外周にもつ，カシ属中果実の最大のものである。

〔産地〕北海道・本州・四国・九州産，多く平野にあって薪炭林として仕立てられる。〔用途〕造園木ではなくて材は主として炭材に利用し，この木炭を佐倉炭，池田炭と呼び炭質は最優秀である。材は薪材として火持ちよくナラとともに優良である。枝序は粗生し，葉形大に過ぎ，深根性の故に造園木には用いない。万葉植物の一つで古名をツルバミという。実を染料とする，煎汁をそのまま使うと黄褐色，灰汁を媒染剤とすると濃くツルバミ色に染まり，鉄を媒染とすると薄い鈍色になる。

【図は花と実】

あべまき　ぶな科
Quercus variabilis *Blume*

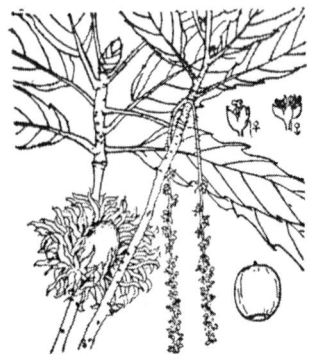

〔形態〕落葉喬木，雌雄同株で，樹形クヌギかカシワによく似る。樹皮は灰褐色粗大の深い裂目があって，きわめて厚く（邦産樹中の最も厚いもの），コルク層よく発達するので剝皮して利用する。幼枝は栗褐色，太く無毛。葉は互生，長柄，倒卵形・広倒卵形・長楕円形・長楕円状披針形，鋭尖頭，円脚，芒尖状の細鋸歯があって，クヌギの葉によく似ているが，下面に灰白色の小星状毛を密生して灰白色を呈するので容易に区別される。上面は深緑色で，無毛，下面は灰白色を帯びる点が特徴とされている。側脈は9〜12双，葉は長さ8〜15cm×3〜4cm。花は5月，雄花穂は黄褐色，新枝の基部に下垂し，雌花は新枝に腋生する。堅果は10月成熟，大形，卵形のものが多い，要するにクヌギとはきわめて類似して区別困難であり，また中間種と考えられるものも少なくない。

〔産地〕本州・四国・九州に産し，クヌギより個体数は少ない。〔適地〕クヌギと同じ。〔生長〕やや早い，高さ17m，径0.6m。〔増殖〕実生。〔用途〕材も利用されるが厚い外皮を剝してコルクの代用とするほか皮付の丸太を門柱に用いる。もともと造園木ではなく，天然生のものを材利用として注目されている程度である。アベマキには皮の利用という点からアベとミゾアベの2種がある，アベの方はコルク質発達して皮を剝ぎやすいがミゾアベの方は剝皮すること困難である。その他葉の大小，厚薄冬芽などを基準として1〜3種の型に分ける。
【図は花と実】

むくのき（むくえのき）　にれ科
Aphananthe aspera *Planch.*

〔形態〕落葉喬木，雌雄同株で，樹形は雄大，分岐著しい。樹皮は灰白色，縦走する溝状の隆起があり，根張りは板根性で著しい。幼枝には粗毛がある。冬芽は楕円状紡錘形，扁圧形，暗褐色，鱗片多く軟毛を生ずる。葉は互生，有柄，薄質，卵形・卵状披針形・長楕円形，鋭尖，円脚・広楔脚やや不斉で，鋭鋸歯があり，上面は粗渋，下面には短い白色の伏毛がある。葉面の粗渋を利用し，陰乾としたもので器物の表面を磨く。葉脈は基部ほぼ三行脈状，側脈は7〜12双で，エノキより多い。花は4〜5月，ほぼ新葉について生ずる。雄花は新枝の基部に聚繖花序をなして密生，淡黄色，小形。雌花は新枝の上方の葉腋に1〜2個を着生し，長さ3〜6mm。核果は10月成熟，10mmの長梗があって，卵球形，径8〜12mm，短伏毛を伴い紫黒色。果肉，果汁は甘い。種子は扁球形で，黒色，長さ8mm，厚さ5mm。

〔産地〕本州・四国・九州の産。〔適地〕肥沃の深層土を好む，直根性による。〔生長〕早い，高さ20m，径1mの巨木がある。〔性質〕剪定に耐え，萌芽力多し，移植力あり，強健で深根性，耐風力強い，格別の病害虫はない。〔増殖〕実生。〔配植〕公園木，神社境内木などに適する，風致木としては大規模の造園地に向く，防風の効果著しい。この点ではケヤキと同じだが個体数は少ない，苗木を求めたくても栽培者がいない。神社では神木としているところがある。

【図は花と実】

え の き にれ科
Celtis sinensis *Pers.* var. japonica *Nakai*

〔形態〕落葉喬木,雌雄同株で,枝張広く,樹冠拡開する。樹皮は灰黒色・灰色,老木には疣状突起がある。根張の著大なこと邦産樹木中の第一とされる。幼枝には短伏毛密生するが後に無毛となる。冬芽は円錐形,濃褐色,枝に圧著し鱗片2個,灰黒色の毛を伴う。葉は互生,有柄,厚膜質,卵状長円形・倒卵形・広卵形・楕円形,左右葉片不等のものもある。尾状鋭尖,広楔脚,左右不斉,上半に内曲する低平鋸歯があり,ときに全縁,上面は平滑,やや粗渋,無毛,下面は初め帯黄褐色の短軟毛があるが後に無毛となる,葉脈は2〜3双,三行脈状に出る,ときに先端部が浅く2〜3裂するものもある,長さ4〜7cm×3〜5cm。花は4月。雄花は新枝の下部に聚繖花序をなし,淡黄色小花。雌花は新枝の上部葉腋に1〜3個着生。核果は10月成熟,短梗,赤褐色,小球形,広楕円体,径6mm, 甘味あり,ムクノキの実とともに小禽好んで食する。種子は1個,球形,白色,表面に網状皺紋がある。
〔産地〕本州・四国・九州の産。〔適地〕平坦な深層土を好むがかなりの湿地にも生育できる。〔生長〕早い,高さ20m,径1.2mに及ぶ。〔性質〕強健,土地を選ばない,剪定,萌芽力,移植力に富む。〔増殖〕実生。
〔配植〕造園木としては並木,一里塚などに用いるほか特用はない。一里塚の樹,海道並木として用いたのは昔の時代で今日では使わない。水湿に強いので溢水地,小鳥誘致用樹林などには最も適切な樹とされている。
【図は花と実】

はるにれ にれ科

Ulmus davidiana *Planch.* var. japonica *Nakai*

〔**形態**〕落葉喬木, 樹形拡開することサクラに似て, 分岐多く枝葉繁密。樹皮は暗灰褐色, 縦に不斉の裂目があり, 粗渋, 往々捩曲する。枝にはときに褐色のコルク質発達してコブ状突起を生ずる。これを品種**コブニレ** f. suberosa *Nakai* という。幼枝に初め赤褐色の細毛密生する。冬芽は扁平円錐形, 灰褐色の薄毛がある。**葉**は互生,短柄, 倒卵形・広倒卵形・倒卵状楕円形, 急鋭尖, 楔状鈍脚, 左右不斉で, 重鋸歯があり, 上面は粗渋で, 無毛, 下面には毛の有無一定しない, 長さ3～12cm×2～6cm。花は4～5月, 新葉に先だって開く, 帯黄緑色の小細花で著明ではない。**翅果**は6～7月成熟, 倒卵形で, 扁平, 膜質の広翼は広倒卵形, 黄緑色, 長さ10～16mm, 種子はその上方にあり, 乾くと発芽力を失いやすい。

〔**産地**〕千島・北海道・本州に多く, 四国・九州には少ない。この基本種は中国産のトウニレである。北海道では有数の利用木である。〔**適地**〕肥沃の地を好み, 水湿を嫌う。〔**生長**〕早い, 高さ20m, 径1.2mに及ぶ。〔**性質**〕剪定を好まず, 性強健, 移植力に富む。〔**増殖**〕実生。〔**配植**〕ニレ類は外国産のものは有数の造園木であるが本種は北海道における第一の喬木性造園木で都市並木, 公園木, 庭園木として多く用いられている。大木も多い。ニレ類はヨーロッパ, アメリカともに固有種があり, 世界三大並木樹種の一つである。ニレの都とかニレの道筋とか呼ばれる地方がかなりに多く知られている。

【図は葉, 花及び実】

あきにれ　　にれ科

Ulmus parvifolia *Jacq.*

〔形態〕落葉喬木，直幹，分岐性。樹皮は灰褐色，粗渋。小枝はやや刺状で，細毛がある。冬芽は尖頭卵形，扁平。鱗片はやや暗褐色。**葉**は互生，短柄，小形，長楕円形・倒卵形・長卵形・倒卵状長楕円形，やや斜形，やや革質，鋭頭・鈍頭，鈍脚左右不斉で，重鋸歯がある。葉の上面やや粗渋，光沢を有し，主脈上にだけ細毛あり，側脈は7〜15双，斜に平行する，葉は長さ2〜5cm×1〜2cm，秋は黄葉する。花は8〜9月，これによりアキニレの名を生ずる。当年枝の葉腋に淡黄色の小花を群生する，**翅果**は10月成熟，短柄，楕円形，扁平，無毛，薄質，周囲に脈の多い翼を伴う，長さ8〜13mm。種子は2個，その上方にある。

〔**産地**〕本州中南部・四国・九州の産。多く河原などに生ずるから方言でカワラゲヤキともいう。〔**適地**〕乾燥した肥土を好んで生育する。〔**生長**〕早い方ではなく，高さ13m，径0.6mにも及ぶ。〔**性質**〕萌芽力あり，剪定に耐え移植力にも富む。〔**増殖**〕実生。〔**配植**〕本来造園木ではないが葉が細小なので刈込によって庭木としている地方がある。〔**用途**〕材は堅く，細工物などに適する，方言イシゲヤキというのは材の堅いのによる名称である，特に植栽しているものはなく自然生のものを伐採利用する程度である。中国にも栽植している。ニレ類の果実を楡銭という，翼が種子を囲んでやや円く銭の形を呈するのによる，果実を食用とする。中国北部にはノニレというのがあり，庭樹として利用している。

【図は樹形，葉，花，果実及び樹皮】

おひょう　にれ科

Ulmus laciniata *Mayr*

〔形態〕落葉喬木，幹は直立し，枝は分岐多く，枝葉繁密する。樹皮は淡褐色，浅く縦裂し長片に剥離する，皮層に繊維多く粘性に富む，この強靱な繊維を精製して織ったのが厚司織で北海道アイヌが常用する衣料である。幼枝に初め微毛あるが後に無毛となる。冬芽は紡錘状で，暗褐色，光沢がある，側芽の方が頂芽よりやや大形である。葉は互生，短柄，やや薄質，広倒卵形・楕円形，左右葉片は不均等，先端は3～9通常3に浅裂し，ときに無裂片，裂片は急鋭尖，楔脚・鈍脚，左右不斉で，重鋭鋸歯があり，上面は粗渋，短伏毛あり，下面は全面にわたり細短毛がある，ときに側脈腋に細毛密生するほかは全く無毛のものを見る。側脈は10～17双，葉は長さ6～18cm×5～9cm。花は4～5月，前年枝に開く，淡黄緑色の細小花で著明ではない。翅果は6月に成熟して落下する。扁平で周囲に膜質の翼があり，広卵形，無毛，長さ12～16mm。種子は中央部からやや下位に着生する。

〔産地〕北海道・本州・九州の産。〔適地〕肥沃，向陽の深層土を好む。〔生長〕やや早い，高さ12～25m，径1mの大木がある。〔性質〕ハルニレに類する。〔増殖〕実生。〔配植〕樹皮より厚司織を作ることは前述したがそれ以外格別の用途はない。葉の奇形な点に特に注意したい。〔用途〕アッシ織の作り方は幹枝の皮を剥ぎ雨にあてずに乾かし水に入れて数日後に取出し外皮を除き内の繊維から糸をつくり，これを織機にかけて織る。

【図は葉形と実】

けやき にれ科
Zelkova serrata *Makino*

〔形態〕落葉喬木,雌雄同株で,樹形は雄大。幹は肥大し,直立する。邦産喬木中最高,最大木の一つである。樹皮は灰褐色,灰白色,老木の皮は一部分鱗片状に剝離し,点紋斑を表面に現わす。小枝は細く,分岐し,初めジグザグ状に出る,幼枝には微細の白毛がある。冬芽は短円錐状角稜。鱗片は暗褐色,縁辺少毛。葉は互生,短柄,やや薄質,卵形・卵状長楕円形・狭卵形・卵状披針形,鋭尖,円脚・浅心脚,往々右左不斉で,凸頭の鋸歯がある。上面は少しく粗渋,または平滑,光沢なく,幼時は下面脈上に少毛,側脈は8～18双,羽状に派生する。長さ3～7cm, 若木では12cm×1～2.5cm, ときに幅5cmもある。花は4～5月,新葉とともに発し,雄花は新枝の下部に密集する。雌花は新枝の上部葉腋に単生する。果実は10月成熟,不斉扁球形,堅質,無柄,無毛の淡褐色小乾果で径4mm, 背面に角稜あり,小枝端とともに落下する。

〔産地〕本州・四国・九州に産し,北海道には自生はない。〔適地〕肥沃,向陽の深層壌土質を好み,関東ロームなど最適地である。〔生長〕早い,高さ50m,径2.7mにも及ぶ。〔性質〕剪定に耐え萌芽力があり,移植も可能である。樹性強健,直根性で耐風力強い。〔増殖〕実生。〔配植〕造園用としては公園,社寺境内,屋敷林,並木などに適する。〔用途〕材は最優秀である。世界の木材中でも優位を占める,日本の古社寺で1000年以上を経たものの材はケヤキが多い。特に造林はしていない。

【図は花と実】

イチジク　くわ科

Ficus carica *L.*

〔形態〕落葉喬木,幹は分岐多く,樹皮は灰白色または淡褐色,平滑。枝は灰緑色,小枝に毛がある。冬芽は大形,卵形。**葉**は互生,長柄,大形,多くは掌状に3～5裂するが卵形で,厚質,裂片は卵形,鋭尖,鈍頭,波状歯牙縁で,上面は粗渋,下面に細毛,基部に3～5主脈があり,枝葉を折ると白色乳液を出す。**花**は2期現われる。春夏の頃,葉腋の短枝上に倒卵状球形の花嚢を生じ,内側は厚く,外側は緑色,平滑,内面に無数の白色小花をつける。もともと雌雄花の区別があるが日本に現存するものでは花嚢中に雌花だけで雄花は見られないという。外面に花を現わさない隠花々序である。これが成熟して果実となる。**果実**の形,色などは品種によって異なる。花序は次々に連続して現われる。

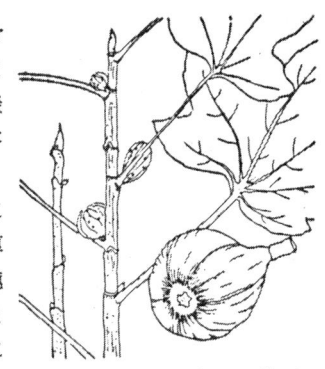

〔産地〕西方アジアから地中海沿岸地方の産。〔適地〕適潤の肥沃壌土質の地を好み,水湿が存在しても生育できる。〔生長〕生育きわめて早い,高さ6m,径0.5mにも及ぶ。〔性質〕果樹のうちでは樹性強健で栽培しやすく,家庭向きである。弱度の剪定に耐える,カミキリムシの害最も甚だしい。〔増殖〕挿木を通常とする。〔配植〕庭園に栽植して家庭園芸用最適の果樹である。剪定,肥培等の方法はここでは省く,品種多く,目的により適地を選ぶ。日本に移入した最初のものは白色種,赤色種で俗に白イチジク,赤イチジクという。前者の方味はよい。品種ではブラウンターキ,ホワイトゼノア,セレステ,ドーフィンなどが知られている。

【図は枝葉,幼果,冬芽及び果実】

インドゴムノキ　くわ科
Ficus elastica *Roxb.*

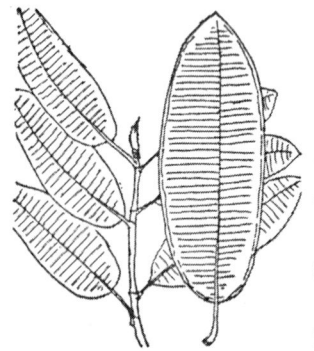

〔形態〕常緑喬木，原産地では喬大となって特徴としては無数の気根を発生することにある。枝張りは拡大する。全株無毛，枝は褐色，平滑，無毛，枝葉を折ると強い粘性のある白色乳液を発する。ゴムの名はこれによる，ゴム工業として利用できるほどではなく質や量の点で本来のゴム資源には劣っている。葉は互生，有柄，光沢である厚革質で大形，これが観賞植物としての特質である。楕円形，短尾鋭頭，円脚・鈍脚，全縁で，上面は暗緑色，下面は淡緑色。側脈は主脈とほとんど直角に出て平行し，約50双，早落生の托葉は美しい淡紅色，長被針形，樺色の新芽とともに特徴とされる，長さ10～30cm×5～10cm。枝，葉柄の折れ口から出るゴム質をロンボンゴムと称する。花は6月，原生地では9月まで，隠花々序であることイチジクと同じである。果実は秋に成熟，2個ずつ着生，無柄，楕円体，無毛，黄緑色，長さ15mm，径10m，そのなかに細粒の種子60～80粒を蔵する。原産地でないと完全な成熟を見ない。

〔産地〕インド原産，熱帯地方に多く，湿生森林内に分布する。〔生長〕原産地では枝張180m，高さ10～35m，径1m，株立状の周囲は30mにも達するといわれる。

〔用途〕湿暖帯地方では主として観葉植物として賞玩する。八丈島その他の暖地では露地で栽培を行っている。

〔増殖〕子苗をつくるには取木と挿木による，枝に傷をつけて水苔で巻いておくと発根を見る。発根の前に切りとって挿木してもよい。若干の変種，類種がある。

【図は枝と葉】

あこう くわ科
Ficus wightiana *Wall.*

〔形態〕常緑喬木，雌雄異株で，幹は凸凹甚だしく，その間および根際から多数の気根を生じている。これが地表に達しまたは幹をめぐっているが枝の高い部分からは気根を生じない。全株無毛，樹皮は灰褐色・暗褐色・淡灰色，皮目は赤褐色，枝や葉柄の折れ口から白色乳液を分泌する。暖地では年2回または不時に落葉することがある。葉は互生，ときに輪生，有柄（3～6cm），厚革質，全縁，早落性の托葉は新葉を包む，これは大形，細長形，膜質，黄白色，白色，この着生を遠望すると白花の開いているように見えて美しい。新芽は紅色，早春開葉時季には紅葉のように美しい。葉は長楕円形・狭長楕円形，短鋭尖，円脚，両面無毛。主脈は帯白色のものあり，側脈は6～9双で，斜上やや平行し，葉縁近くで弓曲する。長さ7～15cm×3～6cm。花は4～5月，枝または幹につく幹生花で短柄，単生または2～3個叢生，隠花々序で花囊ともいえる，球形で，径12mm，成熟して帯白，淡紅色，内部に淡紅色の細花があり，ここに雄花と雌花とを生ずる別がある。成熟して径15mm，このうちに細かい種子を蔵する，播種するとよく発芽するが実生苗は基部太く異様である。

〔産地〕九州南部の産，熱帯にも生ずる。〔生長〕著大で高さ10～15m，径1m，枝張り10～20m。〔配植〕地方的には庭木として用いるほか並木，防風用，日除用などにも役立っている。多く四国・九州の海岸暖地にかぎる。熱帯地方にも分布し同様の用途がある。

【図は樹形，葉，果実及び樹皮】

いぬびわ くわ科
Ficus erecta *Thunb.*

〔形態〕落葉灌木，雌雄異株で，枝張り著しく，枝序はやや整然，樹皮は灰白色，平滑。幼枝は灰緑色，無毛。枝は長く，粗生する。枝や葉柄の切口から白色乳液を出す。冬芽は紡錘形・球形，多数の鱗片にゆるく包まれる。葉は互生，有柄，倒卵形・楕円形・倒卵状長楕円形，鋭尖，円脚・截脚・浅心脚，全縁ときに上半部に大形の鋸歯がある，上面は平滑，下面は淡緑色，葉脈は著明で，長さ10～20cm×3～10cm。花は4月，新枝に腋生，球形花嚢状の隠花々序，小白斑点があって，内部に帯紅色の小花を蔵する。これが成熟して紫黒色の果実となる。球形，径15～20mm，甘味があり，なかに小粒多数の種子がある。

〔産地〕関東以西の本州・四国・九州の産。〔適地〕土地を選ばない。〔生長〕早い，高さ2～4m，幹は細い。〔配植〕本来の造園木ではないが天然には庭園また公園の植込のなかに多く自生している。枝を充分に剪定して樹形を整備すれば造園木としても充分に見られる。〔変種〕ホソバイヌビワ var. sieboldii *King* 葉形を異にし，細く披針形，やや分岐することの多いのが特徴とされ，まれに同一株からこの両種の葉を生ずることがあり，この方が造園木として利用の途が多い，ときに盆栽として仕立てられたものもある。産地は基本種と同じ。昔はイチジクの渡来する以前にはこれらをイチジクと呼んでいた。〔類種〕同属のものに常緑のツル性であるイタビカズラ，ヒメイタビがあり壁面にからませる。

【図は花と実】

くわ くわ科

Morus bombycis *Koidz.*

〔**形態**〕落葉喬木,雌雄異株または時に同株,樹形は不斉。樹皮は灰褐色,不斉に縦裂,斑線あり,小枝には幼時にだけ細毛がある。冬芽は円錐形,多数の鱗片に包まれ先端少しく彎曲する。葉は互生,有柄(長さ1～2.5cm,無毛),薄質,早落性托葉を伴う,卵形・卵円形・広卵形,短急鋭尖,円脚・心脚,不斉の鋸歯があり,ときに3裂する。上面は粗渋でやや無毛,下面は脈上に粗毛があるが後に無毛または微毛を残す。葉脚に2大側脈あり,主脈から3～5双の側脈を分つ。秋は黄葉することあり,長さ8～20cm×5～15cm。花は4～5月,無弁。果実は7～8月成熟,多肉質となった宿存萼片に包まれ,穂軸に密着して長楕円体状を呈して偽果に似るが本来は果穂である。増大して萼片は紫黒色,甘味あって食用となる。長さ10～15mm,なかに細粒の種子がある。

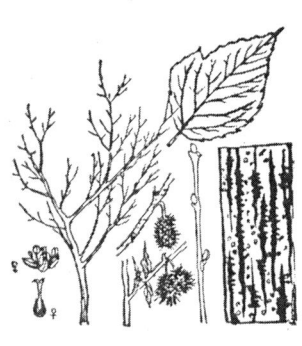

〔**産地**〕北海道・本州・四国・九州の産。〔**適地**〕深層の壌土質を好む。〔**生長**〕早い,高さ12m,径0.6mに及ぶ。〔**性質**〕樹性は強健であるが根に病菌がつきやすい。〔**増殖**〕実生,挿木。〔**用途**〕養蚕用に葉を用いるので造園木としては用いられない。〔**変種**〕ヤマグワ f. spontanea *Makino* 山地に多く見るもので通常果穂に果実のつく分量少なく,葉柄は時に紅色。これも一般にはクワという。〔**類種**〕多数あるが用途は少ない。ハチジョウグワはかつては巨大の材を産したが今は大木はない。シダレグワは枝の下垂する奇形のものである。

【図は樹形,樹皮,花及び果実】

かじのき くわ科

Broussonetia papyrifera *Vent.*

〔形態〕落葉喬木，雌雄異株で，樹形は不斉。樹皮は帯黒褐色，浅く裂片状となる。外皮は灰褐色，一見マムシの皮斑に似る，幼枝に絨毛密生し白色に見える。冬芽は円錐形，鱗片ゆるく着生する。**葉**は互生ときに対生・輪生，有柄(15cm)，大形，心卵形・広卵形，光沢なく，厚質，粗面，短鋭尖，円脚・截脚・歪心脚，老樹の葉は楯脚，鋸歯があり，ときに幼樹の葉では3～5裂する。下面は葉柄とともに絨毛密生する。托葉は卵形，紫色，早落性である。葉は秋季黄葉することあり，長さ7～18cm×5～15cm。花は5月，雄株では当年の新梢に長円柱状の雄花穂を生じ下垂し，黄色，長さ30mm。雌株では新枝梢の下方に腋生，有梗，球形，紫色の雌花穂を生ずる。果実は9月に成熟，下部から熟し始める。果穂はほぼ球形，径20～30mm，核果であり熟後は花被外に抽出，初め黄緑色，後に真紅色となる。甘味があり，生食できる，このなかに細粒の種子を蔵する。

〔産地〕本州中南部・四国・九州に産する。〔産地〕比較的土地を選ばない。〔**生長**〕早く，高さ10～15m，径0.6mに及ぶ。〔**増殖**〕実生，株分。〔**配植**〕造園木ではないが七夕のときに葉を飾りに用いる。〔**用途**〕靱皮をもって日本紙に製する。〔**類種**〕**コウゾ** B. kazinoki *Sieb.* 葉も果実も小形であり，産地はだいたい同じ，この靱皮をもって日本紙，衣料を製する。カジノキの学名とコウゾの学名が反対であるように思われるかしらないがこれが正しいのでローマ字カジノキが使われる。

【図は花と実】

やまぐるま やまぐるま科

Trochodendron aralioides *S. et Z.*

〔形態〕常緑喬木，樹形は直立状で，枝序は車輪状を呈する。樹皮は初めは灰白色，老木では暗紫褐色。葉は互生，またはやや輪状に出て，長柄，厚革質，倒卵形・狭倒卵形・広倒卵形，急鋭尖，または鈍頭鋭尖，楔脚・鈍脚，無毛で，上部にだけ鈍鋸歯があり，上面は滑沢，深緑色，下面は淡緑色で，長さ6～15cm×2～7cm，葉の狭長形のものを品種**ナガバノヤマグルマ** f. longifolium *Ohwi* という。花は6月，枝端に総状花序をなし，黄緑色を呈する。花被なく，糸状線形の長い苞は早落性である。果実は10月成熟し，ダイアモンド形をなして径10mm，8本の爪あり，内縫線に沿って裂開する，なかに細粒の種子があり，両端に小突起ある線形で光沢ある淡紅色，長さ3～6mm。

〔産地〕本州・四国・九州・琉球の産，ときに岩上に生ずるのでイワモチと方言する。〔適地〕肥沃，適潤の壌土質を好む。〔生長〕やや早い，高さ9～20m，径1mのものもある。〔配植〕本来の造園木ではないがときに神社境内に見る。〔増殖〕実生。〔用途〕この皮を腐敗させてつくったのが鳥モチである。モチノキ（後述）からも鳥モチはつくれるが粘性はこれに及ばないし生産しうるほどのものではない。鳥モチは用途ひろく，本樹はその資料であるが天然生の樹木を求めその皮を剝いで利用している，製法はきわめて煩雑である。鹿児島県屋久島にはこの樹が多い。〔変種〕ナガバノヤマグルマはこれより葉が細く，この方が造園用樹としては適する。

【図は花と実】

ふさざくら ふさざくら科

Euptelea polyandra *S. et Z.*

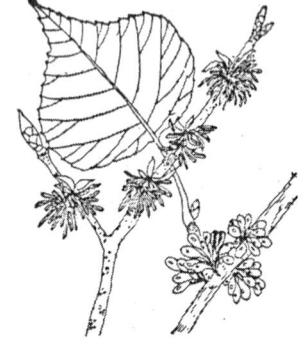

〔形態〕落葉喬木，幹は直立し，分岐する。樹皮は灰褐色・黒褐色。枝はよく伸長して細く分岐する，赤褐色。冬芽は卵形，頂尖。鱗片は光沢ある暗紫褐色，下側のものに灰白色の毛がある。葉は互生ときに短枝上に数片叢生，長柄（3～7cm），薄質，円形・広卵形・扁円形，長尾急鋭尖頭，截脚・円脚，不斉の鋭粗鋸歯があり，上面の脈上に幼時少毛，下面は淡緑色，ときに多少粉白色，脈上と脈腋に毛があり，側脈は著明，長さは幅とだいたい同じく6～20cm，通常13cm。花は3月，葉に先だち短枝上に叢生する，下垂し，短梗があるが花被はない。雄蕊は紅色で美しい。果実は10月成熟，細梗あり，扁平な翼ありその一側は凹入し，長さ5～7mm，ここに種子をつける，これが集って葉腋に叢生する。花実の状態からフサの名を生ずる，一名タニグワというのは谷間に多く生じて葉形クワに似るによる。

〔産地〕本州中南部・四国・九州の産，多くは陰湿な谷間に群落をなして生ずる。〔適地〕水湿の多い土地を好むがだいたい土性を選ばない。〔生長〕早い，高さ10～12m，径0.3mのものがある。〔性質〕樹形の特質上剪定がきかない，萌芽力はある，移植力あり，格別の病害虫はない。〔配植〕本来造園木ではないが近来は庭樹商の植溜に市販品を見る，庭木としては軽い気分のする適樹である。雲葉という文字をヤマグルマにあてるのは誤りで，これは中国産のシナフサザクラまたは同地の水青樹である，雲桑ともいっている。日本には見られない。

【図は花と実】

かつら　かつら科
Cercidiphyllum japonicum S. et Z.

〔形態〕落葉喬木，雌雄異株で，樹形は端正，主幹直立，枝も斜上，細く整型の樹形である。樹皮は暗灰褐色・灰緑色，縦に浅裂し細片に剝離する。皮目は著明。幼枝は微紅色，萌芽性著しく，ときに根元から多くのヒコバエを生じ株立状となる。冬芽は双生，直立，円錐形，2鱗片あり，枝に圧着する。葉は対生，まれに互生，長柄（2〜2.5cm），広心形・広卵形，鈍頭，心脚，鈍鋸歯があり，下面は粉白色，両面は無毛，側脈は3〜4双，新葉の色美しく，長さ幅とも4〜7cm。花は5月，葉に先だちて生じ，花被なく，雌雄花とも紅色。雌雄株の区別は経験によってわかるという。果実は10月成熟，果梗上に5〜6個集り，両尖の円柱形，長さ8mm幅3mm，やや彎曲，成熟ののち外縫線で開裂し種子を出す，種子は1果に10粒以上あり，半月形，長さ1mm，幅2mm，長翼1片あり。

〔産地〕北海道・本州・四国・九州の産。〔適地〕水湿に富む肥沃地を好む。〔生長〕早い，高さ25〜30m，径1.2〜2mの大木あり。〔性質〕樹形の特質を活かし剪定を好まず，萌芽力はある。移植力も強く，格別の病害虫はない。〔増殖〕実生。〔配植〕造園木としては樹形が狭円錐形で美しいのと，水湿地にも生育できるので公園，庭園に用いられる。京都市の賀茂神社では例年5月の葵祭のときに欠くことのできないもの，同社境内に多く植えている。〔類種〕ヒロハカツラというのがある。葉はやや大形，短枝の葉はほとんど円形，長枝の葉は鈍頭である点を異にする。用途は同じ。　【図は花と実】

ボタン　うまのあしがた科
Paeonia suffruticosa *Andr.*

〔形態〕落葉灌木，根元より分蘗を生じやすい。枝は粗生，瘦長，細根に乏し。根は太く白色を帯ぶ。葉は大形，互生，有柄，二回三出または二回羽状複葉，小葉は卵形もしくは披針形，2～3裂または全縁で深い裂刻があり，鋭頭，発芽の時季は早く（早いのは2月）落葉季も早い（9月）。花は5～6月，枝端に単生，大形，一重，紅紫色，花径150～250 mm。花弁は倒卵形，不同，不斉の欠刻があり，5～10片。5萼は緑色で宿存する。雄蕊は多数で，紅色。葯は黄色，花盤は薄い肉質，3～5個の子房を囲む。果実は9月頃成熟，梗上に2～5個着生，開出，短毛を密生し，完熟すると内縫線に沿って開裂する。種子は球形，堅質，黒色，光沢あり，径5 mm，1果に10～22粒入る。

〔産地〕中国西北部の原野に自生する説と西方アジアから中国に渡来した説とがある。おそらく前者が正しいと思う。自生品は一重，紫色，他の色は改良品種である。

〔適地〕寒気に強く，砂壌土を好む。〔生長〕高さ1～3m，径0.15mが最大。〔性質〕春季早く発芽し，花を賞する，移植は8月末から9月上旬をよしとする。根元のヒコバエを搔いてやる。〔増殖〕株分，実生，接木はボタン台およびシャクヤク台。前者は寿命が永い，後者は改良ボタンと呼ばれて短命であるが鉢物とするには根が軟く扱いやすい。〔配植〕庭園木としては古来花木の王と称される。充分に肥培しなければよい花は見られない。〔用途〕根皮，種子を薬用とするの2種がある。

【図は花，実及び種子】

かざぐるま　うまのあしがた科
Clematis patens *Morr. et Decne.*

〔形態〕落葉藤本，蔓茎は瘦長，褐色，長く伸長する。葉は対生，長柄，三出葉または再三出葉，小葉は狭卵形・卵形，ときに3裂，鋭頭，円脚・心脚，全縁，紙質，両面脈沿に細毛あり，長さ3〜10 cm×2〜5 cm，葉柄長く伸びて他物にからみつく。花は5〜6月，前年枝に単生，頂生，1花梗あり，その先端に大形の1花を開く，花径100〜150 mm。花弁と思われるものは萼片で大形，長楕円形，鋭尖，8片相集って車輪状に平開する，紫色を常とするが異品には各色あり，花弁を欠く。雄蕊は多数。花糸は白色扁平。葯は細長，紫色。雌蕊も多数。果実は瘦果，10月成熟，頭状に集り，小卵形，宿存花柱には黄褐色の毛が多いが短くて羽毛状とはならない，一端に種子がある。

〔産地〕本州中南部・四国・九州に産する。〔適地〕多少水湿を含む壌土質を好むが比較的土質を選ばない。〔生長〕早い。〔性質〕纏絡性，剪定を適度に行って花つきを多くする。〔増殖〕実生，接木，挿木。〔配植〕花木として庭園に用いる。今日は改良品種多く，総称してクレマチスと呼んでいる。〔変種〕ユキオコシ f.alba *Makino* 八重咲，白色の花。ヤエザキカザグルマ var. monstrosa *Planch.* 八重咲品。〔類種〕テッセン C. florida *Thunb.* 本種によく似るが蔓は細く強く，鉄線の名これによる。花は白色，花径50〜80mm，萼片は6枚である点を異とする。中国産。カザグルマはテッセンとともに改良種が多くでき現に流行している。

【図は花と実】

む べ あけび科

Stauntonia hexaphylla *Decne.*

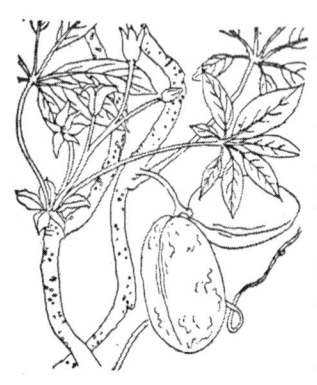

〔形態〕常緑藤本,雌雄同株で,蔓の伸長著しく15m以上にも及ぶ。樹皮は灰黒色。葉は互生,長柄,掌状複葉,長さ10〜20cm,小葉は長柄(3cm),初めは1片,つづいて3,5,7片と掌状に完成する,厚革質,全縁,濃緑色,無毛,3主脈あり,側脈は網状で著明。下面は淡緑色,長楕円形・広楕円形,長さ4〜10cm。花は5月,新葉の腋または鱗片腋から総状または繖形状花序をなし,3〜7花を開く,白色にやや淡紅紫彩があって,香気を有し6萼片あるが花弁はない,雌花は雄花より大形,花径15mm,その数少い。果実は10月成熟,大形の漿果で球形・卵球形・広楕円体,初め緑色,成熟して暗紫紅色となる,長さ50〜100mm,開裂しない(この点アケビと異る)。果肉は白色で,甘味があって,食用となる,肉中に多数の種子が埋在する。種子は黒色,ほぼ球形,堅く,小粒,下種すればよく発芽する。

〔産地〕本州中南部・四国・九州・琉球の産。〔適地〕肥沃な壌土質を好む。〔生長〕きわめて早い。〔性質〕蔓の伸長著しいから強度の剪定を行って花つきをよくし施肥して雌花を出させる。〔増殖〕実生・挿木。〔配植〕庭園木,通常は棚仕立として果実を賞する。結実させるには相当の経験を要する。庭には2株以上を植えるのがよいとされる。砂糖が南方から輸入される前はこれが甘味料として用いられた歴史があり,昔は近江国から毎年この実を朝廷に献じたものである。

【図は花と実】

あけび　　あけび科
Akebia quinata *Decne.*

〔形態〕落葉藤本，雌雄同株。蔓は左巻細長，老成して帯褐紫色，全株無毛。葉は互生，老茎では鱗片ある短枝上に叢生，長柄，掌状複葉，小葉は短柄，5片，長楕円形・狭長楕円形・長倒卵形，微凹頭，全縁，鈍脚・円脚，膜質，長さ3～5cm×1～2cm，下面は帯白淡緑色。花は4月，新葉とともに開く，短枝の葉間に有柄の短総状花序を出して下垂し，有梗の淡紅紫色。雄花は通常花序の上方に着生，小形，多数，淡紅紫色，径12～16mm。雌花は1花穂中に少数，1～2個，きわめて長い花柄あって下垂し，雄花より大形，紫褐色，径25～30mm。萼は3片，広楕円形，長さ15～20mm，淡紫色，通常ともに花弁を欠く。果実は10月成熟，漿果で，果梗頂に1～4個を着生，球形・楕円体，初め緑色，成熟して淡紫灰色，青斑あり，長さ60～120mm，径30～60mm，果皮は厚く，成熟すると縫合線に沿って縦に開裂する（ムベは開裂しない）なかに半透明乳白色の甘味ある果肉が長楕円体状に着生し，そのなかに500～800粒の小種子を埋在する。種子は濃黒色，光沢があり，やや扁平。

〔産地〕本州・四国・九州の産。〔適地〕土地を選ばない。〔生長〕早い，蔓はよく伸長するがムベには及ばない。〔増殖〕実生，蔓挿。〔配植〕本来造園木ではないがツル先を適当に剪定することによって野趣に富む棚仕立，柵仕立として花実を楽しむことができる。或る程度の年数が来ないとほとんど開花結実しない。

【図は花と実】

みつばあけび　あけび科
Akebia trifoliata *Koidz.*

〔形態〕落葉藤本，雌雄同株で，だいたいアケビに似る。葉は互生，老茎では短枝に叢生，長柄三出掌状複葉。小葉は短柄，3片，広卵形・卵形，無毛，膜質，全縁または波状粗大鋸歯，鈍頭，微凹頭・円頭，長さ3～6cm。花は4月，短枝の葉中から長柄を抽いて開花，上部に総状花序をなして多くの暗紫色の花をつける。花軸の先端には短梗ある多数の小形の雄花をつけ，基部にはきわめて長い花梗ある大形の雌花1～3個を開く。花弁を欠き，萼片は3，きわめてまれに4，雄花では長さ2mm雌花では長さ8mm，円形・広卵形。果実は10月成熟，長楕円体，アケビに似るが大形であり，紫色が濃く，果肉厚く，甘い点はアケビに似る。そのなかに黒色，黒褐色の小粒種子多数埋在する。甘味はアケビより勝る。結実はアケビより量が多い。

〔産地〕北海道・本州・四国・九州の産。アケビが低山帯，人里近いところに多いのに反し本種は山地に多い。

〔適地〕湿気ある肥沃地を好む。〔生長〕早い，アケビより強盛である。〔性質〕アケビと同じ。〔増殖〕アケビと同じ。〔配植〕庭園用とするがアケビの雅趣多きに比べて劣る。〔用途〕このツルを利用したものがアケビ細工であり，農産品として需要が多い。〔類種〕**ホザキアケビ** A. longeracemosa *Matsum.* 花は穂状をなす。果皮の色により淡紅色，紫色のすぐれたものを分けることがある。これは甘味にも差異があるといわれる。

【図は花枝と実】

なんてん　めぎ科

Nandina domestica *Thunb.*

〔形態〕常緑灌木，株立状となり，主幹を欠く。樹皮は灰黒色，縦溝あり，内皮と根とは黄色。幼枝は鮮紅褐色。葉は互生，茎梢に叢生開出，有柄，大形三回羽状複葉，長さ45cm，幅30cmにも及ぶ，基部に関節があり，暗紅色を呈し，鞘となって茎を包む。小葉は対生，無柄，革質，無毛，平滑，全縁，披針形・狭卵形・狭披針形，光沢あり，鋭尖，鋭脚，濃緑色，長さ3～7cm×1～2.5cm。花は6月，茎頭に大形円錐花序を直立して開花，分岐多く，長さ200～400mm，ときに腋生する。花は小形，白色，多数の萼片相重なり，花弁は6片，舟形披針形，光沢あり，花径5mm，蕾は球形，帯紅色。果実は10月成熟，漿果で，球形，紅色光沢があり，多数着生する，径7～10mm。種子は2個まれに1個入る，乳白色，凹扁半球形，径4～7mm。

〔産地〕本州中南部・四国・九州の産。〔適地〕向陽の地，適潤の土質を好むが土性を選ばない。〔生長〕早い，高さ1～3m，径0.1m，暖地では1株で200本立ともなる。〔性質〕樹性強健，病害虫はない。〔増殖〕実生，挿木，株分。〔配植〕庭園用の縁起木として必要のもの。鉢前，下草に用いる。〔用途〕果実，枝葉，根皮，材は薬用となる。〔変種〕**シロミナンテン** var. leucocarpa *Makino* は白実で，**フジナンテン** var. por phyro carpa *Makino* は淡紫実。ウルミナンテンは紅と白との中間色である。葉の変形のものが古来多数品種とされている。クリモトナンテン，イカダナンテンは著名。

【図は葉，花及び実】

ヒイラギナンテン めぎ科

Mahonia japonica *DC.*

〔形態〕常緑灌木で，樹形株立状を呈する。樹皮は粗渋，灰黒色，縦に裂刻があって，コルク質の発達著しい。枝はほとんどない。材，内皮および根は鮮黄色，全株無毛，葉は互生，多く茎頭に叢出する。奇数羽状複葉，長さ30～40cm，葉軸に節あり，葉柄は短く，基部は鞘状となり茎を囲む。小葉は頂葉以外は無柄，5～8双，革質，光沢，卵状披針形・長楕円状披針形，下方のものは卵形，葉端は長披針状をなして，きわめて鋭尖，刺端，粗大の鋸歯がある。上面は濃緑色，光沢強く，下面は黄緑色，長さ4～12cm×3～8cm。花は3～4月，頂生，総状花序をなして直立または下垂し，長さ130mm。花は小形，黄色，9萼，6弁，6雄蕊。果実は7月成熟，漿果でほぼ球形・卵球形，初め緑色，成熟して紫黒色，表面に少しく白粉を被う，長さ12mm，径8mm，なかに少数の種子がある。取播とすれば60～80日で発芽するが，フザリュウム菌で枯死するものが多い。これを防ぐには床土を焼けばよい。

〔産地〕中国・台湾・ヒマラヤ産。〔適地〕土地を選ばない。〔生長〕早い。〔性質〕剪定はできない。〔増殖〕実生，挿木，葉のつかない茎を寸断して挿木しても容易に発芽する。株分。〔配植〕庭園木として最優秀，石付，下木，鉢前，根締用としてこの右に出るものはない。市販品多数。日本に移入したのは相当に古い時代であり，江戸時代にはマエダヒイラギナンテンと呼んで葉に見事な斑の入った品種が改良によって作り出された。

【図は葉，花及び実】

ホソバヒイラギナンテン　めぎ科
Mahonia fortunei *Fedde.*

〔形態〕常緑灌木で，株立状をなす。幹は分岐せず，枝はほとんどない。樹皮は灰黒色，浅い裂刻あり，内皮，材および根皮は鮮黄色を呈する。葉は互生，茎頭に叢出することヒイラギナンテンと同じ，有柄，奇数羽状複葉，長さ 12～25 cm。葉柄は鞘状をなして茎を包む，小葉は無柄，対生，3～4 双，狭長披針形，狭線形，鋭尖頭，鋭脚で，低鋸歯があって，歯端は針状，革質，葉面に光沢あり，長さ 8～12 cm。花は 9 月（この点でヒイラギナンテンと異る）数本の頂生総状花序を生じ，長さ，100～150 mm，花は小形，黄色，9 萼，6 弁，6 雄蕊。果実は翌春成熟，ほぼ球形で，前種より小形，径 10 mm，帯緑黒紫色，上面に微白粉を被る，なかに淡緑色の光沢ある半球形の種子 2 個を蔵する。原産地の状態は不明だが関東地方では結実量きわめて少ない。著者は未だ 1 果梗に 5 果以上ついたのを見たことがない。

〔産地〕中国産，明治初年日本に入る。〔適地〕前種と同じ。〔生長〕前種よりやや劣り，高さ 1 m 内外。〔増殖〕前種と同じ。〔配植〕だいたい前種と同じであるが樹形，葉形が一層小さいので小庭向きに適当する。前種を男性的とすれば後者はきわめて女性的といった感じがふかい。〔類種〕この一類をマホニヤと総称しアメリカにも産するが有数の庭木であり，種苗商のカタログにしばしば掲載されていて栽培も盛んである。マホニアと呼ばれる個体も日本に入っているが前種より樹性は弱く，利用上それらに劣る，一つの標本木として植える。

【図は花枝と果実】

めぎ

めぎ科

Berberis thunbergii *DC*.

〔形態〕落葉灌木，根元から株立状に密生する，枝葉きわめて密生し一枝は褐色で稜条がある。長枝には鋭い刺が腋生する，通常は単一，ときに3岐する。長さ0.5～1.8cm。樹皮は暗灰色,浅裂する。葉は互生，短枝には叢生し，無柄，小形，倒卵形・狭倒卵形・長楕円形，鈍頭・円頭，狭脚・楔脚，全縁。下面は淡緑色，後に往々帯白色となる。長さ1～3.5cm×0.5～1.5cm。秋季には紅色または黄色に変ずる。花は4月，新葉とともに小形の総状花序をつけるが，ときに単生または3～4花を腋生して，下垂する。花は小形,黄色。9萼片は淡緑色少しく紅彩あり。6花弁はこれより小さく，長楕円形，長さ2mm。6雄蕊は開花のときに手で触れると内曲運動を起す。果実は10月成熟，漿果で長楕円体，紅色，光沢あり，長さ10mm，径6～8mm，種子は1個，暗灰褐色を呈する。取播とすればよく発芽するが実生苗は生長きわめて遅い。
〔産地〕本州中南部・四国・九州の産。〔適地〕土地を選ばない。〔生長〕早い方ではない。高さ1～2m，径0.12m。〔増殖〕実生，株分。〔配植〕本来の造園木ではないが，小葉であること，刺あること，紅実を賞して公園の境栽などに列植する，生垣として庭園用に供するのも一方法である。刈込に耐え萌芽力は強盛である。この一類は欧米にも産し，バーベリーと称しひろく庭木としている。ヨーロッパ，アメリカ，カナダ，中国，蒙古などにも原産品があり，大葉で葉の半分が紅色となる美しい観葉性のものさえあって利用されている。

【図は樹形，花と実】

タイサンボク　　もくれん科
Magnolia grandiflora *L.*

〔形態〕常緑喬木，樹形は雄大。幹は直立し，枝葉は繁密する。樹皮は比較的薄く，鱗状に剝離しそのあと淡褐色を呈する。幼枝と芽鱗とには赤褐色の短毛が密生する。葉は互生，有柄，大形，長楕円形・長倒卵形・倒卵形，厚革質，鈍頭，鈍脚，全縁，やや大波状縁。上面は光沢ある濃緑色，下面には鉄サビ色の密毛がある。幼苗では青白色のものあり，長さ 12～25cm×5～12cm。花は5～6月，大輪，乳白色，香気あり，枝頂に生じ，洋盃状，花径 120～150mm ときに 300mm にもなる。3萼片は花弁状をなす。花弁は倒卵形・広倒卵形，通常6片，まれに9～12片，厚い肉質，長さ130mm，幅 90mm。雄蕊は多数で，花糸は紫色を呈する。果実は11月成熟，大形，果叢につきその形は楕円体・長卵形・円柱状広楕円体，長さ 130～150mm，成熟すると心皮は開き，なかから紅色の2種子を放出するが細い白色の糸を以て下垂する。種子は扁平楕円体，光沢あり，長さ6mm，核は白色（他のモクレン属は黒色）であることを特徴とする。

〔産地〕アメリカ南部産。〔適地〕肥沃で水湿ある壤土を好む。〔生長〕やや早い，高さ 25～30m，径 1.3m。〔性質〕移植力弱く，剪定はきかない。〔増殖〕実生，接木。〔配植〕造園木として優秀である。〔変種〕ホソバタイサンボク　var. lanceolata *Ait.* 葉はやや幅せまく波状縁でなく，内側にやや反捲する。この方が多い。通常世間でタイサンボクと呼ばれているのは多くこの変種の方である，造園木としては樹形この方が適する。

【図は樹形，葉，花及び果実】

ハクモクレン（ハクレン）　もくれん科
Magnolia denudata *Desr.*

〔**形態**〕落葉喬木，幹は直立し，雄大。枝は拡開する。樹皮は平滑，灰白色。冬芽は暗緑色，鱗片に包まれ多毛。花芽は大形，長さ45mmもある。葉は互生，短柄，大形，厚質，全縁やや波状縁，倒卵形，鈍頭，鈍脚，下面脈沿に微毛あり，長さ6～12cm×3～8cm。花は3月，葉に先だち枝端に生じ，大形，白色，香気あり，花径120～150mm，花被は同形，同質。萼は3片，花弁は6片，倒卵形，長さ70mm。果実は10月成熟，果叢は帯褐色，長楕円体，長さ90～120mm。関東では関西におけるよりも結実まれである。成熟して心皮は裂開し，なかから白糸柄をもって下垂する紅色の種子を放出する。従来この種子を播いたが発芽を見たことがない。
〔**産地**〕中国産。〔**適地**〕向陽の深層肥沃の土地を好む。
〔**生長**〕早い，高さ10～15m，径0.3m。〔**性質**〕移植力に乏しい，剪定はできるが好ましくない。萌芽形は見栄え少ない。〔**増殖**〕実生，接木。〔**配植**〕優秀な造園木であり，中国式庭園には必須のものである。〔**変種**〕サラサレンゲ var. purpurascens *Rehd.* 花被の外面は淡紅紫，内面白色。〔**類種**〕ソトベニモクレン M. dorsopurpurea *Makino* 花弁は白色，外側基部は帯紫色。ともに果実を見ず，前者はハクモクレンとモクレンの雑種でハクモクレンに近いもの，後者は同じくモクレンに近いものと見なしてよい。アメリカ，ヨーロッパ，中国には落葉性モクレンの美しいものが多いが未だ日本に移入されたことのないものが多い。今後に期待する。
【図は樹形，葉，花，果実及び樹皮】

モクレン（シモクレン）　もくれん科
Magnolia liliflora *Desr.*

〔形態〕落葉灌木，株立状，主幹はない。枝は黒褐色，幼時は有毛。葉は互生，短柄，大形，広倒卵形・倒卵形・卵状楕円形，やや革質，鈍頭・凸頭，全縁で，上面は平滑，無毛，下面は脈沿に白毛がある。長さ8〜18cm×4〜11cm。花は4月，葉に先だって頂生，鐘形，暗紫色，暗紫紅色，多少の香気がある。黒味の強いものを花戸でカラスモクレンと呼ぶ。萼は3片，緑紫色，卵状披針形。花弁は6片，2列着生し，倒卵状長楕円形で，外面は濃紫色，内面は淡紫色，長さ50〜125mm。果叢はやや小形，卵状長楕円体，褐色，心皮を開いて2〜3個の紅色の種子を放出する。白糸柄をもって下垂すること前例と同じ。ときに7月頃葉間に著しい返り咲の現象を見ることがある。

〔産地〕中国産，中南部地方では寺院に多く植えられている。〔適地〕肥沃，向陽の地を好むが，ハクモクレンよりは土地を選ばない。〔生長〕早い，高さ2〜3mに及ぶ，根元から発生するヒコバエを掻きとり単幹仕立とすると高さ6m，径0.15mになる。〔性質〕移植力は鈍く，株立ものの株を細分して移植すれば多く失敗する，細根なく太い直根だけを有するによる。剪定は行えない。

〔増殖〕実生，株分。〔配植〕庭園用，早春の花木として適する。株は年々増大するによって庭趣をあらかじめ考えておく必要がある。幹は細く高いので傾きやすい，大株になると根分，株分によって分植してやる。その時は株立数の半分または三分の一くらいを分けてやる。

【図は樹形，葉，花及び果実】

しでこぶし　もくれん科
Magnolia stellata *Max.*

〔形態〕落葉灌木，株立とならず単幹性，樹皮に苦味があり，幼枝に密毛を生ずる。葉は互生，短柄，長楕円形・狭披針形・長倒卵形・広倒披針形，鈍頭・円頭，鋭脚・楔脚，洋紙質で，上面は無毛，下面は無毛または幼時脈沿に多少の軟毛がある。長さ 5～8 cm×1～3 cm。花は4月，葉に先だって枝頭に生じ星状形，少しく香気があり，花径70～100mm。花被は 12～18片，萼と弁との区別はなく，細長形を特徴とする，倒披針形，鈍頭，長さ40mm，幅 8～12mm，微紅を帯びる白色で花弁の状態が四手(采)に似る，後に外側に反捲する。果叢は長さ 30mm，少数の心皮だけが成熟する，種子は紅色，通常1個を蔵する。

〔産地〕本州中部の産。〔適地〕多少の水湿ある肥沃の向陽地を好む。〔生長〕早い, 高さ 1～3 m, 径0.1m。〔性質〕前種とだいたい同じ。〔増殖〕実生，接木。〔配植〕小品の庭樹としてきわめて優良，殊に茶庭，それに類する庭の好材料である。市販品がある。〔変種〕ヒメコブシ一名ベニコブシ var. keiskei *Makino* 本種より花はやや小形，色は紅味に勝り，樹形は小さい。稀品であるが庭木としてはむしろこの方がふさわしい。水辺，石付，下木として用いる。2者ともに盆栽として仕立てられることが多い。剪定を行って高さ1m内外で開花させ，これらを列植として庭のなかに植込むときは美しい庭趣を生ずるものである。洋風庭園の材料としてもきわめて適切である。弱い刈込以外格別の手入を要しない。

【図は花と実】

こ ぶ し　もくれん科
Magnolia kobus *DC.*

〔形態〕落葉喬木，樹形は整斉，主幹は直立し，枝序正しく，枝張りは大である。樹皮は灰白色，平滑，白斑あり，小枝を折ると香気あり，枯枝を燃やしても芳香を発する。樹皮は薬用としアイヌは茶の代用とする。幼枝は帯紅紫色。冬芽は頂尖，長卵形，筆穂状，頂端やや彎曲する，鱗片に灰白色の密毛がある。葉は互生，短柄，広倒卵形・倒卵形，急鋭尖，やや鈍端，楔脚，全縁，少しく波状縁で，上面は無毛，下面は淡白緑色，脈上に少毛がある。ただし幼時は有毛，側脈9～12双，長さ6～15cm×3～8cm。托葉は早落性。花は3月，葉に先だって頂生または腋生し，単一，大輪，白色，微香があり，花径100～120mm。萼は3片，披針形，広線形で外面に軟毛密生し，長さ15～18mm，幅3～4mm，弁は6片，狭倒卵形，ヘラ形，長さ60mm，萼と弁との区別は困難だがともに基部内側に淡紅色のボカシがある。果叢は9月成熟，長楕円体，長さ60～150mm。心皮は凹凸不斉。種子は紅色，扁球形，白糸柄をもって下垂する。果実はきわめて多数着生する。

〔産地〕北海道・本州・四国・九州の産。〔適地〕肥沃の深土層を好む。〔生長〕早い，高さ15m，径0.6m。〔性質〕移植力はある，剪定は好まない。実生。〔配植〕元来造園木ではないが野趣に富む花木として庭園，公園，並木に適する。殊に風景地，観光地のように自然の姿を残すように植栽する場合の適格品として唯一のものであり，自然林のなかで春季の開花は美しい。

【図は花と実】

ほおのき もくれん科
Magnolia obovata *Thunb*

〔形態〕落葉喬木,樹形は端正,主幹は直立する。枝序は整斉,車輪状に出る。樹皮は中年まではやや灰白色,平滑,老木はやや褐色。冬芽は大形,長さ3cm円柱形,頂尖,黄緑色,無毛。葉は互生,有柄,やや厚質,倒卵状長楕円形,全縁,多少波状縁,尖頭,円頭,鈍脚・円脚。上面は無毛,下面は通常帯白色,細軟毛がある。若葉には帯紅色の膜質大形の早落性托葉があって美しい。花は5月,開葉の後に生じ,少数だが頂生,大輪で香気あり,帯黄白色,洋盃状,花径150～300mm。萼は3片,淡緑色,帯紅色,長楕円形,その内側に6～9片の花弁あり,狭倒卵形,長さ60～80mm,幅30～40mm,帯黄白色または乳白色。花糸は鮮紅色。果叢は10月成熟,長楕円体,球果状を呈し,長さ100～150mm,径60mm,成熟するときに紅紫色を呈する。種子は2個ずつ白糸柄をもって下垂する。

〔産地〕北海道・本州・四国・九州の産。〔適地〕肥沃な深層土を好み,天然には土地の関係からか群落をなすことはほとんどない。〔生長〕早い,高さ18～30m,径1mに及ぶ。〔性質〕移植力は鈍く,萌芽力はあるが剪定を行わない方がよい,枝序の乱れるのによる。〔増殖〕実生。〔配植〕もともと造園木ではないが樹形の美を称して庭園,公園に用いられる。〔用途〕材はきわめて優良,工芸用とする。園芸の方では生花材料として新芽時の枝の利用を目的に栽植する。観賞用のモクレン類を接いで増植するときにはこれを接台として選用する。

【図は花と実】

おおやまれんげ　　もくれん科
Magnolia sieboldii *K. Koch*

〔形態〕落葉灌木, 小喬木, 樹形不斉で主幹は直立しないものが多い。枝は粗に分岐し幼枝は灰白色で, 絹毛がある。冬芽は筆の穂に似て彎曲し, 褐毛粗生, 暗紫色を呈する。葉は互生, 有柄, やや大形, 広倒卵形・倒卵形, 厚膜質, 急短尖, 鈍円脚, 全縁。上面は無毛であるが, 脈上にだけ粗毛があり, 下面は淡白緑色, 全面特に脈上に長毛があり, 長さ 7～16cm×5～10cm, 托葉は膜質で早落する。花は 5～6 月, 当年枝の枝端に頂生し, 単一長梗あり, やや下垂するかあるいは横向きに開く, 花径 50～90mm, 芳香あり, 洋盃状, 白色。萼は 3 片, 外面は帯紅色, 内面は白色, 卵形, 弁より短い。花弁は 6～9 片, 倒卵形, 白色, 長さ 30～60 mm, 葯は鮮黄色。果叢は 9 月成熟, 楕円体, 長さ 25～50 nm, 紅染し, 成熟した時紅色の種子 2 個を下垂させる。

〔産地〕関東以南の本州・四国・九州の産。〔適地〕多少の湿気ある肥沃の壌土質を好む。〔生長〕早い, 高さ 3～4 m, 径 0.1 m。〔性質〕前種と同じ。〔増殖〕実生。〔配植〕もともと造園木ではないが庭園用として適良である。〔類種〕ウケザキオオヤマレンゲ M. watsonii *Hook. f.*　花は側向して開かず, 通常の花のように上向きに開くものをいう。花戸では玉水 (ぎょくすい) と呼んでいる。中国産というがおそらく本種とホオノキとの中間種と認められる。本種と同様造園木として庭園に用いられる, 花戸に市販品もある。樹形のくずれるのが欠点とされるが強い剪定をきらうので弱剪定により整姿する。　【図は花と実】

たむしば　　もくれん科

Magnolia salicifolia *Max.*

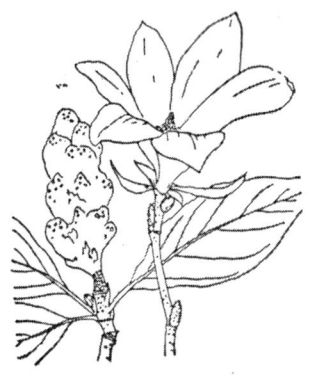

〔形態〕落葉小喬木，幹は直立し，ときに叢生する。枝は粗生し，細く無毛，無光沢。樹皮は暗灰色，樹皮と幼枝とに一種の香気がある，冬芽は葉柄基脚にある左右托葉の合して嚢状となったもののなかに生ずる。葉は互生，有柄，披針形，広披針形・卵状披針形・長楕円形，コブシのように幅はひろくない，洋紙質，鋭尖，鋭脚・広楔脚，全縁。上面は無毛，下面は粉白色を呈し，幼時は白色の微毛を有するが，後には無毛となる，側脈12〜13双，長さ6〜15cm×4〜6cm，葉面にタムシのような斑がある，またこの葉を噛むと甘いのでカムシバの異名がある。花は4〜5月，葉に先だって開き，白色，洋盃状，大輪，香気がある。花径は60〜100mm。萼片は3，花弁と同質で半長，披針形で，長さ20〜30mm，幅4〜7mm。花弁は6片，倒卵状楕円形・狭倒卵形・広披針形，やや厚質，幅17〜25mm，白色，中央基部内側は濃紅紫色。果叢は9月から10月の間に成熟，円柱状で，不斉の凹凸があり，開裂して白糸柄をもって下垂する紅色の種子を放出する。取播とすれば発芽する。

〔産地〕本州・四国・九州の産，西日本に多く，東日本では関東地方には見ないが日本海沿岸地方に多い。〔配植〕だいたいコブシと同様に，取扱ってよいが移植はきわめて困難，実生でよく成苗し発育もよい。〔類種〕これは北方種であるが，これとよく似たヒロハタムシバが九州の南部にあり，南方種とすると柳田由蔵氏は記す。

【図は花と実】

おがたまのき　もくれん科
Michelia compressa *Sarg.*

〔**形態**〕常緑喬木，樹形は整形，樹冠は半球状，分岐多く，枝は繁密。樹皮は帯緑灰色，平滑で，幼枝・芽・若葉の下面には帯褐色の短伏毛があるが，後に無毛となる。葉は互生，有柄(1.5cm)，厚革質，光沢あり，長楕円形・長倒卵形・広倒披針形，短尖，狭脚，無毛，全縁やや波状縁をなし，下面は帯青色，長さ5～12cm×2～5cm。花は4月，枝端近くに腋生，小形，香気強く，帯黄白色，花径24～30mm。萼と弁とは各々6片，ともに長倒卵形，白色，その基部に紅紫采があり，長さ15～25mm。果叢は10月成熟，長穂状で長さ50～100mm，開裂して紅色の種子1個を下垂させる。関東では種子の発芽はあまりよくない。

〔**産地**〕関東中南部・近畿南部の本州・四国・九州の産。
〔**適地**〕肥沃で深層の壌土を好む。〔**生長**〕やや早い，高さ16m，径0.6～1mに及ぶ。〔**性質**〕移植力はきわめて不良，剪定も好ましくない。〔**増殖**〕実生，挿木はやや困難。〔**配植**〕神社境内木を主とする。〔**類種**〕**カラタネオガタマ** M. fuscata *Blume* 中国南部原産，日本に入っては花香を賞する有数の常緑樹として利用される。オガタマノキのような喬大ではなく，枝葉密生，枝葉，花なども小形であるが，香気は強い，挿木は可能だが，きわめて困難とされている，市販品がある。このほか台湾にはキンコウボク，ギンコウボクがあり，花に香気が強く，庭木，並木にも用いられている。日本ではかなりの暖地でないと露地植はできないが温室で開花する。

【図は花と実】

ユリノキ（ハンテンボク）もくれん科
Liriodendron tulipifera L.

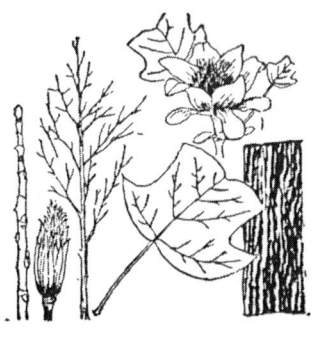

〔形態〕落葉喬木，樹高きわめて大，樹形は整斉で，枝張は比較的少ないが大枝を整然と派生する。幼枝は帯緑色，後に淡褐色，無毛となる。冬芽は淡紫褐色，有毛，鱗片に被われ円頭，楕円体，葉痕は卵形。葉は互生し，長柄(6～20cm)，大形奇形，截頭またはやや凹端，底部は2～4裂すること職人の袢纏に似る。下面は青灰緑色，無毛，全縁，薄質，少しく香気あり，長さ幅ともに6～15cm。托葉はきわめて大形，冬芽を包む。秋は黄葉する。花は5月，大形，頂生，単一，鐘形，花径60mm。萼は3片，花弁は6片，長楕円形，緑黄色，弁の基部に橙色の斑紋あり，果叢は10月成熟，鐘形，長さ60mm，成熟すると軸の周囲にある果実は離脱するが多くはそのまま落葉後に枝間に残る。果実は長い翼を有し，その下方に種子をとどめる。

〔産地〕アメリカ中部の産。〔適地〕深層肥沃の地を好む。〔生長〕早い，高さ30m，径3mの巨木がある。〔性質〕移植力に乏しく，剪定を極度に嫌う，強いて枝の刈込を行うと枝枯れを生ずる。〔増殖〕実生。秋になって果実の熟したものを取り，果実のまま床土内に埋めて発芽させるのが簡単である。1果中の種子は全部が成熟していない。中国にはシナユリノキというのがあり，花以外の部分はよく似る，この方は発芽前に挿木すれば根づくという。〔配植〕もともと造園木ではないが日本に輸入後はほとんど並木専用に用いられるが強い剪定を好まないのでむしろ公園の風致木に適する，風害には弱い。

【図は樹形，葉，花，果実及び樹皮】

さねかずら（びなんかずら）もくれん科
Kadsura japonica *Dunal.*

〔形態〕常緑藤本，雌雄異株で，樹皮は黄褐色，外側に厚いコルク質の外皮があり，内皮に粘液汁を含む。葉は互生，有柄，長楕円形，卵形，光沢ある厚軟質，歯牙状の粗鋸歯がある。下面は淡緑色，往々紫色を帯びるのが特徴とされる，長さ5～12cm×3～6cm。花は4月，腋生単一，花梗長く下垂する，淡黄白色の小花，花径15mm，萼と弁との区別は困難で，花被片は9～15果，片実は0月成熟，漿果であり，小球形，紅色，まれに白色もしくは黄白色がある，径5mm，これが紅色，球状で径30mmの花托の表面に着生している。全体球形となり長梗を有して枝葉の間に下垂する。種子は光沢ある乳黄色で腎臓形を呈し，長さ3mm。

〔産地〕本州中南部・四国・九州・琉球の産。〔適地〕土地を選ばない。〔生長〕蔓状の枝は長く伸長し，老木では茎の太さ0.02mとなる。〔性質〕樹性強健よく繁茂するので強度の剪定を行った方が花実の着生がよい。

〔増殖〕実生，挿木。〔配植〕もともと造園用ではないが，常緑蔓ものとして柵，棚にまつわらせるに適する。

〔用途〕中国産のものは樹皮に含まれる粘液を頭髪用とするので皮を剝ぎ乾燥して売品としているが日本産のものでもこの用途にあてることができる。これが南五味子であり，シナサネカズラという。種子に褐色の種皮があり，小球形，帯黄赤色，五つの味をそなえていて催眠薬に利用している。同じような名の北五味子はモクレン科のマツブサ属のものでこれも薬用として著名である。

【図は花と実】

しきみ もくれん科
Illicium religiosum *S et Z.*

〔形態〕常緑小喬木,樹形は不斉,枝は密生する。樹皮は暗灰色,老木では縦に裂目が入る。葉は互生,短柄,厚質で,長楕円形・倒卵状広披針形・狭倒卵形,鋭頭,鋭脚,全縁,無毛,光沢があって,葉肉に半透明の脂点がある。葉を折ると香気を発する,側脈は不著明,長さ4～10cm×2～5cm。花は4月,腋生,単一,短花梗あり,淡黄白色,乳白色,花径25～30mm。萼と弁とはいずれも円形,各々6片,肉質,披針形,長さ18×20mm,心皮は8～20個,環状に並ぶ。蕾は淡紅色。果実は9月成熟,袋果で,やや星状,八角形,径20～25mm,内縫線で裂開し,その力で種子を弾きだす。種子は光沢あり,帯黄褐色で,味は甘く,薬用とするが猛毒あり,多量に食すると一命にかかわる。

〔産地〕本州の中南部・四国・九州・琉球に産する。
〔適地〕水湿ある陰地を好むが土性を選ばない。〔生長〕やや遅く,高さ3～6m,径0.3m。〔性質〕萌芽力強く剪定に耐える,樹性は強健である。〔増殖〕実生,挿木。〔配植〕寺院境内または墓地に植えるので庭園用には好まれないが刈込によって生垣に使うことができる。昔は墓地に土葬で埋葬する,これを野獣が掘りかえすのを防ぐため動物の好まない臭気あるものを墓畦に植えた,その一つがシキミである。〔品種〕ウスベニシキミ f.roseum *Okuyama* 花の色が淡紅色であり,この方は庭園用に役立つ。台湾にはアカバナシキミがあり,花被の外側は紅色で美しい。その他中国にも数種ある。

【図は花と実】

ロウバイ　　ロウバイ科

Meratia praecox *Rehd. et Wils.*

〔形態〕落葉灌木，幹は主幹らしくなく，枝条は粗生し，株立状に叢生する。幼茎の断面は四角形。葉は対生，短柄，卵形・卵状楕円形，長鋭尖，円脚，全縁，薄質で，上面は粗渋，ムクノキの葉の代用として物を磨くに用いるという，長さ5〜24cm×3〜12cm。花は1〜2月，葉に先だって開き芳香あり，腋生し，単一に対生，横向きまたは下垂し，花径は20mm，洋盃状，萼と弁との区別困難。外被は多数，外層は大形，広卵形，黄色，内層は長楕円形，帯褐暗紫色，最内層は卵形，最外層は下方にあって細鱗片状となる。果実は9月成熟，偽果で，長卵形，長さ50mm，褐色，なかに飴色の光沢に富む大豆の大さの種子5〜20個を蔵する。果実は一見して大形のミノムシが枝にさがっているように見えるほど奇形である。完熟したものを振ると種子が触れて音を発する。

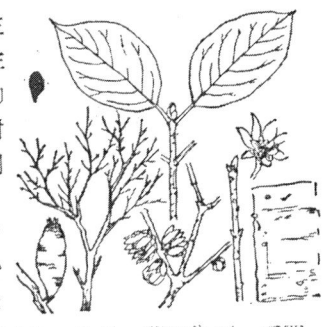

〔産地〕中国原産，朝鮮を経て日本に移入された。〔適地〕向陽の地を好むがだいたい土質を選ばない。〔生長〕早い，高さ2〜4m，径0.15m〔性質〕樹性は強健，適度の剪定を行うと花実を多くつける。〔増殖〕実生，接木。〔配植〕香気を賞して庭園木，公園木とする。〔変種〕**ソシンロウバイ** var. lutea *Makino* 花は帯白黄色　最優秀の品。香気は劣るが外側は黄，心は暗紫色**トウロウバイ** var. grandiflora *Rehd. et Wils.* 花弁ひろく花容がゆたかなもの，**カカバイ** var. intermedia *Makino* 本種とトウロウバイとの中間のもの。深黄色，花底は暗紫色。

【図は樹形，葉，花，果実，種子(左の黒色)，樹皮】

ポーポーノキ　　バンレイシ科
Asimina triloba *Dunal*

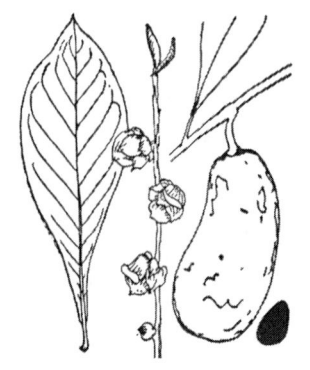

〔形態〕落葉小喬木で、幹は直立する。樹皮は灰褐色、平滑、深根性。冬芽はやや鎌状に曲るが花芽は球状で完全に区別される。葉は互生、有柄、大形、膜質、倒卵状長楕円形、短尖、狭脚、全縁、側脈は著明で8～12双、葉は長さ10～30cm×6～10mm。花は4月、葉に先だちまたは同時に出る。鐘状で暗紫色、半ば下垂または側向する。萼は3片、花弁は6片、2重に重なり、萼は鋭頭卵形、黄緑色、有毛、中央基部に紫紅色の斑がある。花弁の外片は広卵形、内片よりも大きく円頭、急に先端は外反する、内片は短尖、直立、紫紅色の線状の斑が入る。雄蕊は多数で黄色。果実は9月成熟、1梗に3～4個着生し、形も色もムベに似る。開裂しない、長楕円体。外皮は薄く平滑、初め緑色、熟して暗紫褐色、不斉の斑紋あり、蠟質を表面に有する、長さ50～150mm、径30～70mm、微香がある。樹上で完熟させなくても採取後1週間の追熟で食用となる。種子は1果中7～15個入り、色、形、大きさは全くカキの種に似る。

〔産地〕北アメリカ原産。〔適地〕水湿の多い肥沃深層土を好む。〔生長〕早い、原産地では高さ15cm、径0.6m。〔性質〕剪定を行う、移植力はほとんど絶無である。〔増殖〕実生、株分、接木。〔配植〕果樹としては粗放な方法で結実する。多少高植とし、水湿を好み肥料を多量に与えて強い剪定を行う。2株以上を植えなければ結実しないといわれるがそのようなことはなく単独でも結果を見る。花時に人工授粉を行うと一層よい。

【図は葉、花、果実、種子】

ゲッケイジュ　くすのき科
Laurus nobilis *L.*

〔**形態**〕常緑喬木，雌雄異株で，樹形は壮大，広円錐形をなし，枝葉は繁密，主幹は立つ，根元からヒコバエが多く発生する。樹皮は灰黒色。新枝は暗紫紅色を呈する。葉は互生，短柄，（暗紫紅色），革質，全縁やや波状縁，幼枝のものには多少の鋸歯あり，無毛，長楕円形・披針形。上面は深緑色，鋭尖，鋭脚，光沢が多く，下面は淡緑色，脈沿に少毛あり，長さ5〜12cm×2〜5cm，葉を折ると香気がある。花は4〜5月，葉腋に2個を開く，数片の苞内に聚繖花序をなし，黄白色，小形，4弁を有する。**果実**は10月成熟，漿果で広楕円体，楕円状球形，完熟して暗紫色，光沢多く，長さ9mm，径7mm，円頭または微尖，果皮は薄い。種子は茶褐色，1果に1個，楕円状球形，長さ7mm，外皮に黒褐色の斑紋が入る。果肉には芳香があり，月桂油を含む。種子を下種するとよく発芽する。雌樹はきわめてまれである。著者は東京で1ヵ所しかしらない。

〔**産地**〕地中海沿岸地方の産。〔**適地**〕肥沃な深層土を好む。〔**生長**〕早い，高さ6〜18m，径0.3m。〔**性質**〕耐寒性に乏しく，移植力鈍く萌芽力あり剪定に耐える。

〔**増殖**〕実生，株分，挿木はやや困難，取木。〔**配殖**〕庭園木として欧州南部では盛んに用いられているが，日本では庭木，記念樹，生垣には好適であるが価格が高くなる。日本では教会の構内に比較的多く見られる。オリンピックの勝者にこの冠が与えられた。葉は調味香づけとして有用，1家1株は欲しい実用樹である。

【図は樹形，葉，花，果，種子，樹皮】

くすのき くすのき科
Cinnamomum camphora *Sieb.*

〔形態〕常緑喬木，樹形は雄大，枝張は大きく枝条太く，枝葉繁密する。樹皮は帯黄褐色，縦に裂刻あり，表面粗渋，小枝は黄褐色，香気あり，無毛。葉は互生，長柄（1.5cm），広楕円形・卵状楕円形・卵形・薄革質，全縁，やや波状縁，漸尖鋭頭，鋭脚，三大行脈は著明，第一側脈と主脈との交点に小イボ点あって，このなかに一種のダニがいる。上面は光沢あり，下面は帯白色で，無毛，下面脈のミズカキ部にときに毛叢がある。葉を揉むと香気あり，若葉の色によって赤樟と青樟とに分つ，長さ6～10cm×3～6cm。花は5月，腋出繖形状をなす円錐花序，小花にして帯黄白色，香がある。花径3mm。果実は10月成熟，ほぼ球形・楕円体，黒紫色，径8mm，油分多く，香気がある。種子は球形，1個入る。取播とすればよく発芽する。苗を移植するには必ず地上部を切りすてる。

〔産地〕本州関東以西・四国・九州産。〔適地〕肥沃深層土を好むが土性を選ばない。〔生長〕日本産濶葉樹中最大直径の生長をなすもの，高さ40m，径8m。〔性質〕耐寒性に乏しく，東京では幼時霜除を必要とする。萌芽力強く，剪定に耐える。移植力はかなり強い。〔増殖〕実生。〔配植〕庭園木としては強大に過ぎる。暖地の公園，神社境内に適し，巨木は多くここに見られる。〔用途〕根皮と葉とは薬用，材片と葉とから樟脳油をとる，材は優良で工芸品に用いるが樟脳採取以外植林は行われない。庭園樹の小さいうちは寒気で梢枝がいたむが生育にはさしつかえない。【図は花と実】

やぶにっけい　くすのき科

Cinnamomum japonicum *Sieb*.

〔形態〕常緑喬木，樹形は高大で，枝葉は繁密だが樹姿は美しくない。樹皮は暗色，小枝は緑色。葉は互生または対生，有柄，楕円形・長楕円形，短尖，鈍脚，革質，全縁やや波状縁をなし上面は濃緑色，光沢あり，下面は灰青色，葉肉をもむと香気があるが淡い。3大行脈があって，長さ9～12cm×3～5cm。花は6月，新枝下方の葉腋から長梗を出し，4～5花を繖形状聚繖花序につける，花径4mm，淡黄色，萼は深く6裂し3片ずつ内外両輪列に着生し，弁を欠く。果実は11月成熟，漿果でほぼ球形，紫黒色，径12mm，クスノキよりやや大形，小禽好んで食する。種子は1個入る。果実から油分をとる。

〔産地〕本州中南部以西・四国・九州・琉球の産。〔適地〕クスノキと同じ。〔生長〕早い，高さ12m，径0.6～1m。〔性質〕移植は困難，剪定はきかない。〔増殖〕実生。〔配植〕もともと造園木ではなく，地方によってこれを風除に植える程度である。〔類種〕**ニッケイ** C. Loureirii *Nees* 中国南部産の薬用樹であり，日本では茨城県まで露地生育に耐える。**マルバニッケイ** C. daphnoides *S. et Z.* 葉形ニッケイと異なり卵形，三行脈著明である，これは造園木としてときに庭園，公園に用いられているのを見る。樹性強健で耐寒力を有する。刈込を行わなくても樹形は半球形を呈するくらい枝葉は繁密である。灌木として用いた方がよく，クスノキ，ヤブニッケイよりもはるかに庭園に適するものである。

【図は花と実】

たぶのき（いぬぐす）くすのき科
Machilus thunbergii S. et Z.

〔形態〕常緑喬木，樹幹巨大，樹高大に枝条繁密し，枝太く枝張りも大である。全株無毛。樹皮は灰黄色，老木では鱗片に剥離する。小枝は緑色。葉は互生，有柄（淡紫黄黒色）大形，厚革質，やや光沢あり，長倒卵形・長楕円形・倒卵形，やや凹頭，狭脚。上面は光沢ある深緑色，下面は帯白緑色，長さ6～15cm×3～7cm，葉を口中で長く噛んでいると粘質物が残る。花は5月，新葉と同時に発し，直立腋生，長円錐花序，その基部に大形の芽鱗を有する。黄緑色の小花である。果実は9月成熟，漿果で扁球形，径10～15mm，暗紫色。果梗は長く鮮紅色，宿存する萼片は緑色，種子1個，球形，径10mm，灰褐色。果実を房州でシオダマ（潮玉）というが適切な方言である。

〔産地〕本州では関東および中南部・四国・九州・小笠原・伊豆七島，主として海岸の産。〔適地〕肥沃，適潤の深層土に適する，地下に海水の浸入するいわゆる潮入地にも適する。〔生長〕早い，高さ10～15m，径1m。〔性質〕樹性強健，耐風力に富み深根性，病害虫なし，移植の力は弱い。〔増殖〕実生。〔配植〕海岸の庭園および公園等に適するもの，潮風に強く，防風，，防砂の実用樹である。〔用途〕樹皮を粉末として線香のまぜ物とし，埋れ木はタミと呼び磨いて装飾台とする。〔変種〕ホソバタブというのは葉が細いもので本種と混生する。〔類種〕アオガシもこれに似るが暖地の産であり，地方ではこれもホソバタブと方言で呼んでいる。

【図は花と実】

しろだも くすのき科

Neolitsea sieboldii *Nakai*

〔形態〕常緑喬木,雌雄異株で,樹高大に,枝葉繁密し枝張り著しい。樹皮は紫褐色,小枝は帯緑色,無毛。葉は互生,有柄,革質,楕円形・長楕円形・卵状長楕円形,全縁,三行脈は著明,微尖,鈍頭,鋭脚。上面は濃緑色,下面は幼時黄褐色,後帯白色となる。長い褐色毛を密生するが後に無毛となるか少しく伏毛を残す,長さ6〜18 cm×3〜7 cm。花は10月,梢端近い葉腋に黄褐色の小花を群生し,密毛が多い。果実は翌年10月成熟,紅色,楕円体または球形,径12〜15 mm,故に同一株に同時に花と果実を見ることができる。果肉内の油分をツツ油という。種子は1個入り,球形,暗灰色,径8 mm。
〔産地〕本州・四国・九州の産。〔適地〕肥沃の深層土を好む。〔生長〕やや早い,高さ15m,径0.5m。〔性質〕樹性強健,剪定に耐えるが移植の力に乏しい。〔増殖〕実生。〔配植〕本来の造園木ではないが紅実を賞して公園木に用いられる。神社境内などにもしばしば用いられている。〔変種〕キミノシロダモ var. xanthocarpa *Nakai* 果実は黄色のもの,四国の産。ホンバシロダモ var. angustifolia (*Hirai*) 葉形細長のものをいう。〔類種〕イヌガシ N. aciculaia *Koidz*. シロダモによく似るが果実は紫黒色,黒色,産地はだいたい同じ,伊豆天城山に多い。以上いずれも造園木ではないが外見上公園などに用いられないこともない,しかしクスノキ科樹木の特性として一般に移植は困難なものであり,苗木の入手も困難である。
【図は花と実】

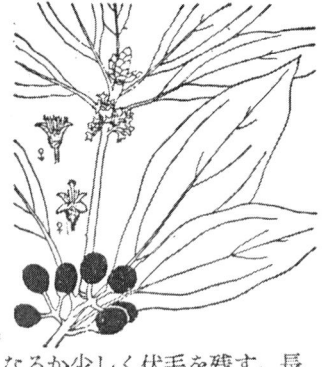

くろもじ　くすのき科
Lindera umbellata *Thunb.*

〔形態〕落葉灌木，雌雄異株で，幹は直立し，枝が多い。樹皮は平滑，もともと緑色なのだがそれに黒斑を示す。小枝や葉を折ると特有な香気を発する。冬芽は長楕円体，暗紅色，鱗片に粗毛があり，幼枝は光沢あって，暗黒褐色。葉は互生，有柄，長楕円形・狭楕円形・長卵形，鋭頭，鋭脚，薄質，全縁で，上面は深緑色，下面は帯白色，初め白色の長い絹毛があるが，後に無毛または少毛を残す。新葉は絹光沢ある白色を帯び発芽時は美しい。葉は長さ5～9cm×2～4cm。花は4月，葉と前後して開く，淡黄色または淡黄緑色の小花が葉腋に現われる繖形花序に数個ずつ着生，6弁，雄花は雌花より少しく大形で数は多い。果実10月成熟，大形の漿果で，黒色，光沢あり，球形，径6～9mm，果肉には葉とともに油分多く，クロモジ油という，品質きわめて優良である。1果1種子でやや大形を呈する。

〔産地〕本州・四国・九州の産，低山帯にも多く見る。
〔適地〕向陽の地を好むも土性を選ばない。〔生長〕早く，高さ2～4m，径0.1m。〔性質〕萌芽力強く，刈込に耐える。〔増殖〕実生。〔配植〕庭園木ではないが野趣を求める雑木林の庭の材料として充分に用いられる。
〔用途〕皮つきの材を細く削ったものがクロモジ楊枝であり，葉や実からはクロモジ油をとる，枝は蔭干しとし垣根材料とする。これをクロモジ垣と呼び，庭園の袖垣や庭垣として最高級のものとされる，長野県の産が多い。
【図は花と実】

だんこうばい　くすのき科

Lindera obtusiloba *Blume*

〔形態〕落葉小喬木，雌雄異株で，枝は長く粗生する。樹皮は平滑，灰白色。葉は互生，有柄，大形，広円形・広卵形・広楕円形，やや薄質，通常浅く2～3裂し，裂片は卵状三角形，三行脈，鈍頭，截脚・浅心脚，全縁で，上面は幼時少しく軟毛を有するが，下面は帯白色。脈沿に淡褐色長毛あるが粗密一定せず，全く無毛となるものもある。葉肉内に香気を含み，長さと幅とは8～12cm。花は3月，葉とともに開く，繖形花序に黄色・黄緑色の小花多数密集して着生する。果実は9月成熟，果梗は長さ20mm，漿果で，球形，黒色，光沢多く，径8～9mm，果肉内に油分多く，種子は1個入る。取播とすればよく発芽する。

〔産地〕関東以西の本州・四国・九州の産，関東地方の低山帯には多く見られ，特異の葉形で大葉であるため著しく目につく。〔適地〕向陽の地を好みよく生育するがだいたい土地を選ばない。〔生長〕早い，高さ2～6m，径0.2m。〔増殖〕実生。〔配植〕もともと庭園樹ではなく，雑木の一類であるが雑木林の庭園木として利用できる。剪定を充分こし枝葉の大きさを縮めることによって観賞価値を増すものである。〔用途〕果実から油をとるが日本では行っていない。朝鮮にも産するが昔は上流の妓生はこの油でなければ頭髪用に使わなかったといわれるほど貴重なものであった。これを冬柏油と呼んでいる。朝鮮には3裂片とならないアルバダンコウバイという変種がある。この樹は地方の方言でウコンバナというがむしろこの方が通りがよいと思われる。　【図は花と実】

やまこうばし　くすのき科
Lindera glauca *Blume*

〔形態〕落葉灌木，雌雄異株で，幹は直立分岐する。樹皮は灰褐色，浅く縦裂する。小枝は淡灰褐色，光沢あり強靱である。冬芽は大形，紡錘形，赤褐色，光沢多く，鱗片には軟毛多く生ずる。葉は互生，短柄，やや硬質，楕円形・長楕円形・長楕円状倒卵形，鋭頭，鋭脚で，上面は暗緑色，主脈上にだけ少毛，下面は帯白色，幼時長毛があるが後に毛の有無は一定しない。長さ4〜6cm×1.5〜2cm，枝葉を折れば多少の香気があって，これを嚙むとショウガ葉のような香気を感ずる。秋季汚赤色に変ずるが冬間落葉しないで枯葉を枝上にとどめるのが特徴である。花は4月，葉に先だって生じ腋生する有柄繖形花序をなして2〜3花をつける，黄色の小花。花被は6裂。花梗は5mm，軟毛あり，日本には雄株がないといわれる。果実9月成熟，球形，黒色，紫黒色，径6〜7mm，油分に富みショウガの香気と辛味とあり，種子は1個，球形，尖頭，褐色，径5mm。
〔産地〕関東以西の本州・四国・九州の産。〔生長〕早い，高さ3〜6m，径0.1m。〔増殖〕実生。〔配植〕本来の造園木ではない。〔類種〕テンダイウヤク（天台烏薬）L.strychnifolia *F.Vill.* 常緑小灌木，雌雄異株，中国産の薬木であるが紀州辺には逸出した自生状のものがある，雅趣ある樹姿を賞して，ときに庭園に見られる。枝は細く樹形はくずれやすいもの，剪定を行って整姿すればよい。秦の始皇帝が不老長生の薬を東洋に求めたという話があるがそれはこの樹であると伝説される。
【図は樹形，花，実及び樹皮】

しろもじ　くすのき科

Parabenzoin trilobum *Nakai*

〔形態〕落葉灌木，雌雄異株で，樹皮は灰緑色，枝に多少の香気がある。葉は互生，有柄，薄質，三角状広倒卵形・広倒卵形，先端3裂，まれに裂片とならぬものがある。全縁，裂片は長楕円形，漸尖頭，鋭尖，凸頭，三行脈状で，上面は濃緑色，脈沿を除いて無毛，下面は淡色，特に脈上に開出毛があるかまたは脈沿を除いて初めから無毛，前記のダンコウバイの葉によく似るが葉端近くの切れこみが深いこと，葉の幅が長さに比べてせまい点をもって区別される。長さ8～12cm×7～10cm，全縁のものは幅3～5cm。花は4月，葉に先だって開き，鱗状総苞のなかから繖形花序を抽出し，腋生，黄色の小花を多数群生する。花被は6深裂。果実は10月成熟，球形，黄色・黄褐色，肥厚した長い果梗について下垂する，径9～13mm，油分を含む，種子の着点の反対側で不斉に5～6裂片に開裂し，種子を放出する。種子は大形，黄褐色，1個入る。

〔産地〕中部以西の本州・四国・九州の産。〔適地〕ダンコウバイと同じ。〔生長〕早い，高さ6m，径0.1m。

〔用途〕格別の用途はなく，造園木でもないが，木曽その他の地方ではかつてこの実から油を搾って燈油に供した程度である。〔備考〕ここに類似した3属が示されたがその区別点。クロモジ属は葯が2室，果実は漿果で裂開しないもの。シロモジ属は葯は2室だが果実は乾果で大形，ここに示したような形に裂開するもの。シロダモ属は葯は4室，常緑である点で区別される。

【図は葉，花と実】

あぶらちゃん（むらだち） くすのき科
Parabenzoin praecox *Nakai*

〔形態〕落葉小喬木，雌雄異株で，幹は細く，多くは株立状に生ずる。樹皮は灰褐色，平滑，白色の皮目散生。小枝は無毛，樹形によってムラダチ（叢立ち）の名を生じた。葉は互生，有柄(やや帯紅色)，卵形・楕円形・狭卵形，紙質，漸尖，鋭尖，楔脚，全縁 無毛，または，下面脈上に軟毛があり，下面は帯白色。花は3月，葉に先だって生じ，腋生，有柄の小繖形花序をなす。花は小形，黄色・淡黄色。果実は10月成熟し大形球形，帯黄褐色，径13～15mm。果皮が不規則に開裂することシロモジと同じく種子は大形，ほぼ球形，1個入る。種実より油を搾る，果実の形と油分とを本位として分類した変種がいくつかある。

〔**産地**〕本州・四国・九州の山地に普通に見られる。
〔**適地**〕向陽の地を好むが，土性を選ぶことは少ない。
〔**生長**〕早い，高さ4m，株立状のため主幹のないものは細く，これを単幹仕立とすると径0.15mにもなる。
〔**増殖**〕実生。〔**配植**〕本来の造園木ではないが株立性を賞して矮性仕立とすれば庭木に利用される。

【図は花と実】

　以上クスノキ科樹木については枝，葉に含まれる香気，果実のうちの油分等によって野外にあっては，だいたいこの科の樹木であることを知る手段とする。採集したときに枝葉を折って香の有無を検することを習慣づけることが大切である。

がくあじさい ゆきのした科
Hydrangea macrophylla *Seringe*

〔形態〕落葉灌木，根元から多数株立状となるものがある。樹皮は灰褐色，薄紙状繊維となって剝離する。葉は対生，有柄，厚質，光沢あり，卵形・広楕円形・広卵形・倒卵形，急鋭尖，鋭尖，楔脚，上半部に三角形の大形鈍鋸歯があり，上面は脈上には幼時少しく短毛がある，下面は淡緑色，幼時微毛あり，長さ10～15cm×7～10cm。花は5～6月，大形の蕾を破って生ずる頂生繖房花序，全花径は100～200mm，平頂で花梗に短毛あり，花序の中央部には多数の小形両性花，外周部にはほぼ1列の少数大形中性花（不登花，装飾花）がある。両性花は結実する，三角形をなす小形の5萼片と楕円形鋭頭の小形5片の花弁とを備える。中性花は昆虫を誘引する役目であるとされ，大形。長梗は有毛，通常4片（まれに5片）の花弁状萼片が目立つ，全縁または粗鋸歯あり，倒卵形・菱形，帯紫白または藍色，径30～50mm，白花は品種とされる。中性花は両性花の受精終る頃にはことごとく下向きとなる。果実は小倒卵形の蒴果であり，下種するとよく発芽する。

〔産地〕本州海岸地方に産する。〔適地〕向陽の地を好む。〔生長〕早い，高さ2m。〔性質〕陽樹で剪定はきく。〔増殖〕実生，挿木，株分。〔配植〕造園用として賞美される。花期長く，アジサイよりは野趣に富む。1株を庭中に植込むと自然に種子を落し，自生苗を多く生じ，花色に紅，紫，濃淡の変化を見せる，繁殖力の強いものである。この点でアジサイの感じと異る。

【図は花枝，両性花及び中性花】

あじさい ゆきのした科

Hydrangea macrophylla *Seringe* f. otaksa *Wils.*

〔形態〕落葉灌木，ガクアジサイの品種，牧野博士は同変種とする。株立状，ときに枝端は帯化する。樹皮は灰褐色・淡褐色，薄皮となって剝離する。小枝は緑色で太く，枝の分岐は少ない。発芽は早春。葉は対生，有柄，大形，肥厚，卵形・広卵形・楕円形，鋭尖，広楔脚，鋸歯があり，両面は濃緑色，光沢，側脈多数，凹入する，長さ 8～20cm×5～15cm。花は6月に開き秋まで次々と開花を継続する。全部が中性花で，大形の繖房花序，平頂でなく円頭，全花径の大なるは 200 mm にも及ぶ。萼片は通常4片，ときに5片を混ずる，大形，花径 10～20mm，淡紫色，濃紫であるが初めは緑色，ついで紫色，ついで紅色を増すので花色の変化によりこの花を七変化と方言する，花弁や雄，雌蕊はあるがことごとく退化しているので結実を見ない。花色は生育地の土壌の酸，アルカリ性によって変えることができる。PH7を限界とし，酸性が強いと藍紫色に，アルカリ性が強いと紅色味を増加する。

〔産地〕産地不明の栽植品とされている。〔適地〕肥沃で湿気に富む壌土質を好む。〔生長〕早い，高さ1～2m，幹は株立状のため細い。〔性質〕剪定はきく，萌芽力も強い。〔増殖〕挿木，取木，株分。〔配植〕庭園木として古来濃紫色，藍紫色の花を賞する。花後の古花を早く除き，旧幹を適当に切りすてて常に新幹を立たせるようにしないと花つきがわるい。大株となったら秋季株分としてやる。西洋種を総称してヒドランゼアと呼ぶ。
【図は樹形，花及び冬芽】

あまちゃのき　ゆきのした科

Hydrangea macrophylla *Seringe*. subsp serrata *Makino* var. thunbergii *Makino*

〔形態〕落葉灌木，ガクアジサイの変種となっているので，大体の形態は前述した通りの同種に似ている。株立状だがアジサイより粗立，幹枝も細い。葉は対生有柄，薄質，小形，狭楕円形・広披針形，鋭尖，鋭脚で，鋸歯がある。花は7月，頂生，大形繖房花序，円頭または平頂，中央に両性花，周辺に中性花あり，中性花の萼片は円頭，円形やや小形である点を異にし，淡紫色を呈する。果実は蒴で倒卵形，小形。

〔産地〕自生品はなく，栽植品である。〔適地〕向陽の肥沃地を好むが土地を選ばない，〔生長〕早い，高さ0.5～1.5m。〔性質〕萌芽力，剪定力は相当に強い。〔増殖〕株分，実生。〔用途〕造園木ではなく，この葉をもって甘茶をつくるのに利用される。生葉には甘味なく乾燥したのちに甘味を生ずる。製法は夏秋の頃葉を摘みとり，少しく陰乾しとして萎びさせ，後に手でもみ，さらに乾かす，この乾葉の煎汁が4月8日の釈尊降誕会の日に使う甘茶である。糖尿病患者は砂糖汁の代用とし，醬油の味付にも用いる。信濃国柏原村は著名な生産地である。〔変種〕**アマギアマチャ** var. amagiana *Makino* アマチャノキより葉の幅がせまい，伊豆天城山に多い，天城山の名はもとこれらにより甘木山から変じたものといわれる。アマチャノキは，生葉を嚙んでも甘味はないがこの変種は生葉に甘味がある。きわめてまれに甘茶の原料とする葉を目的として庭に植えているのを見る。

【図は樹形，葉，花】

のりうつぎ ゆきのした科
Hydrangea paniculata *Sieb.*

〔形態〕落葉灌木，幹は直立するが根元から多少のヒコバエを出して株立状となるものがある。樹皮は灰褐色，全株幼時は短毛粗生，茎の節に2～3芽痕を対生につける。葉は対生ときに3片輪生，有柄，薄質，卵形・楕円形・卵状楕円形，鋭尖・急鋭尖，円脚，粗鋸歯があり，上面に初め少毛，下面淡色，脈上に粗毛を有し，長さ5～12cm×3～8cm。花は7月，ピラミッド形の大形円錐状聚繖花序を頂生し，長さ80～300mm，多少有毛，通常小梗の先端近くに中性花を，その下方に両性花をつける。中性花は径15mm，萼片は3～5枚，円形・楕円形，白色，のちに少しく紅色を増加する。両性花は5萼片，5花弁，小形。果実は10月成熟，蒴果で卵形・楕円形，種子に尾状の翼がある。

〔産地〕北海道・本州・四国・九州の産。〔適地〕向陽の肥地を好むが土性を選ばない。〔増殖〕実生，挿木，株分。〔用途〕造園木ではない。内皮の粘液からつくった糊を製紙用とする。根でパイプをつくり「さびたのパイプ」と呼び北海道の産物である。〔変種〕ミナヅキ var. grandiflora *Sieb.* 花は白色，ほとんど全部が中性花，花序大形，庭園木としてひろく用いられている。円錐花序は長さ300mm以上，自生品なく，栽植品だけである，四国では栽培盛んで早咲と晩咲とがあるという。これはアメリカで改良され逆輸入品だともいう。ベニノリウツギ f. rosea *Makino* 中性花は全部紅色で美しく庭園木とする。その他に地方型の変種が多くある。

【図は花と実】

たまあじさい　ゆきのした科

Hydrangea involucrata *Sieb.*

〔形態〕落葉灌木，全株に粗毛あり，枝は太く，株立状となるものを見る。葉は対生，有柄（淡紅色），大形，薄質・膜質，長楕円形・広卵形，鋭尖，鈍脚・心脚で，先端が剛毛状に尖る細鋸歯があり，両面粗渋，有毛，特に下面には粗毛が多い，長さ 11～20cm×5～10cm。花は 6～7月，頂生の大形繖房花序を発生する，周囲に中性花，中央部に両性花をつけるが通常花序は粗生である。中性花は大形，萼片は 3～4枚ときに 5枚，通常全縁，広卵形，ほぼ円形に近く，鈍頭，初め青色，後に淡紫色となり，枯れる前には微紅色を帯びる。両性花は中性花より多数につき，萼片は細小，三角形，4～5片。果実は10月成熟，蒴果で小形，ほぼ球形を呈する。特徴とされるのは蕾で大形，球形，径20～30mm，数片からなるひろい総苞に包まれている。総苞は後に脱落しこれから開花する。タマアジサイの名はこれによる。
〔産地〕本州関東南部・東北地方南部の産。〔適地〕自生地を見てもわかるように水湿に富む谷間などを好むが土性を選ばない。〔生長〕早い，高さ 1～1.5m。〔性質〕萌芽力，剪定力がある。〔増殖〕実生，挿木，株分。
〔用途〕昔は葉煙草の代用とし，房総地方から大量に産出した，現在は蕾を切花に使う程度，造園木としては不適当である。それは葉が大に過ぎ樹形に雅味がなく，花も美しくないのによる。適地であると群落をなして個体数がいかにも多い，甚だしく目につくものである。品種にヤエノギョクダンカがある。八重咲で稀品である。

【図は花と蕾】

うつぎ（うのはな） ゆきのした科
Deutzia crenata S. et Z.

〔形態〕落葉灌木，株立状，枝は分岐して繁密，幹枝とも中心は空虚，ウツギの名はこれによる。樹皮は淡黄褐色，不斉に剝皮，幼枝に微小の星毛を生ずる。葉は対生，短柄，披針形・広披針形・卵状披針形，小形，長尖，円脚，微凸頭の低細鋸歯があり，葉面は粗渋，上面に4～6岐の星毛があって，脈はやや凹入する，下面は帯緑白色，10～15岐の微小の星毛密生し，脈上には堅毛を混ずることあり，長さ3～6cm×1.5～3cm。花は4～5月，円錐花序は頂生，腋生，小形多数花，白色，5萼，5弁，品種に八重咲あり，花糸の下方は微紅色を呈する。果実は9月成熟，蒴果で，球形，硬質，星毛密生，宿存3花柱を見る，径3.5～6mm，なかに小形の種子が入る。

〔産地〕北海道・本州・四国・九州の産。〔適地〕向陽の地を好み土性を選ばない。〔生長〕早い，高さ1～3m，径0.1m。〔性質〕樹性強健，萌芽力強く，剪定を強度に行う。病虫害はほとんどない。〔増殖〕実生，挿木，株分。〔配植〕生垣専門と称してよく，他には畑地の境界樹に植栽する，枯幹は腐朽することきわめて遅い。〔用途〕木釘を製するに適する。〔類種〕ヒメウツギ D. gracilis S. et Z. 庭園用としてはこの方が適する。ウツギの名よりもウノハナ（卯の花）の名で古来親しまれて来た歴史があり，卯月とは4月の別名である。卯月に咲くからウノハナか，ウノハナが咲くから卯月といったのか，古人はこのような単調な花によく目をつけた。
【図は花と実】

ばいかうつぎ ゆきのした科

Philadelphus satsumanus *Sieb.*

〔形態〕落葉灌木，幹は叉状に分岐し，やや叢状に生ずる。幼枝には微毛あり，2年枝は褐色，外皮は小片に剝離する。縦の裂刻がある。葉は対生,短柄,卵形・長卵形・楕円形・狭卵形・卵状披針形，長鋭尖，鋭脚，微凸形をなす細尖の低平鋸歯を粗生する。三行脈は著明，上面に細毛粗生，下面は脈上，脈腋に有毛，他はやや無毛,長さ5〜8cm×2〜3.5cm。花は5〜6月，枝端に総状聚繖花序をつける，約10花をここにつける。花は梅花のように白色，少しく香気あり，4萼片は卵形,鋭頭，縁辺に白色細毛密生し，長さ5mm,花弁は4片，微凹頭広卵形・倒卵形，白色，長さ12〜15mm，雄蕊は20本内外。果実は10月成熟，蒴果で，倒円錐形。

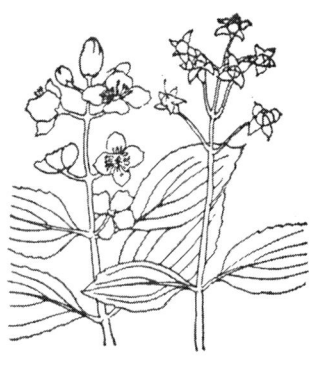

〔産地〕本州・四国・九州の低山帯に生ずる。〔適地〕向陽の地であれば土性を選ばない。〔生長〕早い，高さ1〜2m。〔性質〕樹性強健。〔増殖〕実生，挿木。〔配植〕山地生の雑木であって本来の造園木ではないが，これほどの花を従来捨てて顧みなかったのは遺憾である。花は梅花によく似，多少の香気あり美しいが花数の小さいのが難点とされていた。しかしこれは剪定，肥培によって花数を増加させること決して困難ではなく，多少花形が小さくなっても多くの花を咲かせうることはすでに経験ずみである。100年以前にヨーロッパに入って栽培され，今日でも有数の庭木として利用されている。他にいくらも立派な庭木を栽培する人も足もとの日本産野生品を考えたい。

【図は花と実】

モックオレンジ　ゆきのした科
Philadelphus coronarius L.

〔形態〕落葉灌木，主幹なく多少株立状となるが，ヒコバエを取除くと単幹仕立にできる。幹の皮は剝離しやすく淡褐黒色を呈する，幼枝は無毛または微毛がある。葉は対生，短柄，卵状披針形，まれに卵形，三行脈著明，上半部に微鋸歯あり，鋭尖，円脚・広楔脚で，上面に少毛あり，下面脈沿と脈上に白色の伏毛粗生する。花は4～5月，枝端に大形の総状花序をつける。長さ50～150mm，これに3～7花をつける。花は大形，白色または乳白色，花弁は4片，倒卵形，長さ13～18mm，花径は30～35mm，オレンジのような香気がかなり強い。著者自園のものはそれほど強烈ではないがアメリカの造園書には香気が強過ぎるから家から離して植えることをすすめると記しているほどである。まだ果実を見ない。

〔産地〕南欧諸国，西南アジアの産。〔適地〕向陽の地なら土質を選ばないでよく開花する。〔生長〕早い，高さ2～4m，幹は細く，小枝が少ないので上部は弓曲する。〔性質〕剪定力，萌芽力に富む。〔増殖〕挿木，株分。〔配植〕庭園木として申し分がない，切花にも適当する。この一類をセイヨウバイカウツギと呼んでいるが本種には変種きわめて多く，また類種で未輸入のものも少なくない。庭木としての植方の一つに庭垣風の植栽がある。幅を厚く列状に植込み，高さ1m内外で剪定し花を開かせる。あまり密植としないで枝を前後に充分張らせる。向陽の地でないと開花は充分といえない。

【図は花と枝】

ずいな（よめなのき）　ゆきのした科
Itea japonica *Oliver*

〔形態〕落葉灌木、全株無毛で、平滑、幹は直立するが細く、枝は粗生し、細長で緑色を呈する、幹枝の中心に髄を見る。葉は互生、短柄、薄質、卵状楕円形・卵形・長楕円形、鋭尖、長鋭尖、楔脚・狭脚、鋭細鋸歯があり、上面は脈上にときに短毛あり、下面も同様。側脈は著明でやや平行して下面に隆起する。長さ7～12cm×3～6cm。秋は紅葉する。花は5月、総状花序は頂生、直立、長さ70～200mm、多く傾斜する。花は小形、多数、白色、萼は細小、5片、長楕円形、花弁も5片、これと互生する。果実は8月成熟、蒴果で、卵形、帯褐黄色、長さ4mm、外面に萼と花弁の宿存物を伴う。縦裂して種子を放出する。

〔産地〕本州中南部・四国・九州の産。〔適地〕土地を選ばない。〔生長〕早い、高さ1.5～2m、根茎を出して母樹の周囲に新しく新生樹を生ずる。〔性質〕萌芽力に乏しく剪定は無理である。〔増殖〕実生、挿木、根分け。〔配植〕造園木または鉢物としては、次のコバノズイナの方を用いる。〔用途〕髄を燈心代用とする。〔類種〕コバノズイナ一名ヒメリョウブ I. virginica *L.* アメリカ産のものでひろく庭園に用いられているが樹姿、紅葉の美しさ等の諸点からズイナにはるかに勝ってる。生花商は紅葉木などと呼んでいるが矮性で雅趣に富んだ樹容は充分高く評価される。根元近くから新生の子苗が根茎繁殖状に発生するのが欠点だがこれは取りのぞいてやればよい、だいたい1m内外に仕立てるようにする。

【図は花と実】

とべら とべら科

Pittosporum Tobira *Aiton*

〔形態〕常緑喬木,雌雄異株。樹皮は暗紅色,薄く,平滑で,材,根皮,花に特異な悪臭あり,燃焼させると一層甚だしい。葉は互生,枝端では輪生,有柄,厚革質,倒卵状長楕円形・狭倒卵形,鈍頭・円頭,楔脚で上面は光沢多く濃緑色,両面は無毛,全縁,縁辺は下方へ反捲する。長さ4~12cm×2~4cm,側脈は不著明。花は6月,頂生聚繖花序,白花だが枯凋の前に黄変する,一種の特臭がある。花径は15mm。果実は10月成熟,長梗ある広楕円体・球形,径10~15mm,灰緑色,熟すると3裂片に開き,内果皮を示す。種子は肉質,紅色,小形,多数を蔵する。

〔産地〕関東以西の本州・四国・九州の産。海岸に近い地帯に自生する。〔適地〕向陽の適潤砂地を好むが一般に土地を選ばない。〔生長〕やや早い,高さ2~5m。径0.3m。〔性質〕移植力あり,萌芽力,剪定力も少なくない,樹性強健,病虫害ほとんどない。〔増殖〕実生,〔配植〕関東震災以来公園木として多量に用いられてきた。刈込によって樹形を整えると丸刈型となりやすく,例えば大阪城公園では大規模に用いている。庭木として目隠,防風に適するほか生垣樹にも不適当ではない,海岸造園樹としては海風,潮風,乾燥の砂地,潮入地等に適する。近来は庭木商の植溜に市販品がかなり流通しているからよく実物と照応するこが大切である,例えばハマシャクナゲ(日立市)などと呼んでいるので実際には実物を検する。

【図は花と実】

とさみずき　　まんさく科
Corylopsis spicata S. et Z.

〔形態〕落葉小喬木，幹は直立し，枝は少ない。根元から多少株立状となるものがある。幼枝は灰褐色，ジグザグ状に出て光沢あり，無毛，平滑。冬芽は球形または紡錘形，長柄を有し長軸上に2列に着生する。葉は互生，有柄，やや厚質，円形・卵円形・倒卵状円形，急鋭頭・鈍頭，心脚，波状鋸歯，側脈は6～9双，葉縁に達して著明，上面に凹入する，多少下面に反捲する，上面は無毛，下面は粉白色，葉柄とともに軟毛が多い。長さ幅とも4～10cm。花は3～4月，葉に先だって生じ下垂する穂状花序に花をつける。萼は5裂，花弁は5片，長いへラ形，7mm，鮮黄色を呈する。葯は帯紅色。果実は9月成熟，蒴果，2室，2嘴，長さ10mm，硬い2殻片に裂ける，種子は黒色，光沢あり，狭長楕円体。種子を播くとよく発芽する。

〔産地〕土佐の山地。〔適地〕向陽の壌土質を好むが土質を選ばない。〔生長〕早い，高さ2～3m。〔性質〕剪定の強いのを好まない。〔増殖〕実生。〔配植〕庭木として各地に用いられている。格別の特徴はないが早春の黄花を賞するためで，樹姿に捨てがたい雅趣もあるので雑木林の庭の添景木として特に推奨できる，樹性強健である，市場品もかなりあるので入手しやすい，今後に期待される庭木の一種である。高知市の北方の山地で石灰岩地方に特に多く自生している。石灰岩植物といってもよい。江戸時代にはこの斑入品が多く賞用されていたことから判断すると庭木としての用途はかなり古いものと思われる。　　【図は花と実】

ひゅうがみずき　　まんさく科
Corylopsis pauciflora S. et Z.

〔形態〕落葉灌木，主幹を欠く叢出状株立の著しいもの。枝は細く分岐多く，ジグザグ形に出て折れやすい。樹皮は灰褐色。冬芽は卵形・球形。葉は互生，短柄，小形，膜質，卵形・斜卵形，鋭頭，心脚・斜心脚，波状歯牙縁，上面は無毛，下面は粉白色，幼時短星毛を生じ脈上には伏毛あり，側脈は5〜6双，著明，先端葉縁に達する。長さ3〜4cm×1.5〜2cm。花は3月，葉に先だって生じ，下垂する総状花序に1〜3花をつける。萼は5裂，花弁は5片，倒卵状楕円形・卵円形，淡黄色または鮮黄色，長さ15mm，葯は黄赤色。果実は10月成熟，蒴果で，トサミズキに似て小形，頂部に宿存花柱を伴う，2殻片に裂開し，黒色，卵形の2種子を放出する。種子を播くとよく発芽する。

〔産地〕丹波・丹後・但馬の山地に産するが日向国には自生なしという。牧野博士はトサミズキに比し小形なのでヒメミズキと称したのがヒュウガと訛ったのでなかろうかという。〔適地〕向陽の地なら土質を選ばない。

〔生長〕早い，高さ1〜2m。〔性質〕剪定は好ましくない，この樹の特性を失う。〔増殖〕実生，挿木，株分。

〔配植〕早春花の少ないときに黄色の花を開き，樹形矮性，通常1m以下に仕立てて庭の下木，前付，境栽などに使うのに適している。庭木としてきわめて普通であり，市販品も多い，一名イヨミズキと呼んでいるがこれは誤用であるとする。この一類には地名を冠するものが多いが必ずしもそこだけが自生地とはいえない。

【図は樹形，葉，花，実及び樹皮】

フウ（楓） まんさく科
Liquidambar formosana *Hance*

〔形態〕落葉喬木，雌雄同株で，幹は通直，樹形端正雄大で，枝条多く，整然としている。樹皮は幼木では灰褐色，平滑，老成して帯紅黒褐色，外皮は多少剝離する。冬芽は大形，長卵形，鋭尖，黒褐色，鱗片に包まれる，幼枝は軟毛あるかまたは無毛，樹脂には蘇合香の芳香がある。葉は互生，枝頭では輪生，長柄，厚質，3裂片状，裂片は三角形・卵状三角形，鋭尖頭・長鋭尖頭，円脚・心脚・浅心脚，細鋸歯あり，紙質，両面無毛，秋は少しく紅葉する，長さ幅とも6〜12cm，中国ではこの葉をもって蚕を飼い，これを楓蚕という。花は8月，雄花は頭状をなすものが集って総状を呈し，雌花は頭状で単生するがともに花被を欠く。果実は10月成熟，小球形の聚合果で径25〜30mm，外周を花柱の宿存である軟刺で囲まれる，これを楓球と呼び甘味あり，朝鮮では食用とする。種子は楕円体，長さ7mm，翼を伴い，球殻中に多数を蔵する。

〔産地〕中国・台湾の産。〔適地〕肥沃な深層土を好む。〔生長〕早い，高さ20〜30m，ときに40mに及ぶという，径1〜2mの巨木もある。〔性質〕萌芽力はあるが剪定を嫌う。〔増殖〕実生。〔配植〕公園木，並木とする。〔類種〕モミジバフウ L. styraciflua *L.* 葉は3裂片でなく，5裂片，枝の上に奇形な翼を有する，この方がフウより多く日本で用いられる。〔備考〕中国の文献に示される楓の文字はモミジではなく，本種を指している。葉はモミジと区別できないが互生である。

【図は枝，花及び実】

まんさく まんさく科

Hamamelis japonica *S. et Z.*

〔**形態**〕落葉小喬木，主幹は立つも樹形不斉となる。幹は灰白色，白斑あり，光沢が多い。幼枝は灰褐色，光沢あり，初め有毛，2年目は無毛。冬芽は未発達の葉片からなり，淡黄色，暗黄色。**葉**は互生，短柄，（星毛あり）やや厚質，菱円形・菱状楕円形・扇円形・倒卵形・広卵形，左右両葉片形が異るのが特徴，カタソゲの方言はこれによる，鈍頭，截脚・微心脚・歪脚，上半部にだけ波状鈍鋸歯があり，上面は深緑色，無毛，光沢，やや皺縮，脈は凹入，下面は淡色，脈は凸出，脈上に星毛あるほかは無毛，側脈は著明で，6～8双，平行に直走して葉縁に達する。葉の長さ7～15cm×4～10cm。花は2～3月，葉に先だち短枝上に単生または叢出，房状につく。萼は4片，暗紫色，卵形，花弁は4片，線状，多数，長さ10～20mm，紐のように捩れて鮮黄色，帯紅色，帯紅紫色のものは品種。**果実**は9月成熟，蒴果で卵球形，2室，堅質，外面短毛密生，堅い殻片は2裂し（この時音を発する），種子を遠くに弾き出す。種子は各室1個，茶褐色・黒褐色，底部は乳色光沢あり大麦の大きさに当る。

〔**産地**〕北海道以南・本州・四国・九州の産。〔**適地**〕土質を選ばない。〔**生長**〕早い，高さ3～10cm，径0.3m。〔**増殖**〕実生，接木，挿木。〔**配植**〕早春の黄花を賞し，ひろく庭園木として用いられている。剪定して樹形を整備することが大切である。日本では紅葉はそう美しくないが欧米に入ったものはかなり美しいといわれる。【図は花と実】

いすのき　まんさく科

Distylium racemosum *S. et Z.*

〔形態〕常緑喬木，雌雄同株または雑株で，樹形は枝葉繁密。樹皮は赤褐色，粗面，小枝に初め帯黄色の星毛があるが，後に無毛となる。葉は互生，有柄，革質，長楕円形・狭倒卵形，鈍頭，楔脚，全縁だが，上方にときに少しく波状粗鋸歯がある，初め両面に星毛粗生するが後に無毛となる，多くは葉面に虫癭がありこれが識別点となる。花は4～5月，腋出の総状花序，紅色で実に美しい，上方に両性花，下方に雄花をつける。ともに花弁はない。果実は10月成熟，蒴果で，木質，卵形・広卵形・球形，径8～10cm，外面に黄褐色の密毛あり，嘴状突起あって尖頭形，2殻片に開裂し，種子は小粒，黒色。

〔産地〕本州西南部・四国・九州の産。〔適地〕ほとんど土質を選ばない。〔生長〕早いとはいえない。高さ8～20m，径0.5～1mの巨木がある。〔性質〕樹性は強健，移植力もあるが萌芽力強く剪定に耐える。格別の病害虫はない。〔増殖〕実生，挿木。〔配植〕もともと造園木ではないが関西以南では植潰し，風除，生垣に多く用いている，関東でモチノキを使うのと同じ，将来は病害虫の多いモチノキに替って同様の用途に充てるに適する。花時の紅色花は観賞用として見事である。〔品種〕**シダレイスノキ** f. pendulum *Okuyama* 常緑樹として枝垂形のものは珍らしい，鹿児島で発見された。葉片の上に古度子と呼ばれる虫癭ができる，その中に五倍子虫がいる。この成虫が出たときの殻が葉上に残っている。

【図は葉，花，実】

アメリカスズカケノキ スズカケノキ科
Platanus occidentalis *L.*

〔形態〕落葉喬木，雌雄同株で，樹形は雄大，主幹直立し，枝は太く枝張り大。樹皮は青白色，帯白色，水湿地では大形板根となる。枝の皮目著明，小枝は淡褐色,初めジグザグ形に出る。冬芽は円頂，扁円錐形，大形，光沢ある赤褐色，葉痕は大形，半月形。**葉**は互生，長柄，広卵形，3～5裂の掌状，裂片は三角状卵形・広三角形,鋭頭，截脚・心脚，粗大の歯牙縁，または全縁，初め両面に綿毛多く，後に下面脈上にだけ短毛を残す。托葉は大形，葉柄の基部はふくらんで冬芽を包む。長さ7～20cm×8～22cm。花は4月，新葉とともに発す，雌雄花は別々の花梗につき頭状花序である。雄花は暗紅色，腋生の花梗に，雌花は淡緑色，頂生の花梗につく。**果実**は10月成熟し，球状に集り，長さ75～100mmの1果軸に1個下垂するのを通常とするがまれに2個つける。径25～30mm，これは痩果の集合で各痩果は長倒卵形，鈍頭，楔脚，基部に白毛がある。このなかに種子入る。

〔産地〕アメリカの産。〔適地〕土地の肥瘠，乾湿を選ばない。〔生長〕早い，高さ40～50m，径1～3m。〔性質〕移植力，剪定力，萌芽力は充分。〔増殖〕実生，挿木。〔配植〕公園木，並木に用いる。〔類種〕**スズカケノキ** P. orientalis *L.* 果球は3～4個,葉の裂片多く,小アジア産。**モミジバスズカケノキ** P. acerifolia *Willd.* 前2種の雑種，並木に最も多い。このほかになお数種知られている。これらを総称してプラタヌスと呼んでいる。世界の四大並木樹種の一つであり，各国に多い。
【図は樹形，葉，花，実，樹皮】

やまざくら　いばら科

Prunus jamasakura *Sieb.*

〔形態〕落葉喬木，樹形は雄大。樹皮に横紋あり，灰色，暗褐灰白色，暗灰色，暗褐色。小枝は無毛で皮目が散点する。葉は互生，有柄・倒卵形・長楕円形・倒卵状長楕円形，長鋭尖，鈍脚，針尖状の重鋭細鋸歯あり，葉柄とともに無毛であるが幼時は上面に多少の散毛あり，下面は帯白淡緑色，葉柄は帯紅色，通常上部に2双の紅色腺をつける。長さ5～12cm×3～5cm。花は4月，通常赤褐色の新葉とともに発し短梗の繖房花序に3～5花をつける。花梗は細長15～30mm，無毛，花軸は長さ20mm，基部に芽鱗あり，萼は5片，平開，全縁，粘性なく，筒部は円柱形，無毛，花弁は5片，平開，凹頭，淡紅または白色。果実は6～7月成熟，核果，球形，紫黒色，多汁，苦味あり，径8～10mm，種子は1個，淡褐色，ほぼ小球形。

〔産地〕本州中部から四国・九州の産。〔適地〕肥沃の深層土で向陽の地を好む。〔生長〕早い，高さ10～12m，径1.5m。〔性質〕剪定はできない，移植力に乏しい。

〔増殖〕実生，挿木，接木。〔配植〕造園木としては山地に適する。都会の煤煙多いところを好まない。〔類種〕**オオヤマザクラ一名ベニヤマザクラ** P. sargentii *Rehd.* 中部本州から以北の産。枝は強剛，暗紫色，花色はヤマザクラより濃く，花容は豊艶である。花径30～45mm。ヤマザグラより寒地性と一般にいわれる。ともに変種，品種がきわめて多い。

【図は花と実】

ひがんざくら いばら科
Prunus subhirtella *Miq.*

〔形態〕落葉喬木，幹は太く，樹形は雄大，枝条密生し斜上する。小枝は滑沢。樹皮は細密横紋状，老成すると，ときに所々縦裂する。幼枝に斜上毛がある。葉は互生，有柄，膜質，倒披針形・広倒卵形・楕円形，短毛鋭尖頭，鋭脚，先端小腺に終る大形重鋸歯がある。新葉は有毛，両面特に下面脈上に著しい伏毛あり，葉柄にも著しい斜上毛がある。葉柄の腺は黄白色（ヤマザクラでは帯紅色）2〜1個，ときにこれを欠くこともある。托葉は披針形，葉は長さ3〜10cm×2〜4.5cm，側脈はシダレザクラより少なく6〜9まれに11双。花は3〜4月，葉に先だち，無梗の繖形花序に2〜5花着生，紅色・淡紅色，花径20〜25 mm。正開し，鱗苞は3〜4枚，黒茶色，卵形，花時には脱落または宿存する。萼は下部がやゝふくらみ卵形，花梗とともに少しく白色の細毛があるが，ときに無毛のものもある。萼筒は壺形，花弁は5片，凹頭，円形，長さ10〜12mmまれに15 mm，花柱は無毛，ときに下方に細毛がある。（花柱に有毛なのはエドヒガンである）。子房は無毛。果実は7月成熟，核果，球形，紫黒色，種子はヤマザクラに同じ。

〔産地〕自生地不明。〔適地〕本州東北部から九州に亘って生じ，比較的土地を選ばない。〔生長〕早い，高さ10m，径0.5m。〔配植〕これが古来のヒガンザクラの本家品，寺院に多いが造園木とする。次のエドヒガンとは別種である。花は形，花季は早い，寿命は永く日本に名木となっている花木も多い。八重咲を紅彼岸という。

【図は樹形，葉，花，実，樹皮】

しだれざくら　　いばら科
Prunus itosakura *Sieb.*

〔形態〕落葉喬木，枝は横に開出，小枝は長く下垂する。幹は老成して粗渋。葉は互生，有柄，長楕円形・狭楕円形，鋭頭・鋭尖頭，楔脚，鋭尖鋸歯あり，成葉および若葉には葉柄とともに短毛あり，脈上は殊に多い。花は3月，葉に先だって生じ繖形状花序様に1～4花をつける，淡紅色，ときに淡紅白色，長梗あり，有毛，花径17mm，萼は5裂，帯紅色，5花弁は平開，凹頭，花柱の基部は有毛。果実は6月成熟，核果，球形，黒紅色・紫黒色。

〔産地〕栽培品で自生地はない。〔適地〕適潤肥沃の深層土で平坦の地，向陽の地を好む。〔生長〕早い，高さ20m，径1mに及ぶ。〔性質〕ヤマザクラに同じ。〔増殖〕実生，挿木，接木。〔配植〕名木としては仙台の榴ケ岡公園に見るように，比較的寒地の公園，社寺境内などに植えられる。〔変種〕エドヒガン var. ascendens *Makino* 前記のヒガンザクラとは別種で学名上はシダレザクラの変種となっているが実際はエドヒガンの変ったのが本種と呼んでもよい，一名ウバヒガン，アズマヒガンと称し，本州・四国・九州の山地に自生品があるという。いずれの種類であっても枝垂性のものは社寺に多いので在家で好まれないという風習がある。ベニシダレ f. rosea *Nemoto* 花は紅色のもの，美しい，この八重咲の品種もある。原則として枝垂性のものは寒地に多いがサクラについてもこのことが証される。前記仙台の公園にあるものはまず代表的な樹形であるといえる。
【図は樹形，葉，花，実，樹皮】

さとざくら いばら科
Prunus lannesiana *Wils.*

〔**形態**〕落葉喬木，幹は直立，そう大木はない。樹皮は灰色，粗渋。枝は太く，強く粗生し，斜上するが，老木では開張する。葉は互生，有柄，倒卵形，鋭尖頭，狭脚，鋸歯は単一または不明に重なり，先端は長芒状，無毛，下面は淡緑色，新葉は無毛，多くは赤褐色，芒状の鋸歯あり，葉柄上部に1双の腺あり。花は遅く4月，葉の開いた後に発し，繖房状，1～5花をつけ，小苞は葉状，どの部分も無毛，通常大形で香気あり，下垂し，白色に近い淡紅色，八重咲が多い，花期は最も長い，多くは花軸短く，基部に早落性の芽苞あり，花梗は長く，花軸とともに無毛，萼筒は短く，萼片5，花弁は凹頭，広狭あり，少数の一重咲には結実するが多数の八重咲は結実しない。**果実**はヤマザクラと同じ。花形によりボタンザクラ，ヤエザクラともいう。

〔**産地**〕中井博士は伊豆に自生地ありというがおそらく改良されたもので自生地は不明とされる。山桜に対して里桜という。〔**適地**〕肥沃の平坦地を好む。〔**性質**〕樹性は強いとはいえないし短命である。剪定もできず，移植力もない。〔**増殖**〕挿木，接木。〔**配植**〕主として庭園木，樹形は美しくないが花を賞して花期永く，開花季は最も遅い。〔**品種**〕きわめて多く，樹形，花色，花容によって分類されている，「関山」，「紅普賢」などはどこにでも見られる品種である。今日まで日本にあってサクラの品種が多いのは天然に変りものができるほか人為的に改良されたものも少なくない，サトザクラはこの例で，改良の歴史は古い。【図は樹形，葉，花，樹皮】

おおしまざくら いばら科
Prunus speciosa *Nakai*

〔形態〕落葉喬木，幹は直立し，粗大，分岐多く老成して枝張り拡開する。樹皮は暗灰色，小枝やや太く帯灰褐色・淡褐色，無毛，若葉は淡緑色，ときに微紅褐色。葉は互生，有柄（まれに微紅色)，倒卵形・倒卵状楕円形，尾状鋭尖，円脚・広楔脚・浅心脚，鮮緑色やや厚質，芒尖状鋸歯あり，一部分は重鋸歯，両面無毛，下面淡緑色，新葉は淡緑色または微紅褐色，腺は葉柄上部に1双あり，長さ8〜10cm×5〜8cm。花は3月(大島)，4月，葉とともに発し，大形，ときに微香あり，白色に近く，まれに微紅色，花径30〜40mm，繖房花序につく，花軸はヤマザクラより長く，強く，淡緑色，紫色を帯びず，無毛，花梗は長く太く緑色，無毛，苞は扇状倒卵形，長さ10mm，萼は5片，淡緑色，平開，披針形，腺に終る若干の鋸歯があり，萼筒は筒形，花弁は5片，平開，一重咲，楕円形，凹頭，多雄蕊，子房，花柱とともに無毛，これら無毛の点はソメイヨシノとの区別点である。八重咲を品種 (f. plena *Y. Kimura*) とする。果実は7月成熟，核果で，球形，紫黒色，ヤマザクラより大形。播種すればよく発芽する。

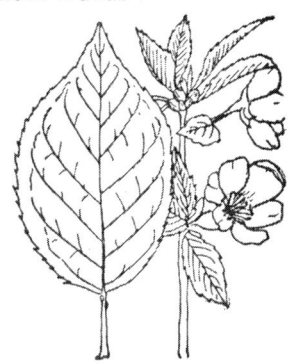

〔産地〕伊豆半島，大島の産。〔適地〕ヤマザクラと同じ。〔生長〕早い，高さ10m，径2m。〔性質〕煤煙に強い。〔増殖〕実生，挿木。〔配植〕工場地帯の造園木に適する。〔用途〕接木台とするほか薪炭林につくり（伊豆地方)，葉は香気を賞して桜餅のカバーに使う。花が白色に過ぎるので他種より劣るが工場，鉱山には強い。

【図は花と葉】

そめいよしの（よしのざくら）いばら科
Prunus yedoensis *Matsumura*

〔形態〕落葉喬木，主幹は直立せず，枝張り拡大。樹皮は灰黒色，横紋斑。冬芽と幼枝とには毛の有無一定せず，通常は少しく有毛。葉は互生，有柄（薄く細毛あり），楕円形・広卵形・広倒卵形，急鋭尖，鈍脚，やや厚質，重鋭鋸歯あり，両面に稀薄な細毛あり，殊に下面脈上の伏毛はその分量ヒガンザクラの場合より少ない。新葉は緑色，葉は長さ8～12cm×3～6cm，側脈10～17双。9月中旬落葉する。花は3～4月，葉に先だって生じ，繖形花序に2～6花をつけ，初め淡紅色，後はほとんど白色，花径30mm，微香あり，花梗は長く細毛あり，萼は5片，平開，萼筒は短筒状，細毛あり，花弁は5片，楕円形，凹頭，雄蕊は30～40本，花柱下部には微毛あるがヒガンザクラのように多くない。果実は6月成熟，核果で，球形，紫黒色，多汁，径8～10mm，種子は楕円体，淡褐色，縦縞あり，播方によって発芽の率を異にする。

〔産地〕原産地はなく，中間種とされている。エドヒガン×オオシマザクラ，エドヒガン×オオヤマザクラの諸説がある。〔適地〕肥沃な向陽の平坦壌土質を好む。〔生長〕早い，高さ10m，径0.5m，出現してから100年内外である。〔性質〕中間種の特性として短命である。剪定力なく，移植もきかない，暖地では花容が美しくない。

〔増殖〕実生，挿木。〔配植〕サクラ類中最もひろく普及し，ほとんど日本各地に見られる造園木であり，公園，遊園地，庭園，社寺境内，並木用。江戸時代の終りか明治の初めに出現したもの，その出所は不明といわれる。

【図は樹形，葉，花，実，樹皮】

まめざくら

Prunus incisa *Thunb.*

いばら科

〔形態〕落葉小喬木，樹形は通常拡開して，主幹は直上せず，灌木状。樹皮は暗灰色。枝は密生してひろがる，灰褐色。幼芽は毛が多い。葉は互生し，有柄（密毛），卵形・倒卵形・卵状広楕円形・菱状倒卵形・倒卵状広楕円形，小形，鋭尖，短鋭尖，鋭脚・円脚・心脚，整正の欠刻状重鋸歯，やや薄質，上面および下面脈上に短毛粗生，腺は葉柄の上部にあり，葉は長さ3～5cm×2～3cm。花は4～6月，葉に先だちまたは同時に開き，無梗の繖房花序に1～3花をつける。側向またはやや下垂する，花序の基部に芽鱗あり，花径15mm，大形ならず，花梗の毛は有無一定しないが，ときに多毛のことあり，萼は5片，帯紅色，通常は無毛，萼筒は筒状で基部はふくらみ，長さ5～6mm，花弁は5片，一重咲，広楕円形，先端に凹痕あり，淡紅色，多雄蕊。果実は7月成熟，核果で，球形・卵球形，紫黒色，径6mm。種子1個，淡褐色，卵球形。花と葉との型に変異多い。

〔産地〕本州中央山脈の森林に産し，殊に富士山麓地帯に多い。よって一名をフジザクラ（富士桜）という。

〔適地〕肥沃の向湯地を好む。〔生長〕早くない，高さ10m，径0.3m。〔性質〕一般に同じだが剪定力がある。

〔増殖〕実生，挿木。〔配植〕地方的の庭木であり，盆栽のサクラはこれにかぎる。〔品種〕ミドリザクラ一名緑萼桜 f. Yamadei *Ohwi* 白花の弁で他の部分すべて緑色のもの。花も樹形も小型であるので庭木に適するが苗木の入手が困難である。　【図は花と実】

みやまざくら

いばら科

Prunus maximowiczii *Rupr.*

[形態] 落葉喬木, 樹皮は帯紅色幼枝に著しい伏毛がある。葉は互生, 有柄（短伏毛）, 広卵形・倒卵状楕円形・楕円形・倒卵形, 漸尖頭, 短尾状鋭尖, 鈍脚・円脚, 欠刻状重鋸歯あり, 両面同じく鮮緑色で濃淡なく光沢なく, 短毛あり, 上面のは細毛, 下面脈上には伏毛あり, のち脈上は無毛となることあり, 腺は葉柄の上部, 葉片の下部にあり, 秋は美しく紅葉する。長さ6～9cm×3～6cm。花は初夏5月, 6月(札幌), 7月(樺太)新葉開出後に開く, 腋生の総状花序に4～7まれに10花をつける, 小形, 純白色, 花軸は長く真直, 長さ30mm, 著しく有毛, 著明の葉状苞は円形・卵円形, 歯牙縁, 長さ5～8mm, 宿存する, これが特徴とされる。萼は5片, 花弁は5片, 平開, 花径15～20mm, 長梗は15～30mm, 著しく有毛。果実は9月成熟, 核果, 球形, 紫紅色, 径5～6mm, 種子は小形。以上のように特徴が多くあるので区別しやすい。

[産地] 北海道・本州・四国の高山から北方寒地に分布する。高山の桜の1種といえる。[適地] 向陽肥沃地。

[生長] やや遅い, 高さ15m, 径0.3m。[性質] 寒冷地に適する。[増殖] 実生。[配植] 高山性であり, 温暖の平地に植栽しても順潮には生育しない。[類種] タカネザクラ, P. nipponica *Matsum.* チシマザクラ var. kurilensis *Wils.* ともに高山性である。著者はこの2種を東京で栽植していたが花を開くことも少なく, 生育も思わしくなく, ついに10年後には両種とも枯死した。

【図は葉と実】

うわみずざくら　　いばら科
Prunus grayana *Max.*

〔形態〕落葉喬木，樹形壮大，樹皮は帯緑黒色，紫褐色，鱗片状に剝離する。皮部に特臭あり，皮目は著明，幼枝は通常無毛，ときに微毛あり，小枝は秋冬落葉の直後に多く脱落する，その痕は枝上に結節をなす。葉は互生，有柄（無毛または幼時微毛），楕円形・卵形・卵状長楕円形，尾状急鋭尖頭，円脚，両面無毛，ときに下面主脈沿に初め有毛，後に無毛，芒尖状細鋭鋸歯，腺は1双，葉縁の基部にあり。花は4～5月，枝端に頂生する大形総状花序に数十花密に着生する，花序は長さ70～120mm，幅20～30mm，無毛，花軸に微毛あり，萼は5浅裂，三角形，萼筒は広鐘形，無毛，花弁は片，白色，卵円形・倒卵形，平開，後に外に反捲する，花径6～8mm，まれに10mm，花に香気あり，雄蕊は多数，花弁より長い。果実は8月成熟，核果，楕円状球形・微凸形，初め黄色，後に黒熟，長さ6～7mm，未熟果は塩漬とし，熟果は食用とする，種子は淡褐色，1個。

〔産地〕北海道南西部・本州・四国・九州の山地。〔適地〕肥沃適潤の深層土に適する。〔生長〕早い，高さ10～15m，径0.5m。〔性質〕樹性強健。〔増殖〕実生。〔配植〕花が穂状に直立する形，花色も美しくないので一般の造園木には適しない。〔用途〕大嘗祭儀式に欠くことのできないハハカという樹は本種である。ハハカという樹木は昔から祭祀にはなくてならぬ重要な樹木であったがこれは今日でいうところの何の樹木であるかについて古来諸説があったのを和田国次郎氏が本種とした。

【図は花と実】

しうりざくら　いばら科

Prunus ssiori *Fr. Schm.*

〔形態〕落葉喬木，樹形は高大，樹皮は暗褐色，帯紫褐色，縦に剝離する。枝は無毛，淡褐色，帯紫褐色。葉は互生，有柄，膜質または厚質，卵形・長楕円形・倒卵状長楕円形，長鋭尖頭，急鋭尖頭，心脚はきわめて著明で，整正の狭く鋭い刺状の単または重鋸歯があり腺は1双葉柄の上部にあり，下面脈腋に毛叢あるほかは無毛。葉は長さ8～15cm×3～7cm。花は6月，総状花序は頂生，長さ120～200mm，基部の葉は小形，花は多数花序に着生，無毛，小形，白色，少しく黄暈あり，花径7～8mm，花梗は長さ7～10mm，萼は短鐘形，5裂，萼筒は淡緑色，盃状，花弁は5片，円形・楕円形，長さ4～5mm，平開する。果実は10月成熟，核果で，黒色，球形，種子は淡褐色，1個入る。

〔産地〕千島・北海道・日光以北の本州の産。〔適地〕ウワミズザクラと同じ。〔生長〕早い，高さ10～18m，径0.6m。〔性質〕ウワミズザクラと同じ。〔増殖〕実生。〔配植〕もともと造園木ではなく，地方で造園用としているに過ぎない。名称は学名とともにアイヌ語による，シオリザクラともいう。ウワミズザクラに似るが分布はそれより高処，寒地であり，葉の心脚である点に注意すれば区別は容易である。変種多い，類種に**エゾノウワミズザクラ** P. padus *L.* あり。北海道にあってはこの樹はアイヌの生活と密接の関係があり，貴重な植物資源である。実を食用とし，材は利用している。その他朝鮮やアメリカ北部においても寒地性有用樹木の一つとなる。

【図は花と実】

いぬざくら　いばら科
Prunus buergeriana *Miq.*

〔形態〕落葉喬木，樹皮は紫黒色・暗灰色，やや光沢に富む。幼枝に通常微毛あり，小枝は灰白色。葉は互生，有柄（ときに微毛あり），長楕円形・倒卵状長楕円形・楔状長楕円形，光沢あり，鋭尖頭・鋭頭，楔脚・鋭脚，細鋭鋸歯あり，両面殆ど無毛であるが幼時下面主脈下方脈沿にときに鬚毛を見ることあり，長さ6〜10cm×2〜3.5cm。花は4月，葉とともに開く，腋生総状花序は長さ50〜100mm，微毛あり，その基部には葉を欠く，花軸と花梗に密毛あり，萼筒は広鐘形，5尖裂，裂片は卵形，腺縁，花弁は5片，広倒卵形・倒卵形・長さ2〜3mm，白色，花径は5mmの小花である。雄蕊は12〜20本，花弁より抽出する。果実は8月成熟，核果で，球形，やや鋭頭，初め帯黄紅色，のちに紫黒色，径10mm。種子は1個，淡褐色。

〔産地〕本州・四国・九州の山地に生ずる。〔適地〕前種と同じだが暖地の平地にも生ずる。〔生長〕早い，高さ6m，径0.2m。〔増殖〕実生。〔配殖〕造園木ではないが前2種よりも多く造園樹に用いられている。〔類種〕ヴァージニアザクラ一名セイヨウイヌザクラ　P. serotina *Ehrh.*　本種によく似る，アメリカ産，同国では庭木または並木としている。かつて東京の某家の庭にこれを見たことがあり，イヌザクラと信じていたがこの外国樹であることを確めた。イヌザクラは前2種より暖地に多い。これは葉柄には蜜腺はないが葉柄の上部，葉片の下部近いところの葉縁両側に左右2双の蜜腺があるのでわかる。

【図は花と実】

ちょうじざくら　　いばら科
Prunus apetala *Franch. et Sav.*

〔**形態**〕落葉喬木。樹皮はヤマザクラに似る。幼枝は無毛だが幼時は少毛。葉は互生，有柄（短軟毛），倒卵形・楔状倒卵形・倒卵状楕円形，尾状鋭尖，心脚，やや欠刻状の整正鈍または鋭鋸歯あり，やや厚質，光沢なし，鮮緑色，両面に短軟毛あり，長さ5～8cm×3～5cm。花は5月，葉に先だつか同時に開く，小形，花径15mm，小形の繖形花序は下垂，1～3花をつけ，花軸きわめて短い，萼筒は細筒状，下端少しくふくらむ，外面紅色，長さ7～10mm，多くの短毛あり，花弁は萼より小さく，5片，長さ5～8mm，倒卵形，凹頭，微紅またはほとんど白色，花柱基部に開出毛粗生する，学名は無弁という意味であるが実際には花弁を有する。**果実**は8月成熟し，核果，ほぼ球形，径6mm，黒色または暗紫色。種子1個，淡褐色。
〔**産地**〕本州北中部の山地，温帯および寒帯のサクラである，九州にも産する。〔**適地**〕寒地で肥沃の地を好む。〔**生長**〕遅いが高さ4～6m，径0.3mに及ぶ。〔**増殖**〕実生。〔**配植**〕寒地に植えるに適するが花形あまりにも小さく，花つきが粗なので一般には不適当であり，暖地の平地にあっては生育良好とはいえない。〔**変種**〕オクチョウジザクラ var. pilosa *Wils.* 花は本種よりやや大きく，微紅色であり，造園用とするにはむしろこの変種の方が見栄えがする。これらも高山性もしくは寒地のサクラであるが平地，暖地の庭園に用いては決してよい発育を遂げるものではない，標本木として見る。

【図は花と実】

う　め　いばら科
Prunus mume *S. et Z.*

〔形態〕落葉喬木，老成したものは樹幹直立せず，太い枝は斜上し，不整形の樹姿となる。樹皮は粗渋，厚皮，材も皮も硬質，幼枝は無毛または少毛。**葉**は互生，有柄，卵形，鋭尖，鈍脚，細鋸歯，上面粗渋なのは葉芽枝の葉，平滑なのは花芽枝の葉といわれる。長さ5～8cm×3～6cm，早落性托葉あり。**花**は2～3月，葉に先だちて生じ，葉腋に1～3花を単生する。基本種は一重，白色，芳香あり，品種には八重咲，紅色，淡紅色等がある，萼片5，花弁5片平開，ほぼ円形，側向するもの多く，雄蕊は多数，花弁より短い，花径10～15mm。**果実**は6月成熟，核果，球形，黄緑色，表面微毛あり，径20mm，なかに大形の種子がある。種子は尖頭卵形，外面に凹溝多く，殻は硬質。

〔**産地**〕中国産の説と日本産の説とあり，ともに信ずるに足りる。〔**適地**〕排水のよい向陽の地で，土性は多少の砂利交りを好む。〔**生長**〕早い，高さは著しくないが直径は太い。〔**性質**〕剪定を行わないと花をつけない，移植力充分，萌芽性に富む，ウメケムシその他の病害虫は多い。〔**増殖**〕実生，挿木可能なものあり，接木。〔**配植**〕花を賞するほか果実を取る，品種には花梅，実梅あり，庭木，公園木，果樹，盆栽とする。〔**用途**〕梅実の利用を主とする。〔**品種**〕品種，変種多い。ウメは香を楽しむものである，品種中では，緑萼梅が最も香気に富む。実梅としては豊後，白加賀ほか数種のものが適当している。

【図は葉，花，実】

もも　いばら科

Prunus persica *Batsch.*

〔**形態**〕落葉喬木，樹皮は粗渋，多く樹脂を分泌している。枝は無毛，幼枝に粘質がある。葉は互生，短柄，披針形・広倒披針形・倒披針形，漸尖鋭頭，鋭脚・鈍脚，微小の鈍鋸歯あり，托葉を伴う，若葉に微毛があるが後に無毛，通常葉柄の上部に腺あり，長さ5〜12cm×1.5〜4cm。花は4月，葉に先だちまたは同時に開く，花梗は短く，枝に1〜2花をつける，一重，淡紅を標準とするが変種，品種には八重咲，白色，紅色，咲分，菊咲，一重，八重等がある。萼は5片，有毛，花弁5片，やや凸頭，平開，多雄蕊，子房に密毛あり。果実は7月成熟，核果，大形，ほぼ球形，表面に細毛あり，果皮は薄い。食用とする。種子は堅く，縦溝あり，大形，尖卵形，淡褐色，品種によって果実の形，大きさ，色沢，味等を異にする。品種，変種きわめて多い。

〔**産地**〕中国西方アジアの産，日本自生説もある。〔**適地**〕水湿に富む砂利交り壌土を好むが比較的土質を選ばない。〔**生長**〕早い，高さ5m，径0.3m。〔**性質**〕剪定に耐え，萌芽力強し，移植力も少なくない。〔**増殖**〕実生，接木。〔**配植**〕花桃は花を，実桃は果樹とし，営利栽培，家庭栽培を行う，白花のものは縁起木，だいたい瑞祥の木とされる。〔**用途**〕切花，果実の利用。家庭で採果を目的とするには水蜜，白桃を選ぶ，売品は接木ものであるが，家庭で実生したものでも大方は親木と同様な品種の実を結ぶものである。殊に白桃にはこの傾向がある。裏門内にシロモモを植えるのは縁起木によるものとする。　【図は，葉，花，実】

ユスラウメ　　いばら科

Prunus tomentosa *Thunb.*

〔形態〕落葉灌木，幹は直立して細く，枝は密生し拡開して繁密。樹皮は暗色，薄片となって剥離する，全株軟毛あり，特に幼枝には絨毛が多い。葉は互生，短柄，有毛，倒卵形・広倒卵形，急短鋭尖，不斉重鋸歯あり，葉面に皺多く，上面は暗緑色，両面に密毛多く，長さ3～5cm×3～4cm。花は4月，葉と同時または葉に先んじて開く，枝に単生，まれに双生，短梗，白色で淡紅色を帯び一重咲，花径15～20mm，萼片は5，微毛あり，萼筒は通常短筒形，ほとんど無毛，5花弁，多雄蕊，子房に密毛あり。果実は8月成熟，核果，ほぼ球形，やや凹頭，微毛あり，径10～12mm，薄皮，多汁，香気あり，甘味，生食できる，果梗5～10mm。種子は1個入り，淡褐色，尖頭，ほぼ球形，径8mm。種子をまけばよく発芽する。樹下に自生苗が多い。

〔産地〕朝鮮・中国産。〔適地〕ほとんど土質を選ばない。〔生長〕やや遅い，高さ3～4m，径0.1m，日本ではこのような大木はない。〔性質〕剪定はできるが強く刈込むと花実を生ずること少ない。〔増殖〕実生，挿木，根分。〔配植〕日本では庭木として添景に使う程度であるが原産地では果実採収を目的として庭に多く植える，中国人は好んで生食し，熟季には店頭に山の如く積んで売り出す，野生種ながら果実の生産量は多い。〔備考〕ユスラはイスラから変じたもの，イスラは中国，朝鮮で移植のこと，この樹老衰すれば移植によって回復するという。また桜桃の文字もユスラウメにあてるべきだという。　【図は樹形，花，実】

ニワウメ　いばら科
Prunus japonica *Thunb.*

〔形態〕落葉灌木，株立状で，分岐の多い枝条を生じ，幹枝は細くよく伸長する，往々微毛がある。葉は互生，短柄，卵形・卵状披針形，鋭尖頭，円脚・楔脚，細鋭の重鋸歯があり，上面は緑色，無毛，下面主脈上に粗に短毛を生ずる（ユスラウメは密毛），長さ5～7cm×4～6cm，托葉は淡緑色，葉柄より長く狭片に裂け細鋸歯あり。花は4月，葉に先だちまたは同時に開く，多数着生，1節2～3花，淡紅色一重咲の小花，有梗（ユスラウメは無梗），5萼片，5花弁，多雄蕊。果実は8月成熟，核果で，球形，鮮紅色，光沢あり，径8～12mm，果梗は長さ8～13mm，果肉は生食できる。種子は1個，淡褐色，漢方では郁李子と呼び杏仁と同様薬用とする。

〔産地〕中国北部の原産。〔適地〕土地を選ばない。〔生長〕早い，高さ1～2m，幹は細い。〔性質〕樹性強健，枝は細くよく曲る，剪定は好まない，萌芽力は強い。〔増殖〕実生，挿木。〔配植〕庭木として添景に使う，早春の花木に適する。枝をまげ，行燈作りとして鉢物に仕立てる。〔変種〕**ニワザクラ** var. multiplex *Makino* 八重咲でニワウメよりやや大形，弁端紅色，中辺以下は淡紅色。**ヒトエノニワザクラ** var. glandulosa *Max.* 葉はニワウメより細く，花は白色または淡紅色。共に美しい。以上は中国産だがさらに同国および朝鮮にはシロバナヤエニワザクラ，ベニバナヤエニワザクラ，ヒトエノシロバナニワザクラがある。台湾にも類種がある。
【図は樹形，花，実】

りんぼく　　いばら科
Prunus spinulosa *S. et Z.*

〔形態〕常緑喬木，樹皮は老木では赤黒色，通常壮樹以下では黒褐色で光沢がある。サクラの皮に似るが剝離しない。幼枝にはときに微毛あるが後に無毛となる。葉は互生，短柄，長楕円形・卵状楕円形・狭長楕円形，短尾状鋭尖，鋭頭・鈍頭，広楔脚，老木では通常波状縁，全縁，葉縁厚く，幼木では芒尖状細鋭鋸歯，主脈太く，革質で光沢あり，上面は深緑色，下面黄緑色，葉柄上部に2個の蜜腺あり，長さ5〜8cm×1.5〜3cm。一見シイノキまたはシラカシのように見える。花は9〜10月，長さ20〜80mmの腋出総状花序に単生または十数花をつける，花序には初め微毛あるが後に無毛，苞は早落する。花は小形，白色，径6mm，花梗は長さ3〜7mm，萼筒は短くひろく，倒円錐形，花弁は5片，円形，きわめて小形，長さ3mm，外反する。果実は翌年5〜6月成熟，核果，紫褐色，黒色，尖頭広楕円体，広卵形，長さ7〜8mm，径8mm，種子は1個，淡褐色，表面に不斉の陥凹がある。

〔産地〕本州中南部・四国・九州の暖地産。〔適地〕肥沃の壤土質を好む。〔生長〕やや早い，高さ6m，径0.2m。〔増殖〕実生。〔配植〕もともと造園樹ではない。〔備考〕類種バクチノキによく似るが鋸歯の状，側脈の多少，花弁の大小，果実の形によって区別される，シイ，カシ類に似るが蜜腺の存在により容易に識別される。常緑樹のサクラ類は珍しいものとされる。

【図は花と実】

ばくちのき いばら科
Prunus dippeliana *Miq.*

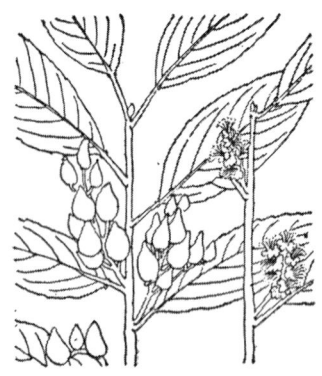

〔形態〕常緑喬木,全株無毛。樹皮は灰褐色・褐色,鱗片となり剝落し,そのあと黄紅色・赤褐色を呈し初め光沢あり,黄色染料がこれからとれる。葉は互生,有柄(1～1.5cm),大形,長楕円形・卵状楕円形,漸尖,短尖頭・鋭尖頭,鈍脚・鋭脚,腺質の鋭鋸歯あり,厚革質,光沢があり,上面は深緑色,下面は淡緑色,主脈隆起,若芽は紅色,若葉は下面初め多少有毛だが後に無毛となる,葉柄上部に2個の蜜腺あり,葉からバクチ水をとるがこれには青酸を含む,側脈は9双,葉は長さ10～20cm×4～7cm。花は9～10月,長さ60～200mmの腋出穂様総状花序が新枝に現われ,これに1～5花着生する,花梗は短く,開出短毛あり,花は小形,白色,径6～7mm,5萼片,花弁は5片,円形,長さ5mm,外反する,雄蕊は花弁より長い。果実は翌年5～6月成熟,初めは歪卵形,完熟して楕円体・卵形,黒色・紫黒色,長さ18～20mm,先端少しく彎曲する,果肉は軟い。種子は2個入り,杏仁に似る。種子をまけばよく発芽する。

〔産地〕本州中南部・四国・九州の暖地に産する。〔適地〕前種と同じ。〔生長〕前種より大で高さ12～18m,径0.5～0.6m。〔増殖〕実生。〔配植〕造園木ではないが不時に剝皮するので不時に金を失うことに因みバクチという名が生れた。江戸時代には博徒の信仰樹となった,小田原市早川飛乱地の名木は著名である。この樹の一名をビランジュというのはこの地名と関係がある。

【図は花と実】

ハナカイドウ　　いばら科
Malus halliana *Koehne*

〔形態〕落葉喬木，幹は喬大，直立，平滑，灰色，ときに外皮は剝げる，枝は帯紫色・暗紅色，開生，ひろい樹冠をつくる，老大となると下垂する，ときに刺を有する，幼枝には初め毛あり。葉は互生，有柄（1～2.5cm，帯紅色，少軟毛），多少厚革質，楕円形・卵形・狭卵形・長楕円形，鋭頭，鋭脚，若葉は帯紅色，成葉の上面暗紫色，初め両面有毛，後上面主脈上にだけ有毛粗生，主脈は紅色，下面は無毛，鈍浅細鋸歯あり，托葉は小形，早落性，葉は長さ3～9cm×1.5～6cm。花は4月，葉に先だち繖形をなし枝端に3～7花着生，下垂する，花梗長く30～60mm，帯紫色・暗紅色，無毛，花は通常八重咲，これにときに一重を混ずる，半開のもの多い，花径35～50mm，萼片は三角状卵形，内面に白色綿毛あり，萼筒は暗紅色，無毛，5裂，花弁は5～6片楕円形・長楕円形，外側は紅色，内側は白色，短花爪あり。通常は果実を結ばない，まれに10月結実，梨果状，黄褐色，暗紅褐色，小球形，径3～10mm，なかに1種子あり。かつてこの種子をまいたが発芽を見ない。
〔産地〕中国西南部の産。江戸時代にカイドウといったのはナガサキリンゴである。〔適地〕向陽の排水のよい砂利交りの壌土を好む。〔生長〕早い，日本では高さ3～5m，径0.5m。〔性質〕剪定を誤ると花を見ない。
〔増殖〕挿木，接木。〔配植〕庭園木として花を賞する有数の花木。盆栽にも仕立てる。これは紅い実を結ぶ。現在カイドウというのはこのハナカイドウを指している。
【図は樹形，花，実，樹皮】

ずみ（こりんご）　いばら科
Malus sieboldii *Rehd.*

〔形態〕落葉小喬木，樹冠は開生。枝は多岐，強靱。小枝は帯紫色ときに刺に化する。幼枝には通常軟毛がある。葉は互生，有柄(1.5〜5 cm)，花枝の葉は長楕円形・卵円形・卵形，長さ3〜8 cm，長枝の葉は広卵形，通常3〜5裂し，長さ約8 cm，鋭頭・急鋭頭，円脚・鈍脚，細鋸歯がある。枝端の葉はときに3裂乃至羽状に分裂し，膜質。新葉は両面軟毛あり，後ときに上面は無毛となるかまたは毛を残し，深緑色，下面はときに脈腋以外は無毛，葉は平均して長さ4〜10cm×2〜8 cm，托葉は針状，早落する。花は4〜5月，新生枝の短枝端に繖形花序をなし，3〜7花着生。花梗は細長10〜35mm，初開時は帯紅色，後に白色となる，花径25〜50mm。萼片は狭披針形，長鋭尖頭，内面に綿毛あり，外面は有毛または無毛，花時には開張または外反する。萼筒は壺形，有毛または無毛。花弁は5片，楕円形・円形，花柱の基部に白毛あり，蕾は球形，紅色。果実は9月，梨果状で，球形，径5〜8 mm，紅色または黄色，果頭に萼筒宿存する。種子は淡褐色，小形。この種子をまくとよく発芽する。

〔産地〕北海道・本州・四国・九州の山地に見る。〔適地〕水湿に富む向陽の地を好む。〔生長〕早い，高さ10 m，径0.4mに及ぶ。〔増殖〕実生。〔配植〕もともと造園木ではないが小白花を賞して地方では庭木に用いる。庭木とするには剪定を充分に行って徒長枝の生育をおさえないと花つきがわるい。

【図は花と実】

ボケ　いばら科

Chaenomeles lagenaria *Koidz.*

〔形態〕落葉小喬木，雌雄雑株で，株立状となり高く伸びる。枝は無毛，短枝端はときに刺状に変ずる，幼枝には淡褐黄色の短毛がある。葉は互生，短柄，長楕円形・楕円形・広披針形・卵形，鋭頭，やや鈍頭，楔脚，基部は葉柄に移行する，微細鋸歯がある。葉の両面は無毛，上面は光沢あり，下面主脈沿に少毛があり，硬質。托葉は大形，卵形・披針形，鋸歯があり，早落。葉は長さ 4～8 cm×1.5～5 cm。花は 4 月．短枝上に単生または数花をつけ，花径25～35mm，淡紅色。花梗は短有毛。萼は 5 裂，半截円形・楕円形・低平円形，縁毛あり。萼筒は鐘形・筒形。花弁は 5 片，円形・倒卵形・楕円形，小花爪がある。花柱は 5 個，無毛または下部に密毛あり，雄花と雌花と混生，前者は子房が痩せ後者は肥厚する，一見両性花らしく見えるが，一部分単性花に傾く，結実しても落下するものが多い。果実は10月成熟，帯緑黄色，無梗，球形・卵球形・楕円体，長さ 50～100 mm， 頂部凹入して無毛，生食できるが味はわるい，果肉内に紫黒色の小種子多く埋在する。

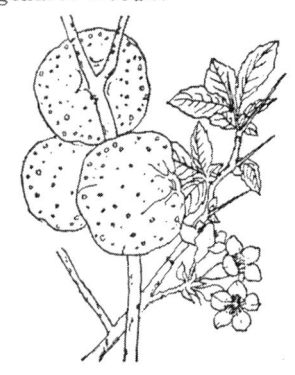

〔産地〕中国中部の産。〔適地〕水分に富む砂壌土を好む。〔生長〕早い，高さ 2～3 m，直径は株立状のため細い。〔増殖〕実生，株分，取木，接木，挿木。〔配植〕庭園用の花木，列植垣状植に適する。切花，盆栽にも用いる。花色に白，紅白，深紅あり，変種とする。庭木とするより盆栽として賞用する。いずれにしても刈込を充分に行って徒長枝の発生をおさえて開花を促す。

【図は花と実】

くさぼけ(しどみ)　いばら科
Chaenomeles japonica *Lindl.*

〔形態〕落葉低灌木，雌雄異株で，接地して伸長，地下茎により幹枝を発する。枝の短枝は刺に変じその長さ0.5～1.2cm，幼枝に帯黄色の短毛があるが後に無毛となる。葉は互生，短柄，倒卵形・円形・卵形・楕円形，円頭やや鋭頭，狭楔脚，基部は葉柄に移行する，両面無毛，下面ときに光沢あり，細鈍鋸歯あり，長さ2.5～5cm×1～3.5cm，托葉は大形，葉状，腎形。花は4～5月，葉に先だって開く，単生または叢生2～4出，短梗あり，朱紅色，花径20～25mm，萼片は半円形，直立，毛縁，萼筒は倒円錐形，無毛，花弁は倒卵形・倒卵円形，基部は花爪状となる。雄性花は下位子房で痩せ，雌性花は下位子房肥厚して結実する，雄蕊は多数。果実は8～9月成熟，ほぼ球形だが，扁球形，径30～50mm黄緑色，頭尾とも凹入，無毛，果肉は硬く酸渋甚だしく生食に耐えず，そのなかに紫褐色の種子多数が埋在する。種子をまけばよく発生する。

〔産地〕本州中南部・九州の低山帯に産する。〔適地〕陽樹で向陽の砂質地を好む。〔生長〕地下茎により繁殖し，その辺一帯に群落状を呈する。〔性質〕剪定はきくが移植は困難。〔増殖〕実生，挿木，株分，根伏。〔配植〕本来造園木ではないが野外より掘取って庭園の地被，下木とするに適する。白花のものは変種。庭の下木としては日射が充分でないと開花を見ない，野外から掘取るにしても細根が乏しいので根づきにくい，故に挿木の要領で植込まなければならない。一名をシドメという。

【図は花と実】

カリン　いばら科
Cydonia sinensis *Thouin*

〔形態〕落葉喬木，幹は直立し，枝は細く，上向して伸長し樹形やや柱状，狭円錐状となる。幼枝にはときに刺がある。小枝は褐色，初め軟毛あり，樹皮は帯緑褐色，無毛，老成すると外皮は不斉に剥離し，その痕が雲紋状に青褐色を呈し光沢がある。この二つが特徴とされる。葉は互生，有柄，倒卵形・長倒卵形・楕円形，鋭尖，円脚・鈍脚，微凸尖の細鋸歯あり，下方のものは腺状鋸歯，上面無毛，下面に初め軟毛あるが後に無毛となる，主脈上には多少の毛を残す，長さ4～8cm×3～5cm，托葉は葉状で細長く腺歯があり早落性。花は4月，新葉とともに発し，枝端に単生，無毛の短梗あり，淡紅色，径30mm，花数が少ないので見栄えがしない。萼は5裂，裂片は卵状披針形，外反する，内面に絨毛あり，縁に腺毛を有す，萼筒は倒円錐形，無毛，花弁は5片，楕円形，短花爪あり，淡紅色。果実は10月成熟，初め緑色，後に黄色，大形，扁球形・卵形・球形，長さ100～150mm，まれに200mm，径80～120mm，重さ200～500gr，無毛，両端凹入，芳香強し，果肉は酸味あり生食できない，輪切りにしてセキの薬とする，なかに黒褐色の種子が多く埋在している。

〔産地〕中国の産。〔適地〕向陽深層土を好む。〔生長〕早く，高さ6～10m，径0.5m。〔性質〕剪定，移植可能。〔増殖〕実生，挿木。〔配植〕花を賞して庭園木とする。樹形の柱状を利用して列植状植込とするのも一法であると考える。マルメロはこの一類だが庭木にはならない。

【図は樹形，葉，花，実，樹皮】

びわ　いばら科

Eriobotrys japonica *Lindl.*

〔**形態**〕常緑喬木，主幹は直立し，太い枝を発するが粗生し，枝張りはひろい。樹皮は灰褐色，黒紅色，粗面，老成すると剝離する，その痕は雲紋状，鮮褐色，幼枝に淡褐色の軟毛厚く密生する。葉は互生，有柄，大形，厚革質，長楕円形・広倒披針形・倒披針状長楕円形，鋭頭，狭脚，低波状粗鋸歯あり，上面は暗緑色，初め有毛，後に無毛，やや光沢あり，葉脈は凹入し葉面凹凸，下面は淡褐色，軟毛密生，長さ15～25cm×3～5cm，托葉は披針形。花は7～8月に分化，11月，12月，開花，三角状円錐花序に淡褐色の絨毛密生する，長さ50～60mm，花は帯黄白色，白色，径12～15mm，1花序に100～200花をつける，花梗は太く密毛あり，萼片5，弁片5，香気あり，メジロはこの蜜を好む，萼には密毛あり，自家受精または鳥虫によって媒介受精する。果実は翌年5～6月成熟，球状洋梨形の梨果状，黄褐色，果面に綿毛あり，果汁甘く生食できる，なかに巨大の濃褐色の種子1～3個を蔵する。扁球形，長さ10～15mm，取播すると年内80日で発芽する。

〔**産地**〕日本産説と中国産説の2あり，ともに信ずるに足る。〔**適地**〕水湿に富む陰地にも生育できる。〔**生長**〕遅い，高さ6～12m，径0.3m。〔**性質**〕剪定に耐えるが移植力は強くない。〔**増殖**〕実生，接木。〔**配植**〕果樹であるが庭園，公園にも用いられる。園芸品には田中ビワなどあるが庭園用には実生苗を使えばよい。庭木をかねて8年目から結実し食用にすることができる。

【図は花枝，花，実】

やまぶき

いばら科

Kerria japonica *DC.*

〔形態〕落葉灌木,叢生して株立状となり地下茎で周囲に延長し繁殖する。主幹はなく,幹枝は細く青緑色,老成して褐色木質となり中心に白色の髄あり,旧枝は数年で枯死する。葉は互生,有柄(0.5〜1cm),薄質,卵形・狭卵形,長鋭尖頭,截脚・微心脚・円脚,不斉の欠刻状重鋸歯あり,上面鮮緑色,脈上に微毛または無毛,脈は凹入,下面淡色,脈上に粗毛あり,長さ3〜7cm×2〜3.5cm,側脈6〜10双,托葉は線形,早落性。花は4〜5月,小枝端に単生,一重,黄色,花径20〜50mm,萼は5深裂,裂片は突頭,卵形,萼筒は短広,無毛,宿存する,花弁5片,広楕円形・卵形,平開,黄色,底に花爪あり。果実は9月成熟,堅果状核果,5個着生を標準とするが多くはこれ以下,卵球形・扁半球形,長さ2mm,花托上宿存萼内にあり,背稜あり,初め緑色,完熟して暗色。種子は光沢のない濃褐色。

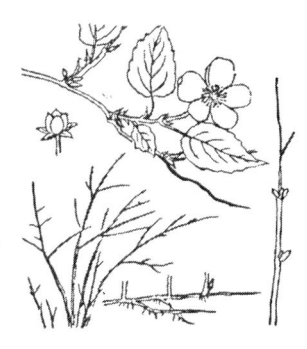

〔産地〕北海道・本州・四国・九州の山地に産する。
〔適地〕水湿に富む肥沃地を好む。〔生長〕早い,高さ1〜2m,茎は細い。〔増殖〕実生,株分。〔配植〕庭園木とするも多くは八重咲の方を用いる。〔品種〕ヤエヤマブキ,f. plena *C.K.Schn.* 花は大形,八重咲。キクザキヤマブキ f.stellata *Ohwi* 花弁細く一重菊花状,見栄えがしない。シロバナヤマブキ f.albescens *Ohwi* 白色花,弁数少ない。一重咲ヤマブキには結実するが個性によってその分量に多少がある。品種では八重咲が美しく,他の2種は稀品だが見る価値はない。

【図は樹形,花,実】

しろやまぶき いばら科
Rhodotypos scandens *Makino*

〔形態〕落葉灌木，主幹は細く直立し，株立状とならず，枝は粗生し，樹形は不斉，枝張り大となる。樹皮は帯褐色，無毛。葉は対生，短柄，膜質，卵形・広卵形，鋭尖，円脚・截脚，鋭尖の重鋸歯あり，上面無毛，葉面に皺あり，下面淡緑色，やや汚黄色の長伏毛あり，長さ4～6cm，まれに8～10cm，幅2～4cm，まれに6cm，側脈著明で，6～8双，托葉は線形，離生，有毛，早落性。花は4～5月，短枝に頂生，単一，白色，花梗は長さ7～20mm，有毛，平開，萼片4，葉状で幅ひろく尖卵形，鋸歯あり，小萼片は4枚，萼片と互生し針状を呈す，萼筒は扁平，花弁は4片，円形，広濶やや凹頭，時に凸頭，花径30～40mm，まれに50mm，雄蕊多数あるが短小。果実は8月成熟，1花に4個を標準とする，宿存萼を伴う。核果，小形，軽量，初め緑色，ついで褐色，後に純黒色，光沢強し，楕円体，薄皮，径5mm。種子は白色，1個。

〔産地〕本州にまれに自生する。〔適地〕土地を選ばない。〔生長〕早い，高さ1～2m，幹は細い。〔増殖〕実生，挿木。〔配植〕庭園木として花を賞するに用いる。下種ののち2年目で開花結実する。ムロに入れ促成開花させたものは切花として需要あり，庭園では添景木に適する。シロヤマブキと前記のシロバナヤマブキと混同してはならない。これほど簡単に庭木となしうるものは少ない，軽い気分のする花木であるが花つきの少ないのは欠点ともされるがその代り栽培は容易である。

【図は花と実】

ざいふりぼく いばら科

Amelanchier asiatica *Endl.*

〔形態〕落葉喬木，主幹は直立し，枝序は整斉で，樹形は優美。樹皮は薄く灰白色。枝は帯紫色・帯紅色，幼時には白軟毛があるが，後に無毛となる。葉は互生，有柄(1〜1.5cm)，膜質，倒卵形・楕円形，鋭頭，急鋭尖，鈍脚・円脚，微小の低鋸歯あり，ときに全縁，上面幼時伏軟毛粗生し，後無毛，下面幼時白色または淡褐色，肉色のほとんど綿毛密生，後無毛，或は少毛，帯白緑色，葉柄にも白軟毛密生，ときにやや無毛，側脈10〜13双，葉は長さ5〜7cm×2.5〜4cm。花は4〜5月，葉とともにまたは少しくのちに発す，繖房様総状花序は直立，短枝頭に頂生，白綿毛あり，花梗は細く有毛，花序に約10花を着生，花は白色，采配(これをシデという)状，萼は5片，披針形，外反し，綿毛密生，花弁は5片，線形，円頭，長さ10〜15mm，まれに18mm，幅2〜3mm，20雄蕊は萼筒より長い，5花柱は中央部まで癒合す。果実は9月成熟，梨果状，球形，径4〜6mm，紫黒色，ときに青黒色，頂部の宿存萼は反曲する。種子は1個，淡褐色。これをまけばよく発芽する。
〔産地〕本州中南部・四国・九州の山地に産する。〔適地〕適潤肥沃の深層土を好む。〔生長〕早い，高さ9〜12m，径0.5m。〔増殖〕実生，挿木。〔配植〕采配状の白花の美しさは野生樹として放任しておくには惜しい，まれに造園木として利用しているが一層多く用いたものの一つである。一名シデザクラという。中京地方には自生品も多く，庭木としても多く植えているのを見る。
【図は花と実】

まるばしゃりんばい　　いばら科

Rhaphiolepis umbellata *Makino*
var. mertensii *Makino*

〔形態〕常緑灌木，主幹は直立せず分岐し，枝は拡開，梢端にだけ葉を生じ，剪定しなくても樹形は半球形となる。枝は強直，屈曲少い，幼枝には初め褐色毛あるが後に無毛。葉は互生，梢頭近くは輪生，有柄，卵形・広楕円形・広倒卵形・円形，円頭・鈍頭，鈍脚・円脚，全縁または一部分微鈍鋸歯，きわめて厚く剛質，葉縁少しく下面に反捲，上面暗緑色，光沢あり，主脈下面に凸出，初め多少有毛，後全く無毛，長さ3～6cm×2～4cm。花は5月，頂生円錐花序につき白色，小形，花径10～15mm，萼筒は漏斗形，綿毛あり，花弁は5片，円形，縁辺は皺状，20雄蕊。果実は10月成熟，核果，球形・卵形，紫黒色，表面少しく白粉を被る，径8～10mm，頂部に輪状の宿存萼あり，種子は扁球形，濃褐色，1個入り，径8～10mm。実生苗の生長は遅い。

〔産地〕本州の南岸地帯・四国・九州の主として海岸地帯，佐渡・温海（山形県）の沿岸地方にも産する。〔適地〕土地を選ばず海岸の砂礫地にも生育する。〔生長〕遅く，高さ1～3m，幹は細い。〔性質〕剪定はできない，移植力は鈍い。〔増殖〕実生，挿木。〔配植〕造園木として庭園，公園用，刈込を行わなくても樹冠球形を呈する。海岸造園木としても適切である。〔変種〕葉形細長のものが細葉種，小形のものが小葉種，ともに造園用。この学名に記された基本種がシャリンバイであり，奄美大島に多い。本変種を一名ハマモッコクという。

【図は樹形，葉，花，実】

タチバナモドキ　　いばら科

Pyracantha angustifolia *Schneid.*

〔形態〕常緑小喬木，主幹は屈曲，枝は強剛で，密生し，よく伸長する。枝張り大，短枝の先端は刺状に変ずる。幼枝に黄褐色の軟毛が密生する。葉は互生，束生，無柄，小形，革質，狭長楕円形・狭倒卵形，円頭・鈍頭，狭脚，全縁または腺質鋸歯あり，上面暗緑色，初め有毛，後に無毛，下面に灰白色軟毛あり。長さ2～5cm×1～1.5cm。花は5～6月，腋生繖房花序は径40mm，5～10花をつける，花は短梗，白色，花径8mm，萼の外面に灰白毛あり，花弁は5片，円形。果実は10月成熟，やや5稜の扁球形，橙黄色，光沢あり，帯緑色の宿存萼を伴う，径8mm，厚4mm，極小形だがミカンの形をなす，名称はこれに基く。種子は1果5粒，黒色，角稜あるゴマ粒に似る。

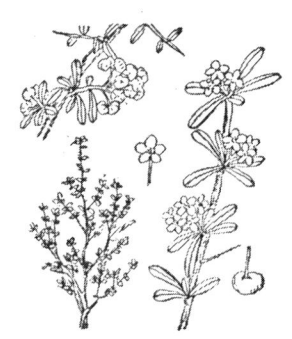

〔産地〕中国雲南省原産。〔適地〕向陽の土地ならば地味を選ばない。〔生長〕早い，高さ3m，幹は0.1m。〔性質〕萌芽性強く，剪定は強度に行うを要する，移植力きわめて劣る。〔増殖〕実生，挿木。〔配植〕ほとんど生垣専門，切花にも利用する。〔類種〕トキワサンザシ P. coccinea *Roem.* 樹形は拡開性，果実は紅色，本種と同様に用いられる。この種を併せピラカンタという，もとコトネアスター属であった。この類のもの中国，欧米産に多く，若干は日本に輸入利用されている，いずれも造園用。ともに同様に用いられる。移植はきかないが挿木は容易である。刈込を強度に行わないと樹形がくずれること甚だしい。刺あり，生垣に最適。

【図は樹形，花，実】

ほざきななかまど　いばら科

Sorbaria stellipila *C. K. Schneid.*

〔形態〕落葉灌木，直立性で，枝は太い，枝幹の先端は多く弓曲する。幼枝には通常星毛がある。冬芽は紅色，イソギンチャクに似る。早春発芽するものの一つである。葉は互生，奇数羽状複葉，長さ15～30cm。中軸は葉柄とともに微毛あり，小葉は6～11双で，広披針形・披針形・長楕円状披針形，鋭尾尖頭，円脚，重鋸歯，上面やや有毛，鮮緑色，下面やや短い軟星毛あり，薄質，長さ4～10cm×1～3cm，托葉は披針形・狭卵形，鋸歯あり。花は6月，当年枝々端に複総状花序をつける，その長さ100～250mm，花は多数，小形，白色，径5～8mm，花便には微毛と脱落性の星毛あり。萼筒は倒円錐形・半球形，有毛，5裂片は卵形・円形，外反する，微毛と脱落性の星毛あり，花弁は5片，広卵形・円形，小花爪あり，多雄蕊は花弁より長い。果実は9月成熟，長楕円形の袋果，長さ4～6mm，褐色，軟毛あり。
〔産地〕千島・北海道・本州中北部の産。〔適地〕寒気をおそれず，向陽の地であれば土性を問わない。〔生長〕早い，高さ1～2m，幹は細い。〔性質〕適度の刈込を行い樹形を整備する。〔増殖〕実生，挿木，株分。〔配植〕本州以南の地では造園木として庭木に用いる早春の芽出しは美しく，小灌木に仕立てれば下木，根締等にも適当する。この類は日本ではあまり庭木に用いないがアメリカ産の同類には美しいものがあり，多く庭木に用いられている。その一部は最近日本にも多く輸入され播種によって育苗されつつある。小品な花木ともいえる。
【図は花枝，花，冬芽】

なな か ま ど　　いばら科

Sorbus commixta *Hedl.*

〔形態〕落葉喬木,樹形は高大。樹皮は粗面,帯灰暗褐色,特有の臭気あり,横長の細小皮目は著明。枝は濃紅紫色。冬芽は大形,紅紫色。幼枝は無毛ときに軟毛粗生する。葉は互生,奇数羽状複葉,長さ15〜20cm,軸は無毛,またはやや無毛,小葉は4〜7双,狭長楕円形・披針形・広披針形,鋭尖頭,鈍脚・楔脚,芒状鋭尖の単または重鋸歯あり,上面緑色,無毛,下面は淡色ないし粉白色,無毛であるがときに主脈下部に微毛あり,側脈は細い,葉は長さ3〜7cm×1〜2.5cm,秋の紅葉は寒地において特に美しい。花は6〜7月,複繖房花序は径50〜150mm,無毛または花季だけ粗生の褐毛あり,花は白色,小形,径6〜8mm,多数密に着生して美しい,萼筒は倒円錐形,萼片は5裂,裂片は広卵状三角形,鈍頭,無毛,花弁は5片,平開,扁円形,内面下部に往々伏毛粗生,白色,20雄蕊。果実は10月成熟,球形,径4〜6mm,果梗とともに朱紅色,光沢あって美し,小禽好む。暖地では開花しても結果を見ないことがある,種子1個,淡褐色。

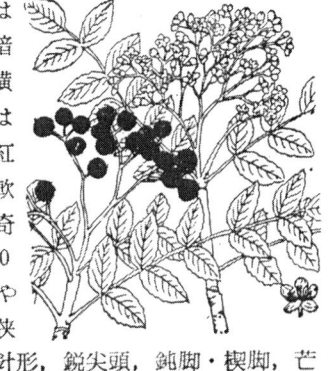

〔産地〕北海道・本州・四国・九州の山地に生ず。〔適地〕肥沃の深層土を好む。〔生長〕早くない,高さ7〜10m,径0.3m。〔性質〕剪定を好まず,自然形を賞す。〔増殖〕実生,挿木。〔配植〕山地生だが花,実,紅葉,樹形を賞して庭木に利用している。山地性のものだが寒地でも有数の庭木としている。これほど樹各部分を対象として眺められるものは少ない。

【図は花と実】

あずきなし いばら科

Sorbus alnifolia *K. Koch*

〔形態〕落葉喬木，樹皮は帯黒色，枝は紫黒色，白色の皮目散点しているので方言ハカリノメという，短枝あり，幼枝は無毛または初め粗生の白毛あり，後に紫褐色となる。冬芽は紅色，光沢あり。**葉**は互生，有柄（1.5cm，やや帯紅色，上面に初め軟毛あり後無毛），卵形・楕円形・広卵形・倒卵形，やや洋紙質でやや硬い，急鋭尖，円脚・鈍脚，重鋸歯，上面は深緑色，無毛，初め粗毛あり，葉脈凹入，下面は淡色，無毛，あるいは初め粗生伏毛あり，主脈に軟毛あり，側脈8〜10まれに13双，斜上，長さ5〜10cm×3〜7cm，托葉は早落性。花は5〜6月，複繖房花序は短枝に頂生，無毛または白色軟毛密生する。花は白色，径13〜16mm，短梗あり，平開する，萼片三角形，内面に綿毛あり，萼筒は狭長楕円体，花弁は5片，卵円形・円形・楕円形，底部近くに綿毛あり，短い花爪に移行する，雄蕊約20。果実は10月成熟，楕円体・長楕円体・球形，長さ7〜8mm，まれに10mm，紅色，少しく白粉を帯びる，種子は半球形，1果4個，長さ6mm，淡褐色。

〔産地〕北海道・本州・四国・九州の山地に生ずる。〔適地〕ナナカマドに同じ。〔生長〕早い，高さ18〜20m，径0.7m。〔増殖〕実生。〔配植〕全くの山地性雑木であり，従来造園用の経験に乏しいが適良である。これにも変種が多い。山地性のいわゆる山木を求めて雑木林風の庭をつくることが近来多くなって来たが紅い実のなるものを求めると結局この類におちつくこととなる。

【図は花と実】

うらじろのき　いばら科

Sorbus japonica *Sieb.*

〔形態〕落葉喬木，樹形は端正でない，樹皮は帯白色。枝は紫黒色。皮目散点している。短枝あり，幼枝には白色の軟毛密生する。**葉**は互生，有柄（1～2cm，白色軟毛あり)，大形，楕円形・卵円形・広倒卵形・円形・倒卵形，鋭尖頭，鈍脚・円脚，やや膜質，浅く分裂して欠刻状大形重鋸歯あり，上面に白色軟毛あるがのちに無毛，下面白色著明，白軟毛密生する，側脈8～11双，斜上直走して葉縁に達する，長さ6～12cm×4～9cm．托葉は早落性。花は5～6月，複繖房花序は枝頭，これに近い葉腋から生じ白色軟毛密生する。花はやや多数着生し，白色，小花，花径10mm，萼片は披針状三角形，鋭尖，離生，外反，萼筒は鐘形，共に綿毛あり，花弁は5片，円形，楕円形，底に綿毛あり，白色，外反し，短花爪をなす，雄蕊は20余。果実は10月成熟，卵球形・倒卵形・楕円体，紅色，長さ8～15mm，頂部少しく凹入し，表面に細点散布する，生食もできる。

〔産地〕本州・四国・九州の山地に生ず。〔適地〕ナナカマドと同じ。〔生長〕早い，高さ10m，径0.3m。〔増殖〕実生。〔配植〕従来造園木とした例はないが白花・紅実のほか葉の下面の白色著しいのを賞して地方並木とした少例もあるが捨てがたい雅趣がある。日光地方にはこの果実の黄色のものがあり，キミノウラジロノキといって地元では庭木に用いているという。日本産の樹木で葉の下面の白さが著しいものはほとんどない。東京附近では高尾山々頂の参道ちかくに見られるが5月中旬には開花している。【図は花と実】

サンザシ　いばら科

Crataegus cuneata *S. et Z.*

〔形態〕落葉灌木，枝は拡開して強剛，分岐多く交雑枝張り大，刺は多数，枝の変形であり斜上し腋生，長さ0.3～0.8cm。幼枝には短毛がある。葉は互生，有柄，楔形・広倒卵形，鈍頭，鋭脚・楔脚，3～5浅裂，まれに深裂，鈍状欠刻状鋸歯あり，下方は時に全縁，上面深緑色，少しく伏毛あるも後に往々無毛，下面はやや多毛，長さ2.5～7cm×1～4cm。花は4～5月，繖形に腋生した花序には軟毛あり，2～6花着生，白色，花径15～20mm，花梗に毛多し，萼片は鋭尖，卵形，開出，花梗と同じく多毛，花弁は5片，やや円形，白色，20雄蕊。果実は10月成熟，ほぼ球形，径10～20mm，外面に毛あり，紅色または黄色地に紅斑あり，宿存萼を伴う，薬用とし山査子と呼ぶ。種子は濃黒褐色，1果に4～6個入り，扁半月形を呈する。

〔産地〕中国・蒙古の産。〔適地〕向陽肥沃の地を好み寒気をおそれない。〔生長〕早い，高さ1.5m。〔増殖〕実生。〔配植〕原産地では重要な植物資源で庭木，薬木として用いる。日本ではほとんど造園用でなく，見本樹の程度である。〔類種〕アカサンザシ C. sanguinea *Pall.* 花は白色，秋の紅葉きわめて美しい，中国産。エゾサンザシ C. jozana *C. K. Schn.* 花は白色，多く盆栽に仕立てている，北海道の産。〔備考〕サンザシの類は種類きわめて多く，寒地性の落葉樹のなかでは相当重要なものとされている，中国，旧満州，ヨーロッパ，いずれもそうである。欧米ではホーソーンと呼ぶ。

【図は樹形，刺，花，実】

コ デ マ リ　　いばら科

Spiraea cantoniensis *Lour.*

〔**形態**〕落葉灌木,幹は多数,株立状となって梢端通常彎曲する。枝は細く短くよく分岐する。全株無毛。幼枝は赤褐色。**葉**は互生,有柄,披針形・広披針形・線状披針形,長楕円形,鋭頭,楔脚,葉柄に移行する,上半部に不斉欠刻状粗大鋭鋸歯あり,下半は全縁,下面帯白青色,長さ2～4cm×0.6～2cm。花は4～5月,繖房花序は頂生,ほぼ球形,小梗は細く長く10～15mm,梗には時に糸状小苞あり,約20花をつける,花は白色,小形,径7～10mm,萼片は卵状三角形,鋭頭,緑色,無毛,花弁は5片,円形,内面に短毛あり,雄蕊は約25。果実は10月成熟,小形,無毛。

〔**産地**〕中国産。〔**適地**〕向陽の肥沃壌土質を好む。
〔**生長**〕早い,高さ1～2m,幹は細い。〔**性質**〕萌芽力があり剪定もきくけれど自然形に伸長させる方が美しいので間引きのほか枝の剪定は好ましくない。〔**増殖**〕株分,挿木。〔**配植**〕庭木として最適品,列植,境栽に適し,植込の前付けにも調和がよい。庭園植込の前付として,ことに北向の庭にあってはこれにまさる花木はない。株が増大するもので,そのために樹勢に衰えを見せるようならば適当に株分を行って肥培すると前にも増して花つきを見せる。〔**変種**〕ヤエノコデマリ var. plena *Koidz.* 花は八重咲。以上ともに庭木のほか生花材料としてムロに入れ,抑制栽培の結果切花として出荷している。これに類する抑制法はニワウメ,ユキヤナギ,エニシダ。シジミバナ,レンギョウ等がある。

【図は樹形,花】

しもつけ　いばら科

Spiraea japonica *L. f.*

〔形態〕落葉灌木,株立状,主幹を認めず,枝には稜角なく,濃褐色,無毛,ときに細毛がある。葉は互生,短柄,長楕円形・広卵形・広披針形,鋭頭,狭脚・楔脚,不斉の粗なる鋭重鋸歯または欠刻状鋸歯あり,上面は緑色,細毛散生,あるいはやや無毛,下面は淡緑白色,無毛ときに有毛。長さ1～8cm×0.8～4cm。花は5～8月,頂生する花序は繖房状,ときに分岐し短軟毛あり,花は小形,淡紅色,変種に白色,紅色,濃紅色等がある。一種の香気あり,花径3～6mm,萼裂片は卵形,後に外反する,萼筒は半球形,小花梗とともに有毛あるいは無毛,花弁は5片,卵形,円形,小花爪あり,雄蕊多数,花弁より著しく長い。果実は10月成熟,袋果,無毛,光沢あり,長さ2～3mm。

〔産地〕北海道・本州・四国・九州の産。〔適地〕向陽の乾燥地を好むも土性を選ばない。〔生長〕早い,高さ1m。〔性質〕刈込には耐えるが樹姿の本来性を失うから行わない方がよい。〔増殖〕株分,挿木。〔配植〕もとは野生種であるが庭園にひろく用いられる。変種きわめて多いが庭園用に適しないものが多い。〔類種〕ホザキノシモツケ S. salicifolia *L*。花穂は円穂花序,庭園用。イワシモツケ S. nipponica *Max*. 庭園用。シモツケの変種でこのほか庭園用とされるのはシロバナシモツケとシロバナノホソバシモツケである。コシモツケというのは花が淡紅色で美しく,自生地は不明であり,昔は相当に栽培されたものであるが現在ではきわめて稀となった。類種ではこのほかイワガサがある。　【図は花】

ゆきやなぎ　いばら科
Spiraea thunbergii *Sieb.*

〔形態〕落葉灌木，株立状，幹枝は細い，枝序拡開，枝端はアーチ状に四方に弓曲する。幼枝に微稜角，短軟毛がある。葉は互生，無柄，小形，狭披針形・線状披針形，鋭頭，鋭脚，上向する細鋭鋸歯あり，膜質，幼時主脈に少毛あるほかは無毛，長さ2～4cm×0.3～0.6cm。花は3～4月，葉に先だち，または同時に前年枝に腋生する繖房花序，これに2～5まれに7花をつける，花は小形，白色，花径8～10mm，花梗は細く，長さ10～15mm，無毛，基部に数片の苞あり，萼は裂片三角状卵形，鋭頭，無毛，花弁は5片，長楕円形・広倒卵形，小花爪あり，萼片の3倍長，雄蕊は25本，短小で花心に集る。果実は10月成熟，袋果は革質，平滑，長さ3mmにすぎない。

〔産地〕本州中南部・四国の産。〔適地〕乾湿を問わず土地を選ばない。〔生長〕早い，高さ1～2m。〔性質〕シモツケと同じ。〔増殖〕株分，挿木。〔配植〕主として庭園用，前付，下木，列植，境栽等に用いる。秋田地方は特に列植とし生垣の代用としている。切花としてはムロに入れ抑制法を施していること前述の通りである。早春の花木としてこの類の数は多いがユキヤナギが最も樹性強健，増殖，繁殖等に有利である。日本ではかなりひろく普及している庭木であり，きわめて普通の春の花木とされている。朝鮮でも多く植えられているがこれは日本から移入したものという。一名コゴメバナ，コゴメザクラ，スズカケというがよく樹姿を表現しているよい名である。　【図は花枝，花，枝葉】

シジミバナ　いばら科

Spiraea prunifolia *S. et Z.*

〔形態〕落葉灌木，主幹なく叢出株立状を呈し，樹冠は広く枝は拡開する。幼枝には稜角なく，短綿毛密生する。葉は互生，短柄（伏軟毛あり），楕円形・広卵形・卵形，鋭頭，楔脚・鋭脚，次第に葉柄に移行してゆく，上部にだけ細鋸歯あり，下方は全縁，短小の花枝の葉は小形で葉縁は悉く全縁，上面は光沢あり，無毛または粗毛あり，下面は絹糸状の軟伏毛密生する，長さ2～4cm×1～2cm。秋は地方により青銅色に変色する。花は4～5月，新葉とともに開く，腋生繖形花序は無梗，基部に数個の苞あり，花は3～5まれに10花をつける。小梗は細く，長さ20～40mm，軟毛粗生する，花径10mm，八重咲，純白色，花形扁平球状，凹頭，花弁多数，あたかもシジミの肉を見るようである。萼裂片は5片，卵形，鋭頭，萼筒は倒円錐形，有毛，裂片の長さ以下。果実を結ばない。

〔産地〕中国原産。〔適地〕前種と同じ。〔生長〕早い，高さ1～2m，幹枝は細い。〔性質〕シモツケと同じ。〔増殖〕株分，挿木。〔配植〕ユキヤナギ等の矮性花木と同様，庭木として用いるが花容は美しいが樹形は劣る，花は銀白色で美しく，シジミバナの名はよく適する。
〔品種〕ヒトエノシジミバナ f.simpliciflora *Nakai* 朝鮮産，花は一重であり，これは結実する。〔備考〕和漢三才図会にはこれをエクボバナと呼んでいるがむしろこの方がふさわしい名称であると考えるが年来シジミバナの名で通用している。相当古い時代に日本に入った。
【図は樹形，葉，花】

モッコウバラ　　いばら科
Rosa banksiae *R. Br.*

〔形態〕常緑蔓性灌木，枝の分岐多く，緑色で細長，幹は褐色，藤蔓のように分岐する。バラではあるが幹枝には刺も毛もないのが特徴である。葉は互生，奇数羽状複葉，長さ10cm，小葉は3〜5枚，短柄あり，楕円形・長楕円形・卵状披針形，鋭頭，鈍脚，細鋸歯，上面光沢あり，無毛，下面主脈基部にだけ軟毛がある。托葉は狭線形，早落性。花は5月，新葉とともに発し，枝端に粗生繖房状花序をつける，花は2〜3花，花梗は細く，有毛，花は八重咲，花色2種，淡黄色のものは香気なく，白色のものは花径25mm，香気は強く，スミレのように匂う。萼の裂片は三角状卵形，鋭頭，内面に白細毛密生，無毛，萼筒は半球形。果実を結ばない。
〔産地〕中国の産，江戸時代に日本に入る。〔適地〕向陽肥沃の砂壌土質を好む。〔生長〕蔓の長さ6〜7m。
〔増殖〕接木，挿木，ただし挿木は橦木（しゅもく）挿としなければ成功しない。〔配植〕花径が小さいので香気はあっても賞用する人が少ない，むしろ垣に絡ませるツルバラの1種としたい。西洋バラの流行におされてこういう小品なツルバラの存在が忘れられかけている。刺もなく，香気もあり取扱い方が容易である，ただ挿木法が少しく手数がかかるだけである。肥培さえすれば1年1m以上もツルを伸ばし，挿した翌年には開花を見せる。〔変種〕キモッコウ var. *lutea Lindl.* 前述の黄色で香気に乏しいか香気がないと記述したのはこの変種である。現在では白花の本種が稀品とされている。
【図は花】

なにわいばら　いばら科

Rosa laevigata *Michx.*

〔形態〕常緑蔓性灌木，ツルはよく伸びる，太く粗生，全株無毛，二年生枝，三年生枝は緑，枝，葉柄，葉主脈に細い鈎刺が多い。葉は互生，奇数羽状複葉，小葉は短柄，卵状披針形・楕円形・卵状楕円形，鋭頭，鈍脚，厚質，細鋸歯，両面無毛，上面は濃緑色，光沢あり，托葉は歯芽縁の披針形，長さ2～4cm×1～2cm。花は4～6月，小枝端に単生，大形，白色，花径50～90mm，芳香強く，花つき多い。花梗と萼筒には開出の長刺多く，褐毛あり，萼片は緑色，卵形，鋭頭，ときに小葉状となる，花弁は5片，倒心臓形，平開，白色，雄蕊多い。果実は10月成熟，偽果，大形，楕円体，黄色，表面に開出する刺が多い。

〔産地〕四国・九州の産，山地に生じ，中国にもある。
〔適地〕向陽肥沃の砂壌土を好む。〔生長〕早い，ツルは7～8mに及ぶ。〔増殖〕接木，挿木，実生。〔配植〕白花を賞して垣仕立とする。〔変種〕ハトヤバラ var. rosea *Makino et Nemoto* この変種の方が多く庭園用に需要される，花は淡紅色，これに八重咲のものがあるという。アケボノナニワイバラ var. alborosea *Makino* 花は白色で紅暈のあるものをいう。稀品とされる。ともにツルバラとして垣に仕立てる。西洋バラと異り樹性強健であり，消毒の手数ははぶける。野趣に富み大輪白花のナニワイバラ，淡紅色のハトヤバラを混生して垣仕立とすると美しいものである。今日では苗の入手がむずかしくて，栽植している人をさがさなければならない。　【図は花と実】

コウシンバラ　　いばら科

Rosa chinensis *Jacq.*

〔形態〕常緑灌木，直立形だがまれに蔓状を示す。全株無毛，枝は緑色，直立し，中心に白髄多い。枝，花梗，葉柄には三角状の曲刺が粗生する。枝は硬質，やや帯紅色。葉は互生，奇数羽状複葉，小葉は短柄，3〜5枚，まれに7枚，楕円形・長楕円形・長卵形，鋭頭，鈍脚，鋭鋸歯，上面やや光沢あり，深緑色，下面は帯白色，長さ3〜6cm，托葉は狭長形，柄基に沿着し縁辺に腺毛あり，若葉は紅紫色。花は5月から秋まで連続して開くが5月を最盛季とする。長枝，短枝に頂生，単生，少数は房状花序につき，一重また八重，紅紫色を通常とするが淡紅色もある。変種には白・紅・黄色等がある。香気きわめて強く，香油がとれる。萼片は三稜状披針形，長尾鋭尖，濃緑色，内面に白毛あり，毛縁を有する，萼筒は楕円体，無毛，花弁は倒卵状円形，基部に白色，黄色の多雄蕊つく。果実は強梗あり，球形，永く緑色でいるが後に褐色または紅色となる，径18mm。

〔産地〕中国産。〔適地〕前種と同じ。〔生長〕早い，高さ1.5〜2m。〔増殖〕実生，接木，挿木。〔配植〕庭園用として古来用いられて来たもの，現在のように西洋バラの流行以前は主として前記3種のバラが用いられていた。〔変種〕セイカ(青花) var. viridiflora *Dipp.* 花は緑色。西洋バラで花の青色もあるがこの変種にも青花がある。〔類種〕以上のほか西洋バラ以外ではヒメボタンバラ，イザヨイバラ，オオフジイバラ，カイドウバラなど花は美しい。

【図は花と実】

はまなし　いばら科

Rosa rugosa *Thunb.*

〔形態〕落葉灌木，樹形は粗生。枝は分岐し，刺が密生する。幼枝，葉柄，葉裏面には白軟毛が密生する。葉は互生し，奇数羽状複葉，小葉は5～9枚，同形，同大，厚質，楕円形・倒卵形・卵状楕円形，鈍頭・円頭・微凸頭，狭脚，鋸歯がある。上面は無毛，皺縮し，葉脈凹入，下面は白軟毛密生，腺毛混生する，長さ3～5cm×2～3cm，托葉は大形，膜質，葉状，過半は葉柄に沿着する。花は6～8月，頂生，1～3花，花梗は太く，長さ10～30mm，細刺あり，大形，花径60～100mm，初め洋紅色後に紫紅色，萼片は緑色，披針形長尾頭，密毛あり，萼筒はやや球形，細刺と短柄の腺あるが無毛，花弁は5片，紅色，広倒心臓形，芳香あり，雄蕊は多数，黄色。果実は8月成熟，球形，扁平球形，無毛，無刺，径20～25mm，紅色，紅黄色，光沢多い，肉質部は生食できる，なかに多数の種子入る。ハマナシが正名，東北人のナマリ言葉でこれをハマナスという。

〔産地〕北海道・本州北部・山陰道の海岸に産し，寒地性である。〔適地〕原産地は砂地だが壌土質にも生育よい。〔生長〕早い，通常高さ0.5m～1m，ときに2mのものもあるという。〔性質〕潮風に強く，耐寒力強し，剪定は行いたくない。〔増殖〕実生，挿木。〔配植〕本来の造園木ではないがときに庭園に用いている。寒地にあって有数の花木であるが庭園で眺めるより海岸自生地の景観が美しい。変種には白花，八重咲もある。

【図は花と実】

かなめもち いばら科

Photinia glabra *Max.*

〔形態〕常緑喬木,主幹は直立し,枝条は繁密,樹形は整形で,樹冠は広球形をなす。樹皮は暗色,鱗状に剝離,花部分以外は大方無毛。葉は互生,有柄(1～1.7cm,幼時だけ内面に少しく有毛),長楕円形,狭倒卵形,倒披針状長楕円形,鋭尖,鋭頭,鋭脚,革質,細鋸歯あり,平滑,無毛,上面は深緑色,やや光沢あり,下面は黄緑色,側脈下面に隆起する。新葉は地方によって紅色・黄紅色・淡紅色で美しく,成葉もこの色を持続するものあり,托葉は早落性,葉は長さ7～12cm×2.5～4cm。花は5～6月,頂生繖房状円錐花序は径80～130mm,花軸は無毛,花は多数が,花序に着生し,帯微紅白色,小形,花径8mm,萼片は三角形,萼筒は短い倒円錐形,花弁は5片,広楕円形,円形,基部に綿毛あり,花季に外皮し,小花爪をなす,雄蕊約20。果実は10月成熟,ほぼ球形,楕円体,径4～5mm,紅色,光沢あり,宿存萼を伴う,種子1個,長卵形,淡黄白色,光沢がある。

〔産地〕本州中南部・四国・九州の産。〔適地〕肥沃適潤の地を好むが大方土性を選ばない。〔生長〕早い,高さ10m,径0.3m。〔性質〕耐寒性に乏しく,剪定はきく。〔増殖〕実生,挿木。〔配植〕庭園木として丸刈状列植もの,生垣樹とし,まれに真木に用いる。新芽の色が紅色を呈するのでアカメモチという。カナメとは扇子のもとじめとなる部分でこれは本来カニメ(蟹目)に由来するといわれる。この樹はそれらに関係はないらしい。類種に中国産のオオカナメモチがある、これが石南である。

【図は樹形,花,実,樹皮】

かまつか　いばら科

Pourthiaea villosa *Decne.* var laevis *Stapf.*

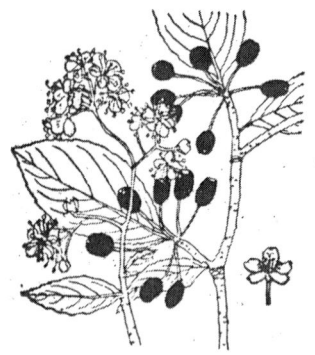

〔形態〕落葉小喬木，樹形は枝の拡開によって枝張り著しく大，整形ではない，幼枝に白軟毛あり，枝はきわめて強靱折れにくい，牛の鼻木はこの材である。樹皮は灰色。葉は互生，有柄白軟毛あり広倒卵形・狭倒卵形・楔状倒卵形，急鋭尖，楔脚，細鋭鋸歯，上面初め軟毛あり，後無毛，下面は淡色，初め軟毛，後に少しく毛を残す，側脈5〜8双，葉は長さ4〜13cm×2〜6cm。若葉を食用とし，秋は少しく紅葉する。花は4〜5月，頂生繖房花序につく花は小形，白色，花径10mm，萼は5浅裂，裂片は鈍三角形，萼筒は短鐘状，花弁は5片，倒卵状円形，凹頭，楔脚，雄蕊は20，果実は10月成熟，倒卵形，長さ7〜10mm，紅色，光沢あり，頂部に宿存萼あり，果肉やや甘く，小禽の好むところ，種子は1個，ときに2〜3個入る。

〔産地〕本州・四国・九州の低山地に生ずる。〔適地〕向陽肥沃の壌土を好む。〔生長〕早い，高さ2〜5m，径0.3m。〔増殖〕実生。〔配殖〕もともと造園木ではないが紅実を賞し，剪定を強くして庭木型に仕立てれば充分に庭園木として用いられる。畑地の境界樹に用いている。〔用途〕材は強靱，枝も同様強靱だから鎌柄その他細工物に使用，和名はこれによる。一名ウシコロシというのは牛が枝の間に角を入れると抜くことができないくらいこの枝が強靱であるということを示したもの。

〔変種〕多少あるが格別の用途はない，この学名に示された基本種は樹体に毛の多いワタゲカマツカというものである。【図は花と実】

トキンイバラ　いばら科

Rubus commersonii *Poir.*

〔形態〕落葉灌木,茎は直立または傾斜し,緑色で角稜がある。枝は粗生しほとんど無毛,刺あり,扁平鈎状または真直,粗生して短い。葉は互生,奇数羽状複葉,基部は微紅色,葉軸に鋭い鈎刺あり,小葉は3〜5枚,花に近いものが3小葉となる,卵状披針形・長楕円形,鋭頭,鈍脚・円脚,重鋸歯または欠刻状鋸歯,上面は皺縮,殊に著明な側脈に沿って著しい皺があり,両面に通常毛はないが小腺毛がある。托葉は狭線形,葉は長さ2〜5cm×1〜3cm。花は5〜6月,側生の小枝端に1〜2花頂生,単出,小梗は長さ50〜100mm,初め帯緑色,後に純白色,少しく刺あり,花は大形,白色,八重咲,花径50〜60mm,花容は山伏の使うトキンに似る。果実を結ばない。

〔産地〕中国原産。〔適地〕土地を選ばず,日陰地にも育つが生育はわるい。〔生長〕早い,高さ0.6〜1.5m,茎は細い。〔性質〕樹性は弱く,茎は短命である。剪定はきかない,地下茎を伸ばして新植物を生ずる。〔増殖〕株分。〔配植〕庭園用,庭垣用としているが花の凋落前に汚色となること,茎の弱いこと,樹形不斉の点などからいって推奨はできない。〔類種〕キイチゴ属 (Rubus) は多数の種類を含んでいるが山地の低灌木類多く,造園上用いられるのはこの種類くらいである。この属のものを改良して果樹としている。アメリカではひろく栽培している。例えばラスベリー,ブラックベリー,デューベリーの類で俗に木イチゴと呼ばれる。

【図は花】

ふじ まめ科
Wisteria floribunda *DC.*

〔形態〕落葉藤本，枝はツルとなって長く伸長し，右巻，幼時枝に多少の毛があるが後はとんど無毛となる。葉は互生，奇数羽状複葉，小葉は6～9双，薄質，卵形・卵状長楕円形・披針形，鋭頭，円脚，上面濃緑色，光沢あり，幼時は絹毛あるが成葉では毛を有し，殊に葉脈上に見る。葉は長さ5～10cm×2～2.5cm。花は4～5月，多数の総状花序は長く下垂，長さ300～600mm，著しいのは900mmに及ぶ，微毛あり，自生品は短い，花は花序に多数着生，蝶形，紫色，長さ12～20mm，小花梗は花より長い。果実は10月成熟，1月まで残る，扁平楕円体の莢果で，果皮堅く，細毛あり，長さ100～150mm，黒褐色，なかにある種子は扁平円形，数個入り黒色，硬皮，径10mm，1月頃果皮裂開して種子を飛散させる。

〔産地〕本州・四国・九州の山地に産する。〔適地〕水湿に富む土質を好む。〔生長〕早い，幹は根元で3mにもなる。〔性質〕水質を好み，萌芽力強く，剪定にも耐える，移植は追掘法による。〔増殖〕実生，挿木，根分，接木。〔配植〕造園用として棚つくりとする。盆栽は立性。〔変種〕シロバナフジ f. alba *Rehd. et Wils.* 花は白色。〔類種〕ヤマフジ W. brachybotrys *S. et Z.* 類似するが異点多い，主な特徴としてはツルが左巻となる。白花種は品種シラフジ f. alba *Ohwi* である。同じく白花種でもツルの巻方に左右がある。このフジは一名ノダフジという，花房が長い。ほかにシナフジがある。
【図は葉，花，樹皮】

なつふじ まめ科

Millettia japonica *A. Gray*

〔形態〕落葉藤本，フジより全体小形，ツルは右巻，幼時は全株に短伏毛粗生する。葉は互生，奇数羽状複葉，通常長さ10～20cm，まれに30cm，小葉は5～8双短柄，狭卵形・卵形・長披針形，長卵形，漸尖頭，微凹頭，円脚，薄質，全縁，淡緑色，側脈下面に凹入，両面ほとんど無毛，長さ2～4cm×1～3cm，托葉は針状，宿存する。花は7月，腋出総状花序は長さ100～200mm，下垂，花は白色，小形，蝶形花は長さ13～15mm，やや香気あり，萼は鐘形，5歯，花弁に短花爪あり，旗弁は倒卵形，翼弁は狭長，竜骨弁は前方癒着する。果実は10月成熟，莢果，扁平の長楕円形，帯緑褐色，完熟して褐色，長さ60～150mm，幅8～12mm。種子は1果15個以内，扁平球形，緑褐色に帯緑褐色の斑紋を有する。径2～8mm，光沢著しい。種子をまくとよく発芽する。

〔産地〕本州静岡以西・四国・九州の産。〔適地〕フジのように水湿を欲しない，土性は選ばない。〔生長〕フジのように強大にならない。〔性質〕だいたいフジと同じ。〔増殖〕実生。〔配植〕庭園用として棚造りにも使うが垣にからませる方法も行われている。関東地方には少ない。盆栽，鉢物とすることも多い，ドヨウフジの名（花季が7月のため）の方が誤りを来さない。フジには夏季の返り咲が多いのによる。類種に酢甲藤（サッコウフジ）がある。ナツフジはフジと異なり樹姿が優雅であり，小品といった感じがふかい。関東地方には少ない。

【図は花枝，実，種子】

ハナスホウ　　まめ科
Cercis chinensis *Bnnge*

〔形態〕落葉小喬木，主幹は直立し，根元からそれにそって幹が少数株立状に伸長する。枝は上向するので樹形は箒状になる。樹皮は灰白色。幼枝はジグザグ型に伸びる。葉は互生，長柄，円形・広卵形，短鋭尖，深心脚，やや厚質，全縁，無毛，上面は光沢あり，下面は黄白緑色・緑色に透明の白筋がある，葉脈は著明，基部では5岐，長さ5〜8cm，まれに，15cm×4〜8cm，托葉は針状，早落性。花は4月，葉に先だって生じ，幹枝に接着して5〜8花束生する幹生花である，蝶形花，紫紅色，長さ20mm，萼は筒形，5浅裂，花弁は5片，きわめて不同形。果実は10月成熟，莢果，かたまって幹枝につき下垂，黒褐色，扁平長楕円形，両端尖り，長さ50〜70mm，外縫線に狭翼あり，成熟しても自然には開裂しない。種子は光沢ある濃褐色，扁平球形，小粒，1果に2〜3個入る。

〔産地〕中国北中部の産。〔適地〕土地を選ばない。〔生長〕早い，日本では大方高さ5m以下，幹の径0.1m内外である。〔性質〕剪定の必要はない，移植力はあるが根系がきわめて粗生，故に株分を行うには注意を要する。〔増殖〕実生，株分。〔配植〕庭園木として多く用い，早春の紫紅花を賞する。〔類種〕アメリカハナスホウ C. canadensis *L*. は，花形でなく樹形枝張りが大である点を異にする。樹形や花を見るにどうしても日本固有の樹木ではないという感じがする。柱状形の樹姿であるので他の樹となじみがわるいので植方がむずかしい。

【図は樹形，葉，花，実，樹皮】

ムレスズメ　　まめ科

Caragana chamlagu *Lam.*

〔形態〕落葉灌木，根元から株立状に出る。樹皮に黄褐色の点紋があり，剝げやすい。枝は細く，直立，開立，小枝には稜角あり，無毛。托葉は通常刺に変形するが鋭くはない，その長さ0.8cm。地下茎を伸ばし新生木を生ずる。葉は互生，偶数羽状複葉，これは短枝上では束生する，小葉は2双4枚，広楕円形・倒卵形・長倒卵形，小形，大小あり，上部の1双は下部の1双よりも大形である。円頭，芒尖あり，ときに凹頭，鈍脚，無毛，上面は光沢ある暗緑色，下面は淡緑色，長さ0.6〜3cm×0.2〜1.2cm。花は5〜6月，腋出，単生，小花梗の長さ10mm，花は黄色，蝶形花，下垂，エニシダによく似る，長さ25〜30mm，落花の前に帯黄紅色となる，萼は筒状，5歯あり，花冠は長形，旗弁は反捲して上向する。果実は莢果，扁平円柱形，尖頭，長さ30〜35mm，褐色，無毛，まれに結実するとの記載があるが著者は未だにこの実を見たことがない，果実がなくても，増殖には困らない，1株を植えておくとその辺一帯によく新生苗を生ずる。この果を求めて今日まで数十年来各地で探しているものの一つである。

〔産地〕中国北部産。〔適地〕乾湿，陰陽，土地を選ばず。〔生長〕早い，高さ0.6〜1.2m。〔性質〕樹性強健。

〔増殖〕根元近くから地下茎を発し，それから遠近に新生植物を生ずるので株分による。〔配植〕庭園用として下木，根締に用い，黄花を賞する。

【図は枝葉と花】

ニセアカシア まめ科
Robinia pseudo-acacia *L.*

〔形態〕落葉喬木，主幹は多少屈曲するが直立し，枝は粗生，太く，強靱，樹形整然とはいえない。老木の皮は灰褐色，深く縦裂する，全株少しく軟毛あるかまたは無毛，新葉を生ずるとき葉痕の両側に各1個の托葉の変形した円錐状尖刺がある。これが発育して鋭い単生または双生の刺となる。冬芽は小形，不著明であり，灰褐色の毛がある。葉は互生，奇数羽状複葉，長さ20〜30cm，小葉は短柄，4〜9双，卵形・楕円形・長楕円形，円頭・微凸頭・鈍頭，鈍脚，細微凸尖あり，全縁，ときに中部以上に細鋸歯あり，薄質，鮮緑色，日没の頃小葉は合着する，長さ2〜5cm×1〜2.5cm。花は5〜6月，総状花序は当年枝に腋生下垂し，または傾上，長さ100〜200mm，花は白色，蝶形花，香気あり，蜜蜂を誘引する蜜源植物であり，長さ16〜20mm。萼は鐘形，5歯，旗弁の基部はやや黄色。果実は10月成熟，莢果，茶褐色，初め濃紅色の密毛あり，後無毛，扁平長楕円形，内面は銀白色，光沢あり，長さ50〜100mm，幅9〜18mm，落葉後も枝間に下垂する。種子は1果に，4〜8個，長さ4mm，腎臓形，褐色，黒斑がある。
〔産地〕アメリカ。〔適地〕向陽の地，肥瘦を問わない。〔生長〕早い，高さ20〜28m，径1〜1.3m。〔性質〕萌芽力著しく剪定に耐える。〔増殖〕実生，根分。〔配植〕本来の造園木ではなく，特用樹である。砂防用，土地改良用，飼料用などに供せられる。一名をハリエンジュともいう。これに刺のない種類がある。
【図は樹形，花，実，樹皮】

は　　ぎ(やまはぎ)　　まめ科

Lespedeza bicolor *Turcz.* f. acutifolia *Matsum.*

〔形態〕落葉灌木，主幹はあるが根元から分岐する。枝には短毛があり，太い。下垂の程度少ない。**葉**は互生，三小葉形の複葉，やや厚質，小葉は広楕円形・広倒卵形，円頭・凹頭，鈍脚，幼幹の葉は鋭尖頭，上面初め少毛，後に無毛，下面は淡白緑色，ときに少しく黄灰色の伏毛あるが後ほとんど無毛，長さ1.5～4 cm×1～2.5cm，托葉は針形。**花**は7～9月，腋生総状花序につき濃紫色・紅紫色の蝶形花，長さ8～17mm 花下の小苞は苞より細く，小形，萼は中辺までまたはそれより浅く4裂，上裂片は全縁または浅く2裂，尖頭。花冠は長さ10mm，翼弁は濃色，竜骨弁と同長，竜骨弁はやや内曲，鈍尖形。**果実**は10月成熟，莢果，ほぼ球形，または扁平楕円体，白色伏毛粗生，不開裂，長さ5～7 mm，なかに1種子あり濃褐色，光沢に富む。

〔**産地**〕北海道・本州・四国・九州の産。〔**適地**〕向陽の肥地を好む。〔**生長**〕早い，高さ1～2.5m，まれに5m（北海道）に及ぶ。〔**性質**〕萌芽力に富み，深根性，剪定に耐える。〔**増殖**〕実生，株分。〔**配植**〕昔，日本庭園に用いたのは本種であるというが現在はこれより優美なミヤギノハギ L. penduliflora *Nakai* の方が多く植栽されている。飼料植物，砂防土留用として貴重な樹種である。ハギは日本，朝鮮にかなり多くの種類があるがいずれも庭園用ではなく原野の自生品とされる。造園用としてはミヤギノハギに越すものはない。優美な枝垂形を賞する，この白花品をシロバナハギという。

【図は花と実】

エンジュ　　まめ科

Sophora japonica *L*.

〔形態〕落葉喬木, 主幹は立ち, 太い枝を拡開し, 枝張りひろい。樹皮は帯灰暗褐色, 縦裂。小枝は帯緑色。冬芽はきわめて小形, 青紫色の密毛がある。葉は互生, 奇数羽状複葉, 長さ15～25cm, 小葉は4～5ときに7双, 短柄, 卵形・倒卵形・卵状披針形・楕円形・鋭頭, 円脚・鈍脚, 全縁, 上面深緑色, 無毛, または微毛あり, 下面は緑白色, 短い白軟毛あり, 主脈の基部に時に褐毛あり, 葉柄の基部は膨大して特に有毛, 秋は地方により淡黄色となる。托葉は鈎状に曲り, 小葉は長さ3～4cm, まれに6cm×1.5～2.5cm。花は7～8月, 短毛ある長さ200～300mmの頂生複総状花序に多数つく, 粗生, 淡黄白色の蝶形花を開く, 長さ10～15mm, 萼の5歯は低平四角形, 縁辺に短毛密生, 萼筒は鐘形, 長さ3～4mm, 短毛あり, 旗弁は大形, 広心形, 短花爪あり, 強く反曲, 凸端, 翼弁は短く竜骨弁は翼弁より長く離生し縁辺に蜜腺がある。果実は10月成熟, 莢果, 長さ50～80mm, 下垂しやや肉質, 内に水液を含み円筒状の珠数(じゅず)形, 液は無色透明少しく渋味があり, 種子の間はくびれる。種子は1～4個, 腎臓形, 褐色。

〔産地〕中国。〔適地〕肥沃の深層土を好む。〔生長〕やや早い, 高さ10～25m, 径0.6～1.2m。〔増殖〕実生, 挿木, 接木。〔配植〕縁起木として庭園に, 並木として, 公園木としてひろく用いられる。中国では出世の樹として中庭に植える。この変種にシダレエンジュがあり, 近来公園, 植物園などに多く植えられている。

【図は花と実】

いぬえんじゅ　　まめ科

Maackia amurensis *Rupr. et Max.*
var. buergeri *C. K. Schneid.*

〔形態〕落葉喬木，樹形エンジュに似る。樹皮は淡緑色，黒褐色，外面平滑，少しく皺あり，ときに剝離して斑紋をなす。皮に特臭あり，小枝は帯褐濃紫色，多少の白粉に被われる。冬芽は大形，心卵形，頂端少しく彎曲する。葉は互生，奇数羽状複葉，長さ15〜30cm，葉軸に細毛あり，小葉は3〜5双，卵形・長楕円形・倒卵形，やや鋭頭か鈍頭，円脚・鈍脚，厚質，全緑，両面に初め白色短軟毛密生，後上面は無毛，深緑色，下面は細軟毛密生する。葉柄の基部は膨大する。小葉は長さ6〜9cm×3〜6cm。花は7〜8月，頂生総状花序には黄褐色・灰褐色の短軟毛密生，これに3〜7花をつける，花は小蝶形花，白色・黄白色，長さ3〜6mm，小梗がある，萼は鐘状，上方の2片は癒着し4浅裂状，旗弁はひろく，翼弁，竜骨弁ともにせまい。果実は10月成熟，莢果，扁平の披針形・長楕円形・卵形・広線形，下垂して，やや彎曲し，長さ60〜90mm，幅8〜10mm，鋭頭，黄緑色後に褐色，短毛あり，種子は扁平の長楕円体，3〜6個入り，淡褐色，長さ6mm。

〔産地〕北海道・本州中部。〔適地〕前種と同じ。〔生長〕早い，高さ9〜18m，径0.6m。〔増殖〕実生。〔配植〕造園用としては公園，並木，風致木に主として用いる。前種とは果実の形，樹皮の色，幼枝の色により区別される。この学名の基本種はカライヌエンジュで朝鮮・満州に産する。イヌエンジュをクロエンジュという。

【図は花，実，種子】

ふじき　まめ科
Cladrastis platycarpa *Makino*

〔形態〕落葉喬木，幹は直立し，樹形雄大。樹皮は平滑，灰白色。幼枝は緑色でジグザグ状に出る。冬芽は帯白色，葉柄基部内に隠れる。葉は互生，奇数羽状複葉，長さ20〜30cm，基部上側は少しく膨大して腋芽を収める。小葉は互生状を特徴とし（対生をなさず），4〜9双，卵形・卵状楕円形・長楕円形・鋭頭・鋭尖頭，円脚・鈍脚，全縁，上面は主脈上に細毛があり，下面はやや淡緑色で，短毛があって，葉柄に橙黄色の細軟毛密生する，長さ5〜10cm×2〜4cm。托葉は早落性。花は6〜7月，複総状花序は頂生，長さ150〜250mm，やや直立し軸部に細軟毛，中央上部に不著明の苞がある。花は蝶形，白色，長さ12〜15mm，美しい。萼は鐘状，上部5浅裂し帯紫色。果実は9〜10月成熟，莢果，扁平狭長楕円体，幼時は微毛があるかまたは無毛，浅いくびれがあって，上面の網斑（網目）はイヌエンジュのように著明ではない，両側に狭翼があり，長さ30〜70mm，幅は翼を含めて15〜17mm，通常は開裂しない。種子は1果に2〜3個，褐色，扁平長楕円体。

〔産地〕本州中南部・四国の産。〔適地〕湿気ある土性を好む。〔生長〕やや早い，高さ15m，径0.6m。〔増殖〕実生。〔配植〕個体数は多くない。もともと造園木ではないが公園用に適する。通常山地に多く低山帯では見られない。公園樹として用いていたところがあったが，その場所を記憶していない。全く山野にあって顧みられない樹木の一つである。

【図は花と実】

さ い か ち　まめ科
Gleditsia japonica *Miq.*

〔形態〕落葉喬木，雌雄同株で，主幹は高大に生育し，樹冠は拡開。枝は分岐著しい。樹皮は灰白色，粗面，一部剝離する。幼枝は帯白淡褐色，皮目著明，やや有稜，ほとんど無毛。冬芽は小丘状濃緑色，幹枝には枝の変形した鋭い刺があり，初め鮮褐色で，幹枝にやや直角につき年々生長して分岐数を増し大きいのは 15cm に及ぶ。葉は互生，1～2回偶数羽状複葉，長さ 10～30cm。短枝，下枝，長枝基部の葉は単羽状，葉軸に短毛粗生，小葉は多数9～11双，小形，左右片やや不斉の狭卵形・長楕円形，鈍頭，円脚，全縁または小しく波状鋸歯，長さ1.5～5cm×0.8～1.5cm，新枝々端（長枝）の葉は再羽状，7～8双の二次葉柄あり，小葉は前者より小さく長さ2～4cm，黄緑色。花は5～6月，雌雄花と両性花と同株に生じ，ともに粗生総状花序で長さ 60～150mm。花は多数，小蝶形花，淡黄緑色，帯緑色，長さ3～4mm，萼は4裂。花弁は4片。果実は10月成熟，莢果，極大形，扁平刀形，捩曲して下垂，黒褐色・濃褐色，果梗は25mm，莢長200～300mm，不開裂，無毛，光沢が多い，種子は1果に3～6個，栗褐色，扁平卵形，長さ 10～15mm。

〔産地〕本州中南部・四国・九州の産。〔適地〕土性を問わない。〔生長〕早い，高さ12～15m，径0.6～1.5m。〔増殖〕実生。〔配植〕もともと造園木とはいえない。〔用途〕莢を利用する。この種実にはサポニンを含み熱湯で煮出した液は石鹼の代用となり，衣類を洗う。

【図は花と実】

エニシダ　　まめ科

Cytisus scoparius *Link*

〔形態〕落葉灌木，樹形は箒状。幹枝は細く，長く，直立，斜上，小枝少なく，緑色，縦列の稜がある。幼茎は無毛。枝端はしばしば下垂する。葉は互生，有柄，三出葉，頂葉以外の2葉は発育不全，退化のもの多く，一見単小葉のように見える。小葉は短柄，小形，倒卵形，倒披針形，上面は無毛，下面は少毛，長さ0.6～1.5cm。花は5～6月，前年枝に単一腋生するがときに双生または三出する。蝶形花で，黄色，短花梗がある。萼は2裂，上片は上部に2鋸歯あり，下片は3鋸歯あり，旗弁は凹頭楕円形，果実は10月成熟，莢果，扁平長楕円体，尖頭，両側の縫合線に粗軟毛あり，長さ40～50mm，幅9～12mm，黒色・暗褐色で，光沢はない。開裂すると2殻片は捩曲して枝上に残る。種子は多数，黒色・黒褐色，線形，取播とすれば年内に発芽し3年目には開花する。果実はきわめて多く着生する。

〔産地〕ヨーロッパにひろく分布する。〔適地〕土性を選ばない。〔生長〕きわめて早い，高さ1～3m，幹は細い。〔性質〕剪定を行わないと樹形はくずれる，萌芽力は強い。〔増殖〕実生，挿木。〔配植〕造園用としては刈込によって花を賞し，また境栽，生垣樹にも適する。

〔変種〕ホオベニエニシダ var. Andreanus *Dipp.* 翼弁は暗紅色の采あり，他の弁は黄色，最も美しい。ヤエエニシダ var. plena *Hort.* 八重咲。茎頭の石化したものは切花としてひろく生花用に供している。別種のシロバナエニシダの方が生花に多く用いられる，花季は早い。

【図は樹形，花，実】

ね む の き　　まめ科

Albizzia julibrissin *Durazz.*

〔形態〕落葉喬木,主幹は直立するもの少なく多くは太く粗生する枝が強盛で拡開,分岐する。細枝は少ない。幼枝はジグザグ形,はとんど無毛。樹皮は平滑,やや灰白色,灰青色。冬芽は小円錐形。葉は互生,二回偶数羽状複葉,長さ20～30cm,大羽片は5～15双,小羽片は20～40双,葉軸,小葉軸の上面に短毛あり,小葉は対生,鎌刃形,急鋭頭,小芒尖,截脚,革質,全縁,上面深緑色,無毛,縁辺に短毛があり,下面は粉白色,全面ときに主脈上に白色短毛粗生する。葉柄上部に盃状の1腺がある。夜間,曇り日,酷暑の昼間には葉片が左右から合着する。花は6月から夏中次々と主に夕刻に開く。頭状あるいは繖形ともいう花序は頂生が多く,腋生は少ない。幼時は短軟毛あり,中軸は長さ 20～40mm。花梗は数多く,長さ30～40mm,開出,1頭状花序に約20花。花は淡紅色,長さ7～9mm,萼は小筒形,花弁は合着して小筒状,緑色,上部で5片に分れ,萼の3倍長く,雄蕊は多数,細糸状,長さ35～40mm,淡紅色,長く抽出して美しく,その基部は不斉に癒着する。**果実**は10月成熟,莢果,扁平長楕円体,短梗,鋭頭,暗褐色,長さ100～130mm,幅10～18mm。種子は扁平楕円体,鮮褐色,長さ12～15mm。

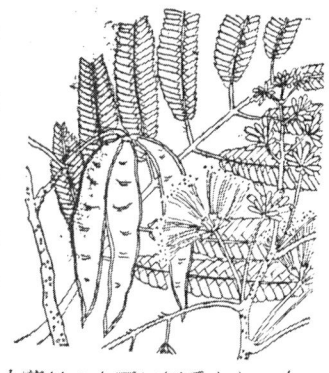

〔産地〕本州・四国・九州の産。〔適地〕陽樹で日陰地を好まない。〔生長〕早い,高さ10m,径0.3m。〔増殖〕実生。〔性質〕剪定をきらう。〔配植〕本来の造園樹ではない。ときに緑陰樹などに植えている。

【図は花と実】

にわふじ　まめ科

Indigofera decora *Lindl.*

〔形態〕落葉小灌木，幹枝とも痩長，やや硬質。枝は斜上，樹形粗生。葉は互生，奇数羽状複葉，長さ7〜30cm。小葉は3〜8双，広披針形・狭卵形・長楕円形，針状微尖頭，鋭脚，光沢あり，全縁，上面は鮮緑色，下面は緑白色，白色の楯形伏毛粗生する。長さ 2.5〜4cm×1〜1.5cm。托葉は線形，早落性。花は5〜6月，当年枝に直立またはやや下垂する腋生総状花序は長さ100〜200mm，花数約30，紫紅色で，蝶形花，長さ15〜24mm。萼は小形，旗弁は長楕円形，基部は乳白色。果実は10月成熟，莢果，線状円筒形，黒色，長さ30〜50mm，無毛，成熟して開裂する，なかには多くの種子がある。

〔産地〕本州中南部・九州の主として河岸，岩石地等に生ずる。〔適地〕土地を選ばない。〔生長〕早い，高さ0.3〜0.6m，枝幹きわめて細い。〔性質〕萌芽性は多くないが剪定力があるから切りつめて樹形を密にさせる。〔増殖〕実生。〔配植〕庭園用の小花木，石付，根締，下木，前付に適し，岩石園には特に適良である。〔類種〕**キダチニワフジ** I. Gerardiana *Wall.* 近来多く用いられ，主として公園の境栽用，ニワフジより大で高さ1m，花は深紅色，小形，中国産。コマツナギ属(Indigofera)には木本，草本の数は多いが造園用は少ない。いずれも秋になると，種実を多く生ずるので，これをまけば容易に新苗をつくることができる，実生苗は2〜3年で開花する。

【図は花と実】

カラタチ（キコク）　みかん科
Poncirus trifoliata *Raf.*

〔形態〕落葉喬木，樹形密生，枝条交錯する。樹皮は灰褐色，粗渋。小枝はやや扁平，稜角状で，緑色。老枝は断面円形，扁平で鋭い互生刺がある。これは葉芽の外苞が発達したものという，鋭い刺端で長いのは5cmに及ぶ。葉は互生，三小葉（まれに五小葉）からなる複葉で，葉柄に少しく翼があり，小葉は卵形・長卵形・倒卵形・楕円形，鈍頭，鈍脚，小形の鈍鋸歯があり，深緑色で，光沢に富む。頂葉は長さ4〜7cm。側葉は長さ3〜5cm。花は5月，葉に先だって開き，腋生，単一まれに双生，白色，香気がある，径30〜45mm，萼は5片，離生。花弁は5片，長卵形，まれに細長形，先端内反するが捩曲するものもある。果実は10月成熟，球形，径40〜50mm，初め緑色，軟毛あり，完熟して黄色となり，芳香があるが，生食はできない。種子は楕円体，黄白色，円頭，長さ10mm。種実は薬用とする。種子をまけば全部発芽する。果実ぐるみ埋めてもよい。

〔産地〕中国北部の産。〔適地〕耐寒力あり，土地を選ばない。〔生長〕早い，高さ4〜6m，径0.3m。〔性質〕剪定に耐え，萌芽力強い。〔増殖〕実生。〔配植〕庭園用として独立に植えることはまれで多くは生垣用，苗木はミカン類の接木台木として需要があるので特に栽培している。生垣としては近来用いることが少なくなった，これに代る刺をもつ樹木が知られて来たのによる，これは刈込を強く行うを要する。〔変種〕ヒリョウ var. monstrosa *Swingle* 香篆性の枝をもつもの，稀品である。　【図は樹形，刺，花，実，樹皮】

みやましきみ　みかん科
Skimmia japonica *Thunb.*

〔形態〕常緑灌木，雌雄異株または同株，分岐株立状，ときに伏生状。樹皮は灰褐色。葉は互生，輪生，短柄（上部に短毛あり，陽面は紅色）狭長楕円形・披針形，鈍頭・鋭頭，狭脚，全縁，ときに上縁にだけ鈍鋸歯あり，革質，無毛，光沢あり，上面は鮮緑色，下面は黄緑色。葉脈は凹入するもの，凸出するものの2種がある。葉肉内に半透明の油点があって，アルカロイドを含み，折ると香気を発する，長さ5～15cm×2.5～3.5cm。花は4～5月，枝端に頂生する円錐花序につく。花軸と小梗は有毛，白色，小形，花径5～6mm，油点を有し，香気がある。萼は4片，花弁も4片。果実は10月成熟，漿果，球形，径7～10mm，紅色，光沢がある。果肉は辛味があり，有毒，4個の種子入り，白色，尖卵形で，長さ5mm，光沢は強い。

〔産地〕本州・四国・九州の産。〔適地〕水湿に富む肥沃地を好む，日陰にも生育する。〔生長〕早くない。高さ0.5～1.5m。幹枝は細い。〔性質〕剪定はできない。

〔増殖〕実生，挿木，株分。〔配植〕暖国の山地から採収し庭木としたのは20年来のこと，紅実，緑葉を賞して用いられるがまだ多く普及していない。冬間の庭にあたたか味を添える緑葉，紅実の二つであり，マンリョウと同様に取扱ってよい。実の大きさはマンリョウよりも大きいので容易に区別できる。〔用途〕正月の飾り花として紅実を用いている。マンリョウの実と称して売っているもののなかにミヤマシキミの実を混じている。

【図は花と実】

きはだ　みかん科

Phellodendron amurense *Rupr.*

〔形態〕落葉喬木,雌雄異株で,樹形は雄大,主幹は直上する。樹皮は厚くコルク質発達し,淡黄褐色,縦溝があって,内皮は黄色。キハダは黄肌の意,枝では黄灰色,幼枝は太く,通直,鮮黄褐色,灰色。葉は対生,奇数羽状複葉,長さ15〜40cm。小葉は2〜6双,狭卵形・卵状長楕円形・長楕円形,漸鋭尖,鈍脚・円脚,低平の細鈍鋸歯があり,初めは縁毛を伴うが後に無毛となる。下面は基部に少毛,上面は暗緑色,下面やや帯白色,長さ6〜12cm×3〜5cm,花は5〜6月,円錐花序は大形,径50〜70mm。花は黄緑色,小形。萼と花弁とは5〜8片,著明でない。果実は10月成熟,球形,純黒色,径10mm,芳香あって,5種子を存する。果実に苦味あるを薬用とし,甘味あるを生食とする。

〔産地〕北海道・本州・四国・九州等の山地に産する。
〔適地〕湿気ある肥沃深層土を好む。〔生長〕早い,高さ25m,径1m。〔増殖〕実生。〔配植〕もともと造園木ではなく薬用樹木であるので庭園,公園にはまれに植栽する。〔用途〕内皮をとり,他の成分と混合して薬を製する,ダラニスケはこれであって,苦味多く胃腸薬として用いられる。黄檗をキワダというが生薬の名称である,原料を求めて植栽しているところもあるが多くは野生の樹木からとる。江戸時代には薬木として保護され禁伐の命令を出した旧藩もあったので明治時代の初めには各地に大木があったが薬用として次第に濫伐,剝皮され今日では相当の深山でなければ大木は見られない。

【図は花と実】

からすざんしょう　　みかん科
Fagara ailanthoides *Engler*

〔形態〕落葉喬木，雌雄異株で，幹は太い。樹皮は灰白色。枝は太く長く粗生し無毛，幹枝全面にイボ状の短い扁平三角形の鋭い刺を密生する，葉軸の刺は有無一定しない。葉は互生，奇数羽状複葉，大形，長さ30～80cm，無毛。小葉は対生で，9～15双，卵状長楕円形・広披針形・長楕円形，鋭尖，円脚，微細の鈍鋸歯があり，下面は白緑色，幼樹の葉には長刺が多く，全面および縁辺に腺点があり，葉をもむと特有の香気を発散する，長さ5～15cm×2～5cm。花は7～8月，頂生の聚繖状円錐花序をなし，淡緑色の小花を多数つける，萼と花弁とは各々5片，不著明。果実は11月成熟，蒴果で，紅色，果皮に油分多く，熟して開裂する，径6mm。種子はほぼ球形，漆黒色，光沢多く，径2～2.5mm，落葉後も枝に種実をとどめる，カラスはこれを嗜食する。種子をまくとよく発芽する。

〔産地〕本州・四国・九州の産。〔適地〕向陽の肥地を好むが土性を選ばない。〔生長〕きわめて早い，高さ12m。径0.6m。〔性質〕剪定，萌芽ともによくない。〔増殖〕実生。〔配植〕もともと造園木ではないが鳥糞によって天然にひろく分布されるが群落をなさない。枝張りあまりにもひろく，庭園用としては日除樹に適する，刺は搔きとれる。この刺は樹皮の変異であるので横に力を入れて押せばかきとれる，少なくとも枝下の部分だけを除けばよい。生育の早いことは驚くばかりで，著者は庭先に自然生のものを見つけたが10年で径0.25mとなった。

【図は花と実】

いぬざんしょう　みかん科
Fagara mantchurica *Honda*

〔形態〕落葉灌木，雌雄異株，サンショウによく似るが葉は大形，佳香なくむしろ一種の悪臭がある。刺は鋭く扁平，粗生，樹皮は暗褐色。葉は互生，奇数羽状複葉，長さ7～20cm。小葉は6～11双，狭卵形・広披針形・長楕円形，漸次に細って微凹頭，鈍頭，狭脚鈍細鋸歯がある，葉軸の小刺の有無は一定しない。往々上面に細毛粗生，縁辺に凹入する著明の腺点がある，これによってサンショウと区別される，長さ1.5～5cm×0.6～1.5cm。花は8月，頂生繖房花序につき，小形，淡緑色，多数花。萼と花弁は各々5片，花弁は楕円形。果実は10月成熟，蒴果で，革質，帯紅色，開裂して紅色の小種子を放出する。葉と果実とを内服してセキ止めの薬とする。昔は木曽の山民は種実から搾った油を神仏に供する燈火用とした。

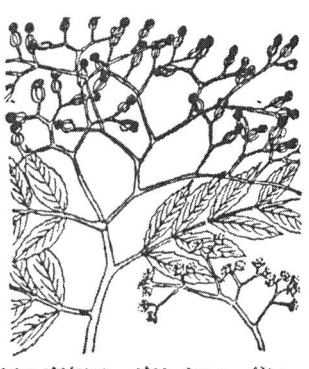

〔産地〕本州・四国・九州の産。〔適地〕土地を選ばない。〔生長〕早い，高さ6m，径0.2m。〔増殖〕実生。〔配植〕もともと造園木ではなく，特用の価値はない。〔変種〕葉形に細葉，大葉，小葉のものあり。〔類種〕**コカラスザンショウ** F. shikokiana *Makino* 樹はカラスサンショウより小形，稀品といわれる。これも格別の用途はない。その他のものでは琉球・台湾・西アフリカ等に多くの種類が記録されている。この属と次のサンショウの属とはここでは別々に記述したが学者によっては同一のものとされている。むしろそうした方が適切であると考えるがしばらく別々にしておく。

【図は花と実】

さんしょう　みかん科
Zanthoxylum piperitum *DC.*

〔形態〕落葉小喬木，雌雄異株で，樹形粗雑。樹皮は暗褐色。黒味に勝り，コブ状となる，内皮を辛皮という，香気が強い。幼枝は暗褐色，短毛あり，枝上葉柄の基部両側に1個の刺があり，長さ0.5～0.8cm。葉は互生，奇数羽状複葉，軸部に翼はない，長さ6～15cm。小葉は4～9双，長卵形・広披針形・長楕円形・卵形，微凹頭・鈍頭，楔脚，鈍鋸歯があり，幼時は上面に有毛，下面無毛，縁辺鋸歯凹部に少数の著明腺点あり，葉をもむと壮快な特有の芳香あり，長さ1～3.5cm×0.6～1.2cm。花は4～5月，短枝に頂生する複総状花序につき，やや多数，小形，緑黄色，花被5片。果実は10月成熟，蒴果，球形，赤褐色または紅色，径6mm，皮に無数の腺点がある。種子は果実の開裂によって現われ純黒色，光沢あり，球形，少しく長味あり，径3mm，中国では椒目と呼び薬用とする。

〔産地〕北海道・本州・四国・九州の低山帯に生ずる。
〔適地〕土地を選ばない。〔生長〕早い，高さ6m，径0.2m。〔増殖〕実生。露地つくりのサンショウの芽は組織がかたいのでこれを軟化して速成栽培とする，これを芽山椒という。それには種子を取りまきとし小苗を多くつくり，秋にフレームの温床に入れるのである。〔配殖〕実用木で幼芽，新葉，幼実を食用とするために植栽する。〔用途〕材は黄色を帯び，スリコギに用いる。
〔品種〕アサクラザンショウ F. inerme *Makino*, 幼時またはときに刺を見るがだいたい刺のないものをいう，葉を利用する。　　【図は花と実】

ゴシュユ　みかん科

Evodia rutaecarpa *Hook. f. et Thoms.*

〔形態〕落葉小喬木，雌雄異株で，日本には雄株なしという，全株褐色で，軟毛が密生する。樹皮は平滑，暗褐色，帯白色の輪紋がある。葉は対生，奇数羽状複葉，長さ30〜45cm。小葉は3〜5双，楕円形，急鋭尖，鈍脚，全縁，往々細鋸歯があり，下面の細毛は鋸歯のように葉縁に現われる，長さ10cm×6cm。花は5〜6月，枝端に短い円錐花序を生じそれに着生する，小形で，緑白色，萼片と花弁は各々4〜5片，花弁は直立する。果実は10月成熟，蒴果，帯紅色，乾いて黒色，扁平球形，著明な8殻片の癒着状，径12mm。種子は黒色，光沢あり，倒卵球形である。本州中部以北では完熟しない。種実を陰干としたものが呉茱萸（ごしゅゆ）で薬用，健胃剤とする。著名な薬木である。

〔産地〕中国・ヒマラヤの原産。〔適地〕ほとんど土地を選ばない。〔生長〕早い，高さ2〜3m，径0.2m。〔増殖〕実生。〔配植〕薬用植物であり，造園木ではない，種実，枝葉をとり，乾かして湯に入れ入浴している人もある。古来悪気災厄を払う効ありとして日本に渡来後各地に植えられたもの，種苗は薬用植物園ならどこにでもある。茱萸とは古来グミ，サンシュユ，ゴシュユ3種の解説がある。呉とは中国の地名であり，本来このゴシュユが茱萸であるとされる。9月9日の重陽の節に用いたものである。〔類種〕ハマセンダン E. glauca *Miq.* 本州・四国・九州の産，九州南部では庭木，並木に利用しているが東京地方では寒害をうけやすい。

【図は樹形，葉，花，実，樹皮】

こくさぎ　みかん科
Orixa japonica *Thunb.*

〔形態〕落葉灌木，雌雄異株で分岐は多いが樹形に特徴はない。樹皮は暗灰色，小枝は灰白色，幼枝に微毛がある。葉は互生，短柄，楕円形・倒卵形・菱卵形，急鋭頭，鈍端，鋭脚・円脚，全縁または不斉大波状縁，上面は濃緑色で，著しい光沢あり，脈上に微毛を有し，下面にも微毛があって，薄質，葉に半透明の油点があり，もむと悪臭を発する。ときに葉に白斑を現わす，長さ5～12cm×3～7cm。花は4～5月，腋生の短総状花序。雄花序は長さ20～30mm，10花内外を着生する。雌花は単生，花梗は長さ10～20mm，ともに4萼，4花弁の淡黄緑色の小花で著明ではない。果実は10月成熟，小形の乾果，斜楕円体，腎臓形，長さ8～10mm，枝端に3～4個着生，横筋のある帯緑褐色，完熟すると開裂し，硬質の内果皮が反転するので種子を遠くに弾き飛ばす。種子はほぼ球形，黒色，長さ4mm，幅3mm。

〔産地〕本州・四国・九州の丘陵地に生ずる，群落状を呈するところがある。〔適地〕土地を選ばない。〔生長〕早い，高さ1～2.5m，径0.2m。〔増殖〕実生。〔配植〕造園木としてではなく，雑木であるが所在に見られる，地方によっては葉，根，皮を薬用としている。これに常山という名称を与えていたがそれは誤りとされる。煎汁をもって家畜の皮膚病を洗っているところもある。格別の用途ではないので山地，低山帯で見かけたとき葉をもめば判別できる。

【図は花と実】

ニワウルシ にがき科

Ailanthus altissima *Swingle*

〔形態〕落葉喬木,雌雄異株で,樹高大に,枝条は粗生,伸長する。樹皮は平滑,暗灰色,縦筋はあるが剝離しない。枝は赤褐色,暗黒褐色,幼時は黄褐色,細毛を生ずる。葉は互生,奇数羽状複葉,きわめて大形,長さ50〜100cm。葉軸基部は淡紫色,濃紅紫色。小葉は対生,ときに互生,6〜12双,まれに20双,長卵形・卵状披針形,漸鋭尖,截脚,不等辺,全縁または波状縁。下方の小葉には2巨歯があり,小葉の基部および鋸歯の先端,葉の下面には大形の腺点があり,そのため葉肉に特有の悪臭がある。下面は鮮灰緑色で,一見ウルシとチャンチンの中間に似る。葉は長さ8〜12cm×5〜6cm。花は6〜7月,枝端に頂生する円錐花序は長さ100〜200mm, 小花で帯白緑色。萼は5歯片。花弁5片。果実は10月成熟,翅果,薄質,線状披針形,淡褐色,長さ20〜40 mm, これを中国で鳳眼子という,この中央に1個の種子を蔵する。

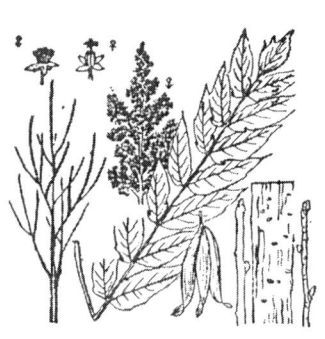

〔産地〕中国北部の産。〔適地〕向陽の地を好み土性を選ばない。〔生長〕きわめて早い。高さ15〜20m, まれに30m, 径0.5〜1m。〔性質〕剪定に適しない。〔増殖〕実生,地下茎による新生苗の株分。〔配植〕造園用としては並木,日除樹に適する。葉で樗蚕を飼う,薬用木でもある。近来この樹を並木に用いる都市が次第に増して来た,街路樹として実に適当している。害虫もなく,剪定の必要もない。樗蚕のことは今日までかなり宣伝されているが実績のあがったことを聞かない。

【図は樹形,葉,花,実,樹皮】

にがき にがき科

Picrasma quassioides *Benn.*

〔形態〕落葉喬木，雌雄異株，樹枝繁密，材や皮部に苦味がある。小枝は赤褐色，幼枝に細毛あり，冬芽に紅褐色の多くの細毛がある。葉は互生，奇数羽状複葉，長さ15〜45cm，小葉は4〜8双，長卵形・卵状披針形・斜狭卵形・広披針形・長楕円形，長鋭尖頭，斜楔脚，鈍鋸歯あり，幼時少しく細毛あるが後に無毛，ほとんど無毛，長さ4〜10cm×1.5〜3cm。花は5〜6月，腋生円錐状の聚繖花序は長さ80〜100mm，短毛あり，小花で黄緑色，不著明，萼片と花弁とは各4〜5片。果実は9月成熟，核果，小形，倒卵球形・楕円体，黄藍色，3〜4個着生，径6〜7mm，宿存萼がある。種子は1個入り，小形。

〔産地〕北海道・本州・四国・九州に産する。〔適地〕向陽の地を好むが土性を選ばない。〔生長〕早い，高さ10〜12m，径0.4m。〔増殖〕実生。〔配植〕造園木ではない。〔用途〕皮部は薬用となる，この皮の煎汁は駆虫剤とし，殊に毛ジラミの駆除に効果がある。都市内のニガキが多く剝皮されているのはこの効果を知るものが剝脱してゆくので，その程度が甚だしいときは枯死する。低山楷または路傍や水辺に孤立して生ずるものがしばしば見うけられるが，大方はどこか剝皮されている，それほどこの皮の煎汁が利用されていることを証している。小枝を嚙んで見ればわかる。〔変種〕江戸時代の斑入樹を集めた古書のなかにこの白色および黄色の3種の斑入種の図を収めている，今日この類は見たことがない。

【図は花と実】

せんだん　せんだん科
Melia azedaracha *L.* var. japonica *Makino*

〔形態〕落葉喬木，樹形拡開，枝は太く，斜上，粗生して伸長する。樹皮は暗褐色，縦に裂目あり，幼枝は太く，縦条あり，暗緑色，多く微小の星毛あるが後に無毛となる。皮目は著明，葉痕大形，冬芽は小形で短毛がある。葉は互生，二〜三回奇数羽状複葉，長さ30〜100cm。葉軸長く基部肥大。小葉は2〜4双，卵形・卵状楕円形，急鋭尖，鈍脚・円脚，下面黄緑色，全縁，鈍鋸歯，欠刻状粗大鋸歯，ときに深裂する。やや厚質，発葉は遅い。長さ3〜7cm×1〜1.3cm。花は5月（4〜6月），腋生，頂生の複聚繖花序は大形，長さ100〜200mm，淡紫色の美しい香気のある小花を多数につける。5萼，5弁。果実は9月成熟，核果で広楕円体，無毛，数個の長梗によって下垂する。黄色，黄褐色，長さ12〜17mm，径12mm。種子は1個，縦溝あり，淡褐色，下種するとよく発芽する。種実は根皮とともに薬用とする。

〔産地〕原産地不明。〔適地〕向陽の地なれば土性を問わない。〔生長〕きわめて早い。高さ15〜30m，径0.6〜1m。〔性質〕剪定を好まず，移植力鈍い。〔増殖〕実生。〔配植〕造園木は目的ではないが日除樹，並木としてひろく用いられている。暖地の学校々庭に特に大木が多い。ここに学名で示した基本種はタイワンセンダンである。センダンは地方によっては各戸1株を植えているがその理由は不明である。二葉より香しのセンダンはこの樹ではなく，寄生性のビャクダンを指している。

【図は花と実】

チャンチン　せんだん科
Cedrela sinensis *A. Juss*

〔形態〕落葉喬木，多くの特徴を有する，樹形は特異で枝は太く，垂直に直上し，樹形箒状となる。全株無毛。樹皮は黒褐色，特臭あり，よく剝離する。葉は互生，奇数ときに偶数羽状複葉，長さ35〜60cm。小葉は5〜8，まれに11双，卵形・長楕円形，鋭尖，鈍脚，全縁，ときに小鋸歯あり，無毛，主脈と葉軸は帯紅色，新葉発生する当時は白・淡紅・白紅・淡紫紅などの美しい色を示す，秋の紅葉も美しい，枝葉に特臭あり，長さ8〜13cm×2〜3cm。花は6〜7月，頂生の円錐花序は長さ150〜250mm，特臭あり，小形の白花をつける，5萼，5弁。果実は10月成熟，蒴果，長楕円体・鐘形，褐色・黄褐色，長さ25mm，無毛，中央に胎座を残して5殻片に開裂する。種子は上部に長翼を有する。
〔産地〕中国原産，大木あり，民家では家の周囲に密植し新葉を食用とするために採収している。〔適地〕向陽の地なら土性を選ばない。〔生長〕きわめて早い，高さ15〜30m，径0.7〜0.8m。〔増殖〕実生，根元に生ずるヒコバエを搔いて株分とする。〔配植〕造園木としてしばしば庭園に用いられているのを見る，樹形，新葉の美を賞するのが目的とされる。〔用途〕新葉は香気あり，食用として，佳味であるが日本ではほとんど用いていない，中国では香椿と呼び，発芽時には多く新葉をとり売品として売り出している。上長生長の著しいもの，スグロク，クモヤブリの名はこれによる。チャンチンとは香椿の読み方である。新葉開出時の美しさはこれが第一。
【図は樹形，花，実，樹皮】

ゆずりは とうだいぐさ科
Daphniphyllum macropodum *Miq.*

〔形態〕常緑喬木，雌雄異株で，樹形端正。枝は太く粗生，伸長，主幹は直立する。幼枝は帯紅色。葉は互生，枝頭では束生，葉柄は長く 4～6cm，帯紅色を呈する。緑色のものは品種でアオジクユズリハ f. viridipes *Ohwi* という。狭長楕円形・長楕円形，短尖，鋭尖，鈍脚，大形，厚革質，光沢ある深緑色，下面は粉白色，全縁であるが幼樹のもの，萌芽枝のものにはときに粗鋸歯あり，無毛，特臭あり，新葉開出の時には旧葉は葉柄帯紅色の部分を外にして枝頭に下垂する，長さ15～20cm×4～7cm。花は4～5月，頂生の総状花序は長さ40～80mm，小形で，緑黄色，花被はない。果実は11月成熟，楕円体，黒紫色，初めは暗青色，白粉に被われ，長さ9～12mm。種子は1個，灰黒色で，上面粗渋，小凹凸があり，楕円体で，長さ3～6mm。

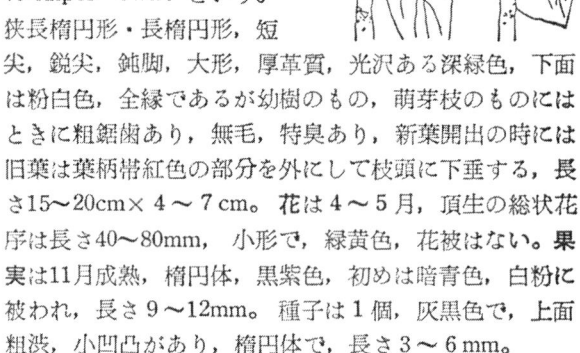

〔産地〕本州中南部・四国・九州の山地に生ずる。〔適地〕肥沃深層土を好む，耐寒力劣る。〔生長〕早くない，高さ5～12m，径0.6m。〔性質〕剪定はきかない，萌芽力に乏しい。〔増殖〕実生，挿木。〔配植〕庭園木，新年の飾りものにこの葉を利用する縁起木である。〔変種〕エゾユズリハ subsp. humile *Hurusawa* 北海道産，寒地に用いるユズリハの代用品。〔類種〕ヒメユズリハ D. Teijsmanni *Zoll.* 暖地の産，葉形小さくむしろモチノキに近い，良好の庭木だが耐寒力に乏しい。東京の気候では発芽ののち数年の間は冬季防寒装置を必要とする。種子をまけばよく発芽する，暖地の庭木に適する。
【図は花と実】

アブラギリ とうだいぐさ科
Aleurites cordata *Steud.*

〔形態〕落葉喬木，雌雄異株または同株で，幹は太くよく伸長する。枝は太く粗生し，樹形拡開して枝張り大となる。樹皮は淡黒褐色平滑である。葉は互生，枝頭近くでは輪生，長柄（5〜8cm，上面淡紅色），心形・広卵形・円形・卵円形ときに2〜3片に大きく分裂する。鋭尖，截脚・心脚，厚質，葉柄の上部，葉の基部に2個の蜜腺あり，初め全面有毛，後に無毛，後に脈上に赤褐色の毛を残す，長さ13〜20cm×10〜20cm。花は5〜6月，頂生の円錐花序は大形，5弁の小花で淡紅色の暈ある白色，花径18mm。萼はやや淡紅色を呈する緑色，花弁は5片。果実は10月成熟，蒴果で，大形，尖頭，やや扁平の球形，暗褐色，6溝あり，長さ20〜25mm，径20〜30mm，硬質，3殻片からなる，なかに3個の種子入る。

〔産地〕中国原産。〔適地〕向陽深層土に適する。〔生長〕早い，高さ8〜10m，径0.6m。〔増殖〕実生。〔配植〕造園木ではなく，油脂をとるのを目的とする特用樹である。〔用途〕油脂は貴重な工業用途をもつ，この目的で中国では栽植または天然生のものを保育している。種類，変種多い。かつて日本でもこの目的で栽植を奨励したが現在各地に見るものは当時栽植した遺品である，著しい大木になるが他に用途なく，日除樹に代用している程度である。中国ではこの油脂資源は国の財政に大きな役割を占める。年々の輸出量は莫大なものである。いずれも天然林から生産される，改良品種も数種ある。

【図は樹形，葉，花，実，樹皮】

あかめがしわ とうだいぐさ科
Mallotus japonicus *Muell. Arg.*

〔形態〕落葉喬木, 雌雄異株で, 主幹は直立でなく, 枝が強く斜上し, 拡開するので枝張りが大きくなる。雄株の枝は特によく伸びる。樹皮は平滑, 灰褐色。小枝は帯紅色, 鱗状星毛密生。幼芽と新葉は鮮紅色。葉は互生, 長柄(10～13cmまれに25cm), 倒卵形・菱形・広卵形・卵形・円形・長卵形, 鋭頭, 円脚・心脚, 全縁, ときに2～3浅裂し, また波状, ときに鋸歯があり, 三行脈は著明, 小側脈は平行, 幼芽と新葉に特臭がある。新生部分が紅色なのは無数の紅色毛が密生しているのによる。下面淡緑色, 黄色無柄の腺点あり, 縁辺基部近くには各側に1腺点を有する, 長さ10～20cm×6～15cm。花は5～6月, 頂生の穂状あるいは円錐花序は長さ80～160mm, まれに200mm, 葉軸には紅褐色の短毛がある, 花は花序に多数着生し, 小梗がある, あるいはときに無梗のものもある。雄花は黄色。果実は10月成熟, 蒴果で, 外面に小軟刺があり, 帯紅色, 三角状球形, 径7mm, 黄褐色の腺点密布する。完熟して3殻片に開裂し, さらに2裂する。種子は球形, 紫黒色, 暗褐色, 光沢あり, 径4mm。

〔産地〕本州中南部・四国・九州の産。〔適地〕陽樹で向陽の地ならば土性を選ばない。〔生長〕きわめて早い, 高さ10m, 径0.3m。〔増殖〕実生。〔配植〕造園木でないが並木に用いられたこともある。特用はない。万葉植物であってヒサキという名で歌によまれているのはこれである。万葉人はこのように無名の樹木を賞した。

【図は花と実】

ナンキンハゼ とうだいぐさ科

Sapium sebiferum *Roxb.*

〔形態〕落葉喬木，雌雄同株で，樹形は不整。枝の伸長著しく，枝張り大となる。樹皮は灰黒色，平滑。枝は緑色，老木では幹が深裂する。葉は互生，長柄（6～8cm），広菱卵形，急鋭尖，鈍脚・截脚，膜質，上面は深緑色，主脈，側脈やや白く見える，下面は淡緑色で，主脈だけ白く見える，全縁，無毛，新葉発生時には紅と緑との葉色を混じて美しい，新緑の盛時は浅緑色でまた美しい。秋は紅葉または黄葉の美あり，上方の葉は紅，中辺は黄，下方のものは緑色を呈する。葉柄の上部，葉片と接する部分に小形2個の蜜腺がある。長さ6～8cm×5～8cm。花は6～7月，穂状花序は腋生，頂生，上方に雄花10～15個，下方に雌花2～3個をつける。花は小形，黄色，やや香気がある。果実は11月成熟，扁平3稜，球形，径13mm，初め緑色，後に黒褐色，開裂して3室ごとに1種子を放出する。種子は半球形，白色，堅実，外面に白色蠟質を被い，径7mm，厚さ4mm，有毒である，これから蠟分をとる。

〔産地〕中国原産。〔適地〕乾湿肥瘦の地を問わずよく生育するが向陽地でないと生育不良である。〔生長〕きわめて早い，高さ8～12m，径1.2mの巨木もある。〔性質〕萌芽力著しく，強度の剪定を行う必要がある。〔配植〕もともと造園用ではなく，採蠟，採油の特用樹であるが庭園にも用いる。生育の早いことは驚くばかりである。故に強度の剪定を行わないと樹形はくずれやすい。新緑，紅葉ともに美しいのが特徴である。

【図は樹形，花，実，樹皮】

しらき　とうだいぐさ科

Sapium japonicum *Pax et K. Hoffm.*

〔形態〕落葉喬木,雌雄同株で,樹形は不整,枝条は伸長し拡開する。全株無毛。樹皮は灰白色。葉は互生,有柄（2～3 cm）,楕円形・卵形・倒卵状楕円形・広卵形,短鋭尖,急鋭頭,心脚,膜質,全縁,浅緑色,下面はやや白緑色,側脈先端の縁辺部に10～12個の腺体あり,葉柄の上端に通常各側1個の腺体あり,これを識別点とする,長さ7～15cm×5～10cm, 幼枝と葉柄はときに紫色を呈する,生育期に葉柄,小枝を折ると白色乳液を出す,秋の紅葉は美しい。葉の大形のものは品種オオバシラキ f. macrophylla *Hurusawa* である。花は5～6月,花穂は頂生,直立,狭長,長さ 50～100 mm, この上部に多数の黄色,小形の雄花を穂状様の総状花序につけ,下部に有梗の雌花数個をつける。果実は10月成熟,蒴果,三角状球形,鋭頭,径10mm, 完熟して黒褐色,3殻片に開裂し3種子を放出する。種子は扁球形,平滑,径8 mm, 黄色地に褐色の虎斑がある。

〔産地〕本州中南部・四国・九州の山地産。〔適地〕土地を選ばない,紅葉を賞するならば向陽地がよい。〔生長〕やや早い,高さ5～10m,径0.3m。〔増殖〕実生。〔配植〕造園木ではないが紅葉を賞するためときに庭園に用いられている。雑木林の庭趣を目的とする庭に適する。

〔用途〕格別の用途はない。山地にあっては群落をなしている。比較的水湿のある谷間などに多いが,こういうところでは紅葉の美が思わしくない。庭木として推奨するが苗木の供給所がないのが欠点である。

【図は花と実】

くさつげ つげ科

Buxus microphylla *S. et Z.*

〔形態〕常緑小灌木，雌雄同株で，根元から株立状に叢出する。枝は密生，小枝は角茎，全株無毛。枝皮は帯褐色。刈込まなくても樹形球状となる。葉は対生，無柄，きわめて小形，長楕円形・倒卵状長楕円形・倒卵形・倒卵状披針形，円頭・凹頭，楔脚・狭脚，ツゲより薄質，幅はせまい，全縁，縁辺少しく反曲，側脈は不著明，長さ 1～2 cm×0.4～0.7cm。花は3～4月，枝頭に頂生，淡黄緑色の小花が群生する。雄花は集まり，その頂点に1雌花がある。果実は10月成熟，蒴果で，広楕円体，胞背で3殻片に開裂する。種子は黒色，小粒。これをまいても発芽率は少ない。

〔産地〕自生地不明，北海道・本州中南部その他に栽植している。〔適地〕土性を選ばないが酸性地をきらう。

〔生長〕早くはないが，高さ 0.6m，通常 0.2～0.3m。

〔性質〕アルカリ性土質を好む，葉捲虫の害に弱い。

〔増殖〕挿木，株分，まれに実生。〔配植〕造園用としては庭園の境植，石付，花壇縁取に用いる。本種は一名ヒメツゲともいう。葉には小形だが特徴に乏しいので下木，根締等には不適当とされ，主として列植ものに利用されている。挿木はきわめて容易である。地中の石灰分が欠乏すると葉に黄色味を帯びるのでよく判然する。樹勢が衰弱して来たときには移植してやるか真土を与えると容易に恢復する。造園木のなかでは最も矮性なものとされる。耐寒力に乏しいので寒地ではチョウセンヒメツゲ var. *sinica Rehd. et Wils.* の方が強健である。
【図は枝，花，実】

つ げ　つげ科

Buxus microphylla *S. et Z.*
　　var. japonica *Rehd. et Wils.*

〔形態〕常緑喬木，雌雄同株，樹幹は直立し，枝条繁密。樹皮は，幼時は灰白色で，老成してやや粗面となり，浅く縦裂し帯紅淡褐色となる。小枝はやや4稜，全株無毛。葉は対生，無柄，倒卵形・広倒卵形・長楕円形，円頭・凹頭，鈍脚・楔脚，全縁，縁辺は下面に外反する，光沢ある厚革質，上面深緑色，主脈に白粉を帯びる，下面淡緑色，長さ1.2～3cm×0.8～1.5cm。花は4月，小形，淡黄色，小枝の葉腋に叢生する。雄花は一所に4～6花集まり，その頂部に1雌花をつける，蜜源植物であり，蜜蜂が集まる。果実は10月成熟，蒴は三角尖頭楕円体・卵状楕円体・球形，長さ10mm，黄褐色，完熟すると3裂片に胞背で開裂，さらに2裂開する。種子は6個入り，3稜状長楕円体，光沢ある黒色。

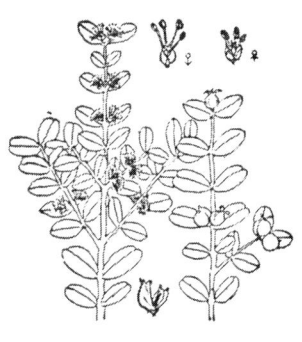

〔産地〕本州中南部・四国・九州の産。〔適地〕石灰岩質，アルカリ土壌を好む。〔生長〕きわめて遅い，高さ1～3m，径0.5m，80年を経て径0.12mに達するといわれる。〔性質〕剪定はきく，萌芽力もあるが移植力に乏しい。〔増殖〕実生，挿木。〔配植〕造園木ではなく，材を工芸用とする特用樹である。変種，品種は多い，庭師の俗称するツゲというのはこれでなくイヌツゲのことである，この区別点は葉の対生と互生とにある。それ故にこの方をホンツゲということがある。ここに示した学名の基本種は前記のクサツゲである。ツゲが昔から櫛，印材に使われたことはよく知られている。

【図は花と実】

どくうつぎ どくうつぎ科
Coriaria japonica A. Gray

〔形態〕落葉灌木，雌雄同株，主幹は直立し，枝は少ない，根元から多少分蘖を生じている，主幹は3～4年で枯れるのが通常である，中心に髄があり，全株無毛。枝はやや太く褐色，4稜の角茎。葉は対生，無柄，小枝に左右2列につき，一見羽状複葉のように見える，この小枝はときに帯紅色，葉の形は円形・卵形・卵状長楕円形・卵状披針形，鈍尖・漸尖頭，円脚，やや厚質，全縁，光沢あり，2大支脈を分つ三行脈状，長さ6～8cm×2～3.5cm。花は5月，枝節に腋生，束生する総状花序に黄緑色の小花をつける，長い雌花穂と短い雄花穂とが同じ部分から生じ，花穂の基部には小鱗片多く，萼は5片，花弁も5片，萼より小形，花時には花弁は萼の下に隠れているが花後に著しく伸長し萼を凌ぎ多肉質となり，紅色，果実を包む，一見果実の外側のように見えるのはこの宿存花弁である。果実は7～8月成熟，痩果，彎曲する線条あり，初めはエンドウ大の球形，淡紅から紅色となり，終にほぼ5稜をなして紫黒色となる。果汁は甘く，劇毒である。種子は5個，開花の花枝は翌年枯死するのが通常である。

〔産地〕北海道・本州の産。〔生長〕早い，高さ 0.6～3m。〔特質〕造園樹として何の利用価値のない樹であるが，野外殊に路傍にしばしば見うけられる樹で，紅実は人の目をひくが，この種実は甚だしく有毒であるから生食をしてはならない。ここに挙げて注意をよびおこしたい。

【図は花と実】

はぜのき　うるし科
Rhus succedanea *L.*

〔形態〕落葉喬木，雌雄異株で，樹形は優美，枝条は太く粗生し，伸長する。樹皮は暗紅色，平滑，光沢，後に裂目を生ずる。幼枝はやや太く，紅紫色，芽鱗の周囲と内面に黄褐色毛あるほかは全株無毛。葉は互生奇数羽状複葉，長さ20～35cm，小葉は4～7双，短柄，狭長楕円形，広披針形・披針形・鋭尖，やや鋭脚・広楔脚，全縁，幼木の小葉には歯牙状鋸歯があり，革質，長さ5～9cm×1.8～3cm，秋の紅葉は美しい。花は5～6月，腋生円錐花序は長さ100～200mm，小形，黄緑色，萼と花弁は各々5片，卵状楕円形。果実は10月成熟，核果，扁平球形 白色，径6～10mm，果梗は下垂する，果皮の繊維中に上質の蠟分があり，これを採収する。種子は濃橙色で，光沢がある。

〔産地〕関東南部以西の本州・四国・九州等に産する。
〔適地〕向陽の肥沃深層土を好む。〔生長〕早い，高さ10m，径0.6mに及ぶ。〔性質〕萌芽力はあるが剪定を好まない。〔増殖〕実生。〔配植〕もともと造園木ではないが紅葉を賞して古来庭園に植栽されている。〔用途〕蠟分採収のために九州では植栽されている，蠟質の良否や収量の多少によって自然と淘汰され，古来藩政時代の採蠟林業として独自の施業法が考案，研究されて今日に至った。古来ハジモミジの名が文献に示され，秋の紅葉のなかでは第一に数えられていた。九州に多く，本州から九州に渡ったとき直に目につくのは田園にこの樹が多く見られ一つの郷土風景をなしている点であろう。

【図は花と実】

やまはぜ　うるし科

Rhus sylvestris *S. et Z.*

〔形態〕落葉喬木，雌雄異株で，枝は粗生で，太く，伸長する。幼枝は紫紅色，斜上する黄褐色密毛ある，全株に褐毛あり。葉は互生奇数羽状複葉，長さ20～50cm，柄基は肥大する，小葉は4～6双，狭長楕円形・披針形・披針状楕円形・広披針形，短鋭頭・急鋭頭，円脚・広楔脚，全縁，両面有毛，上面は暗緑色，光沢あり，下面は灰緑色，脈上特に汚黄褐色の密毛が生ずる。長さ7～12cm×2～4cm。秋は紅葉する。花は5～6月，葉腋のやや高い部分に円錐花序を発し，長さ80～150mm，ハゼノキと異り彎曲する開出毛を生ずる，萼と花弁は各5片，広披針形。果実は10月成熟，長梗につき下垂，核果，扁球形，ハゼノキよりやや小形，径6～8mm，汚黄色。種子は濃橙色。

〔産地〕本州中南部・四国・九州の産，〔適地〕ハゼノキと同じ。〔生長〕早い，高さ3～6m，径0.6m。〔増殖〕実生。〔配植〕もともと造園木ではないがハゼノキ同様に紅葉を賞して庭園，公園，風景地に植栽する。ハゼノキに比して耐寒力があり，よく樹形，部分は似ているが本種は葉と芽とにも毛を有する点をもって区別できる。牧野博士によればこのヤマハゼが昔のハゼノキ，古名ハニシ，ハジノキであり，前述したハゼノキはリュウキュウハゼというべきだとしている。しかし琉球には関係はない。ハゼノキと同様陽光地を好み，それより耐寒力が強いので公園にはきわめて適当しているのだが今日まであまり用いられていないうらみがある。

【図は花と実】

ぬ る で　うるし科
Rhus chinensis *Miller*

〔形態〕落葉小喬木，雌雄異株で，枝張りひろく，枝は粗生，伸長する。樹皮は灰白色。皮目は赤褐色。幼枝はやや太く，帯紫褐色で，光沢がある。**葉**は互生，奇数羽状複葉，長さ25～40cm，葉軸上小葉の間に著明の翼葉がある。小葉は3～6双，長楕円体・卵状楕円形・卵形，急鋭尖，楔脚・円脚，厚質，粗鋸歯があり，上面は初め短毛粗生し，後に無毛となる，下面は幼時黄褐色軟毛が密生する。秋は美しく紅葉し，これをぬるでのもみじと呼んだ。長さ5～12cm×2.5～6cm。**花**は7～8月，頂生円錐花序は長さ150～300mm，黄褐色軟毛密生する，小花，花径3mm，淡黄色または黄白色，5萼，5弁。**果実**は10月成熟，核果，扁球形，黄赤色・紫紅色・黄褐色の短細毛密生する，径4～5mm，果面に塩に似た白屑があって，酸味を有する。種子は中央部が凹入し茶褐色，堅質，径5mm。

〔産地〕北海道・本州・四国・九州の産。〔適地〕向陽の乾燥地に適する。〔生長〕きわめて早い，高さ10m，径0.3mに及ぶ。〔性質〕陽樹であり，剪定に適しない。〔増殖〕実生。〔配植〕造園木ではなく，自然生の野生樹の紅葉を賞する程度である。〔用途〕この葉に寄生する五倍子虫によって生ずる虫癭が附子（ふし）であり，タンニン分の含有率多く貴重な工業資源である。人工的に培養することは至難とされている。故にこの樹を一名フシノキという。人の手によって植栽することはないが天然には陽地に群落をなし，秋の紅葉は美しい。

【図は花，実，フシ】

つたうるし　うるし科
Rhus ambigua *Lav.*

〔形態〕落葉藤本，雌雄異株で，気根によって他物に吸着し，枝はツル状となって長く伸長する。枝には幼時褐色の細い伏毛を生ずる。葉は互生，長柄（3〜6cm），三出複葉，小葉は卵形・楕円形，頂葉は有柄，側葉は無柄，急鋭尖，鈍脚・楔脚ときに鋭脚，上面は無毛，下面は脈上にときに少毛がある。葉脈分岐点に褐色または白色の軟毛あり，全縁。若葉にはときに粗鋸歯があり，長さ3〜15cm×3〜10cm。秋は美しく紅葉するがそれは寒地にあってのこと，暖地はで汚黄色に変色する。枝幹の樹液はときにカブレを起すもととなる。花は5〜6月，腋出円錐花序は長さ30〜50mm，葉より短い，小形，黄緑色，萼は5裂。花弁は5片。果実は10月成熟，核果で，小形，微突起ある球形，淡黄色，外面に縦筋あり，長さ5〜6mm，径5mm，無毛，ときに短刺毛を粗生する。種子は小形，1個入る。

〔産地〕北海道・本州・四国・九州の産。〔適地〕向陽の地ならば土性を選ばない。天然には石垣，枯木，壁面等に強盛に纒着している。〔生長〕ツルはよく伸長，錯雑し，幹径 0.15mに及ぶ。〔性質〕萌芽力つよく，剪定に耐えるがカブレを来すことがあるので好まない。〔増殖〕実生，挿木。〔配植〕壁体にからませるのに適する，寒地では紅葉を賞するに足りる。山地，低山帯，海岸に特に多く，寒地や高地では古木にからみついて秋の紅葉特に美しい。大形の三葉なので一層よく目につく。庭木としても用いられるがあまり用例はないようである。
【図は花と実】

ウルシ　うるし科
Rhus verniciflua *Stokes*

〔形態〕落葉喬木，雌雄異株で，主幹は直立し，枝条は伸長し，粗生する，樹皮は灰色，老成して裂刻状，皮目は多数，隆起して著明，枝の切口から白乳液を出し乾くと黒色にかたまる，カブレを来すので取扱に注意したい。葉は互生，叢出，奇数羽状複葉は長さ25～40cm，小葉は4～5双，卵形・長楕円形・楕円形，鋭尖，円脚・鈍脚・歪脚，厚質，全縁だがときに一部分に粗鋸歯を見る。上面は時に有毛，下面は少なくとも脈上と葉柄とに開出短毛があり，側脈は15～20双。葉の切口よりも白乳液を出す。秋寒地では紅葉する。花は5～6月，腋生円錐花序は長さ150～300mm，開出黄褐毛があり，小形，黄緑色の花を多くつける。萼は5裂，花弁は5片。果実は10月成熟，核果で，突出扁球形，淡黄色，径6～8mm，無毛，光沢あり，蠟質の果皮内にある。種子は腎臓形，黄褐色，堅質。

〔産地〕中国・インド・チベットの産。〔適地〕向陽の地なれば土性を選ばない。〔生長〕早い，高さ10m，径0.3～0.5m。〔増殖〕実生。〔用途〕樹液を採取し，それから漆液を製する，これを漆掻きという。特用樹であって造園用ではない，生液がカブレを来すもとなので用いられない，漆掻きの方法については日本・中国でそれぞれ特有の技術がある。〔類種〕オウロ（黄櫨）は庭樹として立派なもの，中国からヨーロッパの産，葉は単葉で卵形，花は円錐花序，落花ののち花梗が伸びて白毛を生じ，一見煙の立つようである，スモークツリーという。

【図は樹形，花，実，樹皮】

もちのき もちのき科
Ilex integra *Thunb.*

〔形態〕常緑喬木，雌雄異株で，主幹は直立し，枝条は密生する。樹皮は灰色，初め平滑，後にやや粗面となる。全株無毛。枝は太く帯褐色。葉は互生，有柄（1～1.5cm），倒卵形・楕円形・披針形・倒卵状楕円形，急鋭頭，鈍端，楔脚，厚革質，全縁，萌芽枝のものは粗鋸歯があり，上面は暗緑色で，光沢あり，下面は帯黄淡緑色，長さ5～8cm×2～4cm。花は4月，葉腋に叢生し，小形で黄緑色。雄花は数個，雌花は1～2花，萼は4裂。裂片は円形。花弁は4片，広卵形。果実は10月成熟。漿果様の核果で，球形，紅色，径10～15mm。種子は4個入り，帯白色，四半球形，長さ8mm。種子をまけばよく発芽する。

〔産地〕本州・四国・九州・琉球の暖地に産する。〔適地〕湿気ある肥地を好む。〔生長〕やや遅く，高さ3～15m，径0.5m。〔性質〕萌芽力強く，強度の刈込に耐え，大木でも移植可能，煤病，カイガラ虫の被害は著しい。〔増殖〕実生，挿木。〔配殖〕庭木として古来常用し，太い幹を眺める，いわゆる幹ものとして用いるほか風致木，生垣にも供する。〔品種〕キミノモチノキ f. xanthocarpa *Ohwi* 果実は黄色，栽植品，〔類種〕ヒメモチ I. leucoclada *Makino* 樹形低く，ときに伏生，耐寒力は強い。葉は一層薄く，大形，果実は小形。これも庭木に使うが用例は少ない。ともに病害虫の甚だしいため近来は敬遠されて来た。昔は庭先の大木としては必須といわれたものである。大木でも移植できるのが特質である。
【図は樹形，葉，花，実，樹皮】

いぬつげ もちのき科
Ilex crenata *Thunb.*

〔形態〕常緑喬木, 雌雄異株で, 樹形は密生し, 主幹は直立し, 枝条は多数, 全株やや無毛。樹皮は灰白色, 平滑, 幼枝にはときに微毛がある。葉は互生, 短柄(通常微毛あり)小形, 楕円形・長楕円形・狭長楕円形・狭倒卵形, 鈍頭・微凸頭, 鋭脚・楔脚, 上面は光沢のある深緑色, 下面は淡緑色で, 細小の腺点散布する, 厚質, 無毛, 全縁または低平の鈍鋸歯あり, 長さ1～3cm×0.6～2cm。花は5～6月, 淡黄白色の小花で, 花径3mm。花梗は3～7mmで, 葉腋につく。雄花は短総状または複総状花序, 雌花は葉腋に単生, 花梗長し。果実は10月成熟, 核果, 球形, 紫黒色, 多汁, 径6～8mm, 種子は灰白色・淡褐色, 四半球形, 2～4個入り, 細い縦筋を外面に有し, 長さ4～7mm。小禽はこの実を好んで食する。

〔産地〕北海道・本州・四国・九州の暖地の産。〔適地〕湿気ある土地を好む。〔生長〕きわめて遅い, 高さ1.5～9m, 径0.6m。〔性質〕萌芽力あり, 強剪定に耐える, 煙害に強い, 移植力もある。〔増殖〕実生, 挿木。〔配植〕刈込による整形樹, 生垣用。〔品種〕キミノイヌツゲ f. Watanabeana *Makino* 果実は黄色。〔類種〕アカミノイヌツゲ I. sugeroki *Max.* var. brevipedunculata *Ohwi* 果実は紅色。高冷地の寒地に耐え, イヌツゲ同様に植栽する喬木でありながら庭木としては灌木の形で用いられるもの, 殊に刈込によって幾何学的, ツルカメ等の樹形に仕立てることが容易である。

【図は花と実】

たらよう もちのき科
Ilex latifolia *Thunb.*

〔形態〕常緑喬木，雌雄異株で，樹形は端正，主幹は直上する。枝は太い。樹皮は灰白色で，平滑。葉は互生，短柄，大形，長楕円形・広楕円形，鋭頭・短鋭尖，円脚・鈍脚，厚革質，突端に終る黒色の鋭鋸歯があり上面は光沢ある深緑色，下面は帯黄淡緑色，主脈上面に凹入，下面に凸出，側脈6～8双，長さ10～17cm×4～8cm，生葉の下面に火（炭火，マッチの点火）を近づけると一部分青緑色に変色し，やがて黒色の紋様線を生じ，次第に不規則に拡大する，エカキバ，モンツキシバの方言はこれによる，ただしこの現象はモチノキ属の常緑樹の葉には多少あり，本種が最も甚だしい。花は5月，腋生の短い聚繖花序に黄緑色の小花を多くつける，萼は4裂，花弁は4片，雌花，雄花，両性花あり。果実は10月成熟，核果，球形，紅色，径8mm。種子は帯白色，長形。

〔産地〕本州中南部・四国・九州の産。〔適地〕土性を選ばない。〔生長〕きわめて遅い，高さ15～20m，径1m。〔性質〕萌芽力乏しく剪定をきらうが，移植力はある。〔増殖〕実生。〔配植〕仏寺境内に多く植栽されるが庭園にも用いられている。葉に経文を書いたといわれるヤシ科のタラヨウジュの葉の広いのに因んでこの名称を生じたので仏寺に多い。したがって在家の庭にはあまり用いられていない，しかし樹形その他，庭木として不適格のものではない。草木錦葉集にはこの斑入葉が多く記載されてあり，相当用いられた。

【図は樹形，花，実，樹皮】

ななめのき　もちのき科
Ilex purpurea *Hassk.*

〔**形態**〕常緑喬木，雌雄異株で，樹形は端正，主幹は直上し，枝条は多い。樹皮は灰白色，平滑，光沢あり，幼枝には稜角がある。葉は互生，有柄(帯紫色)，長楕円形・狭長楕円形，尾状鋭尖やや鈍端，鈍脚・鋭脚，革質，平滑無毛，全縁または低平の粗鋸歯・粗波状鈍鋸歯があり，長さ7～12cm×2.5～5cm。花は6月，葉腋に小形の聚繖花序を発し，小形，淡紫色不鮮明の花を多くつける。雄花は多数。雌花は少数。萼は4浅裂，裂片は広三角形で縁毛がある。花弁は4片，卵形。基部はわずかに癒合する。果実は10月成熟，肉質核果で，球形，紅色，径6mm。種子は四半球形，淡色，長さ4mm。種子をまくとよく発芽する。

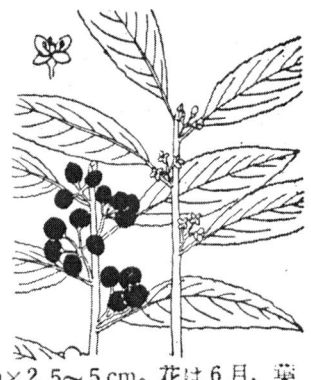

〔**産地**〕本州では駿河以西・四国・九州に産する，東京地方では多く見られない。〔**適地**〕多少水湿ある肥沃の地を好む。〔**生長**〕遅い，高さ10m，径0.3m。〔**性質**〕前者と同じ。〔**増殖**〕実生。〔**配植**〕モチノキと同様に庭園用に供する，都市以外ならばカイガラムシの被害も少なく，推奨できる好材料である。九州地方では庭木としてかなり多く用いられている。クロガネモチと同じように公園にも用いられるがこの方は樹容が軽く感ぜられ将来性ある造園木の一つとして養苗育成をすすめたい。関東地方には多くの用例を見ないが以西の地方では用いられている。モチノキに代って用いるに適する。昔は相当に庭木として用いたと古い記録もあって今日より多く知られていた。この皮からもトリモチをとる。

【図は花と実】

そ よ ご　もちのき科
Ilex pedunculosa *Miq.*

〔形態〕常緑喬木，雌雄異株で，枝条は粗生し，樹容密生というほどでない，樹皮は灰黒色。枝は灰色を帯び，ときに小枝の基部にコブ状の隆起物あり，幼芽は帯紫色，全株無毛。葉は互生，長柄（2cm，帯紅色），卵状楕円形，鋭尖・急尖頭，円脚・鈍脚，やや革質，全縁だが著しい波状縁である。長葉柄と粗生と波状縁とのため風をうけてよく動く，これがソヨゴの名の来因である。主脈は下面に凸出，上面は平滑，光沢多く，深緑色，下面は淡黄緑色，長さ4～8cm×2.5～3cm。花は6月，雄花は多数集って腋生，聚繖状をなし，雌花は通常葉腋に単生する，ともに小形，黄緑色。萼は4裂，裂片やや三角形で，花弁は4片，広卵形，萼裂片の3倍の長さ。果実は10月成熟，核果，球形，きわめて長梗を有して下垂，斜上，紅色，径6～9mm。種子は四半球形，長さ6mm，淡褐色，1果に3～6個入る。

〔産地〕本州では関東地方には少なく，信濃・甲斐以西に産し，落葉樹に混ずる常緑樹である。四国・九州その他の暖地では群落をなす。〔適地〕土地を選ばない。

〔生長〕やや早い，高さ2～3ときに10m，径0.3m。

〔性質〕剪定を行えば樹容密生する。〔増殖〕実生。

〔配植〕もともと造園木ではないが樹形を整備すれば庭園，公園用に供することができる。天然に生えているところには大群落があり，小苗が無数に生じている。しかしそれを利用するものがない，これを掘って培養すれば公園木として需要はきわめて多いものと信ずる。

【図は花と実】

くろがねもち　もちのき科
Ilex rotunda *Thunb.*

〔形態〕常緑喬木，雌雄異株で，樹形強剛の感じがあるが高大で，枝条多く，繁密する。樹皮は灰異色黒淡緑灰色で，平滑。枝は暗褐色で，全株無毛。葉は互生，長柄(2.5cm，紫黒色)，広楕円形・楕円形，鋭頭・鈍頭，鈍脚・円脚，全縁であるが幼枝，萌芽枝の葉には粗大鋸歯あり，厚革質,光沢を有する。上面は深緑色，下面はやや淡色，主脈は上面に凹入し,下面に凸出する，長さ5〜8cm×3〜4cm。花は5〜6月，腋生の有柄聚繖花序は葉より短い，小形，淡紫色の花を多数につける。萼は4〜5浅裂，裂片は広三角形。花弁は4〜5片，楕円形，萼より長い。果実は10月成熟，核果，球形，広楕円体，紅色，長さ5〜8mm，径3〜5mm。種子は長鎌形，1果に5〜6個，長さ6mm。

〔産地〕本州中南部静岡以西・四国・九州・琉球の産。
〔適地〕モチノキと同じ。〔生長〕遅い，高さ10〜18m，径1mの巨木がある。〔性質〕強い剪定に耐えない，移植力はかなり強い。〔増殖〕実生，挿木。〔配植〕モチノキと同様に用いる。名古屋以西に多く用いられる。カイガラムシの被害は少ない。関西以西には巨木で文化財となったものもある。フクラシバ一名フクラモチというのはこの葉縁が皺縮して波状となったものをいう。モチノキに替えて同様に使いこなすのに適するものであるが関東地方では墓地に植えてある程度で用例が少ない。モチノキに比して葉柄が紫黒色である点に注意すれば識別しやすいものである。カイガラムシの害は少ない。

【図は花と実】

うめもどき　もちのき科
Ilex serrata *Thunb.*

〔形態〕落葉小喬木，雌雄異株で，樹形は優美，枝序は繁密で，細く分岐する。枝は暗灰褐色，幼枝に短毛があり，樹容に直立性のものと，拡開性のものとある。葉は互生，有柄（1cm，有毛）卵形・長楕円形・倒卵状楕円形・卵状披針形，鋭尖頭・急鋭尖，鋭脚・楔脚，細鋭の鋸歯があり，上面には微毛あって，葉脈凹入，下面は淡緑色で，密毛あり，葉脈凸出，短軟毛密生，葉脈上にはやや長い毛密生する。下面の無毛品をイヌウメモドキ var. argutidens *Ohwi* という，長さ4～8cm×3～4cm。花は6月，腋生繖形状に出て，小形，淡紫色，径3.5mm。雄花叢は7～15花，雌花叢は1～7花。萼裂片は4～5，半月形，毛叢。花弁は卵形，長さ2.5mm。果実は11月成熟，核果で，紅色，球形，径5mm，落葉後も永く枝間に残る。種子は1果6～8個，白色，ゴマ粒大，長さ3mm。

〔産地〕本州・四国・九州の低山帯に産する。〔適地〕土性を選ばない。〔生長〕早い，高さ2～5m，幹は細い。〔性質〕強度の剪定に耐える，崩芽力がある。〔増殖〕殊に石燈篭の添としては最も適格である。自然樹も多いが庭木商には市販品がきわめて多いものである。実生，挿木。〔配植〕紅実を賞して庭園木に利用する。〔変種〕キミノウメモドキ f. xanthocarpa *Rehd.* 黄実のもの。シロウメモドキ f. leucocarpa *Ohwi* 白実のもの。コショウウメモドキ f. subtilis *Ohwi* 葉，果実，樹形いずれも小形のもの，盆栽に仕立てる。

【図は花と実】

あおはだ もちのき科

Ilex macropoda *Miq.*

〔形態〕落葉喬木，雌雄異株で，樹形は不整。樹皮は初め帯緑色・灰白色で，薄く後に老成して帯白色となる。内皮は青緑色。短枝には輪紋やや長く伸び年令を知りうる。葉は互生し，短枝頂では束生し，有柄(1.5cm)，卵形・楕円形・長楕円形，急鋭尖・短鋭尖，楔脚・円脚，鋸歯は凸端に終る，膜質，上面には細毛があるかまたは無毛，下面は特に脈上に開出する軟毛がある。秋は黄白色に変色する。幼芽を食用，成葉を弘法茶といって飲用に供する，長さ4～7cm×2.5～4cm。花は6月，雄花は多数集まり，短枝上に叢生し，球形をなす。雌花は数箇短枝上に発生し，小形で，緑白色。萼は4裂，裂片三角状で，毛縁がある。花弁は4片，卵状楕円形，萼の2倍の長さ。果実は10月成熟，核果，紅色，肉質，尖頭球形，径7～8mm，胡椒の実に似るのでコショウブナの方言がある。種子は1果4個，長半球形，長四半球形，淡褐色，堅質，長さ5～6mm，背面に縦溝がある。

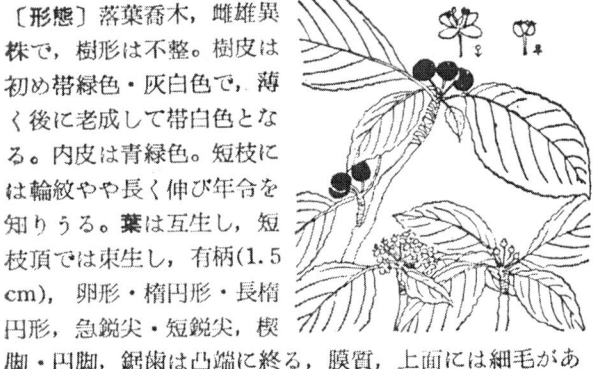

〔産地〕北海道・本州・四国・九州の産。〔適地〕土性を選ばない。〔生長〕早い，高さ12m，径0.6m。〔増殖〕実生，挿木。〔配植〕もともと造園木ではないが紅実は美しく，庭園に用いられる。〔類種〕タマミズキ I. micrococca *Max.* アオハダと同様に取扱いうるが高年にならないと結実を見ない。この他アメリカではこの類はいずれも造園用として賞用されている。将来は庭樹として用いたい野生種の一つである。

【図は花と実】

まさき にしきぎ科
Euonymus japonica *Thunb.*

〔形態〕常緑の小喬木，樹形は不斉形で，枝はやや垂直に出てきわめて繁密しよく伸びる。やや稜角状，樹皮は幼時は緑色，老成すると暗色となって，浅裂する，全株無毛。葉は対生，有柄，倒卵形・楕円形・長楕円形・倒卵形，鈍頭・鋭頭，楔脚，鈍鋸歯あり，厚質で，光沢がある。上面は浅緑色・深緑色，下面は帯青白色，長さ3～10cm×2～6cm。花は6～7月，長柄ある腋生聚繖花序につき，小形で，緑白色，萼は4浅裂，花弁は4片で，卵形，平開する。果実は10月成熟，蒴果で，帯緑色，球形，径7mm，3～4裂し，黄赤色の仮種皮をもつ。種子4個（標準は4個であるがときに4以下）を放出する。剪定をしないとよく結実する。

〔産地〕北海道・本州・四国・九州・琉球の主として暖地海岸に産する。〔適地〕乾湿，肥瘠を問わず，樹性強く，殊に潮入地に適する特性がある。〔生長〕きわめて早い，高さ2～6m，径0.1～0.3m。〔性質〕強健，萌芽力強く，剪定は強度に行わないと樹形乱雑となり，枝条の重みで傾斜する，移植力強い。〔増殖〕実生，挿木。

〔配植〕庭園用としては品位なく，主として風除，列植或は生垣に用いる。海岸潮入地有数の庭木である。実用樹である。〔変種〕葉色の変化多く，切花用とする。

〔類種〕**ツルマサキ** E. Fortunei *Hand-Mazz.* 気根によって枯木，岩石に吸着する。これにも変種は多い。これには葉に紅色味を加えるものがあり，岩石園などの石つけ用として適切である。一名をマサキツルともいう。

【図は樹形，花，実，樹皮】

にしきぎ にしきぎ科
Euonymus alatus *Sieb.*

〔形態〕落葉小喬木,樹形はやや整然とし,枝には交互に対生する褐色コルク質の稜状縦翼があり,箭羽に似る,学名はこれによる。全株無毛。葉は対生,短柄,倒卵形・倒披針形・楕円形,鋭尖・鋭頭,狭脚・楔脚,やや膜質,光沢は少ない,鈍状微細の鋸歯があり,側脈は両面に凸出,秋季は美しく紅葉する,ニシキギの名はこれによる,長さ1.5～6cm×1～4cm。花は5～6月,葉より短い有梗聚繖花序に2～3花をつける,淡黄緑色で,小形。萼は4浅裂。裂片は半円形。縁辺は不斉毛状。花弁は4または3片で,円形,縁辺は不斉波状を呈する。果実は10月成熟,蒴果,胞背で2～4片に開裂する,種子はほぼ球形,楕円体,不斉卵形,鮮紅色の仮種皮を被る,長さ4～5mm。

〔産地〕千島・北海道・本州・四国・九州の産。〔適地〕向陽乾燥の地を好む。〔生長〕やや早い,高さ3～8m,径0.1～0.5m。〔性質〕萌芽力も剪定力もつよい,樹形を整えるには刈込まなければならない。〔増殖〕実生,挿木。〔配植〕庭園の添景木とし,秋の紅葉を賞するものとして有数の庭木である,市販品は多い。

〔品種〕**コマユミ** f. subtriflorus *Ohwi* ニシキギと次のマユミの中間性のもの,ニシキギに似て狭翼を欠く,しかしこれは庭園木としては通常用いられてはいない。自然の原野等にはいくらでも自生しているもの,また庭樹商の植溜にも多く見られる。紅葉木といえばまずモミジについてこれが指摘されるほど紅葉は美しい。

【図は樹形,花,樹皮】

まゆみ にしきぎ科
Euonymus sieboldianus *Blwme*

〔形態〕落葉小喬木，雌雄異株で，樹形は不斉。幼枝は緑色，やや4稜の角茎で樹皮は灰褐色に，白条のあるのが通常とされる。全株無毛。葉は対生，有柄，長楕円形・倒卵状楕円形・卵状長楕円形・楕円形，尾状急鋭尖，鋭頭，鈍脚・円脚，鈍状の微細鋸歯があり，両面無毛で，上面は濃緑色，下面は淡色，下面に葉脈凸出する，長さ5～15cm×2～8cm。秋は紅葉するが地方によっては黄葉する。花は5～6月，前年枝に粗生の腋生聚繖花序を発しこれに小形，淡緑色・緑白色の小花をつける，花径は8mm。萼は4裂。裂片は半円形，全縁。花弁4片，卵状楕円形。萼片の約3倍の長さ。果実は10月成熟，蒴果，倒三角状心形，やや方形，淡紅色，白紅色，長さ10mm，4稜あり，完熟して4片に深裂し，昼間は開き夜間は閉ずる。種子は紅色，朱紅色の仮種皮を有する。

〔産地〕北海道・本州・四国・九州の産。〔適地〕土性を選ばない。〔生長〕早い，高さ4～6m，径0.1～0.3m。〔性質〕萌芽力はやや乏しいが剪定はきく。〔増殖〕実生。〔配植〕もともと造園木ではない。〔用途〕昔はこの材をもって弓をつくった，材は白色で美しい。

〔変種〕葉の形，果実の形によって変種きわめて多く分類されているが造園用その他の特用面において著しいものはほとんどない，路傍の雑木に過ぎない。殊に台湾・朝鮮・満州には多くの変種があり，それぞれの国には造園用というよりもむしろ雑用の木として利用される。

【図は花と実】

つりばな にしきぎ科
Euonymus oxyphyllus *Miq.*

〔形態〕落葉小喬木,樹形優雅,樹皮は淡灰黒色。枝は緑紫色,細長く伸長する,全株無毛。葉は対生,有柄,卵形・倒卵形・楕円形・倒卵状楕円形,鋭尖頭,円脚・広楔脚,細小の鈍鋸歯あり,薄質,下面は淡色,側脈は凸出する,秋は黄葉する,長さ5〜10cm×2〜5cm。花は5〜6月,腋生の粗生,長梗ある聚繖花序につく,小形,帯白色・帯紫白色,花径7mm,長柄あって下垂する,萼は細微,5歯縁,花弁は5片,平開,卵円形。果実は10月成熟,蒴果,球形,鈍5稜,径10〜12mm,紫紅色,長梗があり下垂する,完熟して胞背で5殻片に開裂し,内面は暗紅色を呈する。種子は朱紅色,楕円体,長さ6mm。

〔産地〕北海道・本州・四国・九州の産,山地にだけ見る。〔適地〕土地を選ばない。〔生長〕早い,高さ6m,径0.3mに及ぶ。〔性質〕天然樹形は枝序粗生,これを剪定すれば樹姿整備される。〔増殖〕実生。〔配植〕もともと造園木ではないが花実の下垂する優美形を賞用して庭園に用いられる,実際には地方によって庭園に植栽している。〔類種〕**クロツリバナ** E. tricarpus *Koidz.* 枝は紫褐色,暗紅褐色。**ヒロハノツリバナ** E. macropterus *Rupr.* 葉の広大なるものをいう。用途は3種ともだいたい同じ。秋季山地に入るとツリバナという名のように紅実が長い果梗について下垂している姿がよく目につく。これを庭園木,殊に雑木林の庭の一部に加えたとしたら風がわりな野趣ある景を産み出すこととなる。

【図は花と実】

もくれいし　にしきぎ科
Microtropis japonica *H. Hall*

〔形態〕常緑灌木，雌雄異はで，樹形はやや整形。樹皮は黒紅色。枝は帯灰赤褐色で，無毛。葉は対生，有柄，楕円形・卵形・倒卵形，鈍頭・微凹頭，楔脚・鋭脚，革質，全縁，上面は深緑色，下面は淡色，長さ3〜10cm×2〜5cm。花は3〜4月，腋生の短聚繖花序に小形で，緑白色の花を多数につける，花径5mm。萼は5深裂。裂片は半円形。萼筒はやや球状鐘形。花弁は5片，広卵形。果実は10月成熟，蒴果，楕円体，尖頭広楕円体，帯褐色，長さ15〜20mm，径9〜mm。果皮は革質，縦筋多く，完熟して基部で開裂し，紅色の種子を出す。

〔産地〕本州では伊豆・相模・九州に産する。低山帯に見られる。〔適地〕多少湿気ある肥地を好む。〔生長〕やや遅い，高さ2m。〔性質〕剪定を好まない，またその必要なし。萌芽力に乏しい。〔増殖〕実生。〔配植〕本来の造園木ではないが常緑灌木であり，刈込まなくても樹形やや整正なのでモチノキ同様に用いられる，推奨すべき庭木である。市販品はない。東京附近に見られず大磯辺に至って多く現われる。〔類種〕モクレイシの種類は日本ばかりでなく外国にも産し，いずれも庭木として適良であり，ひろく用いられている。いずれも市販品がなく産地の山野，庭園につき雌木の種子を集めるか自生苗を採取するほかに途はない。果実は美しくないとはいわないが実のつき方が少ないので，むしろ常緑素を賞して庭木として用いることをすすめる。苗木に乏しい。

【図は樹形，花，実，樹皮】

つるうめもどき　にしきぎ科
Celastrus orbiculatus *Thunb.*

〔形態〕落葉藤本，雌雄異株で，樹皮は帯褐色，無毛。枝はツル状となり，左巻に巻きつく。根は朱黄色。葉は互生，有柄，円形・倒卵形・楕円形・円状楕円形，急鋭頭，円脚・広楔脚，低平の鈍鋸歯，下面淡緑色で，無毛，葉形と大きさとに変化が多い，長さ5〜13cm×3〜8cm。花は5〜6月，腋生の短聚繖花序に小形の黄緑色花が多数に着生する。萼は5裂，裂片卵形。花弁は5片で，卵状長楕円形をなす。果実は10月成熟，蒴果，球形・倒卵形，径6mm，初め帯緑，後に鮮黄色となり，完熟して3殻片に3開裂する。種子は1果6個，白色で，楕円体，白ゴマ粒の大きさ，長さ3mm。仮種皮は黄紅色，冬間落葉後に枝間に紅果をつづる，生花の材料としてひろく用いられている。

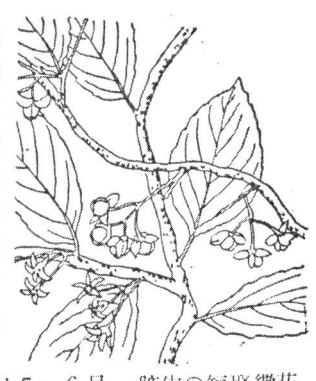

〔産地〕北海道・本州・四国・九州・琉球にも産する。
〔適地〕土地を選ばない。〔生長〕きわめて早く，ツルは伸長し，幹は根元において径0.2mに及ぶものがある。
〔性質〕ツルの伸長著しく，造林地にあってはクズとともに新植苗木の唯一の加害植物とされる。〔配植〕造園木ではないがしばしば立性に仕立て盆栽または鉢物とすることがある。庭樹の間に生ずると始末におえない有害ツル植物であるが適当に剪定したものが枯木などにからんでいると野趣に富む自然風の庭の趣を示す。〔変種〕キミノツルウメモドキ f. aureoarillatus *Ohwi* 仮種皮の黄色のもの。〔類種〕オオツルウメモドキ，イワウメズルなどあるが何等用途のあるものではない。

【図は花と実】

みつばうつぎ　みつばうつぎ科
Staphylea bumalda *DC.*

〔形態〕落葉灌木，樹形は不斉で，枝条は開出して細く伸長する。小枝は無毛，樹皮は灰褐色，薄皮に剝離する。材はかたく，箸，串などを製する。葉は対生，長柄，複葉三出。小葉は側葉だけ無柄，卵形・卵状楕円形・卵状披針形，鋭尖，鋭脚・やや楔脚，両面ほとんど無毛だが下面主脈の上と，脈沿とに短軟毛あり，芒尖状細鋸歯あり，長さ3～7cm×1.5～3cm。若葉を食用とする。花は5～6月，頂生の聚繖様円錐花序に小形の白花を粗につける。花被は平開せず，萼は5片，長楕円形。花弁も5片で，倒卵状長楕円形，鈍頭，萼片より少しく長い。果実は9月成熟，蒴果，薄質，軍配形，頂端で2開裂し，2室あり，淡褐色，幅20～25mm，下方で連合し上方で離開する。種子は各室に1～2まれに4個入る，淡黄白色，光沢があり，硬質，倒卵形で，長さ5mm，下方に白色のヘソ跡あり，小禽が好んでこれを食する。

〔産地〕北海道・本州・四国・九州の産。〔適地〕土性を選ばない。〔生長〕早い，高さ2.5m，幹は細い。〔増殖〕実生。〔配植〕もともと造園木ではなく，特異の種実の形を賞するほどのものでもない，ただ古来「朝日てる，夕方かがやく……」という朝日長者の歌のなかでこの樹の根元に黄金を埋めるという民俗的な歌で日本にひろく知られている灌木である。伝説の上では著名であるが樹形はきわめてつまらないもの，山地にゆけば群落をなして生じ，特にこの根元を選ぶという意味がない。

【図は花と実】

ご ん ず い みつばうつぎ科

Euscaphis japonica *Kanitz.*

〔形態〕落葉小喬木，樹幹は直立。樹皮は縦筋があり，多少帯青白色で，皮目はやや白色で著明，幼枝はきわめて太く，無毛，帯紫暗紅色，光沢がある。冬芽は著しく大形，濃紅色，尖頭，卵球形，鱗片に被われる，まれに樹皮白色強く，シラカバに近いものがある。葉は対生，奇数羽状複葉，長さ30～50cm，小葉は3～5双，卵形・狭卵形・広披針形，鋭尖，円脚・広楔脚・鈍脚・鋭脚，芒尖状鈍鋸歯があり，無毛，下面は主脈基部附近にときに白毛あり，厚質，深緑色，やや波状縁，両面とも光沢を有し，一種の臭気がある。長さ4～9cm×2～4cm。花は5～6月，頂生円錐花序はほぼ三角形でこれに多数の小形，黄緑色・緑白色の花をつける。萼は5片，宿存し，花弁も5片，萼片と同長。果実は10月成熟，蒴果で，彎曲する半月状扁楕円体，内面は紅色，外面は帯紅色・淡紅色，鋭頭，長さ10～20mm，完熟すると厚質の殻片裂開し，種子は1果1～8個，ほぼ球形，黒色，光沢があり，長さ5mm。

〔産地〕関東以西の本州・四国・九州の産。〔適地〕土地を選ばない。〔生長〕早い，高さ3～6m，径0.2m，枝張り少なく，枝はやや垂直に出る，剪定して樹形を整備すれば造園木になる。〔性質〕萌芽，剪定力双方とも強い。〔増殖〕実生。〔配植〕もともと造園木ではなくて低山帯の雑木林に混じて生ずるものを利用している。野生しているもののなかには著しく樹皮の白いものがときに見出されるが，これを掘取って庭木とする。

【図は花と実】

しょうべんのき みつばうつぎ科
Turpinia ternata *Nakai*

〔形態〕常緑喬木。樹皮は黄褐色，割れ目なく平滑で，無毛。枝は円茎，紅褐色。**葉**は対生，長柄（3～5cm），奇数羽状複葉，小葉は通常三出，ときに五出，しばしば単葉となることがある，対生，有柄（0.5～3cm），卵円形・狭長楕円形・長楕円形，急鋭尖，微鈍頭・やや鈍頭，革質，深緑色，低平の鈍歯があり，主脈は太く，下面に凸出，長さ7～12cm×2.5～5cm。花は5～6月，円錐花序は当年枝に頂生または腋生する。梗は長さ100～200mm，上方に微毛あり，花は多数，小形，緑白色，花径5mm。萼片は楕円形，花弁は倒卵形，白色，長3.5mm，萼片より少しく長い。**果実**は10月成熟，肉質の核果，楕円体・球形，紅色，ナンテンの果実に似る，長さ7～10mm，種子は1果に数個入り，灰褐色，細小の隆起点を伴う，長さ5～6mm。

〔産地〕四国・九州では薩摩・大隅の産，琉球には稀産する。〔適地〕多少湿気ある肥沃の土地を好むが一般に土地に対する要求は少ない。〔生長〕やや早い，高さ15m，径0.6m。〔増殖〕実生。〔配植〕元来自生地が限定され，特殊の地方だけしか見られない個体数の少ないものだが原産地にあっては庭木として用いられているという，著者はいまだそうした利用の状態をみていない。ここに示した図は単葉のもの。通常は小葉をもっている。琉球，台湾にも産し，また台湾にだけあるものもあり，だいたい暖地地方に多く見られるもの，その地方ではよく知られているが一般的の庭木とはいえない。

【図は花と実】

もみじ かえで科
Acer palmatum *Thunb.*

〔形態〕落葉喬木,雌雄雑株で,樹形は不斉,主幹直上するものはまれである。樹皮は帯緑暗褐色,平滑,小枝は多数,分岐して細い,幼芽に初め黄褐色の軟毛粗生するが後に無毛となる。葉は対生,長柄(帯紅色),掌状,洋紙質,$1/2$〜$3/4$の深さまで5〜7 まれに9深裂。裂片は尾状鋭尖,披針形・広披針形・卵状披針形・卵状楕円形,不斉の鋭鋸歯・やや重鋸歯・欠刻状鋸歯があり,心脚・心状截脚,無毛,淡緑色,薄質,長さと幅とは4〜7 cm。秋は紅葉し,新緑も美しい。花は4〜5月,新葉とともに出る,繖房様円錐花序は頂生,腋生する,下垂し,花梗の長さ30〜40mm,小形で,暗紅色,花径4〜6 mm,雄花と両性花とがある。萼片は5,披針形,濃紅色。花弁も5片,楕円形,淡紅色,有毛のものが多い。果実は10月成熟,翅果,翅長10〜20mm,斜開またはやや平開,翅角160〜180度。

〔産地〕本州・四国・九州の産。〔適地〕向陽で多少湿気ある肥沃深層の壌土質を好む。〔生長〕早い,高さ10〜15m,径0.3〜2 m。巨木は少なくない。〔性質〕剪定を好まない,枝枯のもととなる,早春の移植季である。キクイムシの害著しい。〔増殖〕実生。〔配植〕ひろく造園用に供し,盆栽にも仕立てる。〔変種〕多く,紅枝垂,青枝垂,大盃,一行院,野村,〆の内,ヤマモミジ等は最も普通に知られているもの,本種はモミジ類中の普通品,タカオモミジ,イロハモミジも同一と思う。葉形に多少の変化あるがそうした変異は自然に現われる。

【図は花と実】

かじかえで かえで科
Acer diabolicum *Blume*

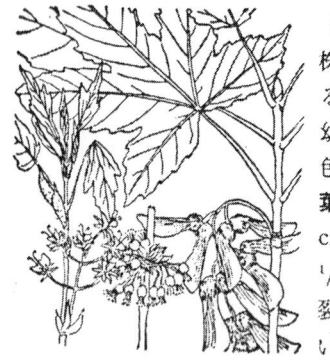

〔形態〕落葉喬木,雌雄異株で,樹形は雄大に伸長する。樹皮は暗灰色,平滑。幼枝は太く,有毛,全株に白色でやや硬い短毛がある。葉は対生,長柄(8〜14cm),大形,やや五角形,1/2〜1/3まで5裂,上部の3裂片はやや大きく,幅ひろい短剣状,五角状卵形,急鋭尖,截脚・心脚,粗大鋸歯があり,幼時は褐色の絨毛を密生し,生育に伴って上面は毛を減じ平滑になるが少毛あり,下面はやや多く絨毛を残す,長さ6〜15cm×7〜16cm,秋はむしろ黄色に変ずる。花は4〜5月,長さ20〜50mmの繖房状または総状花序を腋生し,粗着で小形,淡紅色・暗紅色。萼と花弁は各々5片。果実は10月成熟,翅果,大形,長剛毛に被われ,長さ24〜30mm,幅11〜15mm。翅角は鋭角,翅はほとんど縦に平行している。

〔産地〕本州・四国・九州の山地に生じ,野生のモミジ類中大葉の部に入る。〔適地〕前種と同じ。〔生長〕早い,高さ10〜20m,径0.6m。〔増殖〕実生。〔配植〕通常は造園木に用いない。むしろ外国産のサトウカエデ,ヨーロッパカエデの類の葉の大形なるものに似る,国産のカエデのうちでこの1種だけが特に大形であり,葉形もカシノキに似る,カジカエデの名はこれにもとづく。葉が大きいので一名をオニモミジと呼ばれる。自生品であって庭にはあまり用いないと思われるが江戸時代の古書にこの斑入葉のものを示して「永縞カヂカヘデ」というところを見ると庭木としても用いられていたらしい。
【図は花と実】

あさのはかえで　かえで科
Acer argutum *Max.*

〔形態〕落葉喬木，雌雄異株で，樹皮は灰褐色，平滑，鱗片状に剝離する。枝はやや直立状，白色微毛あり，幼枝は暗紅色。**葉**は対生，長柄（3～10cm，短毛粗生），円形・卵円形，$^2/_3$ まで5～7裂，麻の葉に似て小形である。上部の3裂片は特に大きく尾状鋭尖，心脚，卵状三角形・広卵形，重鋸歯があり，上面無毛，下面初めは全面に，後に往々脈上に白色短毛をとどめる，葉面全体に皺が多い，側脈はかなり多い。秋は紅葉するがきわめてまれである，長さ5～12cm×5～10cm。 **花**は5～6月，花序は短総状，成熟して穂状となり，長さ120～150mm，これに淡黄色の小花8～5個つき下垂する，萼，花弁ともに各4片。**果実**は10月成熟，翅果，無毛，長さ20～25mm。翅は長楕円形，ほとんど水平に開張する。

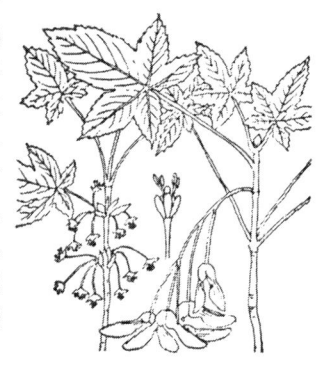

〔産地〕関東以西・近畿南部の本州・四国の山地に産する。〔適地〕前種と同じ，東京附近では生育思わしくない。〔生長〕早い，高さ12m，径0.3m。〔増殖〕実生。〔配植〕もともと造園木ではない。産地はかたよっているが地方的には庭木としている，葉形大きく，通常紅葉もしないので庭園用として観賞の価値は少ない，モミジの変種に「青葉」というのがあり，紅葉しないモミジとして著名であるが白井光太郎博士は本種と同一であるといっている。庭樹には少ないが盆栽としてはかなり多い，現在よりも昔は多かった，青葉という名を用いているとはかぎらないが，多くの場合青葉という。

【図は花と実】

はうちわかえで かえで科
Acer japonicum *Thunb.*

〔形態〕落葉喬木，雌雄異株または同株，樹皮は青灰色で，平滑。枝は無毛，皮の内側にやや粘着性を有する。葉は対生，有柄（2～3.5cm，初め白色綿毛密生する），円形，$1/3$～$2/5$まで9～11まれに13浅裂，径7～13cm，裂片は狭卵形・卵形，鋭尖，重鋭歯・欠刻状鋸歯があり，幼時は両面に白色の綿毛を密生するが，生長後は上面はほとんど無毛，下面は脈沿，特に基部に白色綿毛を残す。秋は黄葉する。花は5月，繖房状花序は下垂し，花軸，花梗に綿毛密生するが，後に粗生し，6～14花をつけ下向きに開花する，紫紅色・暗紅色で，小形。萼と花弁は各々5片。果実は10月成熟，翅果で，やや無毛または綿毛があり，ときに全く無毛のものもある。翅角は鈍角，または水平。翅は長さ20～25mm，幅7～10mm，翅の方が欠けているものもあり，これを**カタミメイゲツ** A. monocarpon *Nakai* という。果実の変異である。

〔産地〕北海道産，同地で花の最も美しいカエデの一種とされている，本州で中央山脈の高地に見られる。〔適地〕前種と同じ。〔生長〕早い，高さ12m，径0.6m。〔増殖〕実生。〔配植〕もともと造園木ではないが地方では庭園に用いている。紅葉するものもあるが東京附近ではひろく黄色に近く変色する。一名メイゲツカエデという。〔変種〕いくつかあるが著しいのはマイクシャク（舞孔雀）である。（次項参照）その他笠戸，九重，待宵，小夜時雨の類である。

【図は葉，花，実】

まいくじゃく　かえで科

Acer japonicum *Thunb.* var. heihachii *Makino*

〔形態〕落葉灌木，樹形は多く半球形を呈する。幼枝は紫紅色で美しく，かなり太いのが特徴，枝は粗生して小枝に乏しい。樹皮はハウチワカエデと同じ。葉は対生，有柄(白毛あり)，円形掌状，心脚，基部まで9〜13に深裂し，裂片はヘラ形の倒披針形・菱状倒披針形，基部は楔状にせばまり，上方は欠刻状に分裂して裂片は粗生大形の重鋸歯を有する，上面には長毛粗生し，下面は特に葉脈に沿って密生する白色の長毛があり，葉形は大きい。新葉の開出時，秋の紅葉季ともに美しく，形状によって舞孔雀の名を生じたのである。花は5月，紫紅色，翅果とともに基本種ハウチワカエデに全く同じ，葉の大きい割合に小さく見栄えはしない。その年の気候により結実量に差異があるようである。

〔産地〕栽植品で自生地はない。〔適地〕向陽の肥沃地を好む。〔生長〕早くない，高さ1〜2m。〔性質〕剪定は絶対に行えない，刈込まなくても樹形は整形を保つ。〔増殖〕実生，接木。〔配植〕庭園用としてひろく用いられている。下木，根締，前付，中庭用，水辺の植栽，用いやすい樹形である。冬の樹姿も捨てがたい雅趣あり，寺院にはベニシダレとともに多く用いられている，盆栽にも仕立てる。他に類のない葉形，樹形であり，小枝の色と太さによって用例の多いのと相まって容易に識別される。東北地方では特によく秋季は紅葉する。変種ものの利用中第一とされる。牧野博士によれば学名ヘイハチとは秩父辺の植木屋平八という人名であるという。

【図は葉，花，果実】

めうりのき かえで科
Acer crataegifolium S. et Z.

〔形態〕落葉小喬木，雌雄異株で，樹皮は帯青緑色，黒条がある。枝は無毛，幼枝は赤褐色。葉は対生，有柄，広卵形・卵状披針形・三角状広卵形，通常は分裂しないが，ときにやや三浅裂する。学名はサンザシに似るの意である。尾状鋭尖・長鋭尖，円脚・浅心脚，不斉で小形の鋭または鈍細鋸歯があり，上面は無毛，下面はやや粉白色，主脈上および主脈，側脈の交叉する部分に赤褐色の短軟毛がある。秋は汚紅色に変色する。長さ 4～7cm×3～7cm。花は5月，総状花序は下垂し，これに約10花つける，小形で，淡黄緑色。萼と花弁は各5片。果実は10月成熟，翅果，無毛，長さ20mm。翅角は斜開または平開する。

〔産地〕本州中部・四国・九州の産。〔適地〕前種に同じ。〔生長〕やや早い，高さ3～5m，径0.1m。〔増殖〕実生。〔配植〕本来の造園木ではないが，ときに庭園に植込む。ウリとは樹皮がキュウリのように青緑色なのによる，メとは女の意，ウリハダカエデの雄大なのに比べ，この方は小形なのでメウリノキと呼ぶ。〔用途〕材は白色で細工しやすく，地方によってはこの利用が盛んである，薄片として篭，笠などにも製造している，箸にもつくる，地方の名物木工土産品の材としては多く使われたものである。一名をウリカエデと呼び，方言ではシラハシノキとも呼んでいる。斑入りのものをフイリウリカエデと名づけ園芸変種の一つとしている。紅葉は美しくないのでむしろこうした実用の目的で利用している。
【図は花と実】

いたやかえで　かえで科
Acer mono *Max.*

〔形態〕落葉喬木,雌雄同株または異株で,樹形高大。枝は褐色,太く拡開して,無毛。樹皮は暗灰色,老木は浅裂。葉は対生,長柄(4〜12cm),扁円形・掌状,心脚・やや截脚,径7〜15cm,5〜7に深裂または浅裂する。裂片は卵形・三角形・やや披針形,尾状鋭尖・鋭尖,短芒,全縁,ときに少数の粗大歯牙縁があり,上面は通常無毛,下面は短毛または少なくとも脈腋の基部に毛がある。秋は通常黄葉,ときに淡紅色となる,葉の形は大小,裂片形等に変異のものが多い。花は4〜5月,繖房花序につき,小形,黄緑色・淡黄色。萼と花弁とは各々5片。果実は10月成熟,翅果,無毛または初め短毛を粗生する。翅角は直角または鋭角,鈍角をなし,翅の長さ15〜30mm×7〜10mm,鍬の形を呈する。果実は大形である。

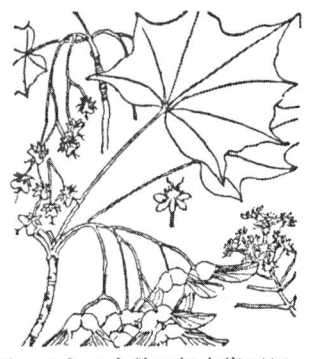

〔産地〕北海道・本州・四国・九州の山地の産,寒国のカエデであるが暖地にも生ずる。〔適地〕肥沃深層土を好む。〔生長〕早い,高さ18〜20m,径1m。カエデのなかでは巨木となる。〔増殖〕実生。〔配植〕本来の造園木ではないが,樹性強健なので公園には多く用いている。〔変種〕きわめて多い,葉形,果実,枝の色などにより分類する。〔用途〕材はきわめて有用とされる,巨木があるので自然生のものを利用している程度である。自然の山野に生ずるモミジ類中の巨木で東北地方には殊に多い。園芸品種も多い。双子山,常盤錦,星宿り,秋風錦,薄雲,星月夜,茎長蛙手などこの変種となる。

【図は花と実】

あさひかえで　　かえで科

Acer mono *Max.* var. marmoratum *Hara* f. dissectum *Rehd.*

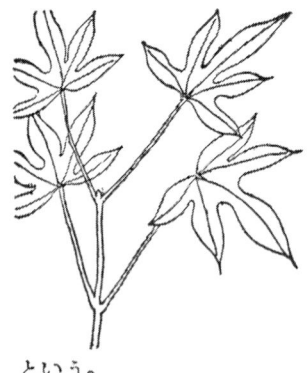

〔形態〕落葉喬木，イタヤカエデの変品種である。**葉は対生，有柄，掌状，5～7深裂する**。裂片は披針形・披針状楕円形，尾状鋭尖頭，円脚・心脚，全縁，薄質，下面は無毛で，光沢がある。秋は黄葉する。長さ幅ほぼ同一で7～15cm，花を生ずることはまれであるという。

〔産地〕本州・四国の産，低山帯に生ずる。〔生長〕きわめて早い，高さ3～5m，径0.3m。〔増殖〕実生。〔配植〕本来の造園木ではないが庭園，公園にしばしば用いられている。〔変種〕**ウラゲエンコウカエデ** var. connivens *Hara* 葉の下面主脈に毛のあるもの，本種とともに混生している。**オニイタヤ** var. paxii *Honda* 葉の下面に褐色の細い短毛がある。**オウエゾイタヤ** f. magnificum *Hara* 幼枝の葉柄基部に微毛がある。**エゾモミジイタヤ** f. acutissimum *Hara* 幼葉の葉柄，花軸に軟短毛がある。**スエヒロイタヤ** f. latialatum *Hara* 幼枝と果梗の少なくとも基部に毛がある。**イトマキイタヤ** var. savatieri *Murai* 葉は7浅裂，裂片は広三角形，この主脈上に毛のあるのがウラゲイトマキカエデである。**ウラジロイタヤ** var. glaucum *Honda* 葉の下面粉白色のもの。アサヒカエデは一名をエンコウカエデというもの，山地には群落をなして生じ，生長きわめて早く，山掘して庭木とした人は知るとおりたちまちに喬大となる。以上の変種はこの変異性にもとづく。

【図は葉を示す】

うりはだかえで　　かえで科
Acer rufinerve *S. et Z.*

〔形態〕落葉喬木，雌雄同株または異株。樹皮は帯黒緑色，灰色の斑点があり，幼時は帯青緑色，無毛である。枝はやや垂直状に斜立し，緑色，マクワウリの皮に似る。葉は対生，有柄（褐色毛）卵形・広倒卵円形・扇状五角形，浅く3裂または5裂する，ときに裂片をなさず，鋭尖，円脚・心脚。上方裂片は広三角形，中央の裂片は最大，側方のものこれにつぎ，下方のものは最小。粗鋸歯または細鋸歯があり，上面は鮮緑色，無毛，下面は青白色，葉脈に沿ってやや密生する褐色毛があり，殊に脈腋にあってその程度は著しい，やや厚質で，行脈状著明であり，さらに支脈をわける。寒地では秋に紅葉する，長さ幅とも8～15cm。花は5月，総状花序はやや直立または下垂し，褐色の軟毛があり，小形で，淡緑色。萼片と花弁は各々5片。果実は10月成熟，翅果で，有毛，翅角は斜開，やや直角，長さ25～30mm，幅10～15mm，濃褐色の毛を密生する。

〔産地〕本州・四国・九州の山地に生ずる。〔適地〕モミジと同じ。〔生長〕きわめて早い，高さ12m，径0.3～0.6m。〔増殖〕実生。〔配植〕ウリノキと同様に用いる。〔変種〕**フイリウリハダカエデ** f. albo-limbatum *Hook. f.* 葉に黄斑の入るもの，栽植品の品種に「初雪楓」というのがあり，この学名に当る。〔用途〕材は白色，細片として篦や縄につくる。園芸品種としての名称を定めるまでにいっていないが変化性ある葉の形態にもとづいて数種の変りものが記録されている。

【図は花と実】

おがらばな　かえで科
Acer ukurunduense *Tr. et Mey.*

〔形態〕落葉小喬木，雌雄同株で，樹皮は青灰色，紙片状に剝離する。枝は淡灰褐色，太く，幼時は汚黄色の短毛があり，枝は折れやすくもろいのでオガラの名を有する。葉は対生，長柄（6～12cm，有毛），卵円形・五角状円形，心脚・心円脚，$1/3$まで5～7浅裂する。裂片は広卵状三角形・卵形，鋭尖，鋭頭，欠刻状鋭鋸歯があり，上面はやや無毛，下面はやや粉白色・黄白色で，脈沿に汚黄色・淡褐色の絨毛を密生する。秋は汚黄色に変色する，長さ幅とも8～13cm。花は7～8月，総状花序は長く斜上，直立，軟毛密生，小形の黄緑色の花を多くつける，一名ホザキカエデの名はこの総状花序にもとづく。萼と花弁は各々5片。果実は10月成熟，翅果，短毛粗生または無毛，翅角は鋭角，翅は長さ15～20mm，幅7～8mm。
〔産地〕北海道・本州中部以東・四国の高地に産する。
〔適地〕肥沃の深層土を好む。〔生長〕やや早い，高さ10m，径0.3m。〔増殖〕実生。〔配植〕造園木ではない。オガラバナとは材の軟かいのにもとづく。オガラとは麻の幹である。盆の迎火に門口で夕方燃やすもの，軽くて軟かいものである〔変種〕ウスゲオガラバナ var. pilosum *Nakai* 若葉は両面に軟毛があり，成葉は下面に毛が少ない，主脈の基部に少しく毛あり。本種は花が総状直立という特徴をもつので花季には容易に識別される。〔用途〕山中自生の品を伐りとり，皮を剝がし籠の類をつくり出すところがあり，ヒノキ籠という。
【図は花と実】

はなのき　かえで科

Acer pycnanthum *K. Koch*

〔形態〕落葉喬木，雌雄異株で，樹形は端正，枝は太い，樹皮は帯白灰褐色，まれに白味の著しいものがある。皮目は斑点状に著明。枝は無毛，幼時は往々褐色毛が少しく生ずる。葉は対生，長柄（3～6cm，無毛），卵形，円脚・浅心脚，三浅裂または浅裂せず，中央片は最大。裂片は三角形，卵状三角形，鋭尖，欠刻状または不斉の細鋸歯があり。（時に波状縁），上面は深緑色，下面は粉白色，ときに脈沿に毛を有し，長さ4～7cm×3～8cm。小形のものはトウカエデに似るが鋸歯ある点がちがう。秋は紅葉する。花は4月，葉に先だって開く，雄花は多数集まり，萼，花弁ほとんど同形，真紅色を呈し実に美しい，ハナノキ一名ハナカエデの名はこれによる。果実は10月成熟，翅果で，無毛，初め紅色，やや直立し，翅とも長さ20mm，長梗あり，翅角は初め鋭角，後に直角となる。

〔産地〕美濃・三河・近江・南部信濃地方にかぎって自生し他地方になく，いずれもここから移出栽植されたのである。〔適地〕自生地は沼沢，湿地で水苔の生じているところだが，栽植すれば比較的土地を選ばない。〔増殖〕地酸の関係で種子の発芽はやや困難，接木も行う。

〔配植〕紅葉を賞し今日では各地の公園，庭園に植えられている，自生地は貴重な文化財となり天然記念物として保護されている。滋賀県には花沢村の地名があり，ハナノキの自生により花沢という。名古屋市内に7本の名木がある。また同地東山植物園入口の並木はよく生育している。　【図は樹形，花，実，樹皮】

からこぎかえで　　かえで科
Acer aizuense *Nakai*

〔形態〕落葉喬木,雌雄同株で,樹形は高大。樹皮は灰色・灰褐色,小枝は帯紅灰色で,無毛。葉は対生,長柄(2～5cm,無毛),卵形・卵状楕円形・三角状卵形,下部はときに浅裂する,尾状鋭尖,微鈍端。側裂片は短く,斜上して鋭頭,截脚・心脚・円脚。樹の下方の葉,または大木の葉は通常裂片とならない。不斉の粗大欠刻状の重鋸歯があり,厚紙質で,上面は無毛,下面は通常脈上に淡褐色の軟毛を粗生する。秋は汚紅色または黄色に変ずる,長さ5～10cm×3～6cm。花は5月,頂生で複繖房花序に多数花をつける,小形で,淡黄緑色。萼片,花弁各々5片。果実は10月成熟,翅果,紅色,無毛またはほとんど無毛,直立または少しく斜上する,長さ25～35mm×10mm。翅角は鋭角,ときに平行するものがある。20～30度,果梗とともに果実にも長軟毛を生ずる。

〔産地〕北海道・本州・四国・九州の湿地に生ずる,方言ヤチイタヤというがヤチとは湿原状のところをいう。

〔適地〕栽植しては土地を選ばない。〔生長〕やや早い,高さ10～12m,径0.2m。〔増殖〕実生。〔配植〕本来の庭木ではない。鮮満地方では紅葉を賞し多く造園木とする。〔用途〕枝葉から染料をとる,朝鮮・中国ではこの葉は貴重なもの,ほかに材は器具,皮は製紙,葉は茶の代用とする。朝鮮にあるのは変種クワガタカラコギカエデという変種も含まれている。このほかトルキスタンにも変種があり,いずれも地方的には有用な樹木である。

【図は花と実】

みねかえで かえで科
Acer tschonoskii *Max.*

〔形態〕落葉喬木,雌雄同株で,樹皮は灰色,黒褐色の斑紋が入る,一見サクラの皮のように見える。幼枝は帯紅色,無毛,枝はよく伸長する。葉は対生,長柄(2〜5cm,紅色毛),ほぼ円形・卵形・掌状,1/2まで5裂し,心脚,やや円脚である。裂片は菱形・菱卵形,長鋭尖,欠刻状の重鋸歯があり,上面は鮮緑色,下面は初め脈上基部近くに褐色,紅色の毛を有するが生育後にも若干は残る。長さ5〜9cm×5〜10cm,秋は黄葉する。花は6〜7月,短総状花序を頂生し,淡黄色,帯紅黄色で,小形。萼片,花弁は各々5片。果実は10月成熟,翅果,薄質,無毛,長さ25〜30mm,幅10〜20mm,翅角はまず直角に近い。コミネカエデ A. micranthum *S. et Z.* に似るが萼と花弁は本種の2倍の長さ,翅の幅ひろく,翅角が平開である点がちがう。

〔産地〕北海道・本州中部以北の高山に産する,カエデ属中最も高所に見られるものである。〔適地〕原産地とは別に栽植するときは格別に土性を選ばない。〔生長〕やや遅い,高さ10m,径0.3m。〔増殖〕実生。〔配植〕造園木ではなく,風景地として高所にこれが現われる自然状態を知るに便なりとしてここに記述した,サクラ類,ハンノキ類にもそれぞれ高山性のものが見られる点と照合したい。朝鮮にはこれに匹敵するチョウセンミネカエデがある。コミネカエデの方は本州・四国・九州の山地に産し,ミネカエデとだいたい同じだが少しく暖地に産するといえる,格別の造園上の用途がないことも同じ。

【図は花と実】

てつかえで かえで科
Acer nipponicum *Hara*

〔形態〕落葉喬木,雌雄雑株または異株で,樹皮は暗褐色を呈する。幼枝は初め褐色の軟毛あり,陽面は暗紅色,陰面は緑色である。全株初めは赤褐色の毛があり,材の色は黒色なのでテツカエデの名がある。葉は対生,長柄(8〜17cm,無毛),扁心状五角形,$1/4$〜$1/3$まで5浅裂,まれに3〜7裂,心脚である。裂片は三角状・広三角状,ときにさらにわずかながら3裂する,鋭尖・鋭頭,鋭い重鋸歯がありやや厚質,上面やや無毛または無毛で,皺が多い,下面もほとんど無毛,やや青白色,往々一帯に縮毛を見る,ときに脈上に褐色の短軟毛があるが後に無毛となる。また主脈上以外は初めから無毛のものあり,長さ10〜15cm×12〜20cm。花は6〜7月,総状様円錐花序の様はオガラバナに幾分似ているが花は帯白色・帯黄色・白黄色。萼と花弁とは各々5片。果実は10月成熟,翅果,褐色の軟毛があり,長さ30〜40mm×10〜12mm。翅角はほとんど直角。

〔産地〕本州中部・四国・九州の産,山地に見る。〔適地〕土性を選ばない。〔生長〕やや早い,高さ5〜12m,径0.6m。〔増殖〕実生。〔配植〕本来の造園木ではないが庭園に用いられた2,3の実例を見ている,庭木として相当に樹形賞讃に値するものをみとめる,樹性も強く,剪定を行わなければかえって良好の生育を遂げたであろうと想像する点がないでもない。地方によってはテツノキともいうほどときに材の色が鉄黒色を呈するものもある。材には格別の用途はないが大木になる。

【図は花と実】

ひとつばかえで かえで科

Acer distylum S. et Z.

〔形態〕落葉喬木, 雌雄異株で, 樹形は不整形, 枝はよく伸長して粗生する。樹皮は横裂し, 幼枝に淡褐色の毛がある。葉は対生, 長柄（3～5cm, 初め軟毛あり), 大形, 心卵形・卵状楕円形・倒卵状円形, 尾状急鋭尖, 深い心脚, 低平の鈍鋸歯あり, 初め両面殊に脈腋に褐色の軟毛を密生するが後に無毛となる, 長さ10～17cm×6～12cm, 一見してはカエデのような葉形ではない。地方によっては秋季紅葉するというが一般には黄葉となる。花は6月, 下垂または斜上する密生総状花序は長梗があり, 小花, 淡黄色・帯黄色。萼片と花弁とは各々5片, 果実は10月成熟, 翅果, 長果梗あって小枝端に上向着生する, 初め淡褐色の短毛あり, 長さ20～30mm。翅角は鋭角をなし, ときにはとんど2片平行するものを見るが, ときに鈍角のものがある。一名をマルバカエデという。

〔産地〕近畿東部以東の本州の山地に産する。〔適地〕やや低湿の地に好んで生育するが植栽の結果から見れば格別土地を選ばない。〔生長〕やや早い, 高さ12m, 径0.6mの巨大なものもある。〔増殖〕実生。〔配植〕もともと山の木であって造園木ではない, 葉形が大に過ぎ枝が粗生であるので庭園には不向きである, 里に出したものは生育がよいとはいえない, 剪定がきかないので樹形を密生させることに無理がある, 標本木の1種として見る。山地にあっては自生品はときに群落をなすが多くは散生状で, 葉形がモミジの葉でないので誤りやすい。

【図は花と実】

やましばかえで　　かえで科

Acer carpinifolium *S. et Z.*

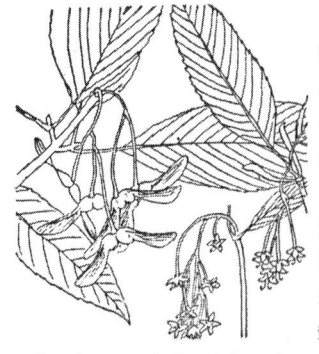

〔形態〕落葉喬木，雌雄異株で，樹形は不整。樹皮は黒褐色。皮目は著明。幼枝は赤褐色，無毛で，萌芽力が強い。葉は対生，有柄（1〜1.5cm），長楕円状披針形・卵状長楕円形，鋭尖・尾状鋭尖，円脚，やや心脚，薄質，鋭い斉一の重鋸歯あり，上面は無毛，側脈凹入し，下面は淡色，初め軟毛密生し，後に脈上，主脈沿に長短両種の軟毛を残し密生する。側脈は18〜23双，平行して葉縁に達する，長さ8〜15cm×4〜7cm，秋は黄葉する。葉形はサワシバ，クマシデ等クマシデ属のものに似るが対生の点を異にする（クマシデは互生）クロカンバにもよく似る，これは同様に対生であるので区別しかねる。花は5月，雄花は長穂状，雌花は短総状の花序をなすが無毛，下垂，小形，淡緑色。萼片，花弁各々5片。果実は10月成熟，翅果，果梗とともに無毛，翅は長さ25〜30mm，翅角は直角，鈍角，往々にして平行に近いものまであり，一定してはいない，直角のものが最も多い。

〔産地〕本州・四国・九州に産する。〔適地〕土地を選ばない。〔生長〕早い，高さ15m，径0.6m。〔増殖〕実生。〔配植〕本来の造園木ではないが葉形を賞して庭園に充分用いられる。前種とともに葉形はカエデ属の一般形と異る。東京附近では日光，箱根，天城山等に多く見る。かつて東京大学構内の池畔にかなりの大木（径 0.3m）を見たことがあるが珍しい例である，現在あるかどうかを知らない。一名チドリノキともいう。

【図は花と実】

ちょうじゃのき　　かえで科
Acer nikoense *Max.*

〔形態〕落葉喬木, 雌雄異株で, 樹形は不整。樹皮は帯灰色。幼枝には灰白色の開出の軟毛が密生する。葉は対生, 長柄 (3～6cm, 灰白色軟毛密生), 三出複葉, 楕円形・斜状楕円形・狭卵形・狭楕円形。2片の側小葉は無柄, 歪脚, 鈍脚。頂小葉は短柄, 鋭頭, 微鈍端, 鋭脚, 基部以外は不斉波状粗鈍鋸歯, またはやや全縁, 波状縁, 上面は深緑色, やや無毛, 下面は特に脈上に灰白色の開出軟毛が密生し, 全面灰白色を呈する。長さ5～12cm×2～6cm, 秋は紅葉する。花は5月, 葉とともに発生, 白色・黄白色, 腋生三出, 萼片と花弁とは各々5片。果実は10月成熟, 翅果, 大形, 汚黄褐色の軟毛密生, 翅と合せて長さ40～50mm。翅は弧状, 長さ30mm×10～15mm。翅角は鋭角乃至水平に開く。

〔産地〕本州・四国・九州の山地に生ずる。〔適地〕植栽したものは土地の要求度少ない。〔生長〕やや早い, 高さ10～15m, 径0.6m。〔増殖〕実生。〔配植〕本来の造園木ではない。一名メグスリノキというのはこの樹皮を採り, 煎汁をつくり洗眼料として用いるためにつけられた名称である。庭木ではないがときに庭園のうちにこのやや大きな樹をしばしば見ることがある, 洗眼料をとるためか, あるいは他に理由があるかは不明である, 庭園木としても決して不適良ではない。山地にあるものはこれもモミジ葉らしくない葉形のためとかく誤られやすいものの一つである。果実があればすぐに識別されるが葉だけを見ては他種のものと思われる。

【図は花と実】

みつでかえで　　かえで科
Acer cissifolium *K. Koch*

〔形態〕落葉喬木，雌雄異株で，樹形は整形。樹皮は帯黄灰色。幼枝に白色の軟毛があり，濃紫紅色を呈する。葉は対生，三出複葉，きわめてまれに五出に現われる，長柄（鮮紅色），薄質，小葉は長柄の卵状楕円形・倒卵形，尾状長鋭尖，楔脚・鋭脚，中辺以上に粗大の鋸歯があり，上面に剛毛粗生，下面の脈上および主脈と側脈と交叉する部分，脈腋には白色の軟毛または軟毛叢をみる。側脈は10〜12双，葉は長さ5〜8cm×2〜3.5cm，秋はまず紅葉し，ついで黄葉に変ずる。花は4〜5月，きわめて長い穂状花序は下垂する，長さ200mm，小形，黄緑色。萼片と花弁とは各々4片。果実は10月成熟，翅果で，無毛または幼時に短毛があり，完熟ののちにも毛を止めることがある，長さ25〜30mm。翅は刀形。翅角は40〜60度。果梗と果軸とに粗毛がある。
〔産地〕北海道・本州・四国・九州等の山地に生ずる。
〔適地〕栽植の場合，ほとんど地味を選ばない。生育はよい。〔生長〕早い，高さ12〜15m，径0.7mのものあり。
〔増殖〕実生。〔配植〕本来の造園木ではないが樹形の端正を賞して公園木，並木としてかなり用いられている。邦産カエデ属中三小葉のものは前種と本種であるが葉端の鋭尖と毛の存在と鋸歯とによって容易に区別される。一名をミツバカエデまたはミツデモミジと呼ばれる。並木として植えられているよい例を知っているが剪定がきくので樹形を整備するに都合がよい。元来日本産のモミジ類は原則として剪定のきかないものが多いのである。
【図は花と実】

トウカエデ　かえで科

Acer trifidum *Hook. et Arn.*

〔形態〕落葉喬木，雌雄異株，初め細毛がある。樹皮は灰褐色，初め平滑であるが，老成するとコブ状を呈して粗渋となる。枝は伸長し細いが剛強である。葉は対生，有柄(無毛)，狭卵形浅裂または無岐，楔脚・円脚・鈍脚，上端3.浅裂を通常とする。裂片はほぼ三角形，やや鋭頭，全縁または粗鋸歯，幼時には白色の軟毛があり，後に無毛となる。上面は光沢あり，下面は青緑色，やや帯白色である。幼木の葉は成木の葉と異なって，3尖裂。裂片は広披針形，鋭尖頭，鋸歯あり，上記のように葉形には種々の変異形を有する。長さ4〜9cm。花は4〜5月，繖房状花序をなし，小形，帯黄色，萼片と花弁とは各々5片。果実は10月成熟，翅果で，無毛，長さ15〜20mm。翅角はほとんど水平にひらく。

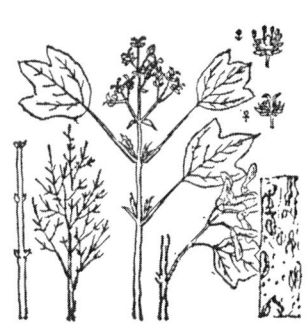

〔産地〕中国産，楊子江沿岸の地帯に見られる。〔適地〕土地の肥瘦，土質の良否を問わず，土地への要求度はきわめて少ない。〔生長〕きわめて早い，高さ15m，径1m。〔増殖〕実生。〔配植〕現在都市に見る如くほとんど並木専用と称してよく，樹形，樹皮，剪定の難易などの点で問題とされているがいかなる土地にも生育がよいので迎えられている。〔変種〕ミヤサマカエデ一名**タイワンカエデ** var. formosanum *Hayata*. 台湾産，盆栽として賞用する。**ヒトツバトウカエデ** var. intergrifolium *Makino* 常品は無岐。ここにいうミヤサマとはこの品が移入されて伏見宮家に入ったのち盆栽商精大園がこれから増殖につくし盆栽樹とした来歴による。

【図は樹形，花，実，樹皮】

ネグンドカエデ　　かえで科
Acer negundo L.

〔形態〕落葉喬木，雌雄異株で，樹形は雄大。樹皮は帯緑灰白色。幼枝は緑色，粉白を帯び，無毛。葉は対生，有柄（5～8cm），奇数羽状複葉，長さ14～24cm，葉形に変異多く，小葉は有柄，3～7片，卵状楕円形，ときに深裂，鋭尖，円脚・楔脚，膜質，全縁または粗鋸歯があり，下面は無毛または灰白毛粗生，長さ5～10cm×4～7cm。花は4月，雄花序は繖房状，雌花序は総状，腋生してともに長く，下垂する，小形，黄緑色。果実は10月成熟，翅果，無毛，長さ25～35mm。翅角は直角，翅は内方に曲る。原産地では果実を食用とするほか利用の途がひろい。

〔産地〕アメリカ産，太平洋沿岸地帯に多くみる。〔適地〕土地を選ばない。〔生長〕きわめて早い，高さ20m，径1.2mのものがある。幼苗の生育早く，3年目で早くも開花した例がある。〔増殖〕実生，挿木。〔配植〕本来の造園木ではないが生育が早いので庭園，公園，並木などに多く用いている。〔用途〕早春の頃に樹幹を傷けそこから滲出する樹液を集めて煮つめるとシラップができる，イタヤカエデからとったものには多少の渋味があるが，本種のものは甘味は一層多い。現に日本でもこれを行っている地方がある。2月上旬から4月下旬まで，生育のよい樹の幹に地上1mの部分で径1cmに穿孔しゴム管を挿入して樹液をあつめる。一名をトネリコバノカエデともいう，葉形によっての名である。モミジ類は原則として挿木がきかないものであるがこれはできる。

【図は樹形，葉，花，実，樹皮】

サトウカエデ　かえで科

Acer saccharum *Marsh.*

〔形態〕落葉喬木。樹皮は帯灰色・灰黒色，平滑または浅裂して溝をなす。幼枝は帯紅色。枝は上向または下垂する。葉は対生，長柄（帯紅色），大形，掌状形，3～5裂，中央片は最大，その側縁が平行している点はカジカエデに似る，鋭尖粗歯牙縁，長さ7～15cm。秋は鮮黄色または紅色に変色する。花は4～5月，緑黄色の小花が下垂する繖房状花序に多数着生する。果実は翅果，アメリカでは9月成熟，小形，斜開状，落下するとやがて発芽するという。
〔産地〕アメリカ産，排水のよい礫質地に自生している。日本で栽植したものは土性をあまり問題にしないようである。〔生長〕やや早い，高さ30～40m，径1～1.2m，枝下18～20mもある。〔増殖〕実生，接木。〔配植〕原産地では本来の造園木ではないが公園に用いられている。これはカナダの国花であり，同国ではかなり多く造園用としている。しかし造園用，殊に並木としては本種よりも変種の方が多く需要をみる。〔用途〕樹液からシラップおよび砂糖をとるのが目的でアメリカではその線に沿って今日までひろく利用されている。日本にはまだ巨大の樹がないのでその方の試験は行われていないものと考える。〔類種〕これに近い多くの類種があるがよく誤られやすいのは学名に類似点のある**ギンヨウカエデ　**A. saccharinum *L.* である。学名には同様砂糖の意があり，同国産の砂糖採収用木の一つだが糖分の収量は少なくあまり用いない，むしろ陰地用生垣樹などに利用する。
【図は葉，花，実】

とちのき　とちのき科
Aesculus turbinata *Blume*

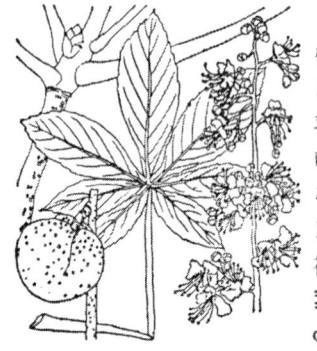

〔形態〕落葉喬木，雌雄雑株で，樹形は整斉，端厳である。樹皮は灰褐色，初め平滑。枝には幼時赤褐色の軟毛があるが直ちに無毛となる。冬芽はきわめて大形，頂尖卵形，松脂状の粘液に被われ，径1.2cmもある。葉は対生，長柄（15～18cm），掌状葉をなす。小葉は5～7片，長倒卵形・倒卵状長楕円形，短柄または無柄である。下方のものは小形，中央片は最大，長さ20～35cm×12cmもある。急鋭尖，狭脚・楔脚で，上面は無毛で濃緑色，下面は淡緑色，脈上と脈腋に赤褐色の軟毛があり，また不斉の鈍状重鋸歯がある。側脈は約20双，大方平行して著明，下面に凸出する，秋はやや黄葉する。花は5～6月，単性または両性花，複総状花序は長さ180～300mm，数花をつける，白色に帯紅色のボカシがある。萼は鐘状，不斉に5裂。花弁は4片，また不斉である。果実は10月成熟，大形，倒卵球形・倒円錐形，黄褐色，径50mm，3開裂する。種子は光沢ある赤褐色，半以上に黄褐色のヘソ痕があり，球形，径40mm。食料とする。

〔産地〕北海道・本州・四国・九州の山地に生ずる。
〔適地〕多少の湿気ある肥沃の深層土を好む。〔生長〕やや早い，高さ25m，径2mにも及ぶ。〔性質〕剪定はきくが弱度に行う，萌芽力はある。〔増殖〕実生，接木。
〔配植〕公園木，庭園木，並木に用いている。高級な造園木とされている。マロニエとは西洋トチノキを呼ぶ名で外国でも高級の並木である，都市の環境では弱い。

【図は葉，花，実，枝芽】

むくろじ　むくろじ科

Sapindus mukurossi *Gaertn.*

〔形態〕落葉喬木, 雌雄同株で, 樹形は高大。枝は太く伸長し, 樹姿は粗生。樹皮は灰白色, 平滑, 外皮剥離する。枝の皮目は著明。葉は互生, 有柄, 大形, 奇数または偶数羽状複葉, 長さ45cm。小葉は4〜6双, 互生, 短柄, 葉軸とともにすべて緑色, 広披針形, 漸尖頭, 鈍端, 歪鋭脚, 左右葉片ときに不等形, 全縁, 厚質, 下面は有毛で, 長さ 9〜15cm×3〜4.5cm。花は6月, 頂生円錐花序は長さ200〜300mm, 軸には細毛があり, 花は小形, 帯赤褐色で, 花径4〜5mm。萼片と花弁は各々4〜5片。果実は10月成熟, 球形で, 黄色または黄褐色, 無毛, 径18〜20mm, 基部片側に不発達の心皮を盤状につける。果汁は石鹸代用となる。種子は1果1個, きわめて堅質, 球形, 紫黒色, 径12mm, 正月用の羽子の球に利用している。この利用の歴史はきわめて古い。

〔産地〕本州中南部・四国・九州・琉球の産。〔適地〕土地を選ばない。〔生長〕やや早い, 高さ18m, 径 0.6〜1m。〔性質〕剪定に耐える, 萌芽力があり, 移植力は乏しい。〔増殖〕実生。〔配植〕本来の造園木ではないが公園, 庭園にしばしば用いられている。ときに神社境内木として各所に見る。〔用途〕昔は現在のような化学製品の石鹸はなく, この果汁や前にのべたサイカチの果莢の煎汁のようなものをもって衣類を洗濯したものであるが絹布のような軟質のものを洗うにはこれらがきわめて適当しているといわれる。

【図は花と実】

あわぶき あわぶき科

Meliosma myriantha *S. et Z.*

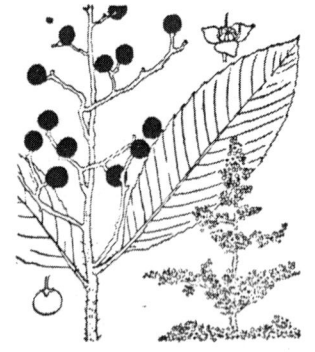

〔形態〕落葉喬木，樹幹は直立し，樹姿は粗生だがやや整形。樹皮は褐色，粗面。皮目は楕円形で，著明。小枝には褐色の短細毛がある。葉は互生，有柄（1～1.5cm），長楕円形・狭倒卵形・倒卵状長楕円形，短鋭尖，鋭脚・楔脚，洋紙質，芒尖状の低鋸歯があり，側脈は著明，20～27双，葉縁に達する。上面は深緑色，やや無毛，下面はやや汚黄緑色，短毛粗生する。長さ10～24cm×4～8cm。花は6月，円錐花序は広三角形，長さ150～250mm，頂生して，多数花をつける。花は小形，淡緑黄色・帯白色，花径3mm，萼と花弁は各々5片。果実は10月成熟，核果で，紅色，扁球形，径4～6mm，基部に宿存花柱をつける。アワブキとは材を燃やすと泡を吹き出すのに因る。

〔産地〕本州・四国・九州の山地に見る。〔適地〕植栽の場合は土性を選ばない。〔生長〕やや早い，高さ12m，径0.3m。〔性質〕萌芽力，剪定力ともに強い。〔増殖〕実生。〔配植〕本来の造園木ではなく，山地に常に見るものだが庭木，公園木としても不適当とは思われない。

〔類種〕ヤマビワ M. rigida *S. et Z.* この方は常緑樹ではあるが葉形，花序などに類似の点が多い。暖地の産で生育地は限定されているが類種として造園用に推奨できると考える。ヤマビワは一見ヤマモモのように見える。これは伊勢神宮で忌火をきる場合に，ヒノキの材とすり合わせて火を出すときにすり合せの材としてこれが用いられるという特殊の用途があるほかは産地以外であまり用のない種類とされている。　　【図は花と実】

みやまほうそ　あわぶき科
Meliosma tenuis *Max.*

〔形態〕落葉灌木，樹形は不整形。枝は長く伸長して粗生，紫褐色，幼時淡褐色の斜毛粗生する。葉は互生，短柄（1～1.5cm），倒卵形・長楕円形・倒長卵形・尾状鋭尖，楔脚・狭脚・洋紙質，軟質，波状歯牙縁または深い粗鋸歯があり，初め上面に粗毛あり，下面は淡色，脈上と脈腋とに斜毛がある，側脈は7～10双，斜走平行して正しく葉端に達する。長さ8～15cm×5～6cm。花は5～6月，三角状の円錐花序は長さ100～150mmで，短毛が多い。小形の帯黄色の花は花径4mm。蕚片は3～4枚。花弁5片。外部3片は円形。内部2片は鱗状。果実は10月成熟，核果で，球形・卵球形，紫黒色・暗紫色，径4mm。種子は小形，球状，径3mm。これをまくと発芽する。

〔産地〕本州・四国・九州の山地に生ずる。〔適地〕土地の要求度は少ない。〔生長〕やや早い，高さ3m。幹は細い。〔増殖〕実生。〔配植〕本来の庭木ではないが庭園に用いて適良，殊に雑木林の庭の植栽材料に適する。ホウソとはコナラのことをいう，本種の葉はコナラによく似ている。苗木を入手すること困難であるが種子を下種すればよく発芽し，生長も遅くはないものであるから今後の庭園新材料として育苗することを栽培業者にすすめたいものの一つである。〔類属〕アワブキ科のなかに異属だがアオカズラ（Sabia jaronica *Max.*）というのがある。新枝の緑色であるツル状の落葉樹だが従来庭木に用いられた例が少ない。庭木として適する。

【図は花と実】

ナツメ くろうめもどき科

Zizyphus jujuba *Mill.* var. inermis *Rehd.*

〔形態〕落葉小喬木,樹形きわめて不整。枝は伸長,粗生する。樹皮は灰色がかり,不斉に裂刻を見る,刺はなく,結実枝の枝端には毛があり,小枝は1箇所に束生する。葉は互生,短柄,卵形・長卵形,鈍頭・やや鋭頭,円脚・鈍脚,左右葉片やや不斉,鈍鋸歯,両面に光沢がある。幼葉はときに脈沿に少毛を有し,厚質で,三行脈状の側脈を有する,長さ2〜4cm×1〜2.5cm,落葉の時小枝の先端も落下する。花は4〜5月,短梗の腋生または頂生の短聚繖花穂に約10個の小形で,淡緑色の花をつける。花径は5〜6mm。萼,花弁は各々5片。果実は9〜11月成熟,核果で,球形・楕円体,無毛,褐色・濃褐色,長さ10〜30mm,光沢があり,生食,砂糖漬あるいは薬用とする。種子は1果1個,短楕円体,両尖,淡褐色,長さ10mm,上面に美しい深い溝が彫刻されたように縦に現われる。

〔産地〕南欧・西方アジアの産というがサネブトナツメ(この学名の基本種)の改良品ともいわれる。〔生長〕やや早い,高さ5m,径0.3m。〔性質〕水湿に富む向陽の深層土を好むが一般にあまり土性を選ばない。〔増殖〕実生,株分,挿木。〔配植〕庭木にも用いるが果実を目的とするために植える実用木である。朝鮮,中国ではこの果実は家庭に欠くことのできない常備品であり,吉凶の行事にはかならずこれを食用すること今も昔もかわらない。特に植栽しているところもあるが市販品には事かかない,多少の改良品もある。

【図は花枝,果実,種子】

けんぽなし　くろうめもどき科

Hovenia dulcis *Hornstedt*.

〔形態〕落葉喬木，樹形はやや整正，高大。枝は長く伸長し樹冠はひろがる。樹皮は暗灰色，粗面，不斉に浅く縦裂する。幼枝は帯紅色，無毛。皮目は小形。葉は互生，有柄（2.5～6cm 無毛，紅色），広卵形，短鋭頭，円脚・浅心脚，膜質，上面は濃緑色，無毛で，光沢あり，下面は帯白緑色。脈上に粗毛あるかまたは無毛，三行脈状，主脈，側脈は葉縁に接しつつ葉長の$2/3$に達する。細鋸歯は鈍三角形，腺状で先端丸味に終わり，やや内曲する。葉柄の上端近く，4～5個の腺体あり，托葉は早落性，葉は長さ8～15cm×6～12cm。花は6～7月，頂生聚繖花序につき，小形，淡緑色，花径7mm。萼と花弁は各5片。花梗は後に肉質に変じて花穂枝となり，屈曲不斉，棒状，断面は円形，帯褐色，ライ病患者の手の如し，その先端に球形の果実をつける。肉質枝は梨のような甘味があって，生食することができる。これは初冬の頃小枝を連ねて落果する。果実は無毛，薄皮，帯褐色，径7～8mm。種子は1果3個，扁平球形，濃褐色または黒紅色，光沢あり，径3～5mm。

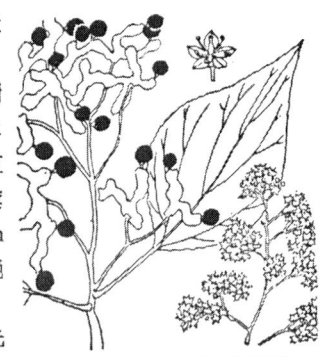

〔産地〕本州・四国・九州の山地に生ずる。〔適地〕土性を選ばない。〔生長〕やや早い，高さ15～20m，径0.6～1m。〔増殖〕実生。〔配植〕本来の造園木ではないがときに庭園，公園，神社境内などにみる。樹形は雄大だが格別の樹形美はない。東北地方には多い，同地方には葉の幅のひろいものがあり，これを変種ヒロハケンポナシという。古書にはケンポナシの斑入を示している。

【図は花と実】

くまやなぎ　くろうめもどき科
Berchemia racemosa *S. et Z.*

〔形態〕落葉蔓状灌木，枝端伸長してツル状となる。枝ツルは強靱，黒紫色ないし紫緑色，平滑。葉は互生，有柄（1～1.5cm，無毛，帯紅色），卵形・長楕円状卵形，短尖，鋭頭・鈍頭，円脚，全縁，やや厚質，上面は鮮緑色，下面は粉白色，帯黄緑色，光沢あり，無毛であるが脈腋だけは有毛，側脈7～8双，平行して著明。葉柄の基部に細小の托葉がある。地方ではこの葉を茶の代用とする。長さ4～6cm×2～3cm。花は8月，腋生または頂生円錐花序は直立，長さ100～250mm。花は多数，小形で，緑白色。萼は5片で，卵状披針形，尖頭花弁は5片，細小。果実は翌年8月成熟，核果で，尖頭長楕円体，無毛，長さ5～10mm。初め緑色，ついで帯紅色，最後に黒色となり，生食できる。花と実とを同時に見ることができる。

〔産地〕北海道・本州・四国・九州・琉球の産。〔適地〕土地を選ばない。水湿地にも耐える。〔生長〕やや早い，幹は細いがツルはかなり伸長する。〔性質〕萌芽力があって，剪定に耐える，ときに盆栽として立性に仕立てられる。〔増殖〕実生，挿木。〔配植〕本来の造園木ではないがツルを剪定し，浅緑色，小形の葉を賞するに適する。〔用途〕ツルは強靱，乗馬のときに使うムチにつくる，古来「柳のムチ」というのはこれである。方言でクロガネカズラというくらい枝ツルは強靱である。昔の武将が馬上で柳のむちをふるうという記事がしばしば古書に記されてある通り長く切りとってムチとする。

【図は蔓，花と実】

くろうめもどき　くろうめもどき科
Rhamnus japonica *Max.*

〔形態〕落葉小喬木，雌雄異株で，樹形は不整。樹皮には特臭あり，無毛。枝は密生，無毛，短枝の変形である刺は頂生または腋生し，短枝は縮少して結節状を呈する，ときに1cm以上もある。葉は対生あるいはほぼ対生，まれに互生，有柄 (0.5〜2cm)，卵形・楕円形・広または狭倒卵形，まれに倒卵形，円頭・鈍頭，急鋭尖鈍端，楔脚，低平の鈍鋸歯があり，上面は無毛または短毛粗生し，下面は無毛または特に脈上に短毛粗生する。羽状側脈は長く走る，長さ2〜9cm×1〜4cm。花は4〜5月，淡黄緑色の有梗小花を腋出束生する。萼と花弁は各々4片，細小。果実は10月成熟，核果で，球形・倒卵状球形，紫黒色，径6〜8mm。種子は淡褐色1個に2〜3個，まれに1個，球形。
〔産地〕北海道・本州・四国・九州の産。〔適地〕土地を選ばない。〔生長〕やや早い，高さ6m，径0.15m。
〔性質〕萌芽力があって，剪定に耐える。〔増殖〕実生。
〔配植〕もともと造園木ではないが北海道では生垣にしばしば用いている，刈込を行って樹形を整備すれば充分庭木として役立ちうる。〔変種〕ナガバノクロウメモドキ var. angustifolia *Nakai* 葉は細長形。コバノクロウメモドキ var. decipiens *Max.* 葉は小形。アオミノクロウメモドキ f. chlorocarpa *Hara* 果実は帯緑色。関東地方の産はまれに見られる。クロウメモドキは北海道では有用の樹であり，アイヌはキシキンニと呼び材や果実を利用しているものの一つである。多く自生する。
【図は花と実】

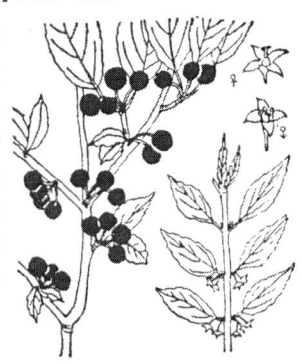

くろかんば　くろうめもどき科
Rhamnus costata *Max.*

〔形態〕落葉小喬木，雌雄異株で，樹形はやや整形。樹皮は暗褐色，横に剝離することサクラかシラカバに似る。枝は無毛。葉は対生ときに束生，まれに互生，短柄，大形，倒卵形・倒卵状長楕円形，急鋭頭・短尖，楔脚・鈍脚，細鈍鋸歯があり，上面は無毛，下面は特に脈上に黄褐色の軟毛が密生する。側脈は17〜23双，著明に斜上平行する。長さ8〜15cm×4〜8cm。花は5〜6月，小形，黄緑色，花径5mm。萼と花弁は各々4片。束生する長梗をもって腋生する。雄花は数個，雌花は少数，ともに不著明である。果実は10月成熟，核果で，球形，黒色，径6〜8mm，長梗をもって下垂または斜下，種子は1果2〜1個。

〔産地〕近畿以東の本州・四国の山地に稀産する。〔適地〕植栽品は土地を選ばない。〔生長〕やや早い，高さ6m，径0.2mのものがある。〔増殖〕実生。〔配植〕本来の造園木ではない，対生の葉と樹皮は黒味があるがシラカバのように横に剝離する（クロカンバの名はこれによる）特徴を賞して庭木としても充分に用いられる，ただし植栽後の管理方法については他の野生樹の場合と同様，経験に乏しく未知数であるというほかはない。〔品種〕ナンブクロカンバ f. nambuana *Hara* 葉の下面には毛が乏しいか無毛のもの。ヤマナシクロカンバ f. pubescens *Hiyama* 葉の下面有毛のもの。少数の樹木であり，どこにも見られるという種類ではない，したがって苗木の入手が困難であるが庭園にすすめたい。
【図は花と実】

いそのき くろうめもどき科

Rhamnus crenata *S. et Z.*

〔形態〕落葉灌木，雌雄異株で，樹形は不整。樹皮は灰褐色。幼枝に短軟毛があり，後に無毛，赤褐色となる。皮目は小形で，散点す。葉は互生，有柄(0.8〜1.5cm)，長楕円形・倒卵形・倒卵状長楕円形，急鋭尖，円脚・鈍脚，細鋸歯多く，下面に細毛あり，側脈は凸出し，少数だが著明，6〜10双，長く斜上する，長さ6〜12cm×3〜6cm。花は6〜7月，腋生または頂生の短聚繖花序につき，小梗ある小形で，黄緑色の十数花を開く，花径5mm。萼は5片，細毛あり，花弁も5片，細小。果実は10月成熟，核果で，小球形，ときに倒卵状球形，長さ6〜8mm，初め褐色，ついで紫紅色，完熟して黒色となる，種子は1果3個を蔵する。

〔産地〕本州・四国・九州の山間の湿地に産する。〔適地〕湿地に生じているが植栽品については土性を選ばない。〔生長〕やや早い，高さ1.5〜3m，幹はそう太くない。〔増殖〕実生。〔配植〕本来の造園木ではないが湿地に耐える点を重視し，そうした立地の公園，庭園に用いるに適する，格別の雅趣を認めない平凡な樹容である。〔変種〕ホソバイソノキ var. yakushimensis *Makino* 葉の細長いものをいう。オオバイソノキ var. macrophylla *Honda* 葉はやや大形のものをいう。特殊の土地に使われるもの，普通の庭樹ではないがこうした環境にあっては役に立つものといえる。変種は稀少であるが用途は同様である。この属のものは他に多い。

【図は花と実】

ねこのちち くろうめもどき科
Rhamnella franguloides *Weber*

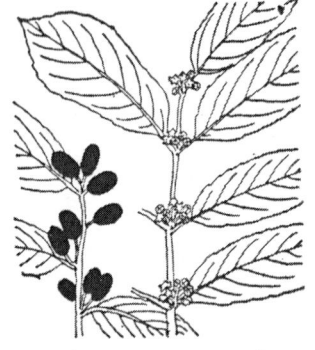

〔形態〕落葉小喬木, 樹形は不整。枝は帯褐色・暗褐色, 幼枝に開出する短毛がある。皮目は白色, 散点する。葉は互生, 短柄（開出短毛あり), 倒卵状長楕円形・長楕円形, 尾状鋭尖, 円脚・鈍脚, 膜質, 細鋸歯があり, 上面は無毛, 下面は主脈上に開出短毛が粗生し, 側脈は5〜10双, 葉縁に達して著明, 長さ6〜12cm×2.5〜5cm, 小形の托葉は早落する。花は5〜6月, 小梗ある黄白色の小花が葉腋に多く着生する。萼と花弁とは5片, ともに細小, 不著明。果実は10月成熟, 核果で, 狭長楕円体, 長さ8〜10mm, 径6〜9mm, 初めは黄緑色, ついで黄褐色, 完熟して紫黒色となる。種子1個入る, 淡褐色である。幼果の形, 色は全くネコの乳頭そのままに似る。

〔産地〕近畿以西の本州・四国・九州・琉球に産する。
〔適地〕植栽品では土性を選ばない。生育早く, よく結実をみる。〔生長〕早い, 高さ10m, 径0.3mのものがある。〔増殖〕実生。〔配植〕本来の造園木ではないが各地の庭園に往々植栽されている。
【図は花と実】

クロウメモドキ科のものはこのほかにハマナツメ属 Paliurus, クロイゲ属 Sagaretia などあり, 外国産にはこのほか数種あり, 日本では造園用とするものはきわめて少ないが外国では相当に用いられている。この科, 属のものはこのように未利用として放任されているが樹形, 部分に特徴が少なく, 造園用としてすすめられるものはほとんどないといってよい。

つた　ぶどう科

Parthenocissus tricuspidata *Planch.*

〔形態〕落葉藤本。ツルは伸長し、節部から生ずる気根で岩壁、壁体、枯木などに吸着し、その先端は吸盤状を呈する。ツルは葉と対生する。葉は互生、長柄（一部分有毛）。長枝の葉は卵形、または2～3裂、あるいは3小葉の複葉、短枝の葉は3裂。裂片は尖頭三角形、心脚、ともに粗鋸歯があり、両面特に下面の脈上は有毛、葉柄の上部に関節があって、秋季落葉のときはここで葉片がまず落ち、ついで葉柄が落下する。秋の紅葉は美しい。長さ、幅とも5～12cm。花は6～7月、短枝端に短花穂を生じ黄緑色の小花をつける。萼は截形。花弁は5片。果実は10月成熟、漿果で、小形、球形、紫黒色、径5～7mm、外面に白粉を被る、種子は1果3個、黒褐色、3稜状球形、長さ5mm。

〔産地〕北海道・本州・四国・九州等の山地に産する。

〔適地〕土地を選ばない。〔生長〕早い、ツルは相当伸長する、幹径の大きいものは0.05mに及ぶ。〔性質〕剪定に耐え、萌芽力は強い。〔増殖〕実生、挿木。〔配植〕壁体修飾の目的で外壁、家屋の外壁にからませる、岩盤、枯木にも纒着させることができる、挿木ものより実生で肥培したものの方が後日の生育甚だ良好であることを知る必要がある。〔類種〕アメリカヅタ P. quinquefolia *Planch*. 葉形は一層美しい。アメリカの産、大正年間日本に入った、ツルの上昇力は強いが紅葉の美しさでは劣っている。ただし気候に合った土地であるとかなり美しい鮮紅葉を呈することもある。苗木は市販あり。

【図は花と実】

ほるとのき　ほるとのき科

Elaeocarpus sylvestris *Poir.* var. ellipticus *Hara*

〔形態〕常緑喬木。樹皮は灰褐色，不斉に剝離，内皮にタンニン分を含む。幼枝に淡黄褐色の毛があり，後に無毛となる。葉は互生，短柄（1～1.5cm），狭長楕円形・倒披針形・長楕円状披針形，鋭頭，鈍端，鋭脚，低平鈍鋸歯があり，無毛，側脈は少数，上面に光沢ある暗緑色で，下面は淡色，主脈下面に凸出し，通常紅紫色を呈する。上面の主脈は緑色，下面主脈との交叉部分に特異のミズカキ状の小膜あり，落葉前または新葉開出のとき全面紅紫色を呈することがある。長さ6～12cm×2～4cm。以上により他の常緑樹葉と区別される。花は6～7月，前年枝に腋生総状花序を生じ，長さ40～120mm，小形で，白色，萼は5片，緑色，広披針形，鋭尖。花弁は5片，倒卵状楔形，上部浅裂，細毛がある。果実は11月成熟，核果で，楕円体・狭卵形，両端鈍円形，長さ15～18mm，径9mm。長梗または短梗があり，下垂する，初め緑色，完熟すると黒碧色となる。種子は1個，表面に皺がある。

〔産地〕房州以西の本州・四国・九州・琉球産。〔適地〕比較的土地を選ばない。〔生長〕やや遅い，高さ6～20m，径0.5～1m。〔性質〕剪定はきく，移植力はあまり強くない。〔増殖〕実生。〔配植〕庭園，公園，社寺境内の樹木として古来賞用されて来た。一名をモガシという。ホルトノキとは昔この実からポルトガルの油すなわちオリーブ油がとれると誤認したのによるという。高松の栗林公園内の巨木は著明である。

【図は樹形，花，実，樹皮】

しなのき しなのき科
Tilia japonica *Simk.*

〔形態〕落葉喬木, 樹形はやや整斉。樹皮は帯褐暗灰色, 外側は縦裂する。幼枝は通常無毛, 赤褐色, 少しくジグザグ状に伸長する。冬芽は球形, 大形。葉は互生, 有柄（3～5cm, 無毛または軟毛）, 歪心円形, まれに歪広卵円形, 左右葉片不等, 急鋭尖, 歪心脚, やや不斉の細鋸歯あり, 洋紙質で, 上面は無毛, 下面はときに帯白色, 脈腋と脈基に淡褐色の毛叢があり, 主脈は著明, 側脈は4～6双, 葉は長さ4～10cm×4～8cm 寒地では秋に黄葉する。葉状苞は広線形, 円頭, 長さ5～9cm。花は6～7月, 繖房状聚繖花序は長梗, 斜下または下垂し, 腋生。梗基はせまい舌形の葉状苞のほぼ中央部につく。花は小形, 帯黄色, レモンの香気あり, 蜜源植物である。萼と花弁とは各々5片。果実は10月成熟, 核果で卵球形, 灰褐色, 径5～6mm, 細短毛を密生。
〔産地〕北海道・本州・四国・九州の産。〔適地〕土性を選ぶこと少ない。〔生長〕早い, 高さ20m, 径0.6～1m。〔性質〕剪定に耐えるが強度に行いたくない。
〔増殖〕実生。〔配植〕日本では本来造園木ではなく, 公園に植えられる程度であるが造園用としての価値は多い。〔用途〕内皮を剝ぎ綱に綯い, 繊維として衣類に織る, 強靱で耐久力がある, 農村では今日も採収し利用している。シナノキ属のものは日本では造園用に使われることが少ないがヨーロッパでは重要な並木, 公園木の一つであり, 世界四大並木樹種の一つである, ドイツでリンデンというのはこの類の西洋種のものを指している。
【図は花と実】

ボダイジュ　　しなのき科
Tilia miqueliana *Max.*

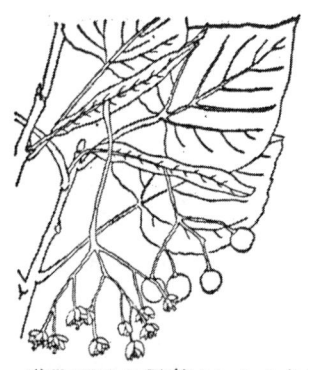

〔形態〕落葉喬木，樹形はシナノキに似る，樹姿繁密。樹皮は帯紫灰色。枝は灰褐色，幼枝は黄緑色，灰白色の軟く細い星毛が密生する。冬芽は球形で，著明。葉は互生，有柄（2～4cm，灰白星毛密生），歪三角状広卵形・歪三角状心円形，鋭尖，歪脚・円脚・浅心脚，葉脚歪形の程度はシナノキほど著しくない。鋭鋸歯あり上面は無毛，下面は緑白色に勝り，灰白色の星毛密生する，長さ5～10cm×4～8cm。葉状苞は倒披針形，円頭，長さ4～10cm，上面に星毛粗生し，下面は主脈上有毛。花は6月，繖房状聚繖花序は長梗あり，腋生，下垂，葉状苞に小形で淡黄色の5萼5弁の花をつける状態はシナノキと同じ，花には微香あり。果実は10月成熟，核果で，ほぼ球形，径7～8mm，淡褐色の密毛を生ず，果実の下方に5肋あり，念珠につくられるのでこの名称がある。種子1個入る。

〔産地〕中国の産，南京江蘇地方に多く見る。〔適地〕土性を選ぶこと少ない。〔生長〕やや早い，高さ12m，径0.6m。〔性質〕シナノキに同じ。〔増殖〕実生。〔配植〕中国から移入し，寺院に多く植えられ今日に及んでいる。在家の造園木としてはまれである。ボダイジュに本種のほか，インドゴムノキ（94頁），ネンジュボダイジュ（これから本格の念珠をつくる）の3者がある。この3種の樹木はいずれも別種であり，性質や形態はことごとく異っているので誤りのないように識別したい。ネンジュボダイジュは前記ホルトノキの一類である。

【図は花と実】

おおばぼだいじゅ しなのき科
Tilia maximowicziana *Shirasawa*

〔形態〕落葉喬木, 樹形大にして枝条は繁密。樹皮は厚く, 暗紫灰色, わずかに浅裂し, 無毛。枝は太く, 濃紫褐色, 幼枝は帯緑青灰色, 淡黄褐色の星毛密生する。葉は互生, 長柄(4～6cm, 密毛あり), 円形・心円形, 急鋭短尖, 歪脚・心脚・截脚, 三角状鋭鋸歯あり, 両面有毛, 上面には少なく, 下面に淡褐黄色の星毛密生し, 汚黄褐色を呈する。長さ7～10cm, まれに, 18～24cm×8～12cm まれに15cm, 秋は黄葉する。葉状苞は倒披針形, 円頭, 長さ9～11cm, 上面は主脈上に軟毛密生, その他は粗生, 下面は全面に密生する。花は6～7月, 繖房状聚繖花序は長梗があり, 腋生する, これに小形, 淡黄色で微香ある5萼5弁の花をつける状態はシナノキと同じである。果実は10月成熟, 核果で, 小球形・卵球形, 長さ8～10mm, 黄褐色の軟毛密生し, 外面に5肋がある。種子1個。

〔産地〕北海道に多く, 本州中北部に分布する。〔適地〕シナノキと同じ。〔生長〕早い, 高さ20m, 径1m。〔性質〕シナノキと同じ。〔増殖〕実生。〔配植〕本来の造園木ではなく, 産地では地方的に造園用としているに過ぎない。シナノキの方が需要が多い。〔品種〕モイワボダイジュ f. yesoana *Hara* 樹体に毛が少なく, 葉の下面は緑色のものをいう, 北海道地方にだけ見られる。ボダイジュの一類と見られる外国種は朝鮮, ヨーロッパに多い。有名なベルリンの並木路として人にしられウンテルデンリンデンのものはナツボダイジュである。

【図は花と実】

へらのき しなのき科
Tilia kiusiana *Makino et Shirasawa*

〔形態〕落葉喬木，樹形は整斉，主幹は直立する。枝条は繁密，小枝よく伸長する。樹皮は初め灰褐色，白斑あり，後に浅裂して鱗片状に剝離する。幼枝には細毛あり，褐色，光沢に富む。葉は互生，有柄（1～1.5cm，有毛），歪卵形・歪卵状楕円形，左右の葉片は形不同，急尾状鋭尖，歪脚・截脚・心脚，鋭鋸歯があり，上面は深緑色で，脈上に短毛あり，下面は淡緑色で，脈上に短毛，脈腋に淡黄褐色の毛を有し，長さ5～8cm×2～4cm，他のシナノキ属より葉は小形である。葉状苞はヘラの形をなして長く線状，長さ4～6cm。花は6月，花形，着生の状態はシナノキと同じ。果実は10月成熟，核果で，ほぼ球形，径4～5mm，褐色の短毛密生するが肋はない。種子は1個。

〔産地〕本州では大和・中国西部・四国・九州の産，関東地方のものは植栽品である，かつては数本の代表樹もあったが今日は絶滅した，殊に亀戸天神のものは学名の検討に供せられたもの，その種実から生じたものが牧野博士邸にあり，かなり大きく生育している，おそらく東京では第一の大きさと思う。花時には見事な花を咲せている。〔適地〕シナノキと同じ。〔生長〕早い，高さ15m，径0.6m。〔配植〕貴重な造園木である。〔用途〕内皮をヘラ皮と称して繊維を利用する。以上3種は内皮の繊維がきわめて強靱であるのでこれを剝ぎ，水にさらして細く糸状として織機にかけて手織の衣類につくる。きわめて丈夫である。また綱，縄にもつくっている。

【図は花と実】

ムクゲ あおい科
Hibiscus syriacus L.

〔形態〕落葉または半常緑小喬木，樹形はやや円柱状。枝は斜上する，全株はとんど無毛だが幼枝に星毛がある。樹皮は灰白色，内皮は強靱の繊維質。葉は長枝上で互生，短枝上で束生，短柄（0.7～2cm，上側に密毛あり），菱卵形・卵形・広卵形，往々3裂，鋭尖，やや鈍端，楔脚，3～5行脈，不斉の粗鋸歯あり，両面に単毛または分岐毛が粗生する，長さ4～10cm×2.5～5cm，葉を水中に入れて揉むと青緑色に染まる，これは葉肉内に粘液を含んでいるためである。花は7～8月以降連続して開く，腋生または頂生の短梗単花，紅紫色一重を常品とするが淡紫色・白色・白色底紅色，その他八重咲品などがあり，夕刻は凋み，2～3日開花が続いて落花する。花下に線形の小苞数片あり，萼は鐘形，5裂。花弁は5片で，回旋襞をなす，基部は癒合する。果実は10月成熟，蒴果で，卵球形，星毛密布し，長さ20mm，胞背で5殻片に開裂する。種子は多数，腎臓形，冠毛あり，長さ4～5mm。種子をまけばよく発芽し，1～2年で開花するので品種の改良によく適合する。

〔産地〕中国産。〔適地〕向陽の地を好み土性を選ばない。〔生長〕きわめて早い，高さ2～4m，径0.3m。
〔性質〕枝は繊維強く折れにくい，萌芽力あり，強剪定に耐える。〔増殖〕実生，挿木，株分。〔配植〕庭木として各種の花色，花容を賞するが多くは中国と同じく生垣用である。一名ハチスとも呼ばれる，ムクゲといえば垣樹を連想するくらい中国・日本では生垣に用いる。

【図は樹形，花，実，樹皮】

ふ　よ　う　　あおい科
Hibiscus mutabilis *L.*

〔形態〕落葉灌木，幹は立たず，株立状に開く。樹皮は強く，繊維を利用する，これで小皮紙という紙を製する，全株帯白色の星芒状の毛を密生する。葉は互生，長柄（9〜12cm），掌状・五角状の心円形で，3〜7裂する。裂片は三角状卵形，鋭尖，心脚，三〜五行脈状，鈍鋸歯，波状歯牙縁，膜質，やや光沢あり，上面に星毛と細突起あり，下面に灰色の毛があって，長さ，幅とも9〜20cm。花は8月から初冬まで次々と開花，腋生で，頂生し，長梗，大花，径80〜130mm，淡紅色，一重を常品とする。下方から順次上方に咲きあがり，朝開き夕暮に凋む一日花で，早朝開花時は白または紅，昼間は淡紅，夕に深紅となるもの，その他，白花八重咲もあって，花色，花容に変異が多い。花下に線形の小苞10片あり，萼は鐘形，5裂，花弁は5片，基部は連着し回旋裏をなし，縦脈がある。果実は10月成熟，蒴果で，ほぼ球形，径25mm，開出長毛あり，胞背で5殻片に裂開する。種子は多数，腎臓形，長さ2mm，背面に白色粗長毛がある。種子を翌年4月まけば発芽しその年に開花する。

〔産地〕日本では九州産，中国にも産する。〔適地〕向陽の地ならば土性を選ばない。〔生長〕きわめて早い，下種の年に開花する，高さ1〜6m，幹径は小である。
〔増殖〕実生，挿木，株分。〔配植〕樹性強健，庭園，公園その他の造園木に利用する。花には紅，白，一重，八重がある。花色が初め白色，ついで淡紅，後に紅色を酔芙蓉という。枝端に石化を見せるものもある。
【図は花と実】

あおぎり　あおぎり科

Firmiana platanifolia *Schott et Endl.*

〔形態〕落葉喬木，雌雄同株で，主幹は直立する。枝は輪状に出て太く粗生する。樹皮は中小木は青緑色，平滑で，光沢があり，皮目，葉痕は著明，老木では灰白色に勝る。内皮は白色，繊維質，布に織る。冬芽は大形，球状，暗褐色の軟毛がある。根は太く，白色，直根，軟質。葉は互生，長柄（12～30cm，ときに主脈とも帯紅色のものあり，帯褐色軟星毛あり），大形，扁円形だが掌状に通常は3裂，まれに5～7片に中裂，浅裂する。裂片は卵形・心卵形，鋭尖，深心脚，上面は深緑色だが幼時には帯褐色の軟星毛があり，下面は帯青白色で微毛があり，ときに脈腋に褐色の星毛，脈上に腺体があり，全縁，長さ15～35cm×18～55cm。花は6～7月，頂生で，大円錐花序，長さ400～700mm，小形，帯黄色の多数花をつける。1花穂中に雌花，雄花混生する。萼は5片，狭長楕円形，平開，花弁を欠く。果実は10月成熟，蒴果で，未熟のときは幼果のなかに汚色の水液を貯え，内部器官を保護し，幼種子は下方の縫合線に密着する水萌植物である。完熟して黄褐色，裂開し膜質葉状舟形となり，心皮の縁辺に1～5個の種子をつける。種子は球形，網状凹起あり，黄褐色，径9mm。

〔産地〕日本産・中国産両説がある。〔適地〕土性を選ばない。〔生長〕早い，高さ18～20m，径1m。〔性質〕剪定に耐え，移植力強い。〔増殖〕実生。〔配植〕庭園，並木用。この害虫ヒメマルカツオブシムシは同時に洋服地を喰害するので並木にこれを植えるのをきらう。

【図は樹形，葉，花，実，樹皮】

またたび

またたび科

Actinidia polygama *Max.*

〔形態〕落葉藤本，雌雄異株または同株。枝はよく伸長して細く，先端ツル状となる，褐色で，左巻き，中心に白色の髄がある。幼時は淡褐色の軟毛あり，きわめてまれに刺状の硬毛を有する，枝を噛むと辛味がある。葉は互生，有柄（3～5cm，微紅色，ときに刺状毛あり），楕円形・広卵形・長楕円形・卵円形，鋭尖，円脚・鋭脚，鋭細鋸歯あり，薄質，上面と下面の脈上に短い白色硬毛，下面の脈腋に淡褐色の毛を粗生する。花枝の葉の一部分は上面が白色となる（通常6月前後），長さ6～15cm×3～8cm，秋は黄葉する。花は6～7月，雄花は腋生の聚繖花穂に通常3花をつけ，雌花は花梗を有する単一花，腋生する，いずれも下向きに開く，花形ウメの花によく似て香気あり，白色，花径15mm，ときに両性花が混生している。萼と花弁とは各々5片。果実は10月成熟，漿果で，長楕円形，尖頭，無毛，黄緑色，長さ20～30mm，宿存萼を伴う。虫の喰入ったものはほぼ球形となり，表面凹凸あり，果肉は歯ざわりがよく辛味がある。食用とする。種子は多数，細く小形。
〔産地〕北海道から九州までの山地の産。〔適地〕湿気ある土地を好む。〔用途〕猫はこの植物の全部殊に果実を好む，造園木ではなく，薬用樹，ただし猫の出没する場所には保護金網を用いないかぎり植えられない。猫に根こそぎ，噛みきられどこかに運ばれてしまう。類種サルナシの方は猫の被害はない，葉柄は紅色を帯びる，剪定してツルものに使う。

【図は茎，花，実】

やぶつばき(つばき)　つばき科
Camellia japonica *L.*

〔形態〕常緑喬木,樹形はほぼ球状,半球状。樹枝は繁茂,太くしてよく交錯する。樹皮は灰白色,平滑,全株無毛。葉は互生,短柄,卵形・楕円形・長楕円形,急鋭尖・短鋭尖,円脚・楔脚,厚革質,上向する鋭細鋸歯あり,両面光沢著しい,上面は濃緑色,下面は淡緑色,側脈は不著明。長さ6〜12cm×3〜7cm。花は2〜4月,無梗,大形,紅色,下向きまたは側向して開く,頂生,腋生,一重咲,半開状で,花径50〜60mm,花下の小苞外面には白色の短毛がある。萼片は緑色,花芽の鱗片と覆瓦状に並び,花弁は5片,基部で連着する。果実は10月成熟,蒴果で,球形・長楕円体,厚果皮,赤褐色,長さ30〜50mm,胞背で3開裂する。種子は暗褐色,楕円体,背面突出,長さ20〜25mm,幅15〜18mm,厚さ10〜13mm,種子から椿油を搾り利用の途はひろい。一名ヤマツバキともいう,単にツバキというときは本種を指す,園芸品の花は平開する。

〔産地〕本州・四国・九州の主として海岸地帯に産する。
〔適地〕肥沃で向陽の壌土質深層地を好む。栽植品はかなり不良の土地にも生育できる。〔生長〕やや遅い,高さ6〜18m,径0.3〜0.5m。〔性質〕剪定に耐えない,病害虫は相当にある。〔増殖〕実生,挿木。〔配植〕庭園木とするが花を賞するには品種ものの方を用い,風除,目隠し,生垣用にも供する。〔用途〕種子から油を搾る。この変種に白花がある。キンギョツバキも変種で葉の先端が3裂し金魚の尾のようになる。園芸品種は多い。

【図は花と実】

さざんか つばき科
Camellia sasanqua *Thunb.*

〔**形態**〕常緑喬木，樹形はツバキより優美である。枝の立つものと側向するものとの2様がある。樹皮は黄褐色・黒褐色（ツバキは灰白色），枝はやや細い，小枝には短い斜上または開出する細毛がある。葉は互生，有柄（0.2～0.5cm），狭長楕円形・卵状楕円形・広倒披針形，鋭頭，鋭脚，厚革質，鈍細鋸歯あり，両面主脈上に斜上する少数の短粗毛がある。葉柄の上側に短い白色の立毛が粗生する点は重要なツバキとの区別点である，長さ3～7cm×1～3cm。蕾は葉の上面につく（ツバキは下面につく）。開花により花の表面はよく見える（ツバキでは葉に隠れる）。花は10月，頂生，無梗，やや大形，平開，一重咲，白色，単生，やや香気があり，花径40～70mm。萼は緑色，芽鱗と共に覆瓦状。花弁は5片，倒卵形・長楕円形，凹頭または2浅裂，子房に白色密毛のあるのを特徴とする。果実は翌年10月成熟，やや球形・倒卵球形，径15～20mm，長細毛あり，厚皮，胞背で3開裂する。種子は3稜形，暗褐色・黒褐色，背は凸出，他は扁平，種実ともにツバキより小形である，種子から油を搾る。

〔**産地**〕九州・琉球の産。〔**適地**〕ツバキと同じだが耐寒性に劣る。〔**生長**〕やや遅い，高さ13m，径0.3～0.7m。〔**性質**〕ツバキとやや同じ。〔**増殖**〕ツバキと同じ。〔**配植**〕庭園木としてはヤブツバキより上品であり，ひろく植栽されている，品種はきわめて多い。ツバキとの中間種もあってこの2種の区別困難なものも少なくない【図は樹形，花，実，樹皮】

ちゃのき　つばき科
Thea sinensis *L*.

〔**形態**〕常緑喬木，樹形は粗雑，刈込によって整形となる。株立状に根元からヒコバエ多く生じ，枝条は密生する。幼枝は淡褐色で，斜上の短毛がある。葉は互生，短柄，披針状長楕円形・長楕円形，鈍頭，鋭脚，厚革質，光沢あり，鈍鋸歯があり，上面は無毛，下面には幼時往々伏毛がある。葉を噛むと苦味があり，茶に製する。網状脈は著しく，側脈間はやや凸面をなす，長さ2.5～5cm×2～3cm。花は11月，腋生まれに頂生，牧野博士は聚繖花序の退化して単花となったものと称しているが多くは単一，白色，下向し，微香あり，花径は20～35mm，長さ5～15mmの小梗あり，5萼は深緑色，5弁は円形，白色。果実は翌年11月に成熟，花と果とを同一枝に見られる，蒴果で，扁球形，鈍3隅，鈍3稜形，径15～20mm，胞背で3殻片に開裂する。種子は1～3個入る，暗褐色，大形，ツバキよりは小形。

〔**産地**〕中国および日本産，九州に自生あり，栽培種に対し山茶という。〔**適地**〕向陽の地，肥沃深層の重土を好む。〔**生長**〕やや早い，高さ4m，径0.5m。〔**性質**〕強剪定に耐え，萌芽力著しく，深根性甚だしく移植力はない。〔**増殖**〕実生，挿木，株分。〔**配植**〕本来の造園木ではないが生垣にしばしば用いられる。〔**用途**〕葉を摘んで飲料とするために栽培する。〔**品種**〕ベニバナチャというのは中国産，花は小形，淡紅色，寒さに弱いのが欠点，花戸で紅茶と呼んでいる。トウチャの方は葉が大形，花も実も大形，九州産，主として紅茶用とする。

【図は花と実】

もっこく　つばき科
Ternstroemia gymnanthera *Sprague*

〔形態〕常緑喬木，樹形きわめて端正，刈込を行わなくも整形，枝序輪生する。樹皮は帯黒褐色，外皮は剝離し枝は太く，全株無毛。葉は互生，多く枝端近くに叢生，短柄（0.5～1cm，帯紅色），倒卵状長楕円形・卵状ヘラ形，円頭，鈍端，楔脚・鋭脚，厚革質，全縁，幼時またはヒコバエの葉にはときに粗鋸歯があり，光沢に富むこと著しい，上面は深緑色，主脈は上面に凹入し，下面に突出する，側脈は不著明，若葉または落葉直前のもの，あるいは栄養の関係あるときは深紅色を呈する。冬間は帯黒紫紅色となる。長さ4～8cm×1.5～3cm。花は7月，枝の下方に腋生し，花梗は長く25mm，下垂して開く。緑萼は5片。花弁5片，長さ8mm，平開，白色・帯黄白色。果実は10月成熟，漿果で，球形・広楕円体・卵球形，帯紅黄色，厚皮，径10～12mm，不斉に開裂する。種子は鮮紅色の仮種皮があり，長楕円体，長さ9mm，径4.5mm，種糸により下垂する。種実をまけば幼苗を生ずるが生育きわめて遅い。

〔産地〕本州の中南部・四国・九州の近海地帯に分布する。〔適地〕向陽肥沃の壤土質を好む。〔生長〕遅い，高さ7～15m，径0.5～1.2m。〔性質〕剪定はできない，萌芽力あるが樹形を損する，移植力は大きい。〔増殖〕実生，挿木。〔配植〕庭木の王者と称せられる，真木に用いる，花実を賞するのではなく樹形の賞用である。価格きわめて高い。樹形が端正に過ぎるので小庭には向かない，雅味に乏しい欠点はある。

【図は樹形，花，実，樹皮】

ひ さ か き   つばき科

Eurya japonica *Thunb.*

〔形態〕常緑小喬木，雌雄異株で，樹形は整正であるが枝序は美しくない，枝葉きわめて繁密。樹皮は黒褐色。小枝は無毛または幼時少しく斜上毛がある。葉は互生，短柄，倒披針形・楕円形・楕円状披針形，鋭頭，鈍端，鋭脚，やや厚質，無毛，上向する鈍細鋸歯があり，上面は深緑色，下面は淡緑色・帯黄淡緑色，一見サザンカに似るが薄く，光沢に乏しく，虫食いの跡が白色となるものが多い，長さ3～8cm×1～3cm。花は3～4月，雄花，雌花，両性花，各々株を異にする，枝上葉腋に1～3の有梗小白花を束生下向し，帯紫色・淡黄緑色で微香があり，径5～6mm，萼は5片，暗紫色。花弁は5片，雄花はクリーム色，悪臭あり。果実は10月成熟，漿果で，球形，紫黒色，果汁多く，多数に着生，径4～5mm，小禽きわめて好む，種子は1果に約20個，淡褐色，楕円体，長さ1.5mm，凹点がある。

〔産地〕本州・四国・九州・琉球に産する。〔適地〕日陰地，向陽地を問わず土性を選ばない。〔生長〕やや遅い，高さ10m，径0.3～0.6m。〔性質〕剪定に耐え，萌芽力きわめて強く，移植力もある。〔増殖〕実生。〔配植〕庭園木としては品位に乏しく，多くは生垣，植込，目隠し用の実用木とする。〔用途〕神棚に供するサカキの代用として用いられることはひろく知られている，山地，島嶼などの自生品を刈込んで出荷している。〔品種〕約9もあり，葉形によるものにはホソバヒサカキ，ツゲバヒサカキ，モチバヒサカキ，花ではベニヒサカキなどがある。【図は花と実】

はまひさかき つばき科
Eurya emarginata *Makino*

〔形態〕常緑喬木,雌雄異株で,樹形は不整,枝葉繁密である。枝は剛強,小枝には稜角あるほか淡黄褐色の短斜毛密生する。葉は互生,短柄,長楕円形・狭倒卵形・長倒卵形,円頭・鈍頭,先端少しく凹入する,楔脚,厚革質,無毛,光沢ある黒緑色で,波状鈍鋸歯があり,葉縁下方に反曲する。上面は側脈著しく凹入,下面に突出し,不著明の網状脈があり,長さ2～3.5cm×1～1.2cm。花は3～4月,葉腋に多くは双生し,有梗で,下向して開く,淡緑白色,小形,花径4～5mm。萼と花弁は各々5片で,円頭。果実は10月成熟,漿果で,球形,紫黒色,果汁多く,径5mm。種子はヒサカキに同じ。

〔産地〕本州中南部以西・四国・九州・琉球の海岸地方に多い。〔適地〕向陽地,肥瘠を問わず旺盛な生育を遂げる。〔生長〕やや遅い,高さ7m,径0.3m。〔性質〕剪定はきくがヒサカキに比してはるかに劣る。〔増殖〕実生。〔配植〕庭園木としてはヒサカキより品位あり,多くは植潰し,目隠し,風除,生垣に用いる。独立した庭木としては不適当である。〔変種〕ヒメハマヒサカキ var. microphyllum *Makino* 本種より葉は小形,この方が庭木に適する,栽植品で原産地は不詳,鹿児島県ではこの方を多く用いている。庭師はシタンボクと呼んでいる。四国・九州辺の海岸には多く,独立して庭木として用い,かなりの大木となっているものもしばしば見かける,関東地方では割合に用いていないようである。

【図は樹形,花,実,樹皮】

さ か き つばき科
Cleyera japonica *Thunb.*

〔形態〕常緑喬木，樹形は整斉，主幹は直立，枝条はやや繁密である。樹皮は暗褐紅色。小枝は緑色，全株無毛。頂芽は長く，細く，一方に彎曲している。葉は互生，有柄（0.5～1 cm），長楕円状倒卵形・狭長楕円形，鋭頭・鈍端・鋭端，鋭脚，厚革質，全縁，きわめてまれに粗鋸歯がある，上面は暗緑色で，光沢があり，下面は帯青色，長さ7～10cm×2～5cm。庭木では長葉のものと丸葉のもの（台湾にもあり）とに分けている。モチノキの葉のような鈍頭または凹頭のものを**モチサカキ**（var. contracta *Honda*）という，また葉柄に青色のものと紅色のものとがある。花は5～6月，腋生，有梗，1～3花束生して葉腋に下向してつく，花径12～15 mm，緑萼5片，花弁も5片，下部で連着し，白色，後に帯黄色となって落下する。果実は10月成熟，漿果，紫黒色・黒色，果汁多く球形，径6～9 mm，光沢がある。種子は多数，細小形。

〔産地〕本州中南部・四国・九州の産。〔適地〕肥沃な深層土を好むが栽植のものは土性を選ばない。〔生長〕やや早い，高さ12m，径0.3～0.5m。〔性質〕剪定はきかないわけではないが，好ましくない。〔増殖〕実生。

〔配植〕主として神社境内木であり，そのため在家の庭では好まれない傾向がある，現在では各神社に植栽されている。サカキというのは語源は栄樹，すなわち常緑樹のことであり，神社に用いたサカキにはこのほかオガタマノキ，ヒサカキ，シキミもあったといわれる。

【図は花と実】

なつつばき つばき科
Stewartia pseudo-camellia *Max.*

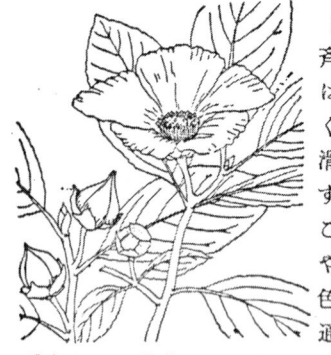

〔形態〕落葉喬木，樹形整斉で，枝序は美しい。樹皮は帯黒赤褐色で，外皮はよく剝離して，そのあとは平滑で，美しい帯紅褐色を呈する，サルスベリの方言はこれによる。枝は灰褐色でやや上向するが幼時は帯紅色で，ジグザグ形に出る。通常灰白毛があるが後に無毛となる。若葉には銀白色の光沢があり，冬芽は葉の生ずる方向に扁平をなす。**葉**は互生，有柄(0.3～1.5 cm，絹状白色長毛密生)，楕円形・倒卵形，鋭頭・短急鋭尖，鋭脚・やや楔脚，膜質，凸端に終る低平鋸歯があり，上面は無毛で，側脈凹入し，下面は絹状の長毛が粗生し，脈腋には毛叢がある。陽面する葉はときに縁辺紅色を帯びる。側脈6～7双，長さ6～12cm×3～5cm。**花**は6月，単生，腋生，花梗10～60mm，大形，白色，径50～70mm，花下に梗頂近く2苞あり，緑萼5片，白色絹状細毛がある。花弁は5片，皺あり，外方に反捲し，下面に白色絹毛を生じ，縁辺に鋸歯あり，基部は連合する，長さ30～40mm，ツバキの白一重のものに似る。**果実**は10月成熟，蒴果で，尖卵形，5～6角錐状卵形，長さ20mm，幅15mm，濃褐色，白毛あり，5殻片に開裂する。種子は濃褐色，レンズ形，長さ4mm。
〔**産地**〕本州・四国・九州の山地の産。〔**適地**〕向陽肥沃地を好む。〔**生長**〕やや早い，高さ15m，径0.6m。
〔**性質**〕剪定を好まず。〔**増殖**〕実生，挿木。〔**配植**〕山の木であるが庭園用とする。一名をシャラまたはシャラノキともいう。花と樹幹の美しさを賞する。
【図は花と実】

ひめしゃら　つばき科

Stewartia monadelpha *S. et Z.*

〔形態〕落葉喬木,幹は直立し,樹形は整斉。枝は上向箒状で細く帯赤褐色,幼枝はジグザグ状,無毛または一部分に斜上毛がある。樹皮は平滑,淡赤褐色,光沢があり,老木では薄片となって剝離する,そのあとは美しい黄褐色の斑紋状を呈する。葉は互生,有柄 (0.2～1.2cm,往々帯紅色,初め絹白毛あり),卵円形・長楕円形・卵状楕円形・長卵形,鋭尖,鋭脚,葉質やや薄く,凸端に終る上向する低平の鋸歯がある。両面または上面主脈上に絹白毛が粗生し,下面脈腋に絹毛がある。その葉腋はときに帯紅色,前種に比し葉は細長,上面は濃緑色強く,下面は脈の凹入程度が少ない。花は6～7月,当年枝に腋生,単一,有梗(5～10mm),白色,花径20～25mm。花下に2片の葉状苞あり,緑萼5片,花弁も5片,長さ12～15mm,倒卵形で,鋸歯あり,外面背部に白色の絹毛があって,基部は連合する。果実は10月成熟,蒴果で,五角錐状卵球形,鋭尖,先端細く,長さ15～18mm,径10mm,白毛あり,基部に宿存萼がある。種子はレンズ形・倒卵形,暗褐色,長さ5mm,狭翼あり,光沢はない。

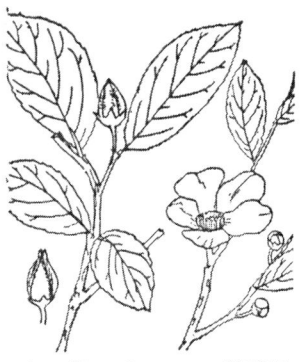

〔産地〕本州中部関東以南・四国・九州の産,前種より暖地にある。〔適地〕前種と同じ。〔生長〕やや早い,高さ15m,径0.3～0.9m。〔性質〕前種と同じ。〔増殖〕実生,挿木はやや困難。〔配植〕庭園木として茶庭に用例多く,寺院に多く用いられている。カクレミノとともに茶庭にしばしば見られるもの,花も樹形も美しい。

【図は花と実】

キンシバイ　おとぎりそう科
Hypericum patulum *Thunb.*

〔形態〕半常緑または落葉灌木，枝は繁密，株立状に叢生する。枝は平滑，褐色または帯紫色で，2稜形，アーチ状に弓曲，下垂する。葉は対生，無柄，卵状披針形・卵状長楕円形，鋭頭・鈍頭，円脚・鈍脚，全縁，薄質，側脈は3〜4双で，やや不著明。下面は白緑色，主脈は淡緑色，葉肉内に透明の油腺点が粗に見える，長さ3〜5cm×2〜3cm，ビョウヤナギより小形。花は6月から次々と開く，長梗の頂生聚繖花序をなし，それに1ないし数花着生し，黄色で，花径30〜50mm，美しい。萼は5片，緑色。花弁は5片，円形，やや厚質で，光沢があり，回旋襞をなす。純黄色の多雄蕊は下部で連合し，5束となる，ビョウヤナギより数も少なく，長さも小である。果実は10月成熟，蒴果で，卵形，尖頭，宿存萼があり，褐色，光沢なく，5殻片に開裂する，なかに多くの小粒の種子がある。

〔産地〕中国産。〔適地〕向陽の岩石地に生ずるが栽植品は土地を選ばない。〔生長〕早い，高さ0.3〜1m。〔性質〕萌芽力はあるが剪定を好まない。〔増殖〕株分，実生。〔配植〕庭園用とする，寺院境内にしばしば用いられる。〔類種〕ビョウヤナギ H. chinense *L.* きわめてよく似るもの，葉も花も大形，雄蕊は著しく多数，長く，弁より長い。庭園用としてともに用いられているがこの方が美しさにおいて勝る。この類は他に幾種があり，いずれも花は美しい。一見して外国産のものであることはわかるが，かなりひろく用いられている。

【図は樹形，花，果実】

ギョリュウ ギョリュウ科

Tamarix chinensis *Lour.*

〔形態〕落葉喬木,樹形不斉で主幹の太いものがあり枝序は粗雑で,梢頭は立たない。樹皮は黒褐色,粗に縦紋がある。枝は長く,細く直上するが先端は下垂する。当年枝に2種あり,元枝で秋冬の頃脱落しないものと主枝から発し基部肥大し,秋に葉とともに脱落するものとある。葉は互生,覆瓦状,無柄,きわめて小形の針状,相接して枝に密着する,鋭尖,淡緑色または青緑色,長さ0.5~1cm,秋は黄葉する。花は年2回開く,ともに腋生,やや直立する総状花穂である,長さ30~60mm,5月頃には旧枝に着き,花形やや大,径4mm,小梗あり,雌雄蕊あるが結実しない,淡紅色。萼は細小で5片。花弁も5片,肉質,乳白色か淡緑色。葯は白地に淡紅の絞り,雄蕊は弁の外に抽出して長い,子房は淡紅色,次には夏秋の頃(この際ときには2回開く)当年枝に開出するもの,花形は小さいが同形で結実する。牧野博士はかつて前者にサツキギョリュウと命名したことがある。現在はこの名は用いない。果実は10月成熟,蒴果で,狭小。種子には長い冠毛がある。

〔産地〕中国の産。〔適地〕水辺,水湿地を好むが乾地でも生育はわるくない。地中に潮水の入る所でもよい。

〔生長〕やや早い,高さ5~7m,径0.5m。〔性質〕剪定に耐える,移植も可能。〔増殖〕実生,挿木。〔配植〕庭園用として各地に植栽,水辺の風致に調和する。中国では御柳と称し,唐時代から庭に植えられたもの,楊貴妃はこの樹を愛したと伝えられる由緒の古い樹である。

【図は樹形,花,樹皮】

いいぎり いいぎり科
Idesia polycarpa *Max.*

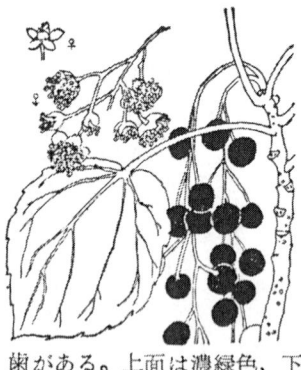

〔形態〕落葉喬木，雌雄異株で，樹形整斉，枝序輪生し，主幹は直立する。樹皮は灰白色，枝は長く伸長し灰褐色，太く無毛。冬芽は紅色，大形，雌株の方が樹形端正である。葉は互生，長柄(葉と同長，紅色)，心卵形・三角状心形・卵円形，鋭尖，浅心脚・円脚，粗鋸歯がある。上面は濃緑色，下面は粉白色，側脈凸出する，主脈基部両側に白毛，柄頭に長楕円形の無柄の蜜腺あり，幼木の葉にはこのほかに往々1～2双の腺があり，秋は黄葉する。長さ10～23cm×8～20cm。花は4～5月，頂生円錐花序は下垂し，長さ180～200mm，まれには300mm，帯黄色の細毛があり，多数の帯緑黄色の小花をつける。雄花は径13～16mm，雌花は径8mm，淡紫色，ランの香気がある。花弁を欠き，花被4～6片，開出，1花のうちに雌雄蕊をもつものもある。果実は10月成熟，漿果で，球形，紅色，径8～12mm，長梗に多数ついて下垂する，落葉後も枝間に見られる。種子は1果に平均80個，楕円体，灰白色または淡緑色，長さ2mm。種子をまいても雌雄株いずれが出るかわからない。

〔産地〕本州・四国・九州の産。〔適地〕植栽品は土地を選ばないが肥沃地を好む。〔生長〕早い，高さ10～15m，径0.6m。〔性質〕剪定を好まず，移植力はある，雌株を植えたい。〔増殖〕実生，接木。〔配植〕造園用としては主として公園，並木に用いているが庭園の日除樹に適する。一名ナンテンギリというのは紅色の果房が下垂する状によって名づけたもの，ただし種子は細かい。

【図は花と実】

きぶし　きぶし科
Stachyurus praecox S. et Z.

〔形態〕落葉灌木，雌雄異株で，茎は直立し，分岐し，中心に白色の太い髄がある。樹皮は帯褐色，枝は赤褐色・暗褐色，無毛，光沢あり，枝端は長く伸びアーチ状に弓曲する。葉は互生，有柄（1～3cm），卵状楕円形・長楕円形・狭卵形，鋭尖頭，円脚，鋭鋸歯があり，薄質で，無毛を常とするが，ときに下面脈上は有毛である。葉はときに褐紫色を呈する。長さ7～12cm×3～6cm。花は3月，葉に先だって生じ，下垂する腋生総状花序は長さ40～100mm，連続して上下に並ぶ。花は無梗，黄色・淡黄色。萼は4片で，暗褐色，花弁は6片。果実は10月に成熟，球形・楕円体，やや尖頭，長さ6～12mm，初め緑黄色，後に黄色，紅斑を点ずる，4室あり，そのなかに多数の種子を蔵する。

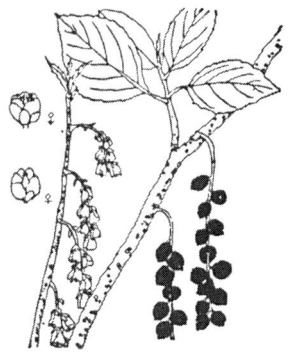

〔産地〕北海道西南部・本州・四国・九州・琉球の産。
〔適地〕水湿に富むところに自生しているが植栽の場合は土性を問わない。〔生長〕きわめて早く，高さ2～3m，幹は細い。〔性質〕剪定に耐えるが花穂を見るには切込みを行わない。〔増殖〕実生，挿木。〔配植〕もともと造園木ではないが早春の花穂を賞して庭園に用いるのも雅趣がある，この場合は雄株の方を植えるとよい。切花としてこの花穂枝が近来用いられている。変種には葉の大小，厚薄などによるもの数種あるが格別の特用はない。ブシとは昔，山家の村婦が歯を染めるのにこの実を五倍子すなわちブシの代用としたのにもとづく，故に方言ではマメブシともいう。造園木ではない。

【図は花と実】

ジンチョウゲ　じんちょうげ科

Daphne odora *Thunb.*

〔形態〕常緑灌木，主幹なく，分岐し樹形は刈込まなくても半球状を呈する。樹皮は平滑，暗黒褐色，強靱で折りにくい，茎頭はしばしば帯化する。葉は互生，短柄，長楕円状倒披針形・倒披針形，鋭頭・鈍頭，鋭脚・楔脚，全縁，厚革質，光沢があって無毛である。下面は淡緑色，長さ6～8cm×2～3cm。花は3～4月，枝端に10～20花を頂生するのが常だが，ときに腋生する，芳香は強い。萼は筒状，長さ10mm，口端で4裂，三角形，やや平開する。外面は紫紅色，内面は白色，肉質，花弁を欠く。雄花，雌花ありといわれるが共に完全な子房を有し，徳利形で長さ4mm，雄株は結実しない。これはもと両性花であったものが後に単性化したといわれる，また日本中には雄本のみ渡来したといわれる。著者の植栽品は結実する。果実は6月成熟，漿果で，紅色，ほぼ球形，長さ15mm，径10mm，枝に4～6個着生するはずだが多くは1～2個である。種子は淡褐色，球形，径5mm，嚙むと口中に強い辛味をとめる。種子を取りまきすれば翌年6月に発し，3年目に開花する。

〔産地〕中国産。〔適地〕適潤肥沃地を好む。〔生長〕やや遅い，高さ1～2m，径0.1m。〔性質〕剪定を行えない，萌芽力は鈍い。移植はむつかしい，病菌の害にきわめて弱い。〔増殖〕実生，挿木。〔配植〕庭園，公園に植栽し，早春の花と芳香とを目的とする。〔変種〕白花，淡色花あり，葉にフクリン入りのものもある。取扱いにくい樹の一つである，移植は7～8月の頃がよい。

【図は樹形，花，実，樹皮】

ミツマタ　じんちょうげ科

Edgeworthia chrysantha *Lindl.*

〔形態〕落葉灌木，枝は太く強靭，折れにくい。かならず枝頭3分岐で，幼枝は帯緑色，芽とともに白軟毛あり，老皮は黄褐色。葉は互生，短柄(0.5～0.8cm)，広披針形・披針形，鋭頭・鋭尖頭，鋭脚，膜質，全縁，上面は鮮緑色，下面は帯白色で，両面特に下面に軟毛散生し，後往々にして無毛となる。長さ7～15 cm×2～4 cm。花は3～4月開く，前年秋落葉の時すでに蕾はできている。前年枝の上方近くに腋生し，頭状または球状に着生し，花梗(10～15mm)，側向または下向に開く，軟白毛あり，約40個の花を集めている。萼筒は筒状，長さ12～14mm，4裂し，外面は乳白色で，軟毛があり，内面は黄色。花色は褐黄色で芳香があり，球状花の外側の花から開花する。果実は7月成熟，小乾果で，卵形，帯緑色，有毛であり，種子は1個で小形。

〔産地〕中国産。〔適地〕多少湿気ある肥沃土を好むが一般に土性を選ばない。〔生長〕早い，高さ1～2m，径は0.05 m。〔性質〕陽樹で萌芽力あるが剪定を好まない。〔増殖〕実生，挿木。〔配植〕本来の造園木ではなく特用樹である，庭木としては早春の黄花を賞してしばしば植栽されている。〔用途〕樹皮の繊維は強靭良質なので古来利用して紙にすき，衣類を織るに用いる。特用樹として部分的に地方では植栽している。万葉植物の一つであ，製紙用として欠くことのできない特用樹とされている。造園用としてもすてがたい雅趣があり，早春の黄花を賞する，生垣樹として用いている例もある。

【図は樹形，花，実】

あきぐみ　ぐみ科

Elaeagnus umbellata *Thunb.*

〔形態〕落葉小喬木，樹形は不整，枝条は繁密。小枝は灰白色，ときに刺を有する。幼枝には銀白色または帯褐色の鱗片が密生する。葉は互生，有柄(0.5～1cm，白色鱗片あり)，長楕円形・狭長楕円形・長楕円状披針形・広倒披針形，やや鈍頭・鋭頭，鈍端，鋭脚，膜質，全縁，葉面はしばしば皺縮する。上面に初め銀白色鱗片あるが後に脱落して緑色となる。下面は銀白色の鱗片が密生する。長さ3～8cm×1～2.5cm，秋はときに黄葉する。花は5月，1～7花集って腋生し，繖状を呈する。萼は短梗があり，筒状で，4裂し，内面は白色，外面も白色，後に黄色となるが，全面に銀白色鱗片を被り，花弁を欠く。果実は10月成熟，漿果状，球形・広楕円体，長さ6～8mm，鮮紅色，表面に白色星点状の鱗毛を粗に被る。小梗あり，完熟すれば食用となるが味は渋い。種子は灰白色で，1粒。

〔産地〕北海道西部・本州・四国・九州の産。〔適地〕乾砂地，原野，水辺などに自生し，植栽上は土地を選ばない。〔生長〕早い，高さ5m，径0.2m。〔性質〕萌芽力強く，剪定に耐える。〔増殖〕実生，挿木。〔配植〕本来の造園木ではなく，土留，風除，植潰など主として実用の目的で植栽している。〔変種〕丸葉のもの，厚葉のもの，果実の大形のものなど数種あるが特用はない。山地，低山帯にある雑木の一つであるが実用樹として今後さらに多く用いられてもよいかと考える。樹性丈夫で根系は発達するので砂防用としてきわめて適当する。

【図は花と実】

なつぐみ　　　ぐみ科
Elaeagnus multiflora *Thunb.*

〔形態〕落葉小喬木，枝は赤褐色で繁密に伸長し，幼時には赤褐色の鱗毛あるほか，ときに細い刺を有する。葉は互生，有柄，楕円形・卵形。倒卵状長楕円形，短鋭尖，鈍頭，広楔脚・鋭脚，全縁，上面は緑色，初め星毛あり，下面は銀白色の鱗毛密生し，淡褐色の斑点を見せる，長さ3〜10cm×2〜5cm。花は5月，葉腋に花梗の長さ10〜30mm（アキグミでは梗の長さ5〜12mm，区別点）ある淡黄色の花1〜3個を生じて下垂する。萼は筒状，口端で4裂する。裂片は広三角形，筒の下方に凹形のクビレがある。（アキグミはクビレなく漸次細まって梗に移行する，区別点）全面に淡褐色の鱗毛あり，筒の外面は銀白色，内面は帯黄色，微香がある。果実は7〜8月成熟，漿果様，広楕円体・球形，紅色，長さ18〜20mm（アキグミは6〜8mm），長梗20〜30mmをもって下垂する，完熟すれば生食できるが渋味が多い。種子は1個。

〔産地〕北海道・本州・四国・九州の産。〔適地〕アキグミと同じく土地を選ばない。〔生長〕早い，高さ2〜4m，径0.25m。〔性質〕アキグミと同じ。〔増殖〕実生，挿木。〔配植〕アキグミと用途同じ。水辺の植栽に適する。〔変種〕主なものはトウグミ（別項）であり，そのほか葉形に細葉のもの，丸葉もの等，果実の形の変異によるものもある。アキグミと同じく雑木の一つである，アキグミとの区別点は前述したので葉や果実，花によって区別される。果実はこの方が甘味ありという。

【図は花と実】

とうぐみ　ぐみ科

Elaeagnus multiflora *Thunb.* var. hortensis *Serv.*

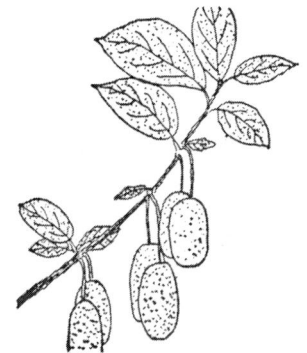

〔形態〕学名に見る通りナツグミの変種であり，大体の形態はナツグミと同じであるが枝には刺を欠く。葉は楕円形，著しく大形のものがときに混生する，上面には初め星毛が粗生する。果実は7月に成熟，楕円体，大形，長さ25～30mm，径10～20mm，初め緑色，ついで黄褐色，完熟して紅色になる。上面に銀白色の星点密布する。味は甘くして全く渋味なく，生食に耐える。種子は1個，大形で，淡褐色。

〔産地〕栽植品であり，原産地を知らず，中国山東省にも分布するという。〔適地〕土性を選ぶこと少ない，しかし肥培した砂質壤土の地であると生育著しくよく，結実量も少なくない。〔生長〕極限の大きさがどの程度であるか不明だが生育は早く，主幹直上し高さ2mのものを見た。〔性質〕弱度の剪定を行い，殊に徒長枝を除き，樹形を密生させることが必要とされる，病害虫はない，向陽の地でないと結実の結果不良である。〔増殖〕実生のほか挿木はきわめて簡単でよく活着することナツグミ以上である。殊に太い枝でも挿穂に用いられる。〔配植〕造園木ではないがナツグミ，アキグミ同様の目的で植えられ，そのうえ果実を楽しむことができる。〔用途〕採実の目的で植えられる。タワラグミ，ビックリグミの名で呼ばれている。ただしタワラグミの方はナワシログミの方言でもある，ビックリグミは種苗商のカタログにしばしば散見するものであり，本種のことである。食用の目的で家庭に栽植して少しも手数がかからない。

【図は果実】

なわしろぐみ　　　ぐみ科

Elaeagnus pungens *Thunb.*

〔形態〕常緑小喬木，樹形は不整。枝は長く伸長し，繁密となり，小枝は刺針と変ずるのが通常である，幼枝には褐色の鱗片が密生する。葉は互生，有柄（1～1.5cm，鱗毛あり），長楕円形・狭長楕円形，鈍頭・鋭頭・鈍端，円脚で，細い粗鋸歯・波状歯縁があり，革質。上面は濃緑色，光沢あり，無毛，下面は銀白色，淡褐色の鱗片密生し，長さ5～9cm×2.5～3.5cm。花は10月，腋出，数花を束生し，下垂する。小梗は長さ5～8mm，褐色の鱗片があり，萼筒は長さ6～7mm，基部で急に細まる。口端で4裂する，裂片は卵円形で，黄白色。果実は翌年5～6月，苗代の時季に成熟する。紅色，長楕円体・広楕円体，長さ15～18mm，外面に褐色の鱗片を有する。渋味はあるが生食できる，渋味はアキグミ，ナツグミより少ない。

〔産地〕本州中部以西・四国・九州の低山帯，沿海地方に見る。〔適地〕乾湿を問わず，土性を選ばない。〔生長〕早い，高さ3m，径0.2m。〔性質〕枝条の伸長著しいので強度の剪定を行う必要がある。病虫害はない。移植力は劣る。〔増殖〕実生，挿木。〔配植〕造園木ではないが多く農家などに植えられている，しかし常緑であること，萌芽力に富むこと，剪定に耐えること，刺を有すること，これらの点から見て生垣樹として用いるに適する，用例はあるがさらにこうした利用を促進したいものの一つである，苗の市場品はない。一名タワラグミともいう。トウグミ以外実の大きさは他種より大である。

【図は花と実】

つるぐみ　　ぐみ科

Elaeagnus glabra *Thunb.*

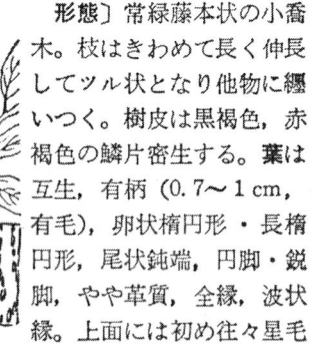

〔形態〕常緑藤本状の小喬木。枝はきわめて長く伸長してツル状となり他物に纏いつく。樹皮は黒褐色，赤褐色の鱗片密生する。葉は互生，有柄（0.7〜1 cm，有毛），卵状楕円形・長楕円形，尾状鈍端，円脚・鋭脚，やや革質，全縁，波状縁。上面には初め往々星毛状の鱗片があり，後無毛となり，深緑色，光沢あり，下面は赤褐色で，同色の鱗片を密生する。長さ4〜8 cm×2.5〜3.5 cm。花は10月，腋生して2〜3花下垂する。花梗は長さ4〜7 mm，赤褐色の鱗片がある。萼筒は細く，漸次花梗に移行してクビレを有せず，長さ4〜5 mm（裂片の2倍の長さ），口端で4裂する。果実は翌年4〜5月成熟，長楕円体，紅色，長さ12〜18mm，赤褐色の鱗片がある。種子は1個，淡褐色。

〔産地〕関東以西の本州・四国・九州・琉球の産。〔適地〕向陽の地であれば土性を選ばない。〔生長〕ツルの伸長は著しく数メートルに及ぶ，径は0.1 m。〔性質〕ツルを剪除すれば立性に仕立てられる。強度の剪定に耐え，萌芽力も盛んである。移植力は少ない。格別の病害虫はない。〔増殖〕実生，挿木。〔配植〕本来の造園木ではないがツル性を利用して垣にからませる，殊に洋風の庭園向きの金網垣に添植し纏絡させるのに無二の好材料であり，この用例は少なくない，生育力はきわめて盛んである。吸盤によって吸着するのではないから壁面につけるわけにはゆかないが，必要とあれば壁体の前面に柵垣様のものを併設し，これにからませればよい。

【図はツル，花，実，樹皮】

ヒャクジツコウ　　みそはぎ科
Lagerstroemia indica L.

〔形態〕落葉喬木，樹形は不整斉，主幹は多く屈曲，傾斜する。枝は粗生し，伸長力強い。樹皮は赤褐色，滑沢，赤褐色地に白斑を見るものがあり，砂地の産は色沢一層美しい。幼枝は方茎，せまい4稜翼があり，全株無毛である。根元から多くのヒコバエを発生する。葉は対生，やや対生，互生，ほとんど無柄，楕円形・倒卵形・卵形，鈍頭・円頭，円脚，全縁，やや革質，上面にやや反捲する。発芽は最も遅く，秋は黄葉する，長さ4～10cm×2～5cm。花は7月以降，秋まで連続して開花する。当年枝に頂生する円錐花序は直立し，長さ100～250mm。萼は球形，径12mm，6裂，ときに紅紫色釆がある。花弁は5片，まれに5～9片，著しく縮緬皺があり，また長い花爪を有し，淡紅色を常品とするが淡紫色・淡紫紅・白色（これは樹形やや直立）絞り咲などがある。果実は10月成熟，蒴果で楕円体，ほぼ球形，径10～15mm，殻片は木質で硬い，なかに多数の小粒の種子がある。

〔産地〕中国南部の産。〔適地〕原産地では乾燥する砂礫地を好むというが，植栽品ではほとんど土性を選ばない。〔生長〕早い，高さ3～7m，径0.3m。〔性質〕萌芽力強く，剪定に耐えるが，花芽を生ずる枝の刈込を行ってはならぬ，ヒコバエに花をつけるくらい強性である，病害虫ほとんどなく，向陽地を好む。〔増殖〕実生，挿木，取木，株分。〔配植〕庭園，公園，並木用，特に社寺境内に多く用いられる。一名サルスベリという。

【図は樹形，花，実，樹皮】

ザクロ　ザクロ科
Punica granatum *L.*

〔形態〕落葉喬木，雌雄同株で，樹形は不整，主幹は屈曲，傾向するものがある。枝は繁密，枝張り大きく，根皮は帯黄色。幹は滑沢，ときにコブ状，多く左捩れとなる。幼枝に4狭翼ありその先端は，ときに針状に変ずる。葉は対生，ときに互生，叢生を混ずる。短柄，楕円形・長楕円形・倒卵形，鋭頭・鈍頭，鈍脚，全縁，やや厚質,光沢あって,長さ4～6cm×2～3cm。花は6月から連続して開花し，頂生，短梗，1～5花をつける。萼は革質，多肉，筒状，口端で6裂し，外面は平滑で朱紅色。裂片はときに5～7裂，卵形。萼筒は雌花で膨大。雄花では倒卵状。花弁は6片，ときに5～8片，やや皺あり，披針形ないし円形，一重咲で，朱紅色を常品とするが白花，絞り咲，八重咲などの品種がある。花ザクロ，実ザクロの別がある。果実は10月成熟，球形で，頂部に宿存萼があり，径60～80mm，黄紅色，陽面は濃色，不斉に裂開する。種子は多汁の外種皮を被り淡色。〔産地〕西方アジアの産。〔適地〕向陽の地，排水のよい砂質土壌を好むが一般に土質を選ばない。〔生長〕早い，高さ10m，径0.3m。〔性質〕徒長枝を剪定する程度でよい，根元のヒコバエを除く，移植力はある。〔増殖〕実生，挿木，取木，株分，接木。〔配植〕花ザクロは庭園，公園，社寺境内用，実ザクロは採果の目的とする，味に甘，酸の2種がある。一歳ザクロは開花の早い灌木である。花も実も小形，紅色，一重咲，種子をまくとよく発芽し，2年目には開花する。鉢物に適する。
【図は花と実】

うりのき　うりのき科

Alangium platanifolium *Harms* var. macrophyllum *Wang*.

〔形態〕落葉小喬木，樹形は不斉。枝は伸長するが密生しない，分岐粗生する。幼時は通常少しく短毛がある。冬芽は大形，葉柄基部に包まれる。葉は互生，長柄（3～10cm，短毛あり），大形，四角状心円形・円形，浅裂し，心脚である。裂片は三角状尾状長鋭尖，アオギリに似るも本種はきわめて薄質，長鋭尖なる点を異にする，全縁。上面は通常少しく短毛あり，下面は通常軟毛著しく多く，主脈は行脈状，長さ幅とも7～20cm。葉形ウリに似るのでこの名がある。花は6月，腋生長花梗をもつ聚繖花序はきわめて粗生で，6～8花をつける。萼は甚だ微小で不著明。花弁は6片，白色，細長く，長さ25～28mm，長い雄蕊束を中心とし外側に著しく反捲する。蕾はきわめて長く30mmに及ぶものあり，細筒形をなす。果実は10月成熟，核果で，尖頭楕円体，ほぼ球形，初め緑色，完熟すると藍色となる，長さ7～8mm。種子1個入る。

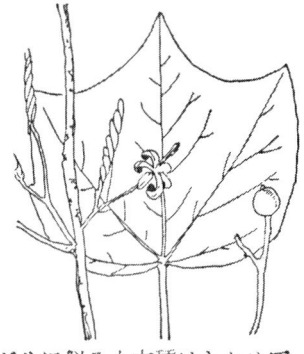

〔産地〕北海道・本州・四国・九州の低山帯に生ずる。

〔生長〕甚だ早い，高さ1～3cm。径0.1m。〔性質〕多少湿気ある陰地を好むも土性を問わず。〔増殖〕実生。

〔配植〕本来の造園木ではなく，野趣ある雑木林ふうの庭をつくるときの材料に供する。陰湿の谷間などには群落をなして生じている。軽い気分のする樹形である。格別の特徴はないが山地に普通に見られるのでここに記述したまでである。特用はない。〔変種〕モミジウリノキ var. genuinum *Wang*. 葉の裂片きわめて多い。

【図は葉，花，実】

ハナマキ　　ふともも科

Callistemon lanceolatum *DC.*

〔形態〕常緑小喬木。樹皮は灰褐色，やや剝離性。枝は密生，やや方稜形，幼枝は褐色，白色軟毛あるも後に無毛となる。葉は互生，無柄，線形・狭披針形，鋭頭，鋭脚，全縁で，幼時はやや紅色を帯びる，主脈は著明，葉肉内に油点散在し葉を揉むと香気があり，長さ 3～7 cm×0.6～1 cm。花は6月，頂生の穂状花序は直立して長さ60～100mm。これに30～50花をつける。蕾は長紡錘形，花の基部にある苞葉が覆瓦状に配列する。逆にした小魚のようにみえる。萼筒は筒形で口端で5裂する。裂片は細小，弁は5片で，短く，黄緑色。雄蕊は約50本，きわめて長く束生し鮮紅色または淡紅色で著しく目を引く，葯は帯黒色（これが区別点）。果実は10月成熟，木質できわめて硬く広楕円体，長さ 7～10 mm，中央部は凹入し，その部分が開いて甚だ微粒の種子多数を放出する。果実の成熟以前に花穂の先端から新しく新条を抽出するという変った形態をもっている。

〔産地〕オーストラリア産。〔適地〕向陽温暖の壌土質を好む。〔生長〕やや遅い，高さ 2～12 m，径 0.3m。〔性質〕剪定を好まず，移植力弱く，冬間は東京附近では霜除を行う必要がある。〔増殖〕実生，挿木やや困難。〔配植〕美花を賞し庭木とする。この類をカリステモン，和名ブラッシノキと総称する，近来切花にも用いる。日本には数種のものが移入されている。これが最も多い，一種異様の花形をもっていて花がきわめて美しい，ただ耐寒力に乏しい点が欠点とされている。

【図は蕾，花，実】

ユーカリノキ　ふともも科

Eucalyptus globulus *Labill.*

〔形態〕常緑喬木，主幹は直立，樹形は雄大。樹皮は灰青色で，平滑。外皮は長く縦に薄片状に剝離し，そのあとは淡褐色・灰青色・灰色を呈する。枝は太く粗生，枝端多く下垂する。小枝はときに方茎，折れ口に香気があり，幼枝には粘性がある。葉は互生（細葉）か対生（丸葉），有柄（細葉），無柄（丸葉）。低枝や徒長枝，幼木のものは卵形・広心形で丸葉型，高枝のものは披針形，やや弓曲，全縁，革質，長さ15～30cm，表裏なく，細葉型であり，ともに葉肉内に小油点散在し，手で揉むと樟香があり，粘性が多い。花は6～7月，腋出し，1～3花を束生する，短梗，径25～40mm，青白色。萼片は合着して広倒円錐形の筒をなし，花弁と共に早く落下するが著明の多数雄蕊は青白色に現われ，芳香があり，花時は遠くから匂う。果実は10月成熟し，倒卵形・半球形，粗面，4稜，径25mm，完熟して上方の蓋がとれるとなかから多数の微粒種子を放出する。

〔産地〕オーストラリア産。〔適地〕向陽の肥沃深層土を好む。〔生長〕きわめて早い，高さ70～100m，径3～8mの巨木があり，世界最高の喬木である。〔性質〕病害虫なく，風に弱い欠点あり。〔増殖〕実生。〔配植〕造園木ではなく，用材を目的とする林木であるが公園にも，並木にも用いられている。種類きわめて多く本種が代表である。この油は薬用に供する。葉に2種の型があること，温度よりも風に対して抵抗力が少ないこと，すなわち幹折れの被害の大なることに特に注意たい。

【図は葉，花，実】

やつで　うこぎ科

Fatsia japonica *Decne. et Planch.*

〔形態〕常緑灌木，雌雄同株で，株立状に叢出し，通常単幹だが，ときに2～3分岐する。樹皮は黒褐色，葉痕著明，中心に大きい白道がある。葉は互生で，幹頂に束生し，長柄(50m)，掌状葉で，7～9裂，まれに11深裂する，深心脚。裂片は卵状楕円形，鋭尖，滑沢，厚革質，粗鋸歯があり，深緑色，無毛である。幼時は下面に茶褐色綿毛があるが後に無毛となり，厳寒季には下垂する。葉は初め発芽のとき，幹生のものは単葉形，ついで生育に伴って2，3，5，7，9裂となるものを発生する。長さ幅とも 20～40 cm。花は11月，頂生し，繖形花序は集って大円錐花序をなし，長さ 200～400 mm となる。初めは早落性の白色苞で包まれる。花軸，花梗は白色，軟肉質で，梗頂上に白色球状の繖形花序をつける。雄性，雌性の両花あり，雌性の方は個体数が多い。花は長梗，花径 5 mm，5花弁，白色である。果実は翌年4～5月成熟，漿果で，小球形をなし，長梗，紫黒色，径 3 mm。種子は1果5個，小粒，帯白色。
〔産地〕福島県以南の本州・四国・九州・琉球の産。
〔適地〕陰地にも耐える，多少水湿ある肥沃壌土を好む。
〔生長〕やや遅い，高さ 2～5 m。〔性質〕萌芽力なく，剪定はできない。〔増殖〕実生，挿木，株分。〔配植〕造園用としては目隠し，風除，前付等だいたい実用を目的とした植栽であり，日陰地にも生育できる特徴を利用する。変種は主として葉形の変異にもとづいて分類されている。通常見るものは白斑のもの，他は稀品に属する。
【図は枝葉，花，実】

かくれみの　　うこぎ科
Dendropanax trifidus *Makino*

〔形態〕常緑喬木，幹は直立し，無毛。小枝は太く帯緑色。樹皮は黒褐色。葉は互生，幹頂では輪生，長柄（7～12cm），幼木または幼時は3深裂状，まれに5裂する。老木，花序の下方の部分，幹の上方の葉は分裂せず卵形・倒卵形を呈する。いずれも厚草質，截脚・鈍脚・広楔脚，三行脈状で上面は光沢多く，深緑色で無毛，長さ7～12cm×3～12cm。花は6～7月，繖形または円錐花序，単一または分岐，有梗，直立し，頂生する。花は有梗，小形，黄緑色または淡黄色で，5花弁。果実は11月成熟，漿果で，広楕円体，5稜角，黒紫色，長さ8～10mm。種子は数個入り，背面3稜形，小粒。

〔産地〕関東南部以西の本州・四国・九州の産，暖地に見る。〔適地〕湿気に富む陰湿の地に自生しているが植栽品では土性を問わない，日隂地にも適する。〔生長〕やや遅い，高さ7～12m，径0.5m。〔性質〕萌芽力はあるが剪定を行わない，樹性強健，移植力がある。〔増殖〕実生，挿木。〔配植〕造園用としては主として茶庭に用いる。鉢前，根締，下木，だいたい灌木の形で賞するもの，幹立数本の配植を常とする，3裂葉のものが使われマルミツデと俗称する卵円形のものは好まれない，市場品には事欠かない，挿木（葉のない幹でよく）により育苗する。喬木でありながら造園用としては常に灌木の形で用いる種類はいくつかあるが，カクレミノはその一つである。故に庭樹だけを見ていると灌木であると誤認しやすい。同様の用法は，イヌツゲ，カシワである。

【図は花と実】

きずた　うこぎ科
Hedera rhombea *Bean*

〔形態〕常緑藤本状の灌木，樹枝繁密。樹皮は黒褐色。幼枝に帯黄色の星状鱗片があり，気根をもって吸着する。葉は互生，ときに対生し有柄（2～5cm），幼枝の葉は掌状，3～5裂，鈍頭，截脚・心脚，老枝の葉は卵円形・広披針形，分裂せず，微鈍頭，鋭脚・円脚，いずれも全縁・波状縁，厚革質，上面は深緑色で，光沢あって無毛，下面はやや淡緑色，長さ3～6cm×2～4cm。花は10月，頂生の球状繖形花序で，花軸は長く，花梗の長い細小，黄緑色の小花をつける，花径は4～5mm，花弁は5片。果実は翌年4～5月成熟，漿果で，球形，径6～10mm，紫黒色。種子は数個入る。

〔産地〕本州・四国・九州の産。〔適地〕乾湿陰陽の地を問わず，土性を選ばず生育する。〔生長〕やや遅い，ツル状の枝は数メートルに伸び幹径0.2m。〔性質〕枝条密生にすぎるので剪定を強くする。〔増殖〕実生，挿木。〔配植〕造園用として石垣，壁体，枯木などに巻きつかせているが枝葉繁茂し過ぎ陰気な感を与えるのでひろく用いられない。前にツタのことを述べたがその方は落葉ものでナツヅタといい，多く用いられている。本種をフユヅタともいうのは常緑性であることを現わしている。またオカメヅタともいう。〔変種〕葉の長いもの，斑入りのものあり，花穂の長いものもある，しかし特用とではなく，標本木に過ぎない。旧大陸産のものにセイヨウキヅタがあり，アイヴィーの名によってひろく知られている。これには変種，品種がきわめて多い。

【図は花と実】

はりぎり　うこぎ科

Kalopanax pictus *Nakai*

〔形態〕落葉喬木，幹は長大で，直立する。枝は太く灰色，やや粗生し，開出する。樹皮は灰色。幼木の幹にも鋭い刺を多く生じ，大形で幅ひろく，やや屈曲して刺端に終る，これは樹皮の変形したものであるから容易に除去することができる，葉痕は著明。葉は互生枝頭では輪生，長柄（10～25cm，まれに80cm 基部肥大）掌状形，5～9裂，截脚・心脚，裂片は卵形・広卵形・楕円形，鋭尖，細鋸歯。上面は暗緑色，無毛，下面は淡緑色，特に脈上および基部脈腋に淡褐色の軟縮毛があるがその他は無毛，長さ，幅ともに8～15まれに 30 cm。花は6～7月，当年枝に大形の頂生球形の繖形花序をつける。これに多数の淡白緑色，黄緑色の小花を開く。花弁は4または5片。果実は10月成熟，漿果で小球形，径4～5mm，青紫色。種子は2個入り，3稜あり，小禽は好んで食す。

〔産地〕北海道・本州・四国・九州の山地の産。〔適地〕肥沃深層土を好むが一般に土性を選ばない。〔生長〕きわめて早い，高さ25m，径1mに達する，幼時の生長殊に早い。〔性質〕剪定を好まず。〔増殖〕実生。〔配植〕本来の造園木ではないが日除樹，風致木として庭園，公園に用いている，枝下の刺は鉄片で払えば容易に除くことができる。〔用途〕用材として自然生の樹木を利用する。材の方からの名称をセンノキという。材質はわるくない，ケヤキの代用品とされている，殊に塗料をかけるとケヤキの木目と区別ができないほどよく似ている。

【図は葉，花，実】

たかのつめ　うこぎ科

Acanthopanax innovans *Fr. et Sav.*

〔形態〕落葉喬木，主幹は直上して分岐多い。樹皮は帯白色，灰褐色，平滑で無毛である。冬芽は弓曲してその形が鷹の爪に似るので和名を生じた。葉は互生，または叢生，有柄（3〜12cm），三出複葉。小葉はときに5枚生ずることあり，基部では単葉のこともある，長さ5〜12cm×3〜6cm。頂小葉は大形，卵形・卵状楕円形・楕円形，鋭尖，鋭鋸。側小葉は左右片不斉形のものもあり，卵状披針形，鋭尖，歪脚，いずれも薄質，全縁または低平の細鋸歯があり，上面は深緑色で，無毛，下面は淡色，通常脈腋に毛叢がある。秋は黄葉する。花は5〜6月，短枝に長軸を出し，直立で，頂生の球状繖形花序をなす，長さ70〜120mm。花は小形で，黄緑色の5花弁。果実は10月成熟，漿果で，球形，紫黒色，径5〜6mm，種子は小形。

〔産地〕北海道・本州・四国・九州に産する。〔生長〕やや早い，高さ3〜5m，ときに9〜12m，径0.3〜0.6mのものがある。〔性質〕剪定を好まない。萌芽力はあるが不定芽状となり樹容を損する。樹性強健。〔増殖〕実生。〔配植〕本来の造園木ではないが公園に用例あり，格別の特徴を有してはいないが生育早く，寄植とすれば群落をなす。〔用途〕材は軟かく，別名イモノキの名はこれにもとづく，地方によっては箸に製するところがある。山民にとっては必要とする小器具，小道具製造材料となるので，下駄，箸，箱などを作るに適し重要な用木とされているが一般にはそう重要な樹木ではない。

【図は花と実】

こしあぶら　　うこぎ科

Acanthopanax sciadophylloides *Fr. et Sav.*

〔形態〕落葉喬木，樹形は不整。枝は粗生で灰白色。樹皮は淡灰褐色・灰褐色，幼枝には淡褐色の縮毛があり，後に無毛となる。葉は長枝で互生，短枝では叢出長柄(15～24まれに30cm)3～5出の掌状葉をなす。小葉は有柄，倒卵状長楕円形・倒卵形・長楕円形，急鋭尖，楔脚・鋭脚，刺状の鋭鋸歯あり，頂小葉は長さ10～15，まれに20cm，幅4～7，まれに11cm，側小葉とともに薄硬質。上面は無毛，下面は微粉白色，脈上と脈腋に淡褐色の縮毛があり，秋は黄葉し，後にまたは別に白色に変ずるものがあり，これは特徴とされる。花は8月，当年枝に頂生する繖形花序は長軸あり，複繖形状を呈する。花は小形，多数，淡緑黄色。萼片は小形，5片。花弁も5片，卵状楕円形で，平開して，少しく反捲する。果実は9月成熟，漿果で，小形，扁平球形，無毛，紫黒色，径4～5mm。種子は扁平，小粒，両側に不著明の2浅溝がある。

〔産地〕北海道・本州・四国・九州の山地に産する。前種より分布は北寄りである，九州には少ない。〔生長〕やや早い，高さ12～18m，径0.3～0.6m。〔性質〕だいたい前種と同じ。〔増殖〕実生。〔配植〕本来の造園木ではないが東北地方では秋の白葉を賞して他の紅葉木と混植するのも一方法であると思う。〔用途〕昔はこの樹液から一種の塗料を製したのでこの和名のほか別名をゴンゼツという。ゴンとは金，ゼツとは漆の字音であるという。ともに塗料の名であるとしている。

【図は花と実】

うこぎ　うこぎ科
Acanthopanax sieboldianus *Makino*

〔形態〕落葉灌木、雌雄異株で、樹形は不整。枝は灰白色で、皮目散在、短枝を多く生ずる、これに扁平通直で、広脚の刺が散生する、その長さ 0.3～0.7cm。葉は長枝で互生、短枝で束生、長柄（3～10cm）、通常5裂の掌状葉で、深心脚である。各裂片は不同であるが大方は卵形で、倒卵状長楕円形・倒卵状倒披針形もある。鈍頭、鋭脚・楔脚で、やや厚質であり、両面は無毛、上半部にだけ鈍鋸歯、不斉の欠刻状歯牙があり、長さ3～7cm×1～2.5cm。花は5～6月、短枝頂に長梗50～100mm（これが特徴）の半球状繖形花序を頂生し、これに黄緑色の小花を多数つける。日本には雄株なしという。萼は皿状で5～7歯、宿存する。花弁は5～7片。果実は9月成熟、漿果状の核果で、球形、黒色、径6～7mm、5～7室（これが特徴）があり、種子は各室に1個ずつ入る。

〔産地〕北海道・本州に産するが一説に中国産の渡来品との説がある。〔適地〕土性を問わず。〔生長〕早い、高さ1.5～3m。〔性質〕樹性強健、耐寒力強く、剪定力強く、萌芽力も相当である。〔増殖〕実生。〔配植〕本来の造園木ではないが東北地方では生垣に植栽し、新葉を摘んで食用とする。〔類種〕甚だ多く、ケヤマウコギ、ウラジロウコギ、ヤマウコギ、エゾウコギ、オカウコギ、ミヤマウコギなどがある。用途からいえば以上のものはだいたい同一である。山野の雑木であるが新芽を山菜の味として食用とするのでよく知られている。

【図は花と実】

たらのき　うこぎ科
Aralia elata *Seem.*

〔形態〕落葉灌木，主幹は直立し，単生のもの多く枝の分岐はきわめて少ない。枝も幹も頂端太く，樹皮は暗褐色，幹，枝，葉軸，葉柄，葉面，主脈に細く鋭い刺を多く生じている。葉は互生，幹枝頭では叢出，傘をひろげたように見える，奇数二回羽状複葉，大形，長さ50～100cm，小柄の分岐点に短柄の小葉双生，大刺を伴う。小葉は対生し5～9枚，短柄，卵形・楕円形・狭卵形，鋭尖，円脚，鈍鋸歯があり，上面には刺のほか微毛あり，特に脈上に多い，下面は帯白色，多少有毛。長さ6～9cm×2～6cm。幼芽，若葉にはウドのような香気があり，食用とする。花は8月，頂生の円錐状繖形花序は長さ，300～500mm，円錐形を呈する，これに白色，小形，径3mm，5弁の花を多数につける。果実は10月成熟，漿果で，球形・扁球形，紫黒色，径3mm。種子は硬質，小形。

〔産地〕北海道・本州・四国・九州，琉球に産する。

〔適地〕土性を選ばない。〔生長〕きわめて早い，高さ2～5m，径0.2m。〔性質〕剪定を好まない。〔増殖〕実生。〔配植〕本来の造園木ではない。刺を利用すれば生垣用樹に供しうる。〔用途〕新葉を食用とする。〔変種〕メダラ　var. subinermis *Ohwi*　全体に刺針は少なく，葉の下面，特に脈上に帯褐色または汚黄色の縮短毛の多いもの，鋸歯の大形のものをいう，分布は同様。葉に黒斑あるのはキモンタラノキ，葉縁の白いのがフクリンタラノキ，刺がほとんど無いのがトゲナシタラノキ。

【図は葉，花，実】

ふかのき　うこぎ科

Schefflera octophylla *Harms*

〔形態〕常緑喬木，直幹は少ない。小枝は太く，開出し，幼枝に帯褐色の星状細毛密生するがのちに無毛となる，葉痕は大形で著明。葉は互生，長柄（15〜30cm，基部は肥厚），6〜10片の掌状形，小葉は短柄（2〜5cm），長短不同，狭長楕円形・倒卵状狭長楕円形，短尖頭，急鋭頭，鋭脚・鈍脚，薄質，やや粉白色，全縁または粗鋸歯，不斉欠刻があり，長さ7〜15，まれに20cm，幅3〜7cm，一見ヤツデに似る。托葉は半円形で，背面は葉柄の基部に着生する。花は11月以降，花序は頂生，長さ200mmの小柄をなし，少数の繖形花序をそれにつける。苞は宿存する。小梗は長さ4〜6mm。花は小形で，帯緑白色。花径は4〜5mm。萼歯は低平である。果実は翌年5月に成熟，漿果ではほぼ球形，径3〜5mm，無毛。種子は4〜6個入り，小形。

〔産地〕九州南部の産・日向・大隅・薩摩・種子島・八重山・宮古列島・琉球に産する。〔適地〕暖地のもの，原産地では特に土性を問わない。〔生長〕やや早い，高さ10m，径1mの巨木あり。〔性質〕剪定は好まない，萌芽力も著しくない。〔増殖〕実生。〔配植〕特に造園木として用いられることはなく，原産地にあって地方的の用途に供するだけ，東京附近には稀品であり，ときに鉢物として賞用している程度である。鉢物としては葉の大きさを多少減するので樹形にしまりを生じ，見るだけの価値はある。関東地方でも暖地においては充分露地で生育できるのだが，従来あまりこの樹を見ない。

【図は葉と花】

かみやって　うこぎ科
Tetrapanax papyriferum K. Koch

〔形態〕常緑，寒地では落葉灌木，小喬木，無刺，単幹，ほとんど分岐することがない。樹皮は淡褐色。葉は互生，幹頂に叢出し，長柄(50cm，有毛，中空，基部に牙状附属物あり)，大形，円形，掌状で7浅裂し，心脚をなし，裂片はさらに2浅裂，鈍頭，側脈は太く下面に凸出する。葉の上面は濃緑色で，幼時は褐色の毛が密生する，下面には白色の短綿毛が全面に密生する，やや厚質だが，軟かく破れやすい，長さ幅とも 45～75 cm。これほど大形の葉は邦産のもののなかに見出せない。綿毛がノドに入ると有害であるという。花は9～11月，頂生する円錐花序は長さ600mm，分岐多く，花軸は緑色で淡黄褐色の綿毛厚く密生する。果実は12月頃成熟，小球形で，黒色，種子も黒色の小球形で，硬質。

〔産地〕琉球八重山列島の産。〔適地〕土性を選ばない。
〔生長〕早い，高さ3m，ときに8mに達するという，径0.12m。〔性質〕剪定はできない，萌芽力に乏しい。
〔増殖〕地下茎を伸長し，母株の周囲に無数の小植物を発生するのでこれを株分状に掘取って利用する。〔配植〕葉があまりにも大形であるので大庭に用いる。東京附近では寒気のため冬季梢端まで枯れるが根は枯れない，翌春新梢を抽出する。鉢植とすれば葉を縮少させることができる。〔用途〕この幹の中心にある髄をもって紙をつくる。一名ツウダツボク（通脱木）の名はこれにもとづいての名称である。鉢物とし葉の大きさを減じて用いるのもよい。

【図は葉と花】

あおき みずき科
Aucuba japonica *Thunb.*

〔形態〕常緑灌木，雌雄異株で，枝の分岐は少なく，樹形は粗雑で，根元から多少ヒコバエを生ずる。幼枝は太く緑色。樹皮は黒褐色。葉は対生，まれに互生，枝頂ではやや輪生，有柄（2～3cm），楕円形・卵状長楕円形，鋭尖，鈍端，やや鋭脚，無毛，粗大鈍鋸歯があり，厚質。上面は深緑色で，光沢あり，長さ8～20cm×2～10cm。葉が乾くと黒色になるのは葉肉内にあるアウクビンのためである。花は4～5月，頂生円錐花序は雄花では大形，長さ70～100mm，多数花をつけ，雌花では小形，少数花をつける，花は紫褐色，雄花では4萼歯，4弁，長さ7mm，内面は紫黒色，雄花では結実せず，庭師はこれをバカと呼ぶ，稀品となった。果実は12月成熟，漿果様の核果で，卵状楕円体，長さ15～20mm，径15mm，鮮紅色，多少有毒という。種子は1個入り，両尖長楕円体，長さ10～15mm，帯白色。変種には果形ダルマ形のものがあってこれをダルマという。種子をまくと発芽し3年目には開花する。

〔産地〕関東以西の本州・四国・九州・琉球の産。〔生長〕やや早い，高さ3m，径は細い。〔性質〕陰樹であり，乾地を嫌い剪定を好まない。〔増殖〕実生，挿木。〔配植〕実用樹として造園材料に供する。目隠し，風除，下木，根締等，ただし変種のうち細葉もの，柳葉もの，丸葉もの，斑入葉のもの，ダルマ種は観賞用として葉と冬の紅実を賞する。山地の陰湿の土地には自生品多く群落をなしている，自生品の葉はときに大形。

【図は樹形，花，実】

みずき　みずき科
Cornus controversa *Hemsl.*

〔形態〕落葉喬木,樹形は整斉。枝は車輪状に正しく派生し,伸長して繁密となる。樹皮は灰色,老成して浅い溝状となる,幼枝は無毛,多くは光沢ある濃紅色,ときに緑紅色。冬芽は暗褐色,長卵形,有毛。葉は互生,枝端ではやや輪生,長柄(帯紅色,やや無毛),広卵形・広楕円形・楕円形,急鋭尖,円脚・楔脚,全縁ときに波状縁となる。上面は深緑色,幼時だけ短伏毛あり,下面は粉白色を帯び短伏毛がある。側脈は6～8双,大きく弧を画き葉縁に沿って上向彎曲し,下面において凸出する,長さ5～14cm×3～9cm。花は5～6月,当年枝に頂生する大形の聚繖花序で長さ80～120mm,径150mmで微細毛がある。花は緑色の花梗を多数有し,小形,白色,萼筒にも白色の伏毛がある。花弁は4片,長さ4～5mm,狭長楕円形,白色。果実は10月成熟,核果で,球形,径6～7mm,初め黄紅色,熟して暗紫色,種子は黄褐色・淡褐色,1果1個,縦溝あり,微凸扁球形,径4～5mm。ヒヨドリは好んで集る。落下ののち樹下に自然生の小苗を多く生ずる。

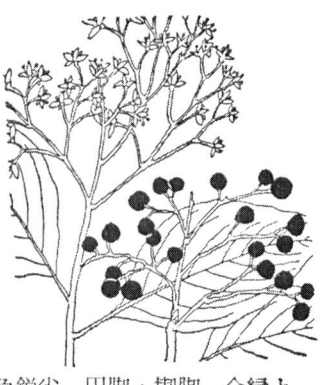

〔産地〕北海道・本州・四国・九州山地の産。〔適地〕肥沃深層土を好むが一般には土性にとらわれない。〔生長〕きわめて早い,高さ15～20m,径0.7m。〔性質〕萌芽力強く,強剪定にも耐える,樹性強健である。〔増殖〕実生。〔配植〕本来の造園木ではないが庭園,公園,並木に多く用いられている。刈込によって樹形を整備できる。生長の早いことは著しいものである。

【図は花と実】

くまのみずき　みずき科
Cornus brachypoda C.A.Meyer

〔形態〕落葉喬木，幹は直立し，分岐多く，ミズキによく似る。幼枝は赤褐色・茶褐色（ミズキは濃紅色），軟毛多く，稜角少しくあり。冬芽は線状紡錘形で，頂尖。葉は対生（ミズキは互生），ときに徒長枝では互生となる，長柄（1.5～3.5 cm，軟毛あり，折ると綿糸状の髄心を出す），卵形・卵円形・卵状長楕円形，急鋭尖，円脚・楔脚，全縁または微鋸歯がある，上面は濃緑色，下面は粉白色，長毛があり，長さ10～16cm×5～10cm，側脈は6～8双，ミズキと同じく葉縁に沿って弧状を画く。花は6～7月，当年枝に頂生する長さ110～150mmの繖房状花序に多数の白色の小花をつける。花梗は灰黄色，後に鮮紅色となり有毛。花形はミズキに同じく，萼は細微。花弁は4片。果実は10月成熟，核果で，小球形を呈し，径5mm，完熟して暗紫色または帯黒色となる，ミズキよりはやや小形，果梗は紅色。種子はミズキと同じ。まけばよく発芽する。

〔産地〕本州南部・四国・九州の産，東北地方や北海道には見られない。〔適地〕ミズキと同じ。〔生長〕やや早い，高さ5～10m，径0.15～0.3m。〔性質〕ミズキと同じ。〔増殖〕実生。〔配植〕本来の造園木ではないが公園にはしばしば見うける，ミズキほど用例は多くない。樹形の整斉程度がミズキに劣るのと，個体数が少ないためであると見られる，ミズキがあれば本種を用いる必要はない。ミズキとの差は，本種の葉は対生（ミズキは互生）枝は稜線あり，断面は円形でない（ミズキは円形）。

【図は花と実】

やまぼうし　みずき科
Cornus Kousa *Buerger*

〔形態〕落葉喬木，幹は直立し，分岐多く，樹形整斉の部に入れられる。樹皮は暗朱紅色，暗朱褐色，不斉に亀甲状またはほぼ円形に剥離しそのあと美しい。小枝は細く無毛であるか，やや無毛で，暗褐色。冬芽は円錐形，鋭尖，紫褐色。花芽は擬宝珠状を呈し著明である。葉は対生，有柄（0.5～4cm），卵円形・広卵形・楕円形・卵状楕円形，鋭尖頭，短尾状，円脚・鋭脚，全縁，やや波状縁，薄質。上面は濃緑色，下面は青白色，両面に軟毛があり，下面主脈下部の脈腋に帯褐色の軟毛叢がある。側脈は4～5双，葉縁に沿って上向することミズキに似る，この属の特徴を示す，秋季は紅葉する，長さ6～12cm×3.5～7cm。花は5～6月，前年枝に頂生の頭状花序を発し，20～30花をつける。花弁のように見える大形白色のものは総苞で淡緑色の平行脈があり，落花の前にやや淡紅色を帯びる。総苞は4片，全花径40～90mm，各片は広卵形，鋭尖，長さ30～60mm。花はその中心にあって，小形で，球状をなし，4弁4雄蕊，1雌蕊，弁長1mm，不著明。果実は8月成熟，多数の小核果の集合で球形，梗は50～100mm，肉質，径10～25mm，果は粘核性，甘味がある。種子は1果8粒，乳白色，小形。これをまけばよく発芽する。

〔産地〕本州以南九州まで。〔適地〕土性を問わない。
〔生長〕早い，高さ10～15m，径0.7m。〔増殖〕実生。
〔配植〕本来の造園木ではない。地方ではヤマグワの名で通っている。幹の黒紅色を賞ししばしば庭に用いる。
【図は花と実】

ハナミズキ みずき科

Cornus florida L.

〔形態〕落葉喬木, 樹形は整斉。樹皮は灰黒色で, 縦の溝がある。小枝は紫褐色, 初め有毛だが, 直に無毛となる。**葉**は対生, 有柄(0.5〜1.5cm), 楕円形・卵形・卵円形, 短鋭尖, 広楔脚・円脚。葉の上面は暗緑色, 幼時下面には白色の軟毛が密生し, 後に無毛となる, 下面は粉白色, 脈上だけに有毛, 側脈6〜7双, 長さ8〜10まれに15cm×3〜5cm, 秋は美しく紅葉する。**花**は4〜5月, 蕾は短梗の擬宝珠型, 前年9月に形成される。開花は葉と共にまたは葉に先だって生ずる。枝端に頂生の繖形状頭状花序であり, 総苞は大形で, 白色, 径70mm, 4苞片からなる, 白色, 落花前に微紅色となる, 各片は倒卵形, 凹頭・截頭, 長さ30mm×25mm, (ヤマボウシは凸頭), 中心に小球形の花があり, 黄緑色, 4弁片の小花15〜20が集まって生ずる。**果実**は10月成熟, 数個の核果が集まって枝端に生ずる, 卵球形・楕円体, 深紅色で, 光沢があり, 長さ12mm, 径7mm, 黒色の宿存萼がある。種子は1果2個で, 紡錘形, 淡褐色, 長さ10mm。小禽の好むものである。

〔産地〕アメリカ産。〔適地〕土性を問わない。〔生長〕やや早い, 高さ4〜12m, 径0.3〜0.4m。〔性質〕陽樹で肥沃, 深層土を好む。〔増殖〕実生, 発芽はときに2年目のことあり, 接木。〔配植〕公園, 庭園, 並木用の花木である。〔変種〕ベニバナハナミズキ var. rubra *Andre* 総苞は淡紅色。この方は樹性が弱い。他に変種が多い。例えば枝垂性のものなど著明とされる。

【図は樹形, 葉, 花, 実, 樹皮】

サンシュユ　みずき科
Cornus officinalis *S. et Z.*

〔形態〕落葉喬木，樹形は整斉。樹皮は帯褐色，薄片に剝離する。枝は繁密して帯白緑色。小枝は対生。冬芽は黒褐色。葉は対生，有柄 (0.6～1cm)，卵形・長卵形・狭楕円形，全縁，鋭尖，円脚・鈍脚。上面は暗緑色，幼時だけは有毛，下面は淡緑色・帯黄白色，伏毛粗生し，脈腋にだけ褐色の毛叢があり，側脈は6～8双，葉縁に沿って弧状に上向する，長さ4～10cm×2～6cm。花は3月，葉に先だって咲き，繖形花序に20～30花をつける。総苞は4片，小形，黄緑色。花径は4～5mm。花弁は舌状三角形で，黄色，長さ3mm。果実は5月成熟，獎果で，光沢ある鮮紅色，楕円体，長さ15～20mm，径8mm，酸渋の味だが果汁は多く生食できる。乾果は薬用とし強壮薬に使用する。種子は1果1粒で，楕円体・球形，淡褐色，半分は帯白色，長さ13mm，径4mm，下方に少し稜線が浮きあがる。

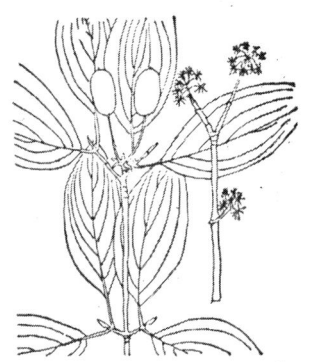

〔産地〕朝鮮・中国の産。〔適地〕向陽の肥地を好むが土性を選ばない。〔生長〕やや早い，高さ10～15m，径0.3～0.5m。〔性質〕萌芽力強く，剪定に耐える。〔増殖〕実生，挿木。〔配植〕本来は薬用樹木であるが早春葉に先だって黄花を開くことを賞し花木として庭園に植えられるものが多い，切花としても多く出荷し，そのために栽培するものあり，盆栽としても賞用している。種子が日本に入ったのは享保7年 (1722年) という，江戸時代にこの斑入葉のものが記録されているからかなり古くから薬木として栽培しているものと見なされる。

【図は花と実】

はないかだ　みずき科

Helwingia japonica *F. G. Dietr.*

〔形態〕落葉灌木，雌雄異株で，幹は分岐し，根元から叢出して主幹がない。樹皮は帯黒色，小枝は緑色，軟質。枝の中心にヤマブキのような白髄が通る。葉は互生，有柄（2～4cm），楕円形・卵形・卵円形，鋭尖頭，鋭脚，低平の細鋸歯があり，歯端細くヒゲ状を呈する。長さ3～10cm×2～6cm。花は4～5月，葉の上面ほぼ中央部の主脈上に短小梗ある淡緑色の3～4弁の花をつける。雄花は数個，雌花は1～3個，これは主脈上に開くのではなく，もと花梗（葉の半長）があったのにそれが主脈と癒着したために主脈上にあるように見える，そのことは花から以下の主脈の太さが著しいのでもわかる。これと比較のため後述するナギイカダを参照。（426頁）果実は8月成熟，核果で，紫黒色，ほぼ球形をなし，径7～9mm，上方に宿存萼があり，主脈上に1個，まれに2個を着生する。種子は1果2～4個で，扁平長楕円体，長さ5～7mm，径2mm，淡褐色，上面に隆起する網目があり，小禽は好んで食する。

〔産地〕北海道西南部・本州・四国・九州に産する。ときに群落状を呈する。〔適地〕水湿の多い日陰地に好んで生ずるが植栽品では土性を選ばない。〔生長〕やや早い，高さ1～2m。〔性質〕剪定はきかない。〔増殖〕実生。〔配植〕本来の造園木ではない，天然には水流の近くに多く見るもの。何の特徴もなく造園木として用いられるほどのものではないが野外に普通に見られるものであり,花や果実の着生に異色があるのでここに入れる。

【図は花と実】

りょうぶ　　りょうぶ科
Clethra barbinervis *S. et Z.*

〔形態〕落葉喬木，主幹は直立。枝はやや輪生に斜上に出て樹姿粗生に見える，円錐形を呈する樹形もある。樹皮は赤褐色・茶褐色，薄く，平滑，剥離する。小枝には幼時無毛，または微星毛がある。葉は互生，枝頭では輪生，有柄（1～2cm），卵円形・長楕円形・広倒披針形，急鋭尖・鋭頭，鋭脚・楔脚，革質または紙質である。上面は無毛または微星毛があり，下面には特に脈上に粗生の伏毛，脈腋には白色毛叢がある。側脈は8～15双で下面に凸出する，長さ9～15cm×3～9cm。花は7月から9月まで，頂生の総状花序は単一で，直立し，長さ80～150mm。花は多数，小形，有梗，白色，径6～8mm，微香がある。萼は細小で5裂。花弁は5片，凹頭で，梅花に似る。果実は10月成熟，蒴果で，小形，扁球形，径4～5mm，3室がある。種子は多数入り，扁平楕円体で，長さ1mm，帯白色，表面に格子紋がある。これをまけばよく発芽する。

〔産地〕北海道・本州・四国・九州の産。〔適地〕開放地，向陽地などの乾燥の地に好んで生育するが栽植の場合は土性を問わない。〔生長〕早い，高さ6m，径0.25m。

〔性質〕萌芽力あり，剪定に耐える。〔増殖〕実生，挿木。〔配植〕もともと造園木ではないが万葉植物であり，ときに公園に用いる。幹が黒紅色なので遠望してもわかる，若木が群落をなし開花季には白色の花が雲のように樹冠上に現われる，万葉集にハタツモリと出ている。

〔用途〕材は炭に焼いて良質，葉を食用とする。

【図は花と実】

しゃくなげ　しゃくなげ科

Rhododendron metternichii *S. et Z.*

〔形態〕常緑灌木，株立状。枝は太く，初め長い褐色の綿毛あり，後に無毛となる。樹皮は鮮灰褐色で，後に鱗片に剝離する。葉は互生，幹頂では輪生し，有柄（1～2cm），長楕円形・倒披針形，鋭尖，鋭脚，全縁，革質で，上面は深緑色，光沢を有し，下面に褐色の長綿毛を密生する。主脈は下面に隆起する。新葉はときに帯紅色となる，極寒期に下垂し，下面に反捲する，3～5年で落葉する，長さ8～20cm×2.5～5cm。花は5～6月，枝頂に8～15花集って密生し，花梗に初め褐毛あり，花径40～50mm。萼は短皿状，鈍歯あり，花冠は広鐘状漏斗形，淡紅色で，7裂する。裂片は萼筒より短く，平開し，雄蕊は14本，子房7室，褐毛を密生する。果実は10月成熟，蒴果で，暗灰褐色，卵柱形，長さ15～25mm，径7～8mm，褐毛あり，胞背で開裂する。種子は多数で，微小，細長，弓曲して一端に少毛あり。

〔産地〕本州中部近畿以西・四国・九州の山地に産する。
〔適地〕湿気ある向陽の地で排水のよい肥沃地を好む。
〔生長〕やや遅い，高さ1～4m。〔性質〕剪定はきかない，萌芽力もない，移植力は弱い。〔増殖〕実生，株分。〔配植〕庭園用とするが原産地の状況に近いところでないと栽培がむつかしい，肥培して開花を見るには経験を要する。〔類種〕多く，高山性のものなどは容易に栽植できない。シャクナゲは都会では花つきがわるい，初めから観葉の意味で植えることをすすめる。相当に肥料を与える必要もあるが植込前の地ごしらえを要する。
【図は花と実】

やまつつじ　しゃくなげ科

Rhododendron kaempferi *Planch.*

〔形態〕半常緑灌木,樹形は不整,枝はよく伸長する。小枝には扁平褐色の剛毛がある。樹皮は暗灰白色,ときに白斑入り,平滑。葉は互生・輪生,短柄,楕円形・卵状楕円形・長楕円形・広卵形・倒披針形・狭卵形,鋭頭,鋭脚。葉の両面に短毛があり,特に下面の主脈上に褐色剛毛があり,全縁,薄膜質で,秋葉は狭倒卵形,鈍頭,円頭,長さ3～6cm×1～3cm。花は5～6月,葉と共に,または先だって開く,2～4花頂生,短硬に褐毛があり,紅色。花冠は広漏斗形,5裂し正面に濃紅色斑点があり,径45～50mm。萼は小形で,5片,緑色,卵形,白色絹状の縁毛がある。雄蕊は5本,花冠と同長,自生地によって花形,花色を異にする変異が多い。果実は10月成熟,蒴果で,褐色,卵形,長さ6～12mm,外面に剛毛あり,5室。種子は多数,小形,濃褐色。これを水苔にまけばよく発芽する。

〔産地〕北海道・本州・四国・九州・琉球に産する。〔適地〕栽植品では土地を問わず生育よい。〔生長〕やや早い,高さ1～4mまれに6m,径0.06～0.15mまれに0.25m。〔性質〕剪定はできない。〔増殖〕実生,挿木。〔配植〕庭園にも用いるが公園,社苑のようなところに適する。花はさのみ美しくはなく,花つきはよくないが,樹形よく伸長する。他種とよく交配し,その母体となる性質があり,原産地について見ても花に変異あるものきわめて多い。ツツジの類では樹高は最も高く,枝張りも著しく,株立となっている各幹の太さも大きいものである。

【図は樹形,花,実】

きりしまつつじ　　しゃくなげ科
Rhododendron obtusum *Planch.*

〔形態〕常緑灌木,小形で,株立状に叢生し,分岐著しい。枝はやや細く柔軟（ミヤマキリシマの方は剛強），幼枝に狭披針形の褐毛が密生する。葉は互生または輪生する。春葉は短柄（有毛）楕円形，やや鈍頭，鋭脚，縁毛がある。葉の上面は細毛が粗生し，下面は少毛で，主脈は有毛。秋葉は狭長倒卵形，やや厚く光沢多く，長さ1cm×0.6cm，冬間は暗紅色となる。花は5月，通常は2～3花を頂生し，短梗で，狭長披針状の剛毛がある。萼は5片，楕円形・卵形，淡緑色，縁毛あって，粘着性はない。花冠は漏斗形，鐘形。筒部はやや長く5裂し，花径は35～40mm，鮮紅色で正面に濃紅斑があり，5雄蕊。果実は10月成熟，蒴果で，卵形，長さ6～7mm。種子を多く蔵する。

〔産地〕栽植品であり，自生品はない。本種はヤマツツジが母体となって出来た交配種であろうといわれる。

〔適地〕土性を問わない。〔生長〕やや早い，高さ1～3m。〔増殖〕実生，挿木。〔配植〕主として庭園，公園用，園芸品のクルメツツジはこの一類である。変種，品種多く，花色に変異多い。〔類種〕リュウキュウツツジ R. mucronatum *G. Don* 中国産のものの渡来品だといわれている。葉は大形，花も大形，白色の花を常品とする，10雄蕊あり。樹性きわめて強健であり，土地を選ばない。庭園よりもむしろ公園，遊園地等に適する。変種はきわめて多い。昔の文書には切島とか桐島とか書いている。九州の霧島には何の関係もないものであるとされている。　　【図は樹形，花，実】

さつきつつじ　しゃくなげ科
Rhododenron indicum Sweet

〔形態〕常緑灌木，枝は細く密生，伸長し，樹形は半球状を呈する，前2種にくらべて幼枝はやや強剛，赤褐色扁平の伏剛毛密生する。葉は互生または輪生で，厚質。春葉は有柄，披針形，全縁。秋葉は有柄(剛毛あり)倒披針形。上面および下面特に脈上に褐色の伏剛毛があり，長さ2～4cm×0.5～1cm。鋭頭，凸端，鋭尖脚，両面とも深緑色，全縁。ヤマツツジに比して葉が厚いこと，下面に光沢ある点を異にする。園芸上では丸葉，大葉，小葉に分ける。花は6～7月を常とし，ときに8月，本属中開花季が最も遅い。枝頂に2花双生し，通常紅紫色または紅色，正面上方に濃紅紫斑があり，花下に早落性の広鱗片がある。萼は小形で，5片，腺なく，裂片は円頭楕円形。花冠は広漏斗形。雄蕋は5本を常とするがときに7～10本。果実は10月成熟，蒴果で，卵形，有毛，長さ7～8mm，種子を多く蔵する。これをまけばよく発芽し，改良品を産する。

〔産地〕関東西部以西の本州・四国・九州の産，通常河岸，岩上に自生する。〔適地〕自生地の如何によらず栽植品としては土性を選ばない。〔生長〕早い，高さ0.5～1m。〔性質〕前種と同じ。〔増殖〕実生，挿木。〔配植〕庭園用を主とするほか鉢物，盆栽にも仕立てる。花季が遅く，陰暦5月に開くので一名をサツキという。花期は永い。栽培や新種の交配が容易なのでひろく観賞されている。

【図は樹形，花，実】

れんげつつじ　しゃくなげ科

Rhododendron japonicum *Suringer*

〔形態〕落葉灌木，多少株立状となるが叢出する幹によって樹形が保たれる。枝は太く褐色，開出し，粗毛がある。葉は互生，叢出，有柄，倒披針形・長倒卵形，鋭頭・鈍頭・円頭，狭脚，微鋸歯またはやや波状縁・毛縁である。葉面粗渋，幼時は微毛粗生，後には剛毛粗生する。上面は深緑色，下面はときに粉白色，通常は脈上に微毛があり，秋は黄変する，長さ5〜10cm×1.5〜3cm。花は4〜5月，葉に先だちまたは同時に開く。頂生の繖形状で，2〜8花をつける。花冠は漏斗状鐘形で，朱紅色，花径50〜60mm，正面に斑点があり，5裂し，外面に粗毛がある。裂片は卵形，円頭。萼の裂片は小形の卵形で，花梗とともに開出腺毛およびときに白毛を生ずる。5雄蕊あり花冠より短い。果実は10月成熟，蒴果で，円柱状長楕円体をなし，長さ20〜25mm，白色短毛または褐色の長毛があり，5室，縦に深い溝あり，胞背で開裂する。種子は多数，扁平小楕円体，狭翼にかこまれる，花と葉とには毒性がある。

〔産地〕北海道西南部・本州・四国・九州の産。〔適地〕向陽の地を好む。〔生長〕早くない，高さ1〜3m。〔性質〕高冷の自生地では生育良好であるが庭園に植込むときは生育思わしくない，環境によると思われる。〔増殖〕実生，株分，挿木は不能。〔配植〕庭園木とする。花色により紅蓮華，樺蓮華，黄蓮華あり，いずれも庭木とする。通常はカバレンゲといわれるものを庭樹としている，キレンゲの方は高価である，この方は九州に多い。

【図は花と実】

みつばつつじ　　しゃくなげ科
Rhododendron dilatatum *Miq.*

〔形態〕落葉灌木。枝は粗生で，やや車輪状に出る。幹枝は帯褐色で，無毛，幼枝は茶褐色，やや粘性がある。冬芽の鱗片は粘質。葉は互生で，3片枝頭に束生し，有柄(0.5～1.5cm，無毛ときに微毛)，広菱形・菱状広卵形，鋭尖，短尖，円脚・広楔脚，膜質，全縁，波状縁，無毛であるが，ときに葉柄基部とともに上面に長褐色毛少数混生する，下面は淡緑色で側脈が著明である。両面に腺点があり，幼時は葉縁外旋し粘性に富む，長さ4～7cm×3～5cm，秋は紅葉する。花は4月，葉に先だち，2～3花を小枝端に頂生する。花径は30～40mm，淡紅紫色。花冠は漏斗状で，側向して5裂し，上3片は中裂し，下2片は深裂する，内側に斑点なきかまたは濃紫斑がある。萼は皿状で，鈍歯があり，小梗は紅色，腺毛は密生。小梗の基部に早落性の覆瓦状配列の鱗片があり，5雄蕊（ミツバツツジの他種類は10雄蕊多い）。果実は10月成熟，蒴果で暗黒褐色，歪卵状楕円体，短腺毛があり，粗粒点を布き，やや屈曲，長さ10～12mm，胞背で開裂し，細小の種子を放出する。

〔産地〕東北以南の本州山地に産する。〔適地〕向陽の地を好み土性を選ばない。〔生長〕早い，高さ1～2m。〔性質〕剪定はできる，萌芽力あり。〔増殖〕実生，挿木。〔配植〕庭園，公園用とし早春葉に先だって生ずる紅紫花を観賞する，切花にも用いる。〔類種〕この一類にはトウゴクミツバツツジ，サイコクミツバツツジ，トサノミツバツツジ，コバノミツバツツジほか数種ある。

【図は花と実】

ひかげつつじ　　しゃくなげ科
Rhododendron keiskei *Miq.*

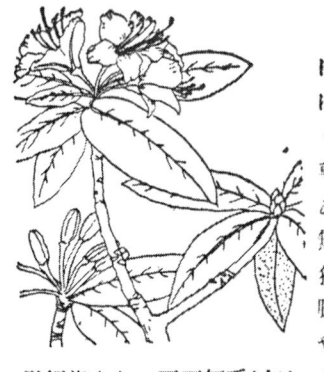

〔形態〕常緑灌木，株立状に叢出することがあり，幹はときに伏生する。枝は細く分岐，幼枝，芽鱗，小梗，萼等には黄色の腺状鱗片がある。葉は互生，束生頂出，無柄，披針形・広披針形・狭楕円形，鋭頭・鈍頭，鋭脚・微心脚，やや革質，やや全縁，ときに先端近くに微鋸歯あり，両面無毛だが，ときに上面主脈基部近くに微毛あり，下面に腺状鱗片を布く，発芽直前の葉のたたみ方は主脈を中心としてラセン形（これを方旋という）であることは特徴とされる。長さ4～8cm×1.2～2cm。花は4～5月，1～5花が有梗繖形状に枝端に頂生する，淡緑黄色・淡黄色，側向する，ツツジ類で黄色のものは珍らしい。花冠は漏斗状鐘形，径25～30mm，5中裂。萼は細小，10雄蕊。果実は10月成熟，蒴果で，円柱形，長楕円体，長さ10～12mm，腺状鱗片あり，5室，胞背開裂して多数の小種子を放出する。

〔産地〕関東以西の本州・四国・九州の山地に生ずる。
〔適地〕自生地は水湿に富む多少日陰地である。〔生長〕やや遅い，高さ0.3～1m。〔増殖〕実生，株分，挿木は困難。〔配植〕庭園用として小品な美花を賞する花木であるが都会地のような空中湿気の欠乏している場所では生育が思わしくない，肥培を行っても成功しない。一名サワテラシ，メシャクナゲという。庭園にあって下木，根締，前付または岩石に添わせる石付ものとしてこれ以上の適樹はないのであるが生育がむつかしい。著者はこの樹を賞して永年栽培したがどうしても成功しない。

【図は花と実】

どうだんつつじ　　しゃくなげ科
Enkianthus perulatus *C. K. Schneid.*

〔形態〕落葉灌木，主幹は直立，枝は車輪状に派生し，樹形整斉，枝葉は密生する。樹皮は暗紅褐色，平滑，光沢がある。幼枝は無毛，初め紅褐色または鮮褐色，後に灰褐色となる。葉は互生，束生，短柄（0.5～0.8cm），倒卵形・卵状楕円形，急鋭頭，狭脚，微細の鋸歯あり，上面鮮緑色，主脈上に粗毛あるほかは無毛，下面は帯青白色，脈沿の基部に白毛あり，長さ2～5cm×1～1.5cm，秋は紅葉する。花は4～5月，葉とともにまたは葉に先だって生ず，枝頭に花3～5花を繖形状につけ下垂する。小梗は長く10～20mm。花冠は卵状壺形，基部は緑色，他は白色，4～5浅稜あり，長さ8mm，口端5裂，裂片は反捲する。萼片は5，裂片は線状披針形，短尖，無毛，10雄蕊がある。果実は10月成熟，蒴果で，狭長楕円体，小梗の上に直立する，長さ6～9mm，胞背で開裂し，褐色，有翼で，長さ6mmの種子を多数放出する。

〔産地〕本州中部・四国・九州の産，蛇紋岩植物の一つである。〔適地〕自生地の如何にかかわらず植栽品は土地を選ばない。〔生長〕やや遅い，高さ2～6m，径0.6m。〔性質〕萌芽力強く，強度の刈込みに耐える。〔増殖〕実生，挿木。〔配植〕刈込みによって樹形，樹冠が如何様にもつくられる，中段層状とする刈込法もあり，関東では多く庭樹とする，生垣，刈込形丸ものに用いる。中京辺では段層状刈込の中壮木を単独につくる。伊勢国朝熊山は名所であって紅葉が美しい。

【図は樹形，花，実】

さらさどうだん　　しゃくなげ科
Enkianthus campanulatus *Nichols.*

〔形態〕落葉灌木。枝は輪生状，伸長拡開する。樹皮は灰色で平滑。葉は互生，束生，有柄(0.5～1cm)，倒卵形・楕円形・倒卵状楕円形，鋭頭，楔脚，芒尖状細鋸歯。上面は深緑色で，剛毛粗生または無毛，下面は青白緑色，脈上に赤褐毛，幼時は主脈の脈腋に赤褐色の絨毛がある。長さ3～7cm×1.5～3.5cm，秋は鮮紅色となる。花は6月，頂生または腋生の繖房様総状花序に，小梗の長さ10～20mm，5～10花をつけて下垂する。萼は小形，淡緑色，5深裂する。裂片は針状披針形。花冠は短鐘形・広鐘形，長さ5～12mm，5浅裂，外面は淡紅白色，暗紅紫色の細い筋がある，ただし濃淡の差あり，10雄蕊あり，サラサドウダンの名はこの花色による。白花のものを品種シロバナフウリンツツジ f. albiflorus *Makino* また紅色のものをベニサラサドウダン var. rubicundus *Makino* という。果実は10月成熟，蒴果で，卵状楕円体，長さ5～7mm，果梗は下垂し，その先端に直立してつく，胞背で開裂する。種子は長さ3mm，細小，淡褐色の翼がある。

〔産地〕北海道・近畿以東の本州に産する。〔適地〕植栽品は土地を選ばない。〔生長〕やや遅い，高さ3～5m，径0.7m。〔性質〕深山性のものであり，都会地に植栽しても生育は良好でない。〔増殖〕実生。〔配植〕庭園用花木。この一類にはツクシドウダン，シロドウダン，チチブドウダン等があり，中国にシナドウダン，シセンドウダンがある，どれも庭用としては栽植はむつかしい。

【図は花と実】

あぶらつつじ　しゃくなげ科
Enkianthus subsessilis *Makino*

〔形態〕落葉灌木，樹形は不整斉。樹皮は平滑で，灰色。枝は細長粗生，分岐しやや水平に輪状に派生する。この枝を集め庭掃用の小箒につくっている。葉は互生，枝端に6～7片輪生，短柄，楕円形・倒卵形・鋭頭，鈍頭，楔脚，薄質，芒尖状細鋸歯がある。上面主脈上に白短毛があり，下面は帯青白色，油を塗ったような光沢があり，これが名称の起因である。淡褐色粗毛あり，長さ 2～3cm×1～1.5cm，秋は黄紅または深紅色に変じて美しい。花は5～7月，総状花序は当年枝々頂に生じ下垂し，5～10花をつける，中軸は長さ20～30mm，短白毛あり，小梗は数本あり，長短不同で，長さ10～25mm，基部以外は無毛。萼は小形，淡緑色，5深裂，尖頭，狭卵形。花冠は球状壺形，外面白色，5深裂，長さ5mm。裂片は反捲する，口辺にクビレあり，10雄蕊を存する。果実は10月成熟，蒴果で，下垂する果梗の先端に下垂して着生する，広楕円体・球形，赤褐色，光沢あり，長さ4mm，5室あり，胞背で開裂する。種子は狭長楕円体，長さ3mm，網状の紋があるが翼はない。

〔産地〕本州中部以北の山地に生ずる。〔適地〕前種と同じ。〔生長〕遅い，高さ1～3m。〔性質〕前種と同じ。〔増殖〕実生。〔配植〕風鈴状の美花を賞して庭木とするが都会地での生育は不良であることサラサドウダンと同じである。自生地に近い山間の庭園ではしばしば庭木として用いているのを見る。優美で上品な樹形であるが一般に庭樹としては栽培はむつかしいものとする。

【図は花と実】

あせび しゃくなげ科

Pieris japonica D. Don

〔形態〕常緑小喬木，樹形不整で，枝条は繁密。樹皮は帯黄褐色，薄片に剝離する。小枝はは無毛，帯緑色。葉は互生で，枝端に束生し，有柄，倒披針形・広倒披針形，鋭頭，狭脚，厚革質，上半部だけ鈍鋸歯または全縁，無毛，上面は深緑色で，光沢あり，下面は淡緑色，長さ3～8cm×1～2cm，新葉は帯紅色を呈する。花は4～5月，頂生総状花序は下垂し，長さ100～150mm，花軸に微毛あり，萼は5片，広披針形。花冠は卵形・壺形，外面は白色，狭端，5裂，裂片は少しく反捲し，長さ6～10mm。花冠は下垂する，10雄蕊。果実は10月成熟，蒴果で上向し，扁球形，褐色，径5～7mm，胞背で5裂する。種子は多数小粒，尖頭，少しく彎曲する。種子をまけばよく発芽するが幼苗の生育は遅い。

〔産地〕本州・四国・九州の産。〔適地〕肥沃の地を好むが植栽品では土性を選ばない。〔生長〕やや遅い，高さ6～10m，径0.3m。〔性質〕萌芽力あり，剪定に耐え，移植力も少なくない。〔増殖〕実生，挿木。〔配植〕白花を賞して庭木，公園木に用いる，葉に毒性あり，草食獣類はこれを嫌うので牧場，野獣園，鹿園などに植栽する唯一の常緑樹である。

万葉植物の一つであり，古来庭樹とされたものである。京都辺では小苗をつくり，または刈込んで矮生とし石組，飛石等の石付に多く用いている。樹性は強健であり，庭樹として有数である。〔品種〕ウスベニアセビ f. rosea Makino 花は淡紅色であり，美しい，この方が中京辺の庭園に多く用いられている。 【図は花と実】

いわなんてん　しゃくなげ科
Leucothoe keiskei *Miq.*

〔形態〕常緑灌木，分岐性，幹枝は細く，無毛，ときに褐色毛があり，通常枝は垂れて伏生状を呈する。葉は互生し，有柄(0.5〜0.8cm)狭卵形・広披針形・長卵形尾状鋭尖頭，楔脚・円脚，厚革質，光沢多く，波状の浅鋸歯があり，無毛，長さ5〜8cm×1.5〜3cm，不時に帯紅色を呈する。花は7〜8月，頂生または腋生の下垂総状花序は無梗，長さ30〜50mm，数花下垂してつく。苞および小苞は小形，三角形。小梗は10〜15mm。萼裂片は広卵形，やや鋭頭，細小の縁毛あり，長さ2.5mm。花冠は外面白色，5裂，5歯縁，長さ15〜20mm。10雄蕊，花糸に毛がある。果実は10月成熟，蒴果，上向し，扁球形，径7〜8mm，5室あり，胞間で裂開する。種子は細長形，両端に小突起がある。

〔産地〕関東以西近畿地方の産。〔適地〕水湿に富み排水良好な砂質土を好む。〔生長〕やや遅い，高さ1〜1.5ときに2.5mにも及ぶという。〔性質〕樹性強健とはいえない，剪定はできない。〔増殖〕実生，株分。〔配植〕庭園用としては主として石付，根締，鉢前，下木，前付に植栽するが植栽前に排水のよいように土質を改めておかないと生育の結果はわるい，都会地に用いる材料とはいえない。〔類種〕ハナヒリノキ　L. Grayana *Max.* 本種のように伏生状ではなく，樹容はよく似ている。小品な庭樹であり，日本式庭園にはきわめてよく調和するものであるが土地の状態が適合しなければ生育はよくない，前述のヒカゲツツジの条件と全く同じである。

【図は花と実】

ねじき しゃくなげ科

Lyonia ovalifolia *Rehd.* var. elliptica *Hand.Mazz.*

〔形態〕落葉灌木，小喬木で，樹形は不整。樹皮は灰褐色，光沢がある。幹は捩曲する。幼枝に少毛，紅色で光沢あり，方言でアカギ，ヌリバシノキというのはこれによる。葉は互生，有柄，楕円形・卵状楕円形・広卵形・広披針形，急鋭尖，円脚・微心脚，洋紙質，全縁，上面脈上に少毛，下面は帯青白色，特に脈上基部近くに白毛あり，葉脈は両面に突出する。長さ6～10cm×2～6cm。葉は家畜にきわめて有毒である。花は6月，頂生または前年枝に腋生する総状花序は長さ30～60mm，基部に少数の葉を伴う。花冠は筒状鐘形，外面白色，長さ8～10mm，径3mm，下垂する。萼片は5。花形は米粒に似る，10雄蕊を有す。果実は10月成熟，蒴果で，球形，無毛，長さ3～4mm，胞背で開裂する。種子は細長で弦月形をなす。

〔産地〕本州・九州の産。〔適地〕土地を選ばない。〔生長〕やや早い，高さ6～10m，径0.2～0.3m。〔性質〕剪定に耐えるが行いたくない，萌芽力もある。〔増殖〕実生。〔配植〕本来の庭園木ではないが野趣を目的とする雑木林の庭に用いて雅趣に富む，市場品はない。家畜の飼料にこの葉を混ずることは禁物とされる，毒はアンドロメドトキシンという成分であり，家畜を死に致すとこがある。一名カシオシミともいう。格別特徴のある樹木ではなく，幹が捩曲しているのが奇異に見える程度である。材は各種の小細工ものをつくるに適し，山民の間ではかなり利用せられているものの一つである。

【図は花と実】

しゃしゃんぼ　　しゃくなげ科
Vaccinium bracteatum *Thunb.*

〔形態〕常緑小喬木，樹形はやや不整，枝条は繁茂。樹皮は帯紅灰褐色で，無毛，老木となると平滑となってサルスベリに似る。幼枝は帯紅紫色，まれに緑色で，点状微毛がある。葉は互生，短柄（0.2～0.6cm，帯紅色，両側に少しく突出する1腺体あり），卵状楕円形・狭長楕円形・披針形，鋭頭，鋭脚・鈍脚，やや厚革質，光沢がある。上面はときに帯紅色で，無毛，ときに主脈にだけ微毛あり，全縁または上部葉縁にだけ低平の鋭鋸歯がある，若葉の下面主脈沿の上部に数個の腺体あり，成葉となった後は黒点として残る。葉は長さ2.5～6cm×1～2.5cm。花は6～7月，前年枝に生ずる腋出総状花亭は斜上，側向，長さ20～150mm。これについている苞は革質葉状，多くは花より大形，花後にも残存する，萼は小形，帯緑色，5深裂をなし，裂片は三角状。花冠は筒状卵形，外面は白色，ときに微紅があり，やや下垂する，長さ5～7mm，上面に微毛または無毛で，5浅裂をなし，裂片は反捲し，10雄蕊を有する，果実は10月成熟，漿果で紫黒色・暗紫色，表面に微白粉あり，球形，径6mm，甘酸の味あり，生食できる。種子は小粒である。

〔産地〕関東南部以西の本州・四国・九州の産。〔適地〕土地を選ばない。〔生長〕早い，高さ5～10m，径0.2～0.7m。〔性質〕剪定に耐え，移植は困難。〔増殖〕実生。〔配植〕本来の造園木ではないが初夏の白花を賞し庭木とする。関東地方には見られないものである。
【図は花と実】

すのき しゃくなげ科

Vaccinium smallii *A. Gray* var. glabrum *Koidz.*

〔形態〕落葉灌木，枝条あまり繁密とはいえない。幼枝は細く，ときに狭い2縦溝と2列の伏毛がある。葉は互生，短柄，楕円状卵形・披針状卵形・広卵形・鋭頭，鋭脚・鈍脚，薄質。上面は主脈上に細毛，下面は主脈基部に短毛を密生するが，まれにやや無毛，細鈍鋸歯があり，長さ2～4cm×1～2cm，葉を噛むと酸味あり，スノキの名はこれによる。秋は紅葉する。花は4～5月，前年枝々端近くに腋生短総状花序を発し，下垂する，これに花をつける。花は緑白色で，往々多少の褐紫采がある。萼は緑色，細小，5深裂，裂片は短広卵形。花冠は鐘形，長さ6～7mm，緑白色，ときに帯微紅色，無毛，先端はきわめて浅く5裂，裂片は多少反捲し，10鈷蕊がある。果実は10月成熟，小球形で，紫黒色，無稜，径4.5mm，無毛，甘酸味あり，頂端に5萼歯が宿存する。種子は淡褐色，粟粒大，1果4個入る。

〔産地〕本州・四国の山地に生ずる。関東地方のローム質には自生なし，駿河以南の主として花崗岩の風化土を好む。〔生長〕やや早い，高さ1～1.5m。〔性質〕剪定を好まず。〔増殖〕実生。〔配植〕庭園用として小品の雅致あり，切花として挿花に用いる。〔類種〕**ナツハゼ** V. oldhami *Miq.* きわめてよく似る。スノキの方は花序が前年枝に頂生するがナツハゼでは当年枝に頂生する点を異にする。同様に用いられる。このほか類種多きも庭園用となるものは少ない。クロマメノキはこの一類で浅間葡萄の名があり，軽井沢の名産品となっている。

【図は花と実】

こけもも　しゃくなげ科
Vaccinium vitis-idaea L.

〔形態〕常緑低灌木，細い茎は直立するが地下茎を伸ばしてひろく蔓延する。葉は互生，短柄，小形，倒卵形・倒卵状楕円形・長楕円形，鈍頭・凸頭，鈍脚・楔脚，葉縁少しく反捲する。全縁，まれに細鋸歯があり，厚質。上面は深緑色，光沢あり，脈は凹入して皺紋となる，下面には黒色の小脂点が散布する，両面とも無毛，長さ1～2.5cm×0.5～1.5cm。花は6～7月，前年枝に頂生するか偏側生の総状花序に2～10花をつける。花冠は鐘形，外面は白色に微紅を点じ，有毛，4浅裂し，下垂または側向する，長さ6～7mm。裂片は広卵形。雄蕊は8本，まれに10本，子房近くに蜜腺がある。果実は10月成熟，漿果，果汁に富み，球形，紅色，光沢あり，径5～10mm，甘酸味がある。種子は小粒，淡色。果実を樺太でフレップと称し，生食，ジェリー，蜜漬，砂糖漬とし，果汁からフレップ酒をつくる，寒地における有数の食料源であり，野生鳥獣の餌ともなる。

〔産地〕北海道・本州・四国・九州の高地にだけ自生している。〔適地〕高地では土性を選ばない，湿地にも生じ，湿地性のツルコケモモと混生するところもある。

〔増殖〕実生，株分。〔配植〕高地における自生状態を見，これを採収して庭園に植え，ロックガーデンの材料としているところもあるが自生地と同じ気候条件のところでないと生育不良でやがて衰弱する。高山にはきわめて普通の灌木であるが下界におろしては生育がわるい。鉢物として管理する方法によらなければ成功しない。

【図は花と実】

カルミア　しゃくなげ科
Kalmia latifolia *L.*

〔形態〕常緑灌木，樹形は整斉，枝は車輪状に出て美しい球形の樹冠をつくる。樹皮は灰褐色，幼枝は有毛。葉は互生，枝頭では輪生，有柄，長楕円形・楕円状披針形，鋭頭，鋭脚，厚革質。上面は暗緑色，光沢多く，下面は淡緑色ないし黄緑色やや有毛，全縁まれに粗鋸歯があり，下面の主脈は幼時は帯紅色，長さ7～10cm×3～3.5cm，葉には麻酔性の有毒成分がある。花は5～6月，大形の頂生繖房花序，多数花をつける。花梗は長さ30mm，粗毛があり，やや粘性である。花冠は淡紅色，径20mm，8花弁あり，口端で5裂し，雄蕊。初め葯は花弁に密着するが後に反転する。その部分の弁に紅点がある。花冠内面の基部には五角状線形に紅色または紫紅色の線状斑紋がある。萼は5裂，緑色。蕾は淡紅色。果実は10月成熟，蒴果で，ほぼ球形，5稜で，粘毛があり，花柱と萼とは宿存する。種子は淡褐色，多数，蒴の胞背開裂によって放出する。

〔産地〕アメリカ産，南北に亘って生ずる。〔適地〕日本ではシャクナゲよりも土性を選ぶことは少なく，大方の地に生育する。〔生長〕やや早い，高さ1～3m。〔性質〕剪定はできない。〔増殖〕実生，根元の土を混和した土壌に下種する。〔配植〕日本では西洋シャクナゲと同様に取扱っている，鉢物，庭木いずれも生育はよい。これがマウンテン・ローレルでアメリカのコネチカット州の州花である。アメリカではシャクナゲと同様にひろく栽植する。実生の方法に地酸の性質を利用する。

【図は花】

まんりょう　やぶこうじ科
Bladhia lentiginosa *Nakai*

〔形態〕常緑灌木，幹は直立して単一性で分岐は少ない，枝と茎とは関節する，灰褐色，無毛。葉は互生，枝端に輪生，有柄（0.6～1.2cm），長楕円形，鋭頭，鋭脚，鈍鋸歯，波状歯牙縁，やや撒曲，厚革質，光沢多く，少しく外反する。下面はやや淡色，無毛，葉脈不著明，鋸歯の切込みに小腺点があり，これを葉瘤と称し，そのなかに或る種の細菌が共生している。これは種子の胚乳の間にも生育し発芽とともに菌も生育を始める。長さ5～8cm×3～5cm。花は6～7月，前年枝々端に頂生，ときに繖房花序をなす。花冠は5裂，径8mm，裂片は卵形で，白色，5雄蕊。果実は10月成熟，核果で，球形，紅色，光沢があり，径6～8mm，多く下垂する。園芸種には淡黄色のものがある。種子は1果1個，尖頭球形，径7mm，淡色の縦線がある。

〔産地〕関東以西の本州・四国・九州の暖地林間，半陰の地に自生する。〔適地〕水湿に富む半陰の肥土を好む。〔生長〕やや遅い，高さ0.6～2m，径0.03m。〔性質〕萌芽力なく，剪定，整姿はできない。〔増殖〕実生，挿木。〔配植〕庭園用，下木，鉢前，根締，石付，前付けなどに用いる。多く鉢前に植えられている。鉢物，切花としては正月用床飾りに利用することは知られ，一つの瑞祥植物である。〔変種〕オオマンリョウ var. taquetii *Nakai* マンリョウよりもすべて大形，房州には自生品ありという。古来園芸変種はきわめて多く，主として葉の形状，色沢などの変異によって名称づける。

【図は樹形，花，実】

からたちばな やぶこうじ科
Bladhia crispa *Thunb.*

〔形態〕常緑低灌木，茎は直立して短く，軟質，幼時は褐色微毛がある。葉は互生，枝頭に輪生，3～5片，有柄，披針形・広披針形，鋭尖頭・漸尖頭，鋭脚，厚革質，無毛，低平の鈍鋸歯があるか，または波状歯牙縁。葉の上面は暗緑色で，光沢があり，下面はやや淡色，縁辺に腺点あることマンリョウと同じ，長さ8～20cm×1.5～4cm。花は6～7月，腋生，頂生のやや繖状花序に10花内外をつけ，下垂する，花径7～8mm。花冠は深く5裂，輻状で白色に少しく淡紅色を帯びる，裂片は外方に反捲する。果実は10月成熟，核果で球形，紅色，光沢あり，径6～7mm，マンリョウと同じく越年し，春季または初夏まで枝間に残る。種子は1個，淡色。
〔産地〕中南部以西の本州・四国・九州・琉球の産。
〔適地〕マンリョウとだいたい同じ。〔生長〕きわめて遅いが下種後3年目で開花結実する。〔増殖〕実生。〔配植〕マンリョウと全く同じように庭木とするが用例はマンリョウの方がやや多い。庭師の間では単にタチバナと呼んでいる，本物のタチバナは庭樹ではないので誤りを来すことはない。用いる場所や植栽方法はマンリョウと全く同一である。市販品はむしろこの方が少ない。〔変種〕シロミタチバナ f.leucocarpa *Nakai* 果実は白色。キミタチバナ var.xanthocarpa *Hort*. 果実は黄色。以上のほか葉の形，色の変異品多く，元禄年代から改良，育種が進められていたもの，マンリョウも同じであった，ただし今日は昔の品種でみられないものも多い。
【図は樹形，花，実】

やぶこうじ　　やぶこうじ科
Bladhia japonica *Thunb.*

〔形態〕常緑低灌木，地下茎を長く伸長し地上一面に地被状に蔓延繁殖する，若芽と幼枝の上部に短い粒状毛が密生する。葉は互生，ときに対生，枝頭近くでは3～4片，2層に輪生状に出る，有柄，長楕円形・楕円形，鋭頭，鋭脚，紙質，低い鋭鋸歯がある。上面は深緑色，光沢あり，下面は淡色，長さ6～13cm×2～5cm，特に大葉のものを庭師はカマヤマコウジと呼んでいる。花は7月，前年枝に腋生，繖形または総状花序に出て7～8花をつける。花冠は輻状，白色または帯微紅白色，口端で5裂し，花径6～8mm，5雄蕊。果実は10月成熟し，核果で球形，紅色，光沢あり，径5～6mm。種子は1個，やや尖頭の球形，淡色，径5mm。

〔産地〕北海道・本州・四国・九州の山林内樹下日陰の地に生じ，多く群落をなす。〔適地〕マンリョウと同じく，強い向陽地は好まない。〔生長〕適地であると地下茎の伸長によって地被状となる，花崗岩風化土を好む。〔増殖〕実生，株分。〔配植〕庭園では樹下の下草として用いる。秋冬の頃緑葉に混ずる紅色の果実は実に美しい。日本風庭園を造る場合に樹下の低小な下草は欠くことのできないもの，これにきわめてよく適合するものはヤブコウジをおいて他に見出されない。一度この植物を植込めば土性や湿度にもよるが自然と蔓延して樹下一帯を被うこととなり，所期の効果は充分である。〔変種〕シラタマコウジ f. leucocarpa *Nakai* 果実は白色。その他変種多く，古来の品種は名鑑に示されている。

【図は根茎，花，実】

たいみんたちばな　やぶこうじ科
Rapanea neriifolia *Mez*

〔形態〕常緑小喬木，雌雄異株で，樹形はやや整斉，枝はよく伸長，樹皮は暗紫色，無毛。葉は互生，短柄，狭楕円形・倒披針形，鈍頭，鋭脚，厚革質，全縁，深緑色，光沢があり，無毛，葉脈は不著明，主脈は下面に突出，葉縁外反するものがある，長さ5～12，まれに20cm×1～2.5 まれに4cm。花は4月，前年枝に腋生，多数花集団，短梗あり，帯紫白色の小花，径3～4mm。花冠は平開する。萼は小形，5裂。花冠裂片は卵形，外反する。果実は10月成熟，核果様で，球形，紫黒色，径5～7mm，葉腋に多数集り短梗をもって着生する。種子は1果1個，白色。
〔産地〕安房以西の本州・四国・九州等の暖地の産。
〔適地〕樹陰内に生じているが植栽品では土性を選ばない。〔生長〕やや遅い，高さ6m，径0.25m。〔性質〕剪定，整姿は行えない，樹性は強健であるが移植力に乏しく扱いにくい樹の一つである。〔増殖〕実生。〔配植〕暖地では庭木として用いているが地方的のものであり，一般の造園木ではない，関東地方では暖地，海岸以外ではほとんど見られない。白井光太郎博士はかつて上野公園東照宮大鳥居近くにかなりの大木が生じていたことを報じているが珍らしい例である。もちろん今日は枯死して見られない。その他東京都心近くでは目撃した例はない。暖地の造園木としてはきわめて適良であるが取扱いにくいものの一つである。格別の特徴があるわけではなく，むしろ観葉植物の一つと考えてよい。
【図は花枝，花，実】

マメガキ　　かきのき科
Diospyros lotus *L.*

〔形態〕落葉喬木,雌雄同株で,枝は開生し暗灰色・帯灰色,高さの割合に枝は弱々しく見える。幼枝に帯黄灰色の短伏毛あり,後に無毛となる。葉は互生,有柄(0.8～1.2cm)楕円形・卵状楕円形・長楕円形,急鋭頭・鋭頭,円脚・鋭脚,膜質,全縁。上面は深緑色,幼時は軟毛があり,後に無毛となる,下面は灰白色,全面特に脈上に短い開出曲毛あるが後に無毛となる。長さ6～12cm×3～6cm。花は5～6月,新枝に腋生し,花冠は壺状,口端4裂,ときに3～5裂。裂片は外反し外面黄白色,淡黄色,萼も4裂する。雄花は16雄蕊,雌花は不熟の8雄蕊と1雌蕊。果実は10月成熟,球形・扁球形・楕円状卵形,深浅の溝あり,径15～20mm,宿存萼あり,成熟して暗紫色,甘味がある。種子は1果1個,扁平楕円体,厚3mm。

〔産地〕朝鮮,中国,西方アジアの産。〔適地〕栽植品は土地を選ばない。〔生長〕早い,高さ10～12m,径0.3～0.6m。〔性質〕カキノキと同じ。〔増殖〕実生。

〔配植〕造園木ではなく,種子をまいて養成した苗をカキノキの接台とする。〔変種〕シナノガキ var. *glabra Makino* 本種とほとんど区別がつかない,初め葉に短毛あるが後に無毛。葉柄は一層長い,通常は種子なし,完熟して軟質とならなければ甘味を生じない,日本産。シナノガキはときに雑木林のなかなどに発見される。これらの果実は完熟してやわらかくならなければ渋味はとれない。格別の趣のある樹容ではない。

【図は樹形,花,実,樹皮】

かきのき かきのき科
Diospyros kaki *Thunb.*

〔形態〕落葉喬木，雌雄同株で，樹形は不整斉，枝は拡開，太く粗生，枝張大，樹皮は灰黒色，少しく縦裂剥離する，枝は灰褐色，灰白色，幼時は帯褐色の開出短軟毛密生する。葉は互生有柄（1～1.5cm），倒卵形・広楕円形・卵状楕円形，急鋭尖，円脚・鋭脚・広楔脚，やや革質，全縁。上面の主脈上に微毛，下面には全体に帯褐色の斜開毛があり，ときに後には無毛となる，長さ7～16cm×4～10cm，秋には光沢に富む美しい紅葉となるものがある。花は4～5月，当年枝に腋生，短梗，帯黄色で，雄花は聚繖花序，通常3花，雌花は単一大形。花冠は鐘状，口端で4裂，裂片は反捲，淡黄色。雄花は16雄蕊，雌花は8仮雄蕊，両全花は8または16雄蕊，子房は8室。果実は10月成熟，漿果で球形,扁球形，径40～80mm，橙紅色，自生品では果形に変異がある。種子は扁平鈍三角形，8個を正常とするが多くはこれ以下である。
〔産地〕本州・四国・九州の山地の産。〔適地〕ほとんど土性を選ばない。〔生長〕やや早い，高さ20m，径1m。〔性質〕剪定に耐える，移植は困難なものとされる。〔増殖〕実生，接木。〔配植〕果樹である他の品種，例えば禅寺丸のようなものを少数混植すると目的とする品種の結実がよい。それは花粉の交配に役立たさせるために植込まれる。カキノキは果樹であり，多少は庭木として見られるが他の果樹はいかなるものも特徴をもっているがこれだけは果実以外に何のとるところもない。
【図は花枝，花，実，種子】

はいのき はいのき科

Symplocos myrtacea S. et Z.

〔形態〕常緑喬木，枝葉は繁密。樹皮は暗紫褐色で，光沢があり，桜皮に似る。枝は濃緑色，ともに無毛。葉は互生，有柄，卵形・狭卵形・広披針形・楕円形，尾状鋭尖，鈍端，鋭脚・円脚，低平の鈍鋸歯あり，厚革質。上面は深黒緑色で，光沢多く，長さ4～7cm×1.5～2cm。花は5月，前年枝に腋生，繖房花序で，3～6花をつける，花軸に細毛がある。花には小梗あって，白色，平開で，梅花に似る，花径8～12mm。萼は緑色，細小，5浅裂。花冠は5深裂，裂片は楕円形，やや鈍頭。果実は10月成熟，小梗ある卵状楕円体または，狭卵形，長さ7～8mm，初め緑色，完熟して紫黒色または藍黒色となる。種子は果実と同形，縦に凹条あり，幅4mm。
〔産地〕近畿以西の本州・四国・九州に産する。〔適地〕土性を問わない。〔生長〕やや早い，高さ10m，径0.3m。〔性質〕剪定はできる。〔増殖〕実生。〔配植〕本来の造園木ではない。〔用途〕材を焼いて灰となし，灰汁をつくり，染色の際にこれを用いて色をとめるに役立てる，ハイノキは灰の木である。〔類種〕この一類は次項のサワフタギを除いて大方本州の中部以南のもので関東地方に少ない。用途はハイノキと同様のもの，造園木として利用されるものはない，解説は本種をもって代表とする。すなわちシロバイ，クロバイ，クロキ，ミミズバイ等が類種である，このうち杉本順一氏によればクロバイとミミズバイとは静岡県下にもあり，ここが生育の北限であるという。なおクロキは関西では庭樹に用いている。

【図は花と実】

さわふたぎ　はいのき科

Symplocos chinensis *Druce* f. pilosa *Ohwi*

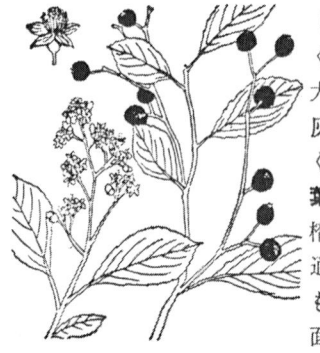

〔形態〕落葉喬木，枝は多く開生し，強靱，樹形枝張大で整形とされる。樹皮は灰白色，老木では不斉に浅く縦裂する，幼枝は有毛。葉は互生，有柄，長倒卵形，楕円形，鋭頭，鈍脚・鋭脚，通常細鋸歯がある。両面とも粗渋で，皺状をなし，下面は帯白色，全面特に主脈上に短毛多く，長さ5〜8cm×2〜3cm。花は5月，新枝上に円錐状花序を発し，多数の有梗，小形の白色花をつける，白色にやや淡青色を交ぜる花もある，萼は白色で小形，梗は有毛。果実は9月成熟，核果で，鈍頭，球形・歪卵形，径6mm，あまり例のない藍色で光沢がある，これにより一名をルリミノウシコロシという。小禽好む。種子は1個入り，卵球形，淡色。
〔産地〕北海道・本州・四国・九州等の山地に生ずる。
〔適地〕土性を問わない。〔生長〕やや遅い，高さ2〜6m，径0.1〜0.3m。〔性質〕剪定に耐える，萌芽力もあり，移植にも耐える。〔増殖〕実生。〔配植〕本来造園木ではないが剪定によって樹形を整姿すると雅趣ある庭木として用いられる。ルリ色の実は美しいが果実数が少ないのが欠点である，本属のなかでは最も北部に生ずるものである。〔用途〕ハイノキ同様，この灰汁も利用される，殊に紫色の染料を用いるときには必要とされる。材は堅く，ツゲの代用品として各種の用途に供される。このほかに白実のものがあり，シロミノサワフタギという，本州の産。この学名の基本種はタイワンサワフタギで全体に毛が多いもの，台湾・中国南部に産している。
【図は花と実】

はくうんぼく　えごのき科
Styrax obassia S. et Z.

〔形態〕落葉喬木，樹形は特異で枝がやや垂直に斜上するので樹姿が円錐状を呈する。樹皮は帯黒褐色，光沢があって平滑，老木は少しく縦裂し鱗片状に剝離する。枝は紫褐色，幼枝は太く，ジグザグ形に伸長して暗褐色，生長に伴って外皮がひろく剝離する。**葉**は互生，短柄（0.5～3 cm），大形，円形・卵円形・倒卵円形，鋭頭やや尾状，微凸頭，円脚，膜質，上部葉縁に通常突端の低平鋸歯がある。上面の脈上に星毛，下面に白色の細星毛を密生する。長さ10～25cm×6～25cm。葉柄の基部は拡大して深溝となり幼芽をつつむ。**花**は5～6月，総状花序は長さ100～200mm，当年枝に頂生，腋生して下垂する。花は有梗，白色，微香あって，約20花をつける。雄蕊は10本。花冠は漏斗状，5深裂，長さ20mm，緑萼は杯状で，白色星毛がある。**果実**は10月成熟，核果で，果軸とともに下垂し，鋭頭，卵形・楕円体，ときにほぼ球形，帯緑灰白色，長さ18mm，宿存萼があって，外面に白色の軟星毛を密生し，不斉に裂開する。種子は1個，まれに2個入り，鋭頭，卵形，濃紫黒色，臍部は白色，径9mm。

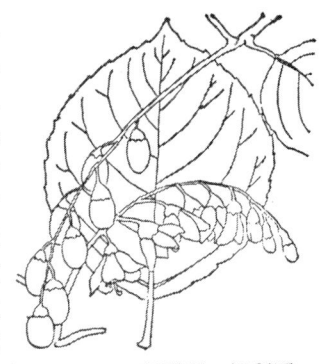

〔**産地**〕北海道・本州・四国・九州の産。〔**適地**〕土性を問わない。〔**生長**〕早い，高さ15m，径0.3m。〔**性質**〕剪定はできない。〔**増殖**〕実生。〔**配植**〕造園木として柱状樹形と白花を賞する。材は将棋の駒につくる。山形県天童はその産地，方言でハビロと呼ぶのは本種である。この一類にコハクウンボクあり，庭樹とする。

【図は花と実】

えごのき　えごのき科
Siyrax japonicas *S. et Z.*

〔形態〕落葉喬木，樹形は拡大，枝は粗生で伸長し，樹姿は不整。樹皮は暗褐色，平滑，ときに浅裂する。枝は細く，ジグザグ状，外皮はときに剝離する。幼枝は緑色，初め褐色の星毛があるが後に無毛となる。葉は互生，有柄（0.3〜0.7cm），卵形・広卵形・狭長楕円形，膜質，鋭尖，鋭頭，鋭脚，上半に波状鈍鋸歯がある。上面深緑色，無毛，ときに脈上有毛であるが後に無毛となる，下面は淡色，幼時細星毛があり，脈腋に毛叢あり，ハクウンボクより3週間後に開花する。長さ4〜8cm×2〜4cm。花は5〜6月当年枝に腋生し，頂生の総状花序を発し，下垂する。長花梗をもつ白色花多数について下垂し，微香がある。緑萼は5裂，ときに6〜7裂，無毛，杯状。雄蕊は10本，花冠は5深裂，乳白色，花径18〜25mm，裂片は狭卵形，外面白色，星毛密生する。枝頂にしばしば蓮華花状のものを見るが，これはエゴの猫足と称し虫癭である。果実は10月成熟，核果で，卵形・広楕円体，緑灰白色，軟毛密生，径9〜12mm。宿存萼は椀状に残る，開裂後1種子を落下する。茶褐色，ほぼ球形，径9〜12mm，前種より小形，臍部は白色。

〔産地〕北海道から九州までの産。〔適地〕土性を問わない。〔生長〕早い，高さ7〜10m，径0.3m。〔性質〕前種に同じ。〔増殖〕実生。〔配植〕しばしば雑木林の庭の構成材料に供する。万葉植物の一つである。〔用途〕材はロクロにかけて細工物とする，一名ロクロノキともいう。果実をつぶして水に投ずると魚は酔って浮くので容易に捕えられる。　【図は花と実】

あさがら　えごのき科

Pterostyrax corymbosum *S. et Z.*

〔形態〕落葉喬木，樹形は不斉。樹皮はコルク質発達し，浅く縦裂。枝は帯灰褐色，幼枝に星毛粗生する。葉は互生，有柄（1〜3cm），広楕円形・楕円形・広卵形・広倒卵形，まれに長楕円形，急鋭尖，円脚・広楔脚，鈍端の低平鋸歯または全縁，やや革質。上面は鮮緑色で粗面，下面は淡緑色，特に脈上に伏星毛を粗生する，長さ6〜12cm×4〜8cm。花は5〜6月，当年枝に腋生または頂生,下垂の複繖房花序は長さ80〜120mm, 花は白色, 有毛, 並列して同じく下垂, 花径9〜12mm。萼は細小，5裂。花冠は5深裂，半開状，裂片は長さ8〜10mm，狭長楕円形・広倒披針形，10雄蕊。果実は10月成熟，乾果で下垂し，倒卵形，ややひろい5翼稜があり，長さ8〜12mm，細星毛と白毛混生し，宿存萼に包まれる。種子は1個ないし数個入る。

〔産地〕近畿以西の本州・四国・九州の産。〔適地〕土性を問わない。〔生長〕きわめて早い，高さ12m，径0.6m。〔性質〕ハクウンボクに同じ。〔増殖〕実生。〔配植〕本来の造園木ではないが北海道では庭木に用いている。〔類種〕オオバアサガラ P. hispidus *S. et Z.* 葉は大形，北海道では庭木とする。アメリカアサガラ Halesia tetraptera *L.* アメリカ産，同国ではひろく庭木としているが輸入後日本でも庭木に用い，この方が美花である。小石川植物園には明治25年に種子が入りその苗を育生したものあり，年々美しい花を開き，よく結実している。一般にすすめたい優良の庭木である。

【図は花と実】

もくせい もくせい科
Osmanthus asiaticus *Nakai*

〔形態〕常緑喬木，雌雄異株で，樹形は整斉。枝は正しく派生し，枝葉は繁密。樹皮は灰白色，平滑，枝は淡灰褐色，無毛。**葉**は対生，有柄（0.7～1.3cm），長楕円形・狭長楕円形・卵状狭長楕円形，急鋭尖，鋭脚・鈍脚，厚革質，剛強，凸状鋭細鋸歯があり，ときに全縁，無毛。上面は深緑色，主脈は太く下面に凸出する。長さ8～13cm×3～5cm。花は9～10月，葉腋に繖形状に多数花を束生し，芳香がある。小梗は長さ7～10mm，花冠は白色，4深裂で，花径5mm。裂片は円頭，楕円形，肉質。萼は緑色で，細小，4裂する。果実は翌年5月成熟，多汁の核果様で，紫黒色，円頭広楕円体，薄皮で白粉を被る，長さ18mm，径12mm，果梗10mm，下垂する。種子は淡青褐色，扁長楕円体，半月形，6稜あり，上部に網目あり，長さ13mm，径7mm，結実はまれである。一名ギンモクセイという。

〔産地〕九州の山地に自生する。〔適地〕土性を問わないが，重い土を好む。〔生長〕やや遅い，高さ3～6m，径0.5m。〔性質〕剪定はできないが移植力はある。〔増殖〕実生，挿木，取木，接木。〔配植〕庭木，公園木として香気ある花を賞する。〔類種〕**ウスギモクセイ** O. fragrans *Lour.* 花は微黄色である。**キンモクセイ** var. aurantiacus *Makino* 花色は橙黄色，ギンモクセイに似るが葉の狭長，鋸歯の少ないので区別できるというがこれは不可能である。最近この結実しているのを知った，果形はモクセイと同じ。おそらく初見であると思う。

【図は樹形，花，実，樹皮】

ひいらぎ もくせい科

Osmanthus ilicifolius *Mouill.*

〔形態〕常緑喬木, 雌雄異株で, 主幹は直立し, 分岐多く繁密。樹皮は淡灰白色, 幼時は突起状の細毛がある。葉は対生, 有柄 (0.7～1.2 cm), 楕円形・卵形・長楕円形・倒卵状楕円形, 鋭尖, 刺頭, 鋭脚, 無毛, 光沢ある暗緑色, 厚革質。下面は帯黄緑色, 葉縁は大小少数の尖歯状となるが, 老木または地上高い部分の葉は尖歯はない。葉面全体に脂点散生, やや下方に葉縁は反捲する, 若葉は緑白色。長さ3～5cm×2～3cm。早落性托葉は白黄色。花は10月, 葉腋に短梗の小白花を繖形状に束生し佳香がある。緑萼は4裂。花冠は4深裂, 長さ4～5mm。裂片は長卵形・楕円形。果実は翌年7月成熟, 核果で, 楕円体, 紫黒色, 長さ12～15mm。種子は狭楕円体, 網状突起があり, 長さ15 mm, 径9 mm, 雌株の個体数はきわめて少ない。

〔産地〕関東以西の本州・四国・九州の山地の産。〔適地〕モクセイと同じ。〔生長〕やや遅い, 高さ4～8m, 径0.3～0.7m。〔性質〕剪定はできる, 移植力に乏しい。〔増殖〕実生, 挿木。〔配植〕本来の造園木ではないが生垣に利用, 農家では入口に単植または対植する。〔変種〕葉形, 葉色の変異によるものが多い。〔類種〕西洋ヒイラギすなわちホーリーは葉形これに類するがモクセイ科の植物でなくモチノキ科のもの, 葉が互生である点で容易に区別される。〔変種〕葉形の変異にもとづく変種はかなり多く, 利用上では一つの標本木に過ぎないもの, 特用はない。古来かなり改良されたものと思われる。

【図は花と実】

ヒイラギモクセイ もくせい科

Osmanthus fortunei *Carr.*

〔形態〕常緑喬木，樹形は整斉，ヒイラギに似る。樹皮は灰白色，幼枝には，ときに毛があり，若葉はやや飴色を呈する。**葉**は対生，有柄（0.5～1.2cm），卵状楕円形・長卵状楕円形，短鋭尖，刺頭，鈍脚。主脈は下面に凸出する，ヒイラギよりやや大形であるが光沢は少ない，全縁または各側に1～12の刺端をもつ粗大尖歯あり，長さ6～10cm×3～5cm。花は9～10月，白色で微香があり，着生はモクセイと同じだがやや大形，弁端は尖り，萼に細小の歯牙を有する，ヒイラギとモクセイとの中間種といわれるが，今日まで果実を見たことがない。

〔産地〕中国産，同国では果実を結ぶかどうか文献を知らない。〔適地〕ヒイラギと同じく土性を選ばない。

〔生長〕やや遅い，高さ2～6m，直径の最大のものは未詳だが今日まで見たところでは0.2m。〔性質〕剪定はかなりきくが強度に行うと葉枯れ，枝枯れを生ずる。

〔増殖〕挿木，容易とはいえないが困難ではない。〔配植〕東京の西郊にかぎって生垣に用いる，未だ他の地方で見たことがない，生垣の外見としてはきわめて良好である，きわめてまれに庭木として用いている，刈込を行うことによりヒイラギやモクセイには見られない一種の雅趣ある樹形に仕立てられる，初秋の白花は花数の少ない点で難色あるが微香もある。庭の外周部に列植状に3mにもなる壮木を用いている例を知っているがモクセイの列植とは異る気分を生ずる外観である。

【図は樹形，花，樹皮】

レンギョウ　もくせい科
Forsythia suspensa *Vahl.*

〔形態〕落葉灌木，株立状に叢生して多数の幹枝を発生し，長く伸長し，先端は下垂して地につく，その部分から発根する。枝は淡黄褐色，やや4稜，節間の茎の中心は中空で白い髄がある。葉は対生，有柄（1～1.5cm），卵形・広卵形・楕円状卵形，円脚，通常は単一であるが，ときに2～3の小裂片状に不斉に分岐する，3小葉形となるものさえある，中辺以上に粗なる鋭鋸歯あり，無毛，薄質。下面はやや黄緑色，長さ4～8cm×3～5cm。花は3～4月，葉に先だって開く，前年枝に1～3花腋生し，短小梗がある。花冠は黄色，花径25mm，4深裂，裂片は長楕円形，長さ25mm。内面はやや橙色を帯びる，筒部は短く，萼は4深裂。果実は9月成熟，蒴果で，急鋭尖，基部は細い，長さ8mm。小梗は長さ10～25mm。種子は小形，褐色。

〔産地〕中国産。〔適地〕土性を問わない。〔生長〕きわめて早い，高さ3m。〔性質〕強い刈込みに耐える。〔増殖〕実生，挿木，株分。〔配植〕早春の黄花を賞する花木であり，添景木として用いるほか生垣にも使うことができる。〔類種〕シナレンギョウ　F. viridissima *Lindl.*　チョウセンレンギョウ　F. coreana *Nakai*　ともに黄花であるが異なる点は少ない。ヤマトレンギョウ　F. japonica *Makino*　これは日本産，中国地方の山地に稀産する。黄色，いずれも異同点少く，同様に用いられる。以上3種のうちレンギョウは普通で他の用例は少ない，樹形に対しては強い刈込を行うこと共通である。
【図は樹形，葉，花，実】

オウバイ　もくせい科

Jasminum undiflorum *Lindl.*

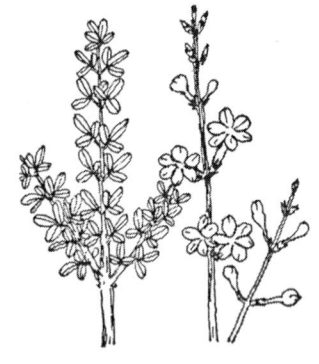

〔形態〕落葉灌木,樹形は不整だが,枝条よく伸長密生する。樹皮は灰褐色。枝は灰白色,幼枝は緑色,4稜,無毛であるが,枝条はときにツル状に伸びるが接地の部分から発根する,枝葉を折るとショウガの匂がする。葉は対生,有柄(0.5 cm),三出複葉,きわめて小形,小葉は卵形・披針形,光沢ある深緑色,全縁,上縁に細毛があり,長さ1.5～2cm×0.6～0.8cm。花は3～4月,葉に先だって開く,前年枝に腋生し,単一,短梗,鮮黄色で,香気がない。花下に緑色の苞と緑色の芽鱗がある。緑萼は6深裂。花冠は杯状・高盆状,筒部は長く,花径20～25mm。舷部は6裂で,平開,2雄蕊あり,八重咲もある。果実を見ず。

〔産地〕中国北部の産。〔適地〕土性を問わない。〔生長〕やや遅い,高さ1～2m。〔性質〕強い剪定に耐える。〔増殖〕挿木。〔配植〕早春の黄花を賞して添景花木として庭木とするが多くは鉢物として観賞する。寒地の花木であり,満州では迎春花と呼ばれ,永い冬寒が明けて春の気分を迎えるときに開くものとして民謡にまでうたわれているもの,黄花は実に美しく咲き出す。

〔類種〕キンケイ J. odoratissimum *L.* 奇数羽状複葉,小葉は3～5片,花は5～6月に開き,黄色,芳香を賞する花木であるが耐寒力に乏しい。ソケイ J. officinale *L.* 耐寒力なく,東京では冬間フレーム内に入れる,香気強く,黄色の小花は美しい,いれずも日本産ではなく,観賞木として用いられる,原産地では有数の花木である。

【図は枝と花】

マツリカ　もくせい科
Jasminum sambac *Ait.*

〔形態〕常緑灌木，樹形は不整。枝は淡緑色で4稜，幼枝に短毛がある。葉は対生，短柄，楕円形・広卵形・広卵円形，微凸頭・円頭・鈍頭，楔脚・円脚，無毛，膜質，全縁やや波状縁，光沢ある深緑色，葉脈は著明で，下面に凸出する，長さ3〜8，ときに15cm×2〜6cm，個体により葉形いちじるしく異る。花は6月，晩秋まで連続して開花，当日の開花は翌日午後には凋落する。頂生の短聚繖花序に3〜12花をつける。花冠は杯状，肉質，白色であるが落花前には花弁の上面淡黄色，下面帯紫色に変ずる，花径は20〜35mm。花筒は長さ15〜20mm。裂片は2〜8枚，通常6枚，楕円形・長楕円形・円形，鈍頭。弁は長さ12mm，八重咲もある，芳香あり，花からジャスミン油をとり，それから香水をつくる。果実は秋季成熟，漿果様で，楕円体・球形，黒色，径6〜10mm。

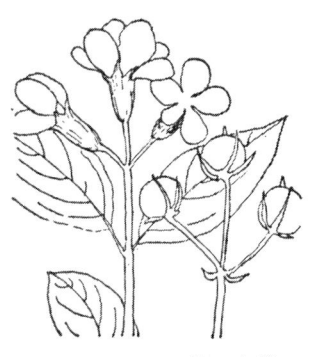

〔産地〕インドの産，ビルマ，セイロン，その他に分布する。〔生長〕高さ1.5〜3m。〔増殖〕挿木。〔配植〕日本では鉢物として観賞し，温室植物とする。インドでは聖花とし寺院の献花に供する。俗にマツリと称し，サンバックともいうほかサンバギータの名あり，フィリピンの国花である。名古屋地方で最近切花として栽培が盛んであるという。栽培法はさほどむつかしくはないが温室園芸のことに属する。温室はなくても越冬させることはできる，東京では冬間縁側またはフレームのなかに入れれば耐冬性は充分であるが多少の葉痛みはある。

【図は花と実】

ムラサキハシドイ　　もくせい科
Syringa vulgaris L.

〔形態〕落葉小喬木，樹形は不整。幼枝は灰褐色。葉は対生，長柄(1.5～3cm)，卵形・広卵形，鋭尖，截脚・心脚，やや革質，光沢あり，無毛，全縁。上面は濃緑色，下面は淡緑色，長さ5～12cm×3.5～5cm。花は4～5月，腋生の円錐花序は長さ100～200mm，直立し，数花を着生する。花は淡紫色，芳香があり，花冠の筒部は長さ10mm，幅9～15mm，4裂する，裂片は卵形，鈍頭，筒部より短い。花色には変異が多い。花数がきわめて多い年は翌年の蕾は減少する。白花のもの，八重咲のものは変種である。

〔産地〕ヨーロッパの原産，バルカン半島に多く分布する。芳香を賞して各国に輸入され，改良を見た。〔生長〕高さ2～7m，生長は早い。〔増殖〕挿木，取木，株分，接木，実生。ハシドイ類はイボタを台木として接ぐ。〔配植〕単にライラックというときは本種を指す，香を賞する花木として随一のものである。〔類種〕ハシドイ S. reticulata *Hara* 落葉喬木，だいたいはライラックと同じだが花の色は白色，ときに淡緑色を帯びる，香気はあるが到底ライラックには及ばない。これは邦産品，北海道から九州に及んで生ずるが寒地性のものであって庭木として性強健，土地を選ばず，生育はきわめて良好である。公園木，並木としても地方では用いられている。リラというのはライラックのフランス語である。今日ではかなり改良されて各種の新品種ができている。花木，庭木，香水木としてひろく欧米で植えられる。

【図は花と実】

ねずみもち もくせい科
Ligustrum japonicum *Thunb.*

〔形態〕常緑喬木,主幹は直立し,枝は伸長著く,枝葉繁茂する。樹皮は暗灰白色。枝は灰褐色・帯灰色,無毛。葉は対生,有柄(0.5～1.2cm,帯赤褐色),楕円形・広卵状楕円形,まれに卵形,鋭頭・急鋭頭,鋭脚・円脚,全縁,厚革質。上面は光沢ある暗緑色,主脈は下面に凸出する,下面は黄緑色,細小無数の凹点あり,或る個体では葉縁と主脈とが帯紅色または帯紫色である,長さ5～10cm×3～4.5cm。葉を嚙むと甘味がある。花は6月,三角状頂生円錐花序は直立し,長さ50～150mm。花は白色,小形,特臭があり,緑萼は短筒形で,4歯を有する。花冠は漏斗状,長さ5～6mm,筒部は裂片と同長またはやや長く4裂する,裂片は卵形。果実は10月成熟,漿果で,長楕円体,円頭,紫黒色,長さ8～12mm,ネズミの糞に似る。種子は1果1個,扁倒卵形,長さ6mm,径4mm,角稜あり,暗褐色。

〔産地〕中部以西の本州・四国・九州・琉球の産。〔適地〕土地を選ばない。〔生長〕きわめて早い,高さ2～6m,径0.1～0.3m。〔性質〕樹性甚だ強健,剪定に耐え,萌芽力多く,移植もきく。〔増殖〕実生。〔配植〕庭園,公園に用いるが実用木で風除,目隠し,植溝用,生垣にもつくる。海岸に適し,生育が最も早く,密生し,価格の安い樹木といえばまず本種を指すものと思ってよい。その代り樹姿に品位が乏しい。〔変種〕**フクラモチ** var. rotundifolium *Blume* 葉縁がいちじるしく波状となり,葉の密生するもの。**トウネズミモチ** L. lucidum *Ait.* 葉は大形,中国産。　【図は花と実】

いぼたのき　もくせい科
Ligustrum obtusifolium *S. et Z.*

〔形態〕落葉または半落葉喬木，主幹は立つが樹形粗で繁密でない。幹枝は灰白色，幼枝に短毛やや密生する。葉は対生，短柄(有毛)，長楕円形・狭長楕円形・長楕円状披針形・広倒披針形，鈍頭，鈍脚，全縁。上面は無毛，下面は有毛，やや厚質，葉脈は上面に凹入し，光沢は少ない，長さ2～8cm×0.7～2cm。枝葉に蠟虫がつき白蠟を生ず，これをイボタ蠟と称し，工業用，医療用に供する。花は6月，当年枝に頂生円錐花序を直立させる。白色の小花，特有の臭がある。花冠は筒部の長さ7～9mm，舷部は4裂，反捲し，裂片の2倍の長さ，緑萼は4歯。果実は10月成熟，漿果で，ほぼ球形・楕円体，紫黒色，長さ5～6mm，径6mm。種子は1個，淡色。

〔産地〕北海道・本州・四国・九州・琉球の産。〔適地〕土地を選ばず，乾湿肥痩を問わない。〔生長〕きわめて早い，高さ2～6m，径0.2m。〔性質〕剪定に耐える。〔増殖〕実生，挿木。〔配植〕本来の造園木ではない。〔変種〕葉に黄色斑入りのものは庭木に用いる。

〔類種〕ハチジョウイボタ L. pacificum *Nakai*　常緑樹で生育きわめて早く，剪定にも耐え，ネズミモチと同様に庭木とされる。セイヨウイボタ L. vulgare *L.* プリベットと称されるもの，欧米の生垣樹の大半はこれである，萌芽力強く，強剪定に耐える，日本にも移入して用いられている。小枝に毛の有無，多少などにより多くの変種が記録されている。その他類種甚だ多い。

【図は花と実】

ひとつばたご　もくせい科

Chionanthus retusus *Lindl. et Paz.*

〔**形態**〕落葉喬木，雌雄異株で，樹形はやや整斉。樹皮は灰黒色，粗渋で，縦裂しコルク質が発達する。枝は多く，幼枝は無毛，または通常多少の細毛がある。**葉**は対生，まれに互生，有柄(1.5～3cm，帯紫色，細毛あり)，楕円形・卵形・倒卵形・広卵形，鋭頭，鋭脚全縁，幼木の葉は重鋸歯あり，洋紙質。上面に凹入する主脈上に細毛あり，毛の位置は特に注意したい。下面は主脈の下部に淡褐色の軟毛があり，長さ5～10まれに15cm×2.5～6cm。花は5月，両性花，単性花あり，当年枝に頂生または腋生する円錐様聚繖花序を直立し，長さ70～120mm。萼は細小，4浅裂，緑色，花冠の花弁は4片，細長線状倒披針形，深裂し，その長さ15～20mm，白色。花梗は基部で関節する。開花季には白雪の降ったように美しい。**果実**は10月成熟，肉質の核果で，球形・楕円体，紫黒色，外面に薄く白粉を被う，長さ10mm。種子は尖頭楕円体で，皺紋がある。

〔**産地**〕本州の中部地方・愛知・岐阜両県と対馬にだけ自生する。〔**適地**〕栽植品は土性を選ばない。〔**生長**〕やや早い，高さ4～30m，径0.2～0.6m。〔**性質**〕剪定を好まない。〔**増殖**〕実生。〔**配植**〕本来の造園木ではないが白花を賞してしばしば庭園に植栽する。東京青山旧練兵場(今日の外苑)には名木ナンジャモンジャ一名六道木があったが本種である。今日のは後継樹である。自生地が局限されているので他の地方のものは原産地より移入したものである。朝鮮には多く亭子木に用う。

【図は花と実】

オレイフ(オリーブ) もくせい科
Olea europaea L.

〔形態〕常緑喬木,主幹は直立せず,通常地上数メートルで分幹するもの多い。樹皮は灰緑色,平滑,老木では深裂する,自生品には枝に刺あり。葉は対生,ときに互生,短柄,小形,長楕円形・線状披針形・披針形,鋭頭,鋭脚,厚革質,全縁。上面は暗緑色,下面は淡緑色,ときに銀色,サビ色,鱗毛あり,長さ 2.5～6cm×0.7～1.5cm。花は5～6月,腋出の総状円錐花序で花冠は白色または帯黄白色,芳香あり,4深裂。果実は10月成熟,漿果で,楕円体,円頭,紫黒色,光沢に富み,長さ12～40mm,1果梗に2～6個をつける。果肉に油分多く,油に搾るほか果実を加工して食用とする。種子は長楕円体,尖頭刺端,淡褐色,浅い縦溝があり,長さ10mm,径5mm。
〔産地〕西方アジアの産。〔適地〕温暖少雨の肥沃深層土を好む。殊に開花する梅雨期に雨が少ないと結実は良好となる。〔生長〕やや早い,高さ2～18m,径0.6～1m。〔性質〕剪定に耐えるが移植力に乏しい。〔増殖〕実生,接木。〔配植〕本来の造園木ではなく果樹とする。東京近郊では幼時冬間の保護を加え寒気を防いでやる。
〔変種〕果実採収の目的に供するには品種を選ぶ,ミッション,マンザニロ,アスコラノなどが用いられている。異種を混じて植栽する方がよい。果樹であって庭木ではない。日本では小豆島が著名な生産地とされている。近来瀬戸内海の沿岸地帯や島嶼でも次第に栽培が増加する傾向にある。気候条件はこの地方が最も適している。
【図は枝葉,実,種子】

と ね り こ　もくせい科
Fraxinus japonica *Blume*

〔形態〕落葉喬木,雌雄異株または同株,まれに雑株,樹形はやや整斉。樹皮は帯黄灰色,幼枝は太く4稜,初め有毛後に無毛となる。葉は対生,有柄,奇数羽状複葉,長さ20〜35cm,小葉は2〜3まれに4双,短柄(浅くひろい溝あり,上面往々有毛,基部肥大して帯紫色),卵形・狭卵形・広卵形・広披針形,急鋭頭,短鋭尖,楔脚,鈍鋸歯がある。上面は無毛,下面は脈沿に開出する白毛があり,長さ6〜12まれに15cm×3〜6cm。花は4〜5月,葉に先だち,またはともに開く,頂生または腋生繖形花序に多数花をつける。緑萼は細小,4裂。花冠は細長4片,白色,花弁はない。果実は10月成熟,翅果で,倒披針形,鈍頭,狭楔脚,褐色,長さ30〜40mm,幅5〜7mm。種子は1個。

〔産地〕中部以北の本州産。〔適地〕栽植品は土地を選ばない。〔生長〕やや早い,高さ15m,径0.6m。〔性質〕剪定を好まず。〔増殖〕実生。〔配植〕本来の造園木ではないが白花は美しく,並木,花木としても賞用できる。往々用例がある。〔用途〕枝にカイガラ虫がつき白蠟を分泌する,これをトネリという,溝に塗ると戸の滑りがよくなるという,トネリコの名はこれに基く,材も靱皮も利用の途が多くある。〔類種〕セイヨウトネリコ F. excelsior *L.* はアッシュと呼び,洋杖に用いることはひろく知られている。これは皮付の高級ステッキであり,輸入品となっている,日本でも日本産トネリコの苗からこれをつくり出す方法を栃木県で行なったことがある。

【図は花と実】

やちだも　もくせい科

Fraxinus mandshurica *Rupr*. var. japonica *Max*.

〔形態〕落葉喬木，雌雄異株で，樹形は雄大，枝は太い。樹皮は灰褐色，皮目点在する。老木では深裂する。枝は粗生，灰黄色，淡褐色，鈍4稜がある。葉は対生，長柄，奇数羽状複葉，長さ30〜45cm，柄基は膨大する。小葉は3〜5，まれに6双，頂葉以外は無柄，卵状楕円形・狭長楕円形，長鋭尖・鋭尖・短尖，楔脚。上面は深緑色で，通常無毛，下面は淡緑色で，主脈上および脈沿に開出する短毛がある。小葉の中軸基部の着点に赤褐色または灰褐色の綿毛密生し著明であり特徴とされる（シオジにはこれを欠く）細鋸歯があり，長さ5〜15cm×3〜5cm。花は4〜5月，葉に先だつか同時に開花，前年枝に頂生複総状花序をなし，無弁，黄色の小花をつける。果実は10月成熟，翅果で，広倒披針形，長さ25〜40mm，幅7〜8mm，微凹頭，鈍頭，狭楔脚で，翅の幅はひろい。種子は1果に1〜2個。

〔産地〕北海道・中部以北の本州産。〔適地〕ヤチダモの名の如く，ヤチとは東北地方以北に見る地形上の湿地であり，ここに良好な生育を見る。〔生長〕やや早い，高さ24m，径1m。〔性質〕剪定に耐え，移植力は強い。〔増殖〕実生。〔配植〕本来の造園木ではないが寒地の湿気多い土地に植栽する，越後地方では水田の畦畔に植え，ハサギ即ち稲架用としている，関東におけるハンノキ（57頁参照）の用途と同じ。この用例は越後だけであって富山県に入るとハサギは関東地方同様にハンノキと代ってゆく。この材は土木，建築用に役立つ。

【図は果実】

しおじ もくせい科

Fraxinus spaethiana *Lingelsh.*

〔形態〕落葉喬木，雌雄異株。樹皮は帯褐暗灰色，縦裂する，ときに平滑。枝は太く，帯灰黄褐色，無毛。葉は対生，有柄，奇数羽状複葉，長さ25～35cm。基部は膨大して枝を包む。小葉は3～4双。基部は無毛（ヤチダモは有毛），頂葉のみ有柄，狭卵形・広倒披針形，まれに狭長楕円形，鋭尖・急鋭尖，斜鈍脚，細鋸歯がある。上面は暗緑色，無毛，葉脈少しく凹入する。下面は淡白緑色，脈沿に開出する白毛が粗生する。葉柄基部は肥大しやや帯紫色，長さ8～15cm×3～7cm。花は4～5月，葉に先だつか同時に開く。前年枝に頂生の円錐花序は長さ100～150mm，小形帯白色，無弁の花を多数につける。果実は10月成熟，翅果で，広披針形，両尖，長さ25～50mm，幅8～15mm，下垂する。種子は1果に1～2個。

〔産地〕日光・秩父以西の本州・四国・九州の産。〔適地〕栽植品では土性を問わない。〔生長〕やや早い，高さ10～30m．径0.3～1mの巨木もある。〔性質〕剪定は弱度に行いうる。〔増殖〕実生。〔配植〕本来の造園木ではないが，ときに地方では公園に用いた例がある。樹形雄大，決して不適当ではない。〔用途〕材はきわめて優良，工芸用として加工に適し，殊に山間の大木はかなり利用のため伐木されたという。水田の近くに植え，この発芽を見て気候を推測し，種まきの標準とする例がある。この樹の芽の出ないうちは苗代に種をまかない，もし早まってまきつけると苗が寒害にかかるという。

【図は花と実】

こばのとねりこ　もくせい科
Fraxinus sieboldiana *Blume*

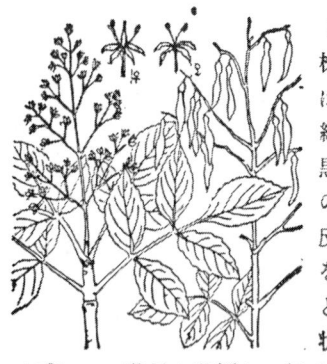

〔形態〕落葉喬木，雌雄異株で，樹形やや整斉。樹皮は暗灰色。枝は灰褐色・灰緑色，ときに帯紫色，細い黒線が縦走する，初め開出の細毛または腺毛がある。皮目は著明，生育期に切枝を水にひたすと水が淡青色となる。葉は対生，奇数羽状複葉，長さ約10cm，まれに20cm，葉軸と葉柄とは無毛または有毛，小葉は2～3双，短柄，狭卵形・長卵形・広卵形・広披針形，長鋭尖，楔脚・円脚，薄質，細鋸歯または低平鋸歯あり，ときに全縁。上面は緑色で，無毛，下面は脈沿に開出する白色軟毛があり，ときに腺点がある。頂小葉は特に大形，柄基は肥大する，長さ5～10，まれに15cm×1.5～4cm。花は4～5月，腋生または頂生の円錐花序は長さ120mm。花弁は4片，線状倒披針形，長さ6～7mm，離生して著しく外反し，白色または帯黄白色を呈して，花季に遠望すれば白雪の降ったように美しい。果実は10月成熟，翅果で，倒披針形・線状披針形，円頭または鈍頭，長さ25～30mm，幅5～6mm。

〔産地〕北海道・本州・四国・九州の産。〔適地〕関東に見るものは栽植品，土地を選ばない。〔生長〕やや早い，高さ12m，径0.6m。〔性質〕剪定はできる。〔増殖〕実生。〔配植〕本来の造園木ではないが美しい白花を賞してしばしば庭園，公園に植えられること他の類種のものより用例ははるかに多い。北越地方ではこの樹も水田のハサギに使っているし，苗代の近くに植えて気象上の目標樹とすることシオジと同じような植方をしている。

【図は花と実】

ふじうつぎ ふじうつぎ科
Buddleja japonica *Hemsl.*

〔形態〕落葉または半常緑灌木,樹形はきわめて不整斉,枝の伸長著しく,4稜を有し帯赤褐色,幼時は淡褐色の軟星毛を粗生する。葉は対生,短柄,大形,狭卵形・広披針形・披針形,長鋭尖,鋭脚,薄質,波状低平鋸歯あるかまたは全縁。上面には初め黄褐色短毛があるが,後に無毛となる,下面に淡褐色の軟星毛粗生し,長さ7〜15,まれに 20cm×2〜5cm。花は6〜7月以後続々と開花する,頂生の円錐花序は長さ100〜250mm,多くは頂部が傾斜する。花冠は筒形,多少彎曲して口端は4裂する,長さ15〜20mm,外面は淡紫色,淡褐色の毛が密生する。萼は4裂する。果実は10月成熟,蒴果で,卵形・楕円体,長さ6〜8mm,宿存萼あり,2殻片に開裂し少数の種子を放出する。枝葉は有毒,これを砕いて水に投ずると魚は中毒して浮上る。

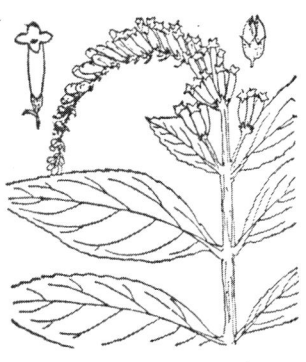

〔産地〕本州・四国の向陽地に自生する。〔適地〕植栽品は土性を選ばない。〔生長〕きわめて早い,高さ0.6〜1.5m。〔性質〕枝葉の伸長甚だ盛んであるので強い剪定を行って樹形を整備する必要がある。〔増殖〕実生,挿木。〔配植〕花を賞して庭木とする観賞花木である,この類は外国産のものも多く,花色に白色,淡紅色などがある,すべてこれらをブッデリアと総称しているが学名から訛ったものである,すべて同様に取扱ってよい。台湾産のニオイフジウツギ,中国産のトウフジウツギ,チリー産のタマフジウツギなどは花の香気が日本産のものよりはるかに強い。どこの国でも庭の花木とする。

【図は花枝,花,実】

キョウチクトウ きょうちくとう科
Nerium indicum Mill.

〔形態〕常緑喬木,樹形はやや株立状となり根元からヒコバエを叢生する。樹皮は暗褐色平滑。枝は緑色,軟質,初め微毛あり,ときに4稜をなす。葉は3片輪生するが等角にはつかず,1片と2片とが偏して上下交互に並ぶ,ほとんど無柄,線状披針形・狭披針形,鋭尖,狭脚,側脈は多数で主脈にやや直角に出て平行する,厚革質,全縁。上面は光沢ある濃緑色,下面は淡緑色,両面とも無毛,長さ7〜12,まれに8cm×0.8〜2cm。花は7月以降引きつづき秋まで開花する。当年枝に頂生聚繖花序をなし多数の花をつける。花冠は筒状鐘形,径30〜50mm,通常舷部5裂,右の回旋襞をなす。裂片は扁円形,同大,紅色を常品とする,八重咲もあり,この方が多く普及している,佳香あり,変種には白色,紫紅色などがある。果実は10月成熟す日本ではきわめてまれに結実する,莢状で細い鋭頭円柱形,直立し,長さ150〜200mm,径3〜6mm,成熟すると褐色となり,縦裂する。種子は細片,先端に褐色の長さ10mmの斜長毛を多数冠毛状につけて飛散する。

〔産地〕インド,ペルシア産。〔適地〕暖地で向陽の砂質地を好むも一般に土性を選ばない。〔生長〕やや早い,高さ3〜6m,径0.1〜0.3m。〔性質〕剪定に耐えるが行いたくない,枝,葉,花は有毒である。〔増殖〕挿木は太い枝でも容易であり,水挿がよい。株分。〔配植〕庭園,公園用の花木。西洋キョウチクトウは地中海沿岸地方の産でこれより大形,黄色の花のものは別属である。
【図は樹形,花,実】

ていかかずら きょうちくとう科
Trachelospermum asiaticum *Nakai*

〔形態〕常緑藤本，古茎は灰白色，幼枝に褐色の粗毛あるか無毛，ツルはよく伸長する。葉は対生，短柄（有毛），狭楕円形・楕円形・卵状披針形・倒卵状披針形，ときに広倒披針形，鋭頭，鈍端，鋭脚，全縁または細歯牙縁，厚革質。上面は光沢ある暗緑色，脈沿に白斑あり，下面淡色，有毛または無毛，長さ3～6，まれに8cm×1.5～3cm。茎葉を折ると白乳液を出す，ときに紅葉する。花は5～6月，頂生または腋生有梗の聚繖花序を直立し，花は有梗粗生，花冠は高盆形，舷部5深裂，裂片は斜狭倒三角形，縁辺は反捲して波状，右回旋襞をなす，有毛または無毛，花径20～30mm，花筒部は長さ7～8mm，芳香強く，白色，落花前にやや黄変する。果実は10月成熟，細円柱状の莢，丸打の紐に似てやや彎曲，下垂する，長さ150～180mm，開裂して種子を放出する。種子は線形，白銀色の細い冠毛を多数に頂生している。

〔産地〕本州・四国・九州・琉球の産。〔適地〕土性を問わない。〔生長〕やや遅い，径0.05～0.1m。〔性質〕剪定はきく，萌芽力がある。〔増殖〕実生，挿木。〔配植〕柵，棚，柱，古木に攀絡させ，香気ある白花を賞する庭木である，剪定を強くし立性に仕立てたものは鉢物，盆栽として賞用する。古書に現われるマサキノカズラというのは本種であるという。テイカとは藤原定家卿でその墓に生じたものとの伝説がある，一名チョウシカズラともいう，植物学者によってはこれを別種とする。

【図は花，実，種子】

ちしゃのき　むらさき科
Ehretia ovalifolia *Hassk.*

〔形態〕落葉喬木，樹形はやや整斉。樹皮は灰褐色，鱗片状に浅く剝離する。枝は幼時有毛または無毛。葉は互生，長柄（1.5〜2.5cm），倒卵形・長楕円形・楕円形・楕円状倒披針形，急鋭頭，鋭脚・鈍脚，葉の上面有毛。下面は青帯白色で短剛毛密生，低平鋸歯あり，葉質は粗面やや厚く，カキノキの葉に似る，方言にカキノキダマシというのがある。長さ5〜12まれに18cm×3〜7まれに10cm。花は6月，主として頂生の大円錐花序を発し，白色の小花きわめて多数に着生する。緑萼は細小，花冠は小形の輻形，5深裂，5雄蕊がある。果実は10月成熟，核果，球形，径4〜6mm，初めは橙黄色，後に橙紅色となる。果肉は生食できる，種子は1果に2個，半球形，淡色，長さ4mm。
〔産地〕本州は山陽山陰両道，四国・九州・琉球の産。
〔適地〕栽植品はあまり土性を選ばない。〔生長〕やや早い，高さ10〜20m，径0.3〜0.6，まれに1mの巨木がある。〔性質〕剪定はできない。〔増殖〕実生。〔配植〕本来の造園木ではないが社寺，城郭などにしばしば用いられている，琉球ではほとんど家毎に植栽し，この新芽を食用とする，味はチシャに似るのでこの和名を生じたのである，旧劇千代萩の場面で唱えられるチシャノキは本種ではなく，エゴノキの一名である。変種に広葉もの，丸葉ものがある。岡山後楽園にある名木チシャの木は本種である，そう大きい樹ではないが柵囲をもって保護している。高知の旧城内にも大木があり，名木である。
【図は花と実】

むらさきしきぶ　くまつづら科
Callicarpa japonica *Thunb.*

〔形態〕落葉灌木,樹形は端正であるが枝は細く,粗生して,繁密とはいえない。樹皮は汚褐灰色,幼枝は暗紫色,初め微細の星毛あり,後に無毛となる。冬芽は特異の形,有柄である。葉は対生,短柄(0.2～1cm),長楕円形・倒卵形・卵形・卵状披針形,鋭尖,鋭頭,鋭脚,洋紙質,細鋸歯あり,両面に初め細毛あり,後に無毛となる。上面深緑色,帯黄色の腺点あり,長さ5～8,まれに13cm×3～4.5cm。花は6月,腋生の短梗聚繖花序を生ず,淡紫色・紫色,花径3～4mm,少しく香気がある。萼は短鐘形,5浅裂,花冠は筒形,4裂,平開,花弁少しく外反する。4雄蕊はやや長く抽出する。果実は10月成熟,核果で,球形,紫藍色,紫色,径3～4mm,実のつき方は通常少ない,落葉後も枝間に永く残っている。種子は1果に4個,扁平球形で帯白色。

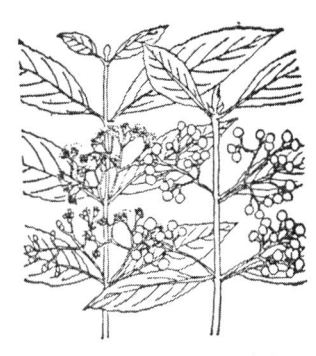

〔産地〕北海道南部・本州・四国・九州・琉球の低山帯にひろく分布する。〔適地〕土性を問わない。〔生長〕やや早い,高さ3～5m,幹は細い。〔性質〕剪定はきくが弱度に行いたい。〔増殖〕実生。〔配植〕本来の庭木ではないがルリ色の実と樹姿を賞して雑木林風の庭に用いられる。〔品種〕シロシキブ f. albibacca *Hara* 花も実も白色。〔類種〕ヤブムラサキ C. mollis *S. et Z.* 山地に普通に見る,葉は大形,両面に多数の毛が密生している。低山帯に行けば普通に見られるもの,ただし群落にならない,冬間は冬芽の形により,秋は果実の色によって容易に識別される。名称ほど美しくない。

【図は花と実】

ヒギリ くまつづら科

Clerodendron japonicum *Makino*

〔形態〕落葉灌木，単幹直生して，分岐は少ない。全株やや無毛，ときに枝に毛あり。葉は対生，有柄，大形，卵円形・心円形，短鋭尖，深心脚，洋紙質，細鋸歯がある。上面は濃緑色，下面は淡緑色，黄色の粉腺あり，長さ15～40cm×10～30 cm。花は7月から開き始め次々と10月まで続く，頂生の円錐花序は長く直立し開出，粗生，多数の紅色の花をつけて美しい。萼は大形，紅色，卵円形，上端5裂。花冠は緋紅色，下部は細く長い筒形，長さ18～25mm，上部は5裂する。雄蕊は4本，きわめて長く紅色，花柱はさらに長く抽出して上部やや屈曲する。萼のなかに水を貯え内部の器官を保護しているのでこれを水萼植物という，クサギの花についても同様である。果実は10月成熟，宿存萼のなかに埋在し，碧黒色，球形，光沢あり，径9～12mm。種子も球形，淡色を呈する。

〔産地〕インド産。〔適地〕暖地では露地植，土性を問わない。〔生長〕早い，高さ1～3m。〔性質〕剪定はできない，冬季の寒さに会うと地上部分は枯れるが根はそのまま残り，翌春発芽して花を開く。〔増殖〕実生，挿木。〔配植〕暖地では戸外に植えて庭木として花を賞しているが多くは鉢物として観賞している。緋紅色の円錐花序は美しい，冬間はフレームに入れる。一名トウギリという。〔類種〕ゲンペイクサギは常緑ツル性，これによく似る花序を発し，萼は白色，五角形5深裂，花冠は筒状で緋紅色，紅白の対照美しくこの名がある。

【図は葉と花】

く　　さ　　ぎ　くまつづら科
Clerodendron trichotomum *Thunb.*

〔形態〕落葉小喬木，枝は側方に開張し，樹形は不整枝張大となる。樹皮は暗灰色，鱗片に剝離する。枝には初め帯褐色また白色の軟毛がある。葉は対生，長柄（6〜12cm，有毛），大形，卵形・広卵形・三角状卵形，漸鋭尖，円脚・心脚，全縁または不著明の鈍鋸歯がある。上面はときに軟毛粗生，下面は脈上に軟毛あり，葉脚に近く主脈に沿って約20個の不著明腺点散在する，長さは8〜12，まれに18cm×3〜10，まれに15cm。葉には特有の臭気あるが若葉はゆでて食用にすることができる。花は8月から順次秋まで開花する。頂生の聚繖花序は粗生，多数の花を開き，香気がある。萼は帯紅色，卵円形，先端5深裂，裂片は鋭尖卵形。花筒は細く，長さ20〜25mm，舷部の径は25〜30mm。花弁は5片，白色，細長形，平開する。4雄蕊は紅色，花冠外に長く抽出する。花柱もほぼ同長。果実は10月成熟，核果で，球形，光沢ある碧色，後に紫碧色となる，径6〜7mm。大形の紅色5片の三角形の宿存萼は座の如く果をとりかこむ。種子は1果に4個，淡色，球形。

〔産地〕北海道・本州・四国・九州・琉球の産。〔適地〕向陽の地を好み土性を選ばない，多く群生する。〔生長〕きわめて早い，高さ1.5〜5m，径0.15〜0.3m。〔性質〕樹性強健，剪定に耐える。〔増殖〕実生。〔配植〕本来の造園木ではない。野外低山帯，路傍至るところに群生しているもの，夏の暑い頃に開花しているのでよく目につくものであるので全く用途のない雑木だが記述する。

【図は葉，花，実】

くこ　なす科
Lycium chinense *Mill.*

〔形態〕落葉灌木，樹形は不斉，枝は徒長状によく伸びる，先端はツル状に傾垂する。樹皮は灰白色，通常葉腋に短枝の変形した刺があるが，ときにこれを欠く，枝に縦稜あり，無毛。葉は互生，短枝上では5～6片束生，無柄，狭長楕円形・楕円形・披針形，鋭頭，鈍頭，狭脚，全縁，無毛，薄質，長さ2～4，まれに10cm×1～2，まれに3cm。花は8月以降秋まで連続開花，腋生で，小梗ある淡紫色花1～3個を着生する。緑萼は短筒形，5浅裂。花冠は鐘形，径10mm，5裂，5弁，長さ10～15mm，その基部に帯白紫色の縦筋が入る，5雄蕊。果実は翌年9月成熟，漿果で，卵形・長卵形・楕円体，長梗あって2～3個ずつ下垂，朱紅色，長さ10～15mm，径8～10mm，薄皮，果汁多く，花とともに果実が見られる。種子は10粒以上，細小，白ゴマに似る。

〔産地〕本州・四国・九州・琉球の産。〔適地〕向陽の砂地に適する。海岸，水辺，堤防等に多く見られるが栽植しては土性を選ばない。〔生長〕早い，高さ1～4m。〔性質〕強剪定に適する。萌芽力強い。〔増殖〕実生，挿木。〔配植〕本来の造園木ではないが利用をかねて生垣などにつくる。〔用途〕薬用樹である，根を地骨皮，花を長生薬，実を木蜜と呼び食用，薬用，酒用，その他に供する，新葉はゆでてクコ飯につくる。全株あますところなく薬用となる。これほど薬用になる植物は少ない，日本でも中国でも古来強壮薬，不老長生の源として利用されたもの，野外に出れば容易に見出される。

【図は樹形，花，実，枝葉】

ルリヤナギ　なす科

Solanum glaucophyllum *Desf.*

〔形態〕常緑灌木，樹形不整で，枝はよく伸長し，軟質，粉白色，粗生，地下茎伸長する。葉は互生，短柄，卵状長楕円形・楕円状披針形・披針形，鋭尖，楔脚・狭脚，全縁，無毛。両面とも帯緑白色の程度著しく，白粉で被うように見える，軟質で，多く下垂する，長さ10～15cm×2～4cm。花は6月，頂生または腋生の総状または繖房花序，次々と開花する。花冠は星状広鐘形で5深裂。裂片は鋭頭卵形，淡紫色，弁の外面は有毛，長さ10～12mm。花径20～25mm。果実は10月に成熟，漿果で，光沢ある卵球形，ほぼ楕円体，紫黒色，長さ10mm，長梗について下垂する。種子は白色，扁平腎臓形，1果に十数個入る。

〔産地〕ブラジル，ペルーなど南米の産。〔適地〕水湿に富む湿地を好み水中にも生育できる，栽植品では土性を選ばない。〔生長〕やや早い，高さ1～3m，径0.05m。〔性質〕剪定はきく，整姿すると樹形美しくなる。
〔増殖〕実生，挿木，地下茎によって新苗を多く生ずるにより株分もできる。〔配植〕葉色，花色を賞して庭木とする，殊に水湿地の庭に用いるに適する。日陰地でも生育できるが樹形は美しくならない。用例は少ないが松江市の小泉八雲旧居の前庭に植えられたものは著者の目撃したもののうち最も美しく立派であった，八雲は生前この植物を愛育していたと伝える。一名リュウキュウヤナギというが琉球には関係がない。水を張った植木鉢に植込んで装飾鉢とする用法などは趣が深い。

【図は花と実】

き　り　ごまのはぐさ科

Paulownia tomentosa *Steud.*

〔形態〕落葉喬木，樹形雄大で，拡枝性，枝は太く粗生，樹皮は灰白色，平滑，幼枝に腺質の開生軟毛が密生する。冬芽は小形，葉痕は著明で大形。皮目また著明，白色，髄なく茎は中空。葉は互生，長柄（15〜40cm，軟短毛あり，中空軟質），大形，広卵形・卵円形・卵心形，鋭尖，心脚，薄軟質，全縁または3〜5中裂。上面は深緑色，軟毛あり，ときに無毛，下面は青白色，粘毛密生，殊に脈上には帯白色で粘質の多い毛があるし，また縁毛を有するものもある，上面で脈はいちじるしく凹入する。花は5〜6月，葉に先だって開き，大形頂生円錐花序は直立し，長さ100〜300mm。萼は広鐘形，厚肉質，淡褐色または黄褐色の軟毛密生，5裂片となり，花後に宿存する。花冠は唇形，径50〜60mm，長さ80mm，上唇2片は反捲し，上唇は上唇より大形，3裂片となる，裂片は微凹頭，内面は白色・黄色・濃紫色数条あり，外面は淡紫色，短腺毛粗生する。花色には濃淡あり，花筒内面下部に1双の蜜腺がある。果実は10月成熟，蒴果で，尖卵形，2室，木質，4凹線2列する，暗褐色，長さ35〜40mm，径25mm，2殻片に開裂する。種子は扁長形，膜翼あり，極小形。

〔産地〕日本産説と朝鮮産説とがある。〔適地〕肥沃深層土で西日の当らぬ地がよい。〔生長〕きわめて早い，高さ15m，径1m。〔性質〕剪定はできない。〔増殖〕実生，根伏。〔用途〕用材。造園木ではないが並木に利用した例がある，利用上伐ったのち萌芽させる。

【図は樹形，葉，花，実，樹皮】

ノウゼンカズラ　ノウゼンカズラ科
Campsis chinensis *Voss.*

〔形態〕落葉藤本，節部から気根を発して他物に吸着する。葉は対生，奇数羽状複葉，長さ20～30cm，小葉は3～4双，卵形・卵状披針形，鋭尖，長鋭頭，粗鋸歯あり，無毛，薄軟質，上面鮮緑色，長さ3.5～6.5cm×2～4cm。花は7～8月，頂生円錐花序につき下垂する長梗があって，2花対生し，側向または上向して開く。花冠は萼とともに大形，広漏斗形，長さ50～60mm，径60～70mm。外側は朱黄色。内側は光沢ある紅萼色，または朱黄色。絃部はやや不等に5裂して唇形。萼は淡緑色，5中裂，長さ30mm，水分を含み，水萼植物の一つである（ヒギリの条参照）2雄蕊あり，花や蕾の汁は有毒である。果実は長形，長さ60～100mm，鈍頭，革質と記載されているが著者は日本に植栽されているもので結実したのを見たことがない。

〔産地〕中国の産。〔適地〕向陽の地ならば土性を選ばない。〔生長〕早い，径は0.1mにも及ぶ。〔性質〕剪定はできる。〔増殖〕根元から出るツル状の枝を挿木とする，節部からよく発根する。〔配植〕有毒だが美花を賞して庭の花木とする。盛花の頃に社寺境内や農家の庭に枯木などにからみついて大形で派手な朱紅色の花をつぎつぎと咲き出している姿を見ることしばしばあるのはこれで，まれにアメリカ種もある。〔類種〕**アメリカノウゼンカズラ** C. radicans *Seem.* 樹形はきわめてよく似るが花形を異にし，花冠は細筒形，長漏斗状，長さ60～80mm，径12～25mm，裂片も小さい，花色は同じ。

【図は花】

キササゲ ノウゼンカズラ科
Catalpa ovata *G. Don*

〔形態〕落葉喬木，主幹は直上し，枝は太く粗生して枝張大となる。樹皮は帯褐灰色，老成して縦裂する。冬芽は淡黒褐色，鱗片集合する。幼枝は灰褐色で，光沢あり，皮目は著明，葉痕大形，円形，凹入して著明。葉は対生または3～4片輪生，その1～2片は通常やや小形，長柄（6～20cm，初め有毛），広心形・広卵形・円形，円脚・微心脚，全縁または3～5浅裂，裂片は卵状三角形で，鋭尖，波状縁。上面に短軟毛があり，下面は淡色，短毛粗生，特に脈上，脈腋に蜜腺あり，葉肉には香気というより特臭がある。長さ12～25cm×9～15，まれに25cm。花は6～7月（中国では5月）頂生円錐花序は長さ20～150mm，やや大形の花多数に着生。花冠は鐘状漏斗形，径25mm，初め黄白色，または帯緑白色，次第に淡黄色となり，内面に数列の暗紫色細小斑点あり，5裂両唇形で，上唇は2列，下唇は3列。萼には水分を含む水萼植物である。果実は10月成熟，蒴果で，細長円筒形，鈍頭，ササゲ豆に似る，1所から多数下垂し，長さ300mm，径4～5mm。外面は濃褐色，内面は淡褐色，種子は扁平線形，長さ9mm，幅3mm，両端に細長軟毛がある。

〔産地〕中国産。〔適地〕土性を問わず，水湿地を好む。〔生長〕早い，高さ6～15m，径0.6m。〔性質〕剪定に耐える。〔増殖〕実生。〔配植〕薬用樹である。〔類種〕トウキササゲは中国産。アメリカ産にハナキササゲとアメリカキササゲがある。花形が違う。カタルパという。
【図は樹形，葉，花，実，樹皮】

くちなし あかね科

Gardenia jasminoides *Ellis* f. grandiflora *Makino*

〔形態〕常緑灌木,株立状に根元から多少の叢生を見る。枝葉は繁密。葉は対生,やや輪生,短柄,狭長楕円形・広披針形・菱状広倒披針形,鋭頭,鈍端,狭脚,全縁,厚質,無毛,光沢あり,托葉は早落性,苞状形,長さ6〜15cm×1.5〜4cm。花は6月,頂生,単一,直立,短梗あり,香気強く白色,落花前に帯黄色。花冠は高盆状,肉質,花径60mm。筒部長さ30mm。花弁は6〜7裂,やや回旋褽,裂片は広楕円形。萼の裂片は広線形,6片,長さ10〜20mm,外反する。後に宿存する。果実は10月成熟,6稜形,長楕円体,長さ15〜20mm,径10mm。宿存萼片と同長,紅黄色。種子は扁平楕円体,帯紅黄色,長さ4.5mm,幅2mm。果肉はクチナシ色(黄紅色),染料,薬用に供する。

〔産地〕駿河以西の本州・四国・九州・琉球の産。〔適地〕土性を問わず,陰地,水湿地もいとわない。〔生長〕やや早い,高さ1〜4m。〔性質〕強い剪定を好まず。〔増殖〕実生,挿木,株分。〔配植〕花を賞して庭木とし,また生垣にも利用する。〔変種〕**ヤエクチナシ** f. ovalifolia *Hara* 花は大形,八重咲,芳香強く,まれに結実する,花木としてはこの方を多く用いる。これを花戸ではガルデニアというがこの名はクチナシの学名である。この基本種は九州産のコリンクチナシである。このほか細葉のものもある。〔類種〕**コクチナシ** G. radicans *Thunb*. 低灌木,ときに伏生状,花は小輪,八重咲,庭木としては石付,鉢前,根締,下木とする,中国産。

【図は樹形,花,実】

はくちょうげ　あかね科
Serissa foetida *Comm.*

〔形態〕半常緑灌木，雌雄異株で，樹形は密生，枝葉は繁密。葉は対生，束生，楕円形・卵状披針形・狭楕円形，鋭頭，狭脚，全縁，やや厚質，無毛，葉肉に悪臭があり，冬間は汚色にて見苦しい，長さ0.3～4cm×0.1～2cm，きわめて小形である。花は5～6月，腋性，単一，花冠は白色，帯紫白色または淡紅色，小形，漏斗状，筒部はやや長く10～13mm。舷部は通常5裂，まれに6裂。裂片はさらに3浅裂，平開し，内面に細毛多く，5雄蕊，長花柱短雄蕊花と短花柱長雄蕊花との2型が異株につく，未だ雄株を見ずといわれる。果実を知らない。

〔産地〕琉球の産。〔適地〕土地を選ばない。〔生長〕やや早い，高さ0.6～1m。〔性質〕樹性きわめて強健，強剪定に耐え萌芽力は著しい。〔増殖〕挿木はきわめて容易である。〔配植〕庭木としてはほとんど生垣専門，幅の厚い高さの低い庭垣風のつくり方に適する，刈込みを頻繁に行い肥培に尽したい。〔変種〕ヤエハクチョウゲ var. pleniflora *Makino* 花は八重咲。〔類種〕ダンチョウゲ S. crassiramea *Nakai* 幹枝の節間が極度につまり葉は密生，極小形，花は白色で少しく帯紫色，中国産，多くは鉢物として賞用している，これに八重咲がある。f. plena *Makino* この類は挿木によって容易に育苗できるので庭樹としての用途はひろいがその割合に利用されていない。洋風庭園，公園，路傍植栽（境栽風）に次第に利用されかけて来ている。

【図は花枝，花】

ありどおし　あかね科

Damnacanthus indicus *Gaertn. f.*

〔形態〕常緑灌木，樹形は不整，枝は緑色，正しく二双に出る。枝の変形である刺は細いが鋭い，枝の分岐点，葉柄の基部に生じ単生または双生，斜上し，長さ1～2cm，葉とほぼ同長。葉は対生し左右に開く，ほとんど無柄(有毛)，卵形・広卵形・広楕円形，急鋭頭，刺状，円脚，厚革質，光沢あり，全縁。上面は深緑色，下面はやや帯白色，ときに主脈に短伏毛があり，長さ1～2.5cm×0.7～2cm。花は5月，頂生または腋生し，短梗あって1～2花をつける。花冠は長漏斗状の筒，白色，長さ15mm，上方少しく太く4裂。裂片は狭三角形，4雄蕊。果実は10月成熟，梨果で，紅色，球形，径5～10mm，宿存萼あり，翌年5月まで緑葉の間に着生している。種子は1果に2個，まれに3個，純白色，麻の実に似る。

〔産地〕関東以西の本州・四国・九州・琉球に生ずる。
〔適地〕土性を問わず，かなりの日陰地にも生ずる。
〔生長〕遅い，高さ0.6～1m。〔性質〕剪定はできる，陰樹であって樹性強健である。〔増殖〕実生。〔配植〕本来の造園木ではないが下木，石付，根締，鉢前に用いられる。果実は紅色で美しいが着果の少ないのが欠点とされる。〔変種〕ヒメアリドオシ var. microphyllus *Makino* 枝は一層細かく分岐し，刺は葉よりもはるかに長いもの，庭木に用いる。暖地の庭園にときに散見するもの，一般の庭樹とはいえない。苗を入手することは困難であり，自生品について種実を採集してくる。

【図は花と実】

じゅずねのき　あかね科

Damnacanthus major *S. et Z.*

〔形態〕常緑灌木，樹形アリドオシに近い，根が数珠状をなすというのでこの名があるが所々に少しく肥大を見る程度で著しい数珠形をなすものは未だ見たことがない。図に示された根は「物類品隲」に示されたものであるが，あるいはときにこうしたものがあるかも知れない。枝の岐点または葉柄の基部に短いが細く鋭い双生の2刺がある，枝の変形で長さ1cm，葉より短い。幼枝には細小の伏毛がある。葉は対生，短柄，卵形・広卵形，鋭尖，円脚・鈍脚，光沢ある革質，深緑色，無毛，長さ1.5～5cm×1～2cm。托葉は葉間に生じきわめて小形。花は5月，腋生，短梗，1～2花をつける。萼は細小，4深裂，尖頭形。花冠は狭長な漏斗状，長さ15～18mm。舷部は4裂，少しく外反し，外面は白色，4雄蕊がある。果実は10月成熟，核果で，球形，紅色，径5mm，宿存の萼歯あり，翌年5月まで緑葉の間に着生している。種子は淡色，小形。

〔産地〕関東以西の本州・四国・九州の産。〔適地〕前種と同じ。〔生長〕やや遅い，高さ0.3～0.5m。〔性質〕前種と同じ。〔増殖〕実生。〔配植〕だいたい前種と同様に用いられるが用例は少ない。変種には丸葉，小葉，細葉などの変異品がある，特用はない。〔備考〕アカネ科というのは大きな科であって多くの有用樹を含んでいるが造園用になるものは少ない，多くの熱帯産のものを含めている。キナは薬用，コーヒーノキは飲料としてのコーヒー豆を生ずるものである。

【図は花，実，根】

さんごじゅ　すいかずら科
Viburnum awabuki K. Koch

〔形態〕常緑喬木，主幹は直立，枝条は繁密，樹形はやや整形。樹皮は黒褐色，粗面。枝は太く灰褐色。皮目は点在。幼枝は紅色，ほとんど無毛。葉は対生，有柄（1～3cm，帯紅色），狭長楕円形・楕円形・倒披針形・倒卵形，鋭頭・鈍頭，鋭脚，厚革質。上面は光沢ある濃緑色，無毛または脈上に少しく細い星毛あり，下面は淡緑色，脈腋に褐毛あり，全縁または上半部に波状鈍鋸歯あり，長さ12～15，まれに20cm×3～6cm，まれに8cm。生育期に葉を折ると綿糸毛を出す。花は6月，頂生円錐花序は分岐し，長さ180～200mm。萼は帯緑紅色，長い筒状。5裂萼は円頭状。花冠は筒部の長さ6mm，萼筒とほぼ同長，上辺で5裂，裂片は鈍頭三角形，白色，5雄蕊。果実は10月成熟，核果で，広楕円体，長さ7～8mm，初め緑色，のちに紅色，宿存萼があり，果梗に小歯片をつける。種子は淡色，萼側は凸出し他側は溝をなす。

〔産地〕関東南部以西の本州・四国・九州・琉球の暖地に生ずる。〔適地〕水質に富む重い土性を好む。〔生長〕やや早い，高さ12m，径0.3～0.5m。〔性質〕剪定に耐え，萌芽力あり。〔増殖〕実生，挿木。〔配植〕造園用としては庭園，公園に風致木として用いるが大多数は生垣用とする。サンゴジュの名は紅色の果実によるが果粒が小さいのが欠点とされる，刈込めば結実することはほとんどない。〔変種〕アジサイバノサンゴジュ var. serratum Nakai 鋸歯の著しいもの，稀品である。

【図は樹形，花，実，樹皮】

はくさんぼく　すいかずら科
Viburnum japonicum *Spreng.*

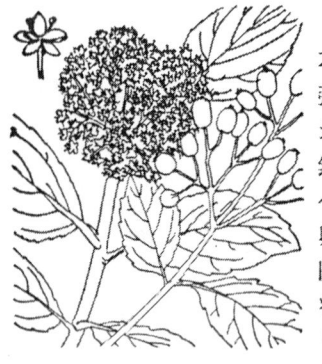

〔形態〕常緑灌木，樹形は不整，枝は伸長し暗褐色で，弾力があり，特臭を有する。幼時は腺点があって，全株無毛。葉は対生，有柄(1.5～3cm)広倒卵形・広卵形・卵円形，急鋭頭，広楔脚・円脚，革質，光沢あり，波状鈍鋸歯，両面に小腺点あり，側脈は正しく平行し葉縁の歯牙に末端をおさめる。長さ5～15，まれに20cm×5～17cm。花は3～4月，頂生聚繖花序，平頂の球形を呈する。萼は細小。花冠は輻状，白色，径6～8mm，5深裂。裂片は円頭楕円形，花に佳香があり，5雄蕊は弁に沿って斜上離生する。果実は10月成熟，核果で，紅色，楕円体・卵形，長さ6～9mm，花と葉とは乾くと異臭を発する。種子は腹面に3縦溝，背面に2縦溝がある。これをまくとよく発芽する。

〔産地〕山口県・九州の産。〔適地〕多少湿気ある地を好むが一般に土性を問わない。〔生長〕やや早い，高さ3～6m，幹は細い。〔性質〕剪定は弱度に行って樹形を整備する。〔増殖〕実生，挿木。〔配植〕原産地近くでは庭木に用いているが普及していない。〔類種〕ゴモジュ　V. suspensum *Lindl*. 本種に似るも葉は小形，樹形は繁密，花は著明でないが果実は紅色，琉球の産，山口県・広島県・岡山県では特に多く庭木として用いるが他の地方ではこのような用例はない。東京では寒さに強いが花つきもわるく，したがって実のつき方がきわめて少ない。かつては温室に入れられたが露地で充分耐冬する。伊勢神宮外宮入口の橋ぎわによい壮木がある。

【図は花枝，花，実】

やぶでまり　すいかずら科
Viburnum tomentosum *Thunb.*

〔形態〕落葉小喬木，樹形は不整で，枝張りは大。樹皮は灰褐色。幼枝に軟毛がある。葉は対生，有柄(1.5～2cm)，卵形・倒卵形・広楕円形・広卵形・円形，短鋭尖，楔脚・円脚，上縁にだけ鋭鋸歯あり，薄質。下面は幼時軟毛あり，花後に出る葉はときに狭長，側枝の葉は楕円形・広披針形，ともに側脈8～15双，長さ5～10cm×4～7cm。花は4～5月，頂生聚繖花序，縁辺の花は中性花で白色，蝶形。花冠は大形。花径10～40mm，4～5裂，そのうち1片はきわめて小形，他は円頭・鈍頭，卵形，これは花弁であり，萼は極小形。（これによく似るのがガクアジサイで周辺の中性花は萼片が著しく発達したもの，花弁は小形，本種とは反対である），両性花は中性花に遅れて開花。萼は筒状，5裂，裂片は卵形，外反し淡紅色。花冠は輻状，淡黄色，径3～4.5mm。5雄蕊。果実は10月成熟，核果で，卵状楕円体・広楕円体，長さ5～7mm，径4～5mm，紅色。種子は腹面に1条の溝あり，淡色。

〔産地〕関東以西の本州・四国・九州の産。〔適地〕土性を問わない。〔生長〕やや早い，高さ2～6m，径0.2m。〔性質〕剪定はできる。〔増殖〕実生。〔配植〕本来の庭木ではないが，雑木林の庭をつくるときに植栽される用例があり。公園にも用いられている。雑木林のなかにしばしば発見されるもの，同じく混生しているものにガマズミがあるが，それよりも花は美しい。ヤブデマリの方が個体数が少ないようである。変種は次に述べる。

【図は花と実】

おおでまり　すいかずら科

Viburnum tomentosum *Thunb.* var. plicatum *Max.*

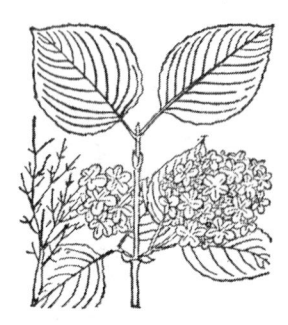

〔形態〕落葉灌木,樹形は不整,多くは樹姿くずれる。枝は粗生,幼時は有毛。葉は対生,有柄,広楕円形,鋭尖,円脚・心脚,葉質は厚いが軟らかく,葉脈上面に凹入して皺状を呈し,側脈の数ヤブデマリより多く,平行して葉縁に達する形は著明である。通常上面の主脈は帯紅色を帯び,上面は濃緑色である,むしろオオカメノキの葉に似る,下面には密毛あり,大きさはヤブデマリに同じ。花は5～6月,聚繖花序はやや大形,花序の径60～70mm 全部が中性花からなり,花冠は5裂する,白色,頗る美観である。果実なし。

〔産地〕栽植品である説,日本に自生ありとする説,中国の産であるという説の三様がある。〔適地〕ほとんど土性を問わず,向陽の地ならばどこでも生育よい。〔生長〕遅い,高さ1～3m。多くは樹形がくずれている,その方が開花に富むようである。〔性質〕弱い剪定はやれるが,花芽の残し方にコツがある。〔増殖〕挿木。

〔配植〕庭園の花木として賞用される,オオデマリの名はいかにも花容を現わしている。これはコデマリ（イバラ科,185頁）に相対したものと思われる。これに匹敵するものはテマリカンボク（殊に洋種）であるが本種は通常樹形がくずれるのが欠点とされる。一名をテマリバナともいう。庭の花木としてきわめて適格であり,庭木商の植溜には市場品があるので入手することは容易である。農家の庭などにしばしば見うけるものだがその多くは樹形がくずれている。初めから樹形を整備したい。

【図は樹形と花】

がまずみ　すいかずら科

Viburnum dilatatum *Thunb.*

〔形態〕落葉灌木，樹形は不整，樹皮は暗褐色，幼枝に毛あり。葉は対生，有柄（0.5～1.5cm，腺点，星毛あり），広卵形・広倒卵形・倒卵形・倒卵円形・円形，短鋭頭，円脚・鈍脚・楔脚，膜質，鋸歯がある。両面有毛，葉柄頭近く主脈左右に4個の蜜腺あり，主脈6～7双，上面暗緑色，下面淡色，腺点あり，長さ3～12cm×2～8cm，秋はやや紅葉する。花は5～6月，頂生聚繖花序，その直径40～100mm，まれに120mm。花は短梗あり，小形，白色，密生し，中性花はない。花冠は輻状，径5～8mm，5裂する。果実は10月成熟，核果で，紅色，卵形・倒卵形・球形，長さ6mm，径3mm。種子は腹面に3，背面に2の縦溝がある。

〔産地〕北海道・本州・四国・九州の産。〔適地〕土性を選ばない。〔生長〕やや早い，高さ1.5～4m，径0.15m。〔性質〕剪定に耐える。〔増殖〕実生。〔配植〕本来の造園木ではないが，ときに庭園に用いている。樹形に特徴はない。山野にいくらでも見られるもの，秋冬の頃に紅い小果をつけている，小児は食用とするし小禽も好んでこの実をついばむ。同じく雑木として庭に将来するならばヤブデマリの方を選びたい，花の美しさは一層劣る。〔変種〕キミノガマズミ f. xanthocarpum *Rehd.* 果実は黄色である。〔類種〕コバノガマズミ V.erosum *Thunb.* 葉は鋭尖頭，幅がせまい。ミヤマガマズミ V. Wrightii *Miq.* 葉は鋭尖であるが葉の幅がひろい。本種は葉の先端が短尖であり，鋸歯は一層細かい。

【図は花と実】

かんぼく すいかずら科

Viburnum pubinerve *Blume*

〔形態〕落葉灌木,樹形は不整,樹皮はコルク質発達し,外面浅裂する。葉は対生,有柄(3～4cm),倒卵円形,3深裂する,截脚・心脚・広楔脚,裂片はやや凸出または短尾状鋭尖,欠刻および少数の歯牙緑,粗鋸歯があり,長さ幅とも6～12cm。花は5～6月,頂生聚繖花序は大形,径60～120mm,周辺に中性花を粗生する。中性花は白色,長梗。花冠は淡黄色または黄白色,径9～30mm,不斉形に5裂する。両性花の方は花冠幅形,径6mm,白色,5裂する,裂片は鈍頭三角形,5雄蕊は離生して長く花冠の上に抽出する。果実は10月成熟,核果で,紅色,球形・広楕円体,長さ8～10mm。種子は淡色,1個入る。

〔産地〕千島・北海道・本州・四国・九州の産。〔適地〕ほとんど土性を選ばない。〔生長〕やや早い,高さ2～3m,径0.15m。〔性質〕弱度の剪定は行いうる。〔増殖〕実生。〔配植〕本来造園木ではない。〔品種〕テマリカンボク f. sterile *Makino* 花はことごとく中性花で美しい,東北地方に多く見る花木である。〔類種〕スノーボール V. opulus *L.* var. sterile *DC.* この基本種はセイヨウカンボクで日本のカンボクと同じく周辺だけ中性花,スノーボールは全部が中性花であることテマリカンボクと同じ,カンボクに似るが樹皮コルク質でなく,葯の色を異にする。以上のような美しい花木があるのに庭樹として一般に普及していない。もっと育苗につとめてこれらを市場品とすべきことを業者にすすめる。

【図は花と実】

おおかめのき　すいかずら科
Viburnum furcatum *Blume*

〔形態〕落葉小喬木，樹形は不整，樹皮は暗灰褐色，枝は太く開出して帯黒紫色，強靭，幼時全株に垢状の細毛がある。葉は対生，長柄（2～4cm，帯紅色），卵円形・広卵形・広楕円形，ほぼ円形，短鋭尖，深心脚円脚，不斉の鋸歯がある。上面は無毛，深緑色，葉脈凹入して皺状となる，下面は星毛，主脈基部近くに左右2腺あり，側脈7～10双，長さ7～15，まれに18cm×5～10cm，山地では秋季紅葉する。花は5月，頂生聚繖花序，径70～120mm，周辺に中性花あり，その花冠は白色，径30mm，5深裂。裂片は円頭，ほぼ円形。中央部にある両性花は小形。花冠は輻形，径4.5mm，5裂して円頭。果実は10月成熟，楕円体，初め紅色，のちに紅黒色となる，長さ12mm，径8mm。種子には腹背各1条の縦溝あり，淡色を呈する。

〔産地〕北海道・本州・四国・九州の産。〔生長〕やや早い，高さ2～5m，径0.15～0.2m。〔性質〕剪定に耐えず。〔増殖〕実生。〔配植〕本来の庭木ではないが庭園に植えられている用例は少なくない，樹形粗にして白花が美しい点は他の同属のものに比して一段と見栄えがする，別名ムシカリとは武田博士によればムシクワレ，すなわち葉が虫に食われることの多いのにより，これからムシカレとなり，ムシカリと変じたという。本属のなかには庭園のうちに入れて庭樹とするものが多いと述べたがこのオオカメノキもその一つであり，白花も美しく，枝の出方が粗生である点を考慮に入れて用いたい。

【図は花と実】

おとこようぞめ すいかずら科
Viburnum phlebotrichum S. et Z.

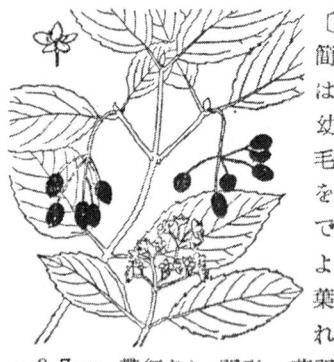

〔形態〕落葉灌木，樹形は簡素。樹皮は帯灰褐色。枝はよく伸長し，開出する。幼枝は無毛または少しく長毛があり，生枝を曲げて物を縛るに適するくらい強靭である。コバノガマズミによく似るが本種の方は幼枝，葉が少毛であるので区別される。葉は対生，有柄(0.3～0.7cm，帯紅色)，卵形・菱卵形・楕円形卵状楕円形，小形，鋭尖，鋭頭，鈍脚・鋭脚，微鋸歯があり，やや膜質。上面は無毛または少しく長毛粗生，下面は淡色，脈上に長い白色の伏毛が粗生する。脈は上面に凹入する，長さ4～8cm×2～4cm。側脈は5～6双，正しく平行して葉縁に達する，乾くと黒色になる。花は5月，頂生，繖形花序は下垂する，径30～60mm，5～10花をつけこれも下垂する。花冠は輻状。花径7～10mm，5裂，平開，花弁は円頭，白色に淡紅暈がある。萼も花梗も帯紅色，5雄蕊は離生，花冠より短かい。果実は10月成熟，核果で，長梗について下垂し，広楕円体，紅色，長さ7～8mm。種子は腹面に1～3，背面に1の縦溝があり，淡色。

〔産地〕本州中南部・九州の産。〔適地〕樹陰にしばしば自生するが土性を問わない。〔生長〕やや早い，高さ1～2.5m。〔性質〕剪定を行う必要はない。〔増殖〕実生。〔配植〕花実とも小品で雅趣に富み，樹形また品位がある。庭木として推奨したい，ことに茶庭に適する。山地原野にいくらでも見出される小灌木でこれを庭樹とするには剪定して小形に仕立てると一層見栄がする。
【図は花と実】

ご ま ぎ　すいかずら科
Viburnum sieboldii *Miq*.

〔形態〕落葉小喬木，樹形は繁密状。樹皮は灰褐色，浅裂する。幼枝に初め白色毛叢があり，枝葉，幼枝にはゴマのような香気がある。葉は対生，束生，有柄(1.5～2.5cm)，倒卵状楕円形・長楕円形，急鋭頭，円頭，楔脚・鋭脚，やや厚質，上半に鈍鋸歯がある。上面は光沢あり，皺状，葉脈凹入，側脈は8～12双，平行する，下面特に脈上に白毛あり，長さ8～15cm×3～4cm。花は4～5月，頂生繖房花序，径70～150mm，中性花なし，両性花の花冠は輻状，5裂，花径6～10mm，淡黄白色。弁端はときに淡灰紅色。果実は10月成熟，核果で，長楕円体，紅色，長さ10mm。果梗は鮮紅色。種子は淡色，倒卵形，腹面に1縦溝あり。

〔産地〕本州・四国・九州の産。〔適地〕天然には湿気多いところに生育している，湿地性のものであるが植栽品は比較的土性を問わない。〔生長〕やや早い，高さ2～7m，径0.3m。〔性質〕剪定に耐える。〔増殖〕実生。

〔配植〕本来の庭木ではないが，ときに庭園に用いられる，葉をもむとゴマの香があるがこれは観賞対象にはならない，識別点である。昔は東京の北郊，戸田の原の湿地に多数生育していたものであり，ゴマシオヤナギの名で通っていたほど湿地性であることを現わしている。湿地に適する樹木というものはそう多くないがその一つに数えられる。格別樹姿に特徴はないがこの性質を利用したい，変種には丸葉のもの，長葉のもの，斑入のものなどが知られているがこれは利用されるほどではない。

【図は花と実】

ちょうじがまずみ　すいかずら科
Viburnum carlesii *Hemsl.* var. bitchuense *Nakai*

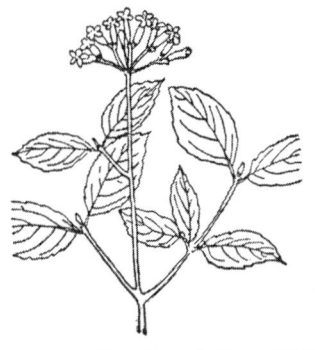

〔形態〕落葉灌木，樹形はやや粗生。樹皮は灰褐色，枝に星毛と垢状の毛叢がある。葉は対生，有柄(0.4～0.8cm)，長楕円形・卵形，鋭頭，円脚・截脚，ときに心脚，低平の歯牙縁がある。上面に星毛が多いがのちに大方脱落する，脈は4～6双，長さ3～7cm×2.5～6cm。花は4～5月，頂生聚繖花序，花冠はやや小形，漏斗状，4裂，淡紫色，ジンチョウゲのような芳香著しく強い。果実は10月成熟，核果で，楕円体，黒色，長さ8～10mm，種子は扁長楕円体で，腹面に3，背面に2の縦溝がある。

〔産地〕本州では備中・四国の小豆島・九州では豊前に産する。朝鮮にもあって日本におけるよりも，多く用いられている。〔適地〕比較的土性を選ばない。〔生長〕やや遅い，高さ1～2m。〔性質〕剪定を好まない。

〔増殖〕実生。〔配植〕花の芳香を賞して花木とする唯一の本属の灌木である。本種は学名に示されているようにオオチョウジガマズミの変種である。基本種の方も花に芳香は強い，ただ花の色が淡紅色，産地は邦産では九州対馬にかぎられている点を異にする。両種ともこれほど芳香あるものが今日まで庭木に用いられず，普及していなかった点を怪しむくらいである。栽培も容易であり今後に期待する花木の一つである。朝鮮にも産し，ブンコトナムと呼ばれ香を賞して用いられている，早くからアメリカに入り庭木として用いられている。アメリカでは同属のランタナ種に接木し育苗している。

【図は花枝】

アベリア　すいかずら科
Abelia grandiflora *Rehd.*

〔形態〕半常緑灌木, 樹形, は放任すると伸長した枝のため乱雑となる。樹皮は灰褐色, 薄片に剝離する。小枝には細毛があり, 光沢ある鮮紅色を呈する。葉は対生, 短柄, 卵形, 鋭頭, 鋭脚・円脚, 粗鋸歯があり, 上面は無毛, 深緑色, 著しい油状光沢に富む, 下面は淡色, 主脈の下部両側に白毛あり, 側脈は網状, 長さ 1〜4 cm×0.5〜2 cm。花は 6 月以降, 結霜期まで引き続き開花する, 頂生円錐花序につき, 花冠は鐘形, やや香気あり, 白色, 筒部はやや帯紅色, 長さ 15〜20mm, 5 裂し, 裂片は円頭。萼片は 2〜5 片（シナツクバネウツギは 5 片）, 帯褐色, 未だ果実を知らず。 日本ではハナゾノツクバネウツギというがアベリアでわかる。

〔産地〕本種はシナツクバネウツギ A. chinensis *R. Br.* と A. uniflora *R. Br.* との雑種園芸品であるので自生地はない。〔適地〕ほとんど土性を問わない。〔生長〕きわめて早い, 高さ0.6〜1.5m, 株立状のために幹は細い。〔性質〕強度の剪定を行って徒長枝を除き, 樹形を整備したい。〔増殖〕挿木, 株分。〔配植〕庭園, 公園用としてひろく用いられている。主として生垣状に使うアベリアの名で呼ばれているものには中国北部の産であるシナツクバネウツギも混じているというがその詳細の区別点はわからない。〔類種〕アベリアとはツクバネウツギ属をいう, このなかには日本産のツクバネウツギ, コツクバネウツギを含んでいる, ともに野生品であるが花は美しい色で庭樹として充分用いられる。

【図は花枝と花】

はこねうつぎ　すいかずら科
Weigela coraeensis *Thunb.*

〔形態〕落葉小喬木，樹形は不整形。樹皮は灰褐色，コルク質発達して深裂する。枝は太くよく伸長する，全株ほとんど無毛。葉は対生，有柄（1～4.5cm），広楕円形・倒卵形，急鋭尖，鋭尖，鋭脚，やや厚質，不斉鋸歯がある。上面は光沢ある深緑色，脈上に少毛あり，下面は帯青緑色，脈上に短い粗毛あるかまたは無毛，脈は上面に凹入し皺状を呈する。長さ8～15，まれに18cm×4～10，まれに12cm。花は5～6月，枝端に頂生または枝の上方で腋生する。聚繖状花序に2～8花をつける。花冠は筒状漏斗形，長さ25～40mm，筒部中央以上が急に太い，先端5裂。裂片は鈍頭。萼は癒合せず，5深裂。裂片は広線形。花柱は抽出しない。花色は初め白色，次で淡紅，のちに紅色または紅紫色となる。果実は10月成熟，蒴果で，細長徳利形，多く2列に着生，直立，長さ20～30mm，2室を有する。種子は極小形，狭翼がある。これをまけばよく発芽する。

〔産地〕北海道・本州・四国・九州の産。〔生長〕早い，高さ2～5m，径0.2m。〔性質〕剪定を行った方が樹形整備される。〔増殖〕実生。〔配植〕本来の庭木ではないが多く庭園，公園に植栽している。〔変種〕シロバナハコネウツギ f. alba *Rehd.* 花は白色。ベニバナハコネウツギ f. rubriflora *Momiyama* 花は紅色。これらの一類は花の構造によって分けているが種類も多い。造園上の利用からいえば紅色・白色・黄色など色の変化あるものを用いればよいので分類に忠実でなくてもよい。
【図は花と実】

たにうつぎ　すいかずら科

Weigela hortensis K. Koch

〔形態〕落葉小喬木，樹形は不整。枝は灰褐色，幼時は無毛，ときに粗毛あり，2条の縦毛線がある。葉は対生，有柄（0.4〜0.8cm），卵状楕円形・卵形・楕円形・倒卵形，鋭尖，鋭脚，細小の低鋸歯があり，上面は初め粗毛あり，のちに無毛となる。下面は帯白色，白色の短い軟毛やや密生する，長さ6〜10cm×2.5〜5cm。花は5〜6月，腋生，頂生の聚繖花序に2〜3花着生する。花冠は漏斗状，基部は細く上部に向って急に太い（前種とこの点で異る），長さ30〜35mm，無毛，5浅裂，紅色。萼の裂片は癒合せず，披針状線形，長さ3〜7mm，少毛，花柱はやや抽出する。果実は10月成熟，蒴果で，円柱状，長さ18〜20mm，黒褐色，無毛で，2室を有する。種子は淡色，小形，狭翼がある。

〔産地〕北海道・本州産。花季には東北地方の低山帯到るところに見られるほど個体数は多い。紅色の花で区別される。〔適地〕向陽の地ならば土性を選ばない。〔生長〕早い，高さ2〜3m。〔性質〕前種と同じ。〔増殖〕実生。〔配植〕本来の庭木ではないが造園用に植栽する。

〔変種〕シロバナタニウツギ f. albiflora *Rehd.* 花は白色。〔類種〕きわめて多く，ニシキウツギ W. decora *Nakai* 花は初め白，のちに紅色となる。オオベニウツギ W. florida *DC.* 花はやや淡紅色。キバナウツギ W. Maximowiczii *Rehd.* 花は淡黄色。殊に東北地方では至るところに自生品が見られるので，庭園等に掘りとって来て庭樹とされている。6月の山野は花で美しい。

【図は花と実】

ツキヌキニンドウ　すいかずら科

Lonicera sempervirens L.

〔形態〕常緑または半常緑藤本。枝は灰白色，外皮薄片に剝離する，無毛。葉は対生，無柄，長楕円形・卵形・長披針形・倒卵形，鈍頭，鋭脚・鈍脚，やや厚質。上面は深緑色，下面は帯青粉白色，全縁，短い白色軟毛あり，花梗直下の葉は苞状，半円形の2片相接着し1葉となり，花梗がこれを貫いた形となる，長さ5～10cm×2.5～4cm。花は5～6月から引続き開花，頂生，腋生の層状穂状花序に約6花着生する。花冠は瘦長漏斗形，長さ20～30mm。筒部は長く，やや扁側に肥大する，外面濃紅色，内面帯黄緑色，先端不同に5裂する。萼は緑色で小形。5雄蕊は黄褐色，花冠外に抽出する。果実は10月成熟，漿果で，球形，紅色，径8～10mm。東京では結実まれであるが，受粉を助けるとやや多く結実する。花には香も蜜もないが原産地では蜂雀が多くこの花に集まるという。

〔産地〕アメリカにひろく分布自生する。〔適地〕向陽の地であれば土性を選ばない。〔生長〕やや早い，ツルはよく伸長する。〔性質〕樹性きわめて弱い，強い剪定は禁物である。〔増殖〕実生，挿木。〔配植〕花を賞して棚つくり，枯木にからませる花木である。〔類種〕キバナツキヌキニンドウ L. brownii Carr. 花は帯黄橙紅色で一層美しい。この黄花種の方が本種の紅花種より取扱いやすい。いずれにしても樹性は丈夫であるとはいえない。ともに原産地では変種が多く，庭園に用いるツル性の花木として需要が多く，市販品も少くはない。
【図は花枝，花，実】

すいかずら　すいかずら科
Lonicera japonica *Thunb.*

〔**形態**〕半常緑藤本，茎は帯紅褐色，幼枝には開出の褐色軟毛密生し，腺毛を混ずる，ツルは右巻，きわめてまれに左巻，全株褐色の短毛を生ずる。葉は対生，短柄(0.3〜0.8cm)，広披針形・卵形・長楕円形，鋭頭，鈍頭，円脚，全縁，幼茎にはまれに羽状裂葉をつける。上面有毛，下面に軟毛あるか無毛，長さ3〜7cm×1〜3cm，秋はやや紅葉する。花は5〜6月，腋生双出，ときに頂生穂状花序，花冠は長漏斗状，長さ30〜50mm，上方で5裂し，唇形をなす，外面に軟毛あり，筒部は細い，初め白色，まれに淡紅色，のちに淡黄色に変じ，しばしば外側は苞帯紫色となる，芳香あり，花の下部葉腋に対生の葉状苞がある。果実は10月成熟，漿果で，4個離生してつき，黒色，光沢あり，球形，径6〜8まれに10mm，種子は黒色，光沢あり，扁平不斉球形，径1mm，ゴマ粒に似る。1果に約10個入る。

〔**産地**〕北海道・本州・四国・九州の産。〔**適地**〕土性を選ばない。〔**生長**〕やや早い。〔**性質**〕剪定に耐える。〔**増殖**〕実生，挿木。〔**配植**〕本来庭木ではなく，路傍の雑木品だが芳香を賞してときに柵にからませて庭木としている。〔**用途**〕茎葉を乾かして茶の代用とし，酒に入れて忍冬酒をつくる，もともと薬用植物である。花に甘味あり小児は口につけて吸うのでスイカズラという。別名をニンドウと呼ぶ。原野，路傍いたるところに見られ，ツルを伸ばして樹木にからんでいる。初夏にはこの花を見るがすてがたい香気がある，剪定を行いたい。

【図は花と実】

うぐいすかぐら　すいかずら科

Lonicera gracilipes *Miq.* var. glabra *Miq.*

〔形態〕落葉灌木，樹形はやや整斉，枝葉繁密。幹皮は帯灰赤褐色，薄片に剝離する。枝は灰褐色，通常無毛。葉は対生，短柄(0.2～0.5cm)，広卵形・楕円形・狭卵形・菱卵形，鋭頭，鈍端，鈍脚・鋭脚，薄質，無毛，鮮緑色，幼時はきわめてまれに下面主脈上は有毛，長さ2.5～6cm×1.5～5cm。花は3～4月，腋生，単一まれに双生，長梗あって下垂する。花冠は漏斗状，長さ15～20mm，先端5裂，裂片鈍頭，平開，淡紅色，花の下方に狭長の苞がある。果実は5月成熟，漿果で，楕円体，紅色，まれに2個接着して下垂，光沢多く，薄皮で果汁多く甘味あり，長さ10mm，無毛，梗は長く，その上端果実と接する部分にきわめて小さい淡色の線状の薄片1（まれに2）個あり。種子は1個，淡色。

〔産地〕北海道・本州・四国・九州の産。〔適地〕土性を選ばない。〔生長〕早い，高さ3m，幹は細い。〔性質〕剪定に耐える，紅実を賞して庭木とするが秋冬の頃落葉の前に葉が見苦しく枯れる。〔増殖〕実生。〔配植〕本来の庭木ではないが，しばしば庭園に用いられる。

〔変種〕シロバナウグイスカグラ var. albiflora *Max.* 花は白色または淡黄白色，栽植品。学名に示された基本種はヤマウグイスカグラで本種とよく似るが葉の両面に粗毛，腺毛散生し，縁毛ある点を異とする。農家の庭先などにしばしば庭木として植えられてある。俗にグミと呼んでいて，6月頃成熟した果実を小児が好んで食している，小禽もこの実を好む。オナガはここに集まる。

【図は樹形，花，実】

ひょうたんぼく　すいかずら科
Lonicera morrowii A. Gray

〔形態〕落葉灌木，樹形はやや拡開，枝はよく伸長する。樹皮は灰褐色，糸片状に剝離する。全株軟毛著しい。葉は対生，短柄(0.1～0.3cm)，長楕円形・卵状楕円形・楕円形，鈍頭・鋭頭，円脚，全縁。上面は濃緑色，幼時微毛あり，下面は帯白色で，軟毛あり，薄質，長さ2.5～5cm×1～3.5cm。花は5月，頂生，腋生，有梗，単一または双生，直立，花冠は筒状，5深裂。裂片は鋭頭，平開，外面に軟毛あり，長梗あり，甘い香気あり，初め白色，後に黄色となるので金銀木の名がある，この名はスイカズラにもつけられている。果実は10月成熟，漿果で，球形，紅色，光沢あり，径5～8mm，通常2個接着して1果梗に頂生，直立，その1個はやや小形であるためヒョウタンボクという，淡色の種子1個入る，果実には果汁多く，多少甘味あるが劇毒あり，多く生食すると死を招く。

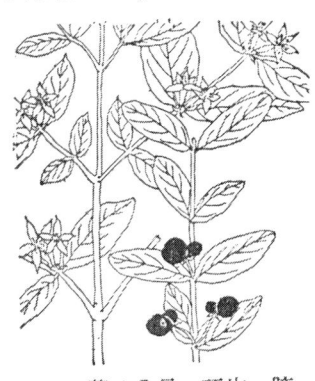

〔産地〕北海道・本州・四国では伊予の産。〔適地〕土性を選ばないが熔岩地帯などにときに群落をなす。〔生長〕早い，高さは1～3m，幹は株立状のために細い。〔性質〕剪定に耐える。〔増殖〕実生。〔配植〕庭木としては好ましくない，果実の劇毒による，ただし小禽は好んで嗜食する。〔類種〕きわめて多い。邦産で16種，外国産多数，果実はハナヒョウタンボクが黒色のほか皆紅色である。自生地について見るにときに群落をなしている。格別の特徴をもった樹姿ではないので庭樹として特にすすめられるものとは言いかねる。有毒樹である。

【図は花と実】

にわとこ すいかずら科
Sambucus sieboldiana *Blume*

〔形態〕落葉小喬木，樹形は不整。枝は太くよく伸長する。樹皮は帯黄灰褐色，コルク質発達し，不斉に縦裂し，幼枝は無毛，髄は太く淡褐色，軟質。葉は対生，奇数羽状複葉，長さ12〜50cm，無毛，小葉は2〜5双，披針形・長楕円形・広披針形，鋭尖，円脚，細鋸歯あり，薄質，無毛，下面はやや青白色，最下の小葉の先端に細長の腺点あり，ときにこれを欠く，長さ4〜12cm×3〜6cm。早春に発芽する。花は4月，頂生円錐花序，有毛，小花密集して着生する。花冠は帯白色，径3〜4mm，5裂し，花弁は鈍頭，乾くと香気あり，5雄蕊は離生する。果実は10月成熟，漿果状の核果で，球形，紅色，径3mm，幹材，薬，果実の利用の途はきわめて多い。

〔産地〕本州・四国・九州の産。〔適地〕土地を選ばない。〔生長〕きわめて早い，高さ2〜6，まれに10m，径0.2〜0.4m。〔性質〕強い剪定に耐える。〔増殖〕実生。

〔配植〕本来の庭木ではないが用例はある。発芽が早春であることは特徴とする，古木は刈込んで庭樹とする用例もある。北海道のニワトコの実は本州のものと異なり鮮紅色であるのは変種のためである。小枝は小鳥の止り木とする。〔変種〕キミノニワトコ var. xanthocarpa *Nakai* 果実は黄色。エゾニワトコ var. miquelii *Hara* 樹形大形，樹皮のコルク質の発達一層著しく，葉の鋸歯も大きく，花序の毛は粒状でなく毛状，果実は紅色一層鮮明である，北海道・本州の山地に産する。

【図は花と実】

モウソウチク　いね科

Phyllostachys edulis *A. et C. Riv.*

〔形態〕稈は直立，高さ10～12m，径0.2m，頂端少しく下垂，初め白蠟質を被る，幼時結節の下に細毛あり，節は少しく凸出，単環，円柱形，中空，厚肉，平滑，緑色，主枝は節ごとに双出，分岐して節は高い，籜（タケノコの皮）は革質，紫褐色の毛密生，頂端に鬢毛と針状の縮形葉がある。葉は小形，枝端に2～8片着生，披針形・狭披針形，鋭尖，狭脚，やや薄質，葉鞘は上部にやや有毛，鞘口に鬢毛あり，舌片は卵形，凸出，下面淡白緑色，無毛または茎部に細毛があり，長さ4～8，まれに10cm×0.4～0.8，まれに1cm。筍は4～5月に発生する。

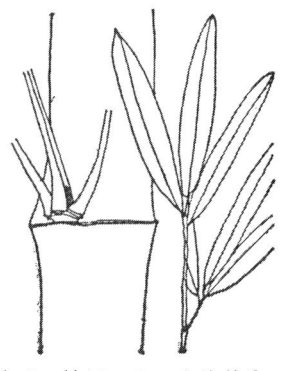

〔産地〕中国の産。〔適地〕肥沃の深層土を好む。〔生長〕きわめて早い，地下茎を長く延長して新竹を生ずる。〔配植〕筍を食用とし，材を桶タガその他に利用する目的で植栽するのだが庭園の風致用としても植込まれる。すべて竹類の移植はタケノコの出る前の季節をよいとされる，しかしモウソウチクについては移植季に制限がないといってもよく，寒中にも移植したが異常なく根づいているのを見る。〔変種〕ブツメンチク f. subconvexa *Makino* 仏面竹，節は短縮，やや亀甲状。〔類種〕マダケ P. reticulata *K. Koch* 材を利用する。節は双輪であり，材質きわめて優良である。ホテイチク var. aurea *Makino* マダケの変種であり，材質よく，根元近い部分の節は短縮するも上方は節間長く，多く釣竿に利用される。京都御所の清涼殿前の呉竹台に植えてある。

【図は葉と稈】

きんめいちく いね科

Phyllostachys reticulata *K. Koch*
var. Castillonis *Makino*

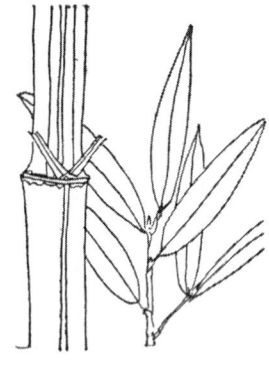

〔形態〕前記マダケの変種であり，稈は直立，高さ10m，径0.1m，頂端直立，稈と枝とは黄色，節間を見るに1節おき交互に片側に緑色の幅ひろい2～3条の筋が入る。外観きわめて美しい，金明竹の名はこれによる。葉形はモウソウチクと大差ないが幼時白色の縞斑を現わし，ときに葉縁に2～3条の淡黄色縞斑を示すものがある。

〔産地〕マダケ林から発生するもので定まった産地はない。〔適地〕深層土を好むが格別土性を選ばない。〔生長〕モウソウチクと同じ。〔配植〕稈の色の美しさを賞して庭木とし，ときに鉢物として観賞する，欠点として2年目には枝葉が薄汚れて見苦しい，故に適当に剪定し新葉を発するよう手入する。竹材は価値なし。〔変種〕**ギンメイチク** var. Castilloniinversa *Nakai* 稈は緑色，節間交互に淡黄色のひろい縦条が入る，キンメイチクと反対である，稀品，庭木用，銀明竹の名である。**オオゴンチク** var. holochrysa *Nakai* 稈と枝とは黄色で緑条なし，黄金竹，金竹の名あり，庭木。**ギンメイハチク** var. flavescens-inversa *Nakai* ギンメイチクにくらべて稈の溝側は淡黄色，背面は緑色，葉に淡黄色の縦条が入る。以上は栽植品で自生地はない。いずれも園芸的品種であり稀品でもあり，一般庭園に植込むものではなく標本木として価値がある。これから発生する筍には母竹の形態を伝えないものもときに現われる傾向がある。
【図は葉と稈】

クロチク　いね科

Phyllostachys nigra *Munro*

〔形態〕稈は直立，高さ2～3m，直径は栂指大。新稈は初め緑色，多くは翌年初冬の頃暗紫黒色となる。年を経て紫黒色ないし黒色が濃くなる，この変色はまず日陰の側に始まり，ときに陽面では変色を見ないこともある。砂質壌土地，痩地等ではそうでない土地のものより変色が鮮である，これら全く立地によるといってよい，緑色の新稈のものを8月に移植すると黒色になる。或は稈を黒色の紙で包むと早く黒色となる，黒色にも程度があり，京都では純黒品を本黒，やや淡色のものを似黒，黒斑のものを胡麻黒という，高知では黒色地に帯褐色の斑の入るものを猛竹，黒色細小稈のものを小黒，小黒に白斑入りを白雲と呼んでいる。根，地下茎，枝も黒色である。葉は小枝端に2～3片着生，披針形，鋭尖，鈍脚，洋紙質，下面少しく帯白色，無毛または細毛がある。舌片は短く，葉鞘は有毛，鞘口に初め鬚毛あり，長さ4～11cm×0.6～1.6cm。筍は4～5月に発生するのを常とするが土地により遅速がある。

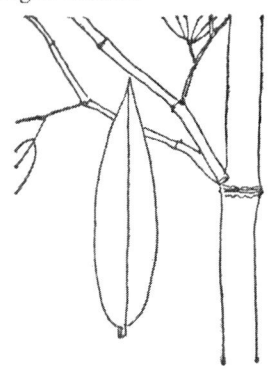

〔産地〕中国・朝鮮産というがハチクから変じたものであろうともいう。〔適地〕土地を選ばない。〔配植〕庭園用とするが稈の用途多く栽植している。〔変種〕ハチク var. henonis *Stapf* 高さ10～20m，径 0.1m，用材のために植える，庭園用ではない。節は双環で高い，葉は3～5片，披針形，鋭尖頭，長さは 5～10cm×0.8～1.2cm，洋紙質，下面少しく帯白色，基部近くに軟毛あり，筍は5～6月に出る。味は良好である。

【図は葉と稈】

かんちく いね科
Chimonobambusa marmorea *Makino*

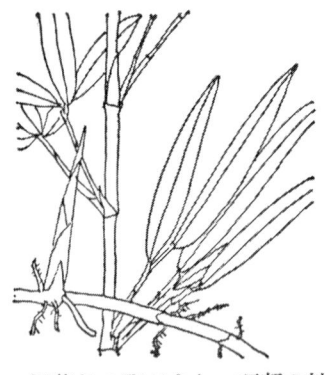

〔形態〕高さ 2～3m, 稈は細い, 直立状, 先端やや傾垂する, 帯紫色, 無毛。枝は密生, 各節から 3～5 本を発する。節は少しく高い, 中空, 円柱形。節部には往々短刺状の気根を生ずる。節間は長さ 7～14cm, 緑色。皮は節間の長さより少しく短く, 薄い洋紙質, 褐紫色の斑があり, 頂部の縮形葉はきわめて小形, 底部の外側にだけ鬚毛がある。葉は枝端に 3～4 片束生状, 披針形・細長披針形, 鋭尖芒端, 狭脚, 無毛, 洋紙質, 長さ 6～15, まれに 18cm×0.8～1.2cm。両面同色, 黄緑色, 舌片は短く, 葉鞘は無毛, 鞘口に鬚毛あり。筍は秋 9～11月に発し, そのまま越冬し翌春開葉するがまれに年内にも開葉する。竹に大小 2 型あり, 大はハチクのように, 小はキセルの太さを呈する。
〔産地〕中国産との説もあるが九州に自生品ありという
〔適地〕土性を選ばない。〔生長〕遅い, 地下茎を延ばすが著しくなく, 多くは母竹を囲み接近して新竹を生ずる。〔配植〕株立の姿態に雅趣あり, 小庭向きの材料であり, 中国式の庭や文人庭に必須の植物である, これで生垣をつくる地方がある, 幅を厚くし, 割竹でおさえを設けず, 列植状の生垣に見せるのが特徴とされる。〔品種〕チゴカンチク f. variegata *Ohwi* 葉に白色の縦線の入るもの, 多くは鉢物用, まれに庭木とする。カンチクとは寒竹の意で秋冬の候に筍を生ずるのによる, 日本にある竹のうちでは発生が最も遅いものである。庭竹として利用した歴史はかなり古いものである。
【図は葉と芽】

ホウオウチク　　いね科
Lelebe floribunda *Nakai*

〔形態〕高さ1～2m，稈は細く緑色または黄緑色で美しい。節間の上部に爪あとのような形の凹条が粗生している。枝は多数，樹形は末ひろがりとなり株立状を呈する。枝は短いが密生する。葉は20片内外を一枝とする，枝の両側に羽扇状に排列するのが特徴で束生しない。一般には彎曲する小枝の末端近くには密に排列する，披針形，鋭尖，円脚，長さ4～6cm×2～3cm。上面は緑色，下面はいちじるしく帯白色，細毛あり，舌片は短く，鞘口に鬚毛がある。筍は7～8月の頃発生する。

〔産地〕原産地は不明だがおそらく中国であろうといわれる。〔適地〕土性を選ばない。〔生長〕遅い，長い地下茎で増えず，多く母竹の周囲にかたまって新竹を生ずる。〔配植〕生育形を利用し多く生垣とする，殊に九州北部の諸地方で多く用いられているが四国では土佐，九州の薩摩でも生垣に用いている。〔類種〕**ホウライチク** L. multiplex *Nakai* 高さ3m，稈に黄色を加える点は特徴とする。稈面には初め細い伏毛粗生，のちに無毛となり，その部分が凹痕となる，節は低い，枝は束生状，皮は革質，無毛，頂部に大形の針状縮形葉がある。葉は小枝に両側に並列，狭長披針形，鋭尖，上面は緑色，下面は帯白色，筍は6月から9月にかけて出るので土用竹という。配植は生垣を主とする。中国産である。九州におけるこれらの竹の生垣は美しく，一つの郷土風景をなしているといってもよく，他国にその例を見ない。

【図は葉と芽】

くまざさ いね科
Sasa veitchii *Rehd.*

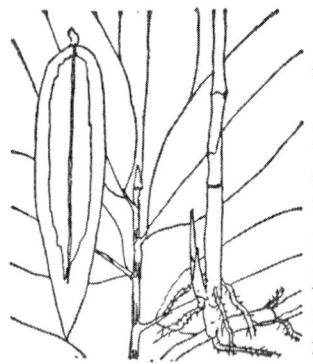

〔形態〕稈は直立または斜生,細長中空の円柱形,高さ0.5～1.5m,上部は分岐粗生,毎節ごとに1枝を単生する。葉は枝端にやや掌状に排列,展開,4～7片,広楕円形,短鋭尖,截状円脚(下方の葉),鈍脚または鋭脚(上方の葉),下面は無毛または短毛。洋紙質状の革質。上面は滑沢,深緑色,下面はやや帯白色,無毛。冬になると葉縁に白色の幅ひろい覆輪状の変色部を生ずるが,この部分は枯死している。長さ 10～24cm×3～7cm,葉鞘は革質,有毛,口縁に長い耳あり,剛毛は長い,のちに脱落する。筍は4月から6月にかけて発生する。

〔産地〕本州・四国・九州の暖地に生ずる。〔適地〕土性を選ばない。〔生長〕長い地下茎をもって周辺に蔓延する。〔配植〕庭園の下草,根締,石付などに用いる。新梢の巻葉を常に抜きとって生育を抑制してやる,これを心ぬきという,刈込みを行ってはならぬ。この葉はスシの詰合わせに化粧笹として使われることはひろく知られている。その切込方には江戸時代からの伝統がある。

〔品種〕コクマザサ f. minor *Rehd.* 庭師は一名単にコクマと呼ぶ,高さ 0.3m 内外,葉形その他はクマザサに似るがすべて小形であり,葉の長さ 10～15cm のものがよく用いられる,冬間に一部分が白色に変ずることも同じ。この方が庭園に多く用いられ,栽培している人もあるが普及していることは少ない。この類はすべて移植してもつきにくいのであらかじめ根をつくり鉢植とする。
【図は葉と芽】

やだけ　いね科
Sasa japonica *Makino*

〔形態〕稈は高さ2～5m,径0.02m,直立して細く,中空の円柱形,平滑,緑色,節間は長く,矢につくるのでこの名がある。枝はやや粗生,節は凸出しない,各節から枝は単生する。葉は小枝端に3～10片,狭披針形・披針形,長鋭尖,狭脚,洋紙質,革質。上面は緑色,下面はやや帯白色,長さ8～30cm×1～4.4cm。無毛。舌片は截形。葉鞘は革質。鞘面に粗生する粗剛毛あり,縮形葉は狭長線形,鞘口に䰄毛なく,まれにある。

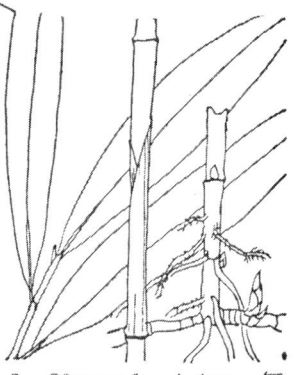

〔産地〕本州・四国・九州の産。〔適地〕土性を選ばない。

〔生長〕地下茎は遠くに走らず,大体母竹を中心として蔓延する。〔配植〕本来庭園用ではないがかなり多く庭園に用いられている。少しく大庭でないと不適当であり,小さな植込みには適しない。あまりにも密生して来たときは古株を切り除きそのあとに肥土を入れ,竹の切口を隠すようにしてやる。〔変種〕ラッキョウヤダケ　var. Tsutsumiana *Yanagita*　節間が縮まって連珠状となる。下部ほど著しい,節の直下に甚だしく白粉を被う,茨城県で発見,稀品である。**キイイジマヤダケ** var. flavo-variegata *Makino* 葉に黄斑の入るもの,栽植品,稀品である。**フイリヤダケ** var. variegata *Houzeau et Lehaie* 葉に白斑の入るもの,これも稀品とされる。

〔備考〕ヤダケの伝説は全国に多い,その多くは武将が矢を地上にさしたところ発根して竹林となったというものであるが一般に竹類は挿木が不能とはいわないが季節その他が適当しないと発根はむつかしいものである。

【図は葉と根】

しゃこたんちく　いね科
Sasa senanensis *Rehd.* f. nebulosa *Nakai*

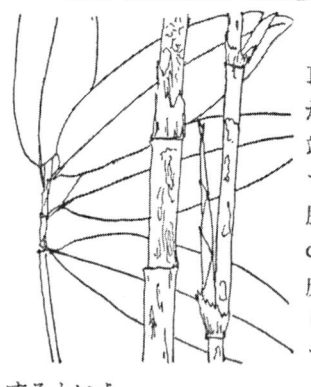

〔形態〕稈は高さ2～3m,頂部は通常傾垂する。各節から1枝単生する。葉は枝端に4～9片束生状に着生する。長楕円形,鋭尖,円脚,長さ12～30cm×3～5cm,多少有毛,鞘は無毛,皮は無毛,革質。筍は5～6月に発生する,味は淡白であり,熊これを好んで食するという。

〔産地〕北海道・本州北部の産。〔適地〕栽植した場合土性を問わない。〔生長〕やや早い,母竹を中心とし長い地下茎を延ばし周辺一帯に新竹を生ずるがあまり密生しない。〔配植〕この基本種はネマガリダケで千島・北海道・本州・四国の山地に通常密生し,群落をなしているものだがこれは庭園用ではなく,その品種である本種が特に庭に用いられている。葉は大形,粗生の姿態はあまり見栄えしないが大庭,公園にはしばしば用いられている,東京附近では公園にあまり見ないが横浜の三溪園には巧みな用例がある,やや陰湿の下陰に下木,地被として植込むのがよい,小庭には向かない。この類は特にそうであるが根や地下茎の発育が旺盛にすぎるので直接移植しても活着の歩どまりがわるい,地下茎を充実させ,発根を密にするため特に鉢仕立てとして作ったものを鉢ぬきとして植込むのでなければ完全につきにくい,クマザサ,オカメザサその他笹類はそうである。ともに寒地の産であり,果実は食用となる。葉はチマキにも利用されている。東北地方でこれらの群落をしばしば見るが雄大な景観をなしている。

【図は葉と稈】

おかめざさ　いね科
Shibataea kumasaca *Makino*

〔形態〕稈は高さ1～2m，庭園用では通常1m以下を利用する，細く直立し，平滑，緑色，節の部分はやや高い。節間は6～10cm，稜角ある半円柱形，枝は短く5～6本束生，各頂部に1～2葉を生ずる。枝端の細長な皮は早く枯れて灰白色を呈する。葉は枝頭に3～5片出る，5枚出るので一名ゴマイザサとも呼ぶ，広披針形・長楕円状披針形，鋭尖頭，やや鈍頭，基部で外反する，鋭脚，洋紙質。上面は黄緑色，滑沢，下面はやや白粉状，軟毛密生する，長さ5～10，まれに14cm×1.5～2.5cm。葉鞘は硬く，小枝のようである。舌片は卵形，筍は4～5月に発生する。

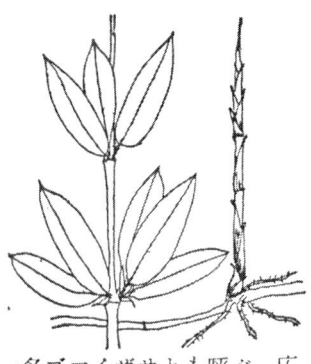

〔産地〕自生地不明といわれ，一説に九州に自生品ありともいわれる。〔適地〕土性を選ばない，向陽地なれば生育はよい。〔生長〕母竹を中心として周辺に蔓延する。〔配植〕庭園，公園用，大刈込風の集団群落に植込むほか列植，小植込，下木，地被などに植栽する。クマザサの条で述べた心ぬきの方法によって管理すれば稈頭が揃ってくる。一名ブンゴザサともいう。〔用途〕オカメザサとは11月酉市にトウノイモの親芋をゆでてこの稈に貫き輪のようにして売品とする，この輪にオカメの面をつりさげるのによる。今日ではこの習俗はすたれて見られないところもある。〔変種〕シマオカメザサ var. aureo-striata *Nakai* 葉に黄色の縦線の入るもの，栽植品だが稀品といわれる。この美しい大刈込の状態は東京小石川の後楽園のなかに見られる，相当の面積で管理がよい。

【図は葉と芽】

なりひらだけ いね科

Semiarundinaria fastuosa *Makino*

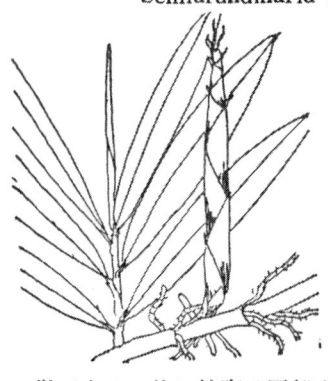

〔形態〕稈は直立し高さ5〜10m、径0.03m、無毛、中空、円柱形。上部は半円柱形となり溝状に凹入する、日光直射するときは帯紅紫色となる特性あり、節部ごとに稈は少しくジグザグに出る、節間は長く7〜30cm、節部は双輪状で隆起する、枝は節に束生し短いのが特徴である、故に竹姿は円錐形または円柱状を呈する、皮は初め帯緑色、無毛、節部についたまま両側がやや開き、その後に脱落する、その頂部の縮形葉は尖線形。葉は小枝に4〜8片着生、披針形・狭披針形、漸尖、鋭脚・円脚・鈍脚、長さ6〜20cm×2〜2.5cm。上面緑色、下面は一部分多少帯白色、無毛、洋紙質、舌片は短く、鞘口に長い蘩毛あり、筍は5〜6月発生する。

〔産地〕本州中南部・四国・九州の産。〔適地〕土性を問わない。〔生長〕母竹の周囲に接着して繁殖する。〔配植〕稈高は高いが幹の美しさを賞して最も多く用いられる庭竹である。通常多く密生にすぎて見苦しいものである、故に旧幹を切ってふところを透し、そのあとに肥土を入れる、旧株の切口に割目を入れると早く窩って新竹の発生がよくなる、これはモウソウチクその他太い竹に行う管理法である。〔変種〕アオナリヒラ var. viridis *Makino* 稈の表面が紅紫色とならず、緑色を保つものをいう、一名アイハラダケともいう。竹の姿が美しいというので業平の名をとったといわれるが庭に使われた歴史は古い、また竹葉に斑の入ったものが草木錦葉集に示されているほどである。今日では絶滅して見られない。

【図は葉と芽】

かむろざさ　　いね科

Arundinaria viridi-striata *Makino*

〔形態〕稈は高さ 0.6 m，節は低く，節間 18 cm，以下，毎節ごとに1枝を生じ，樹形矮小。葉は枝端に7～14片，披針形・卵状披針形，長さ12～15cm×1～1.5cm，黄色の縦縞あり，初夏の新緑は美しい，下面に軟毛があり，舌片はやや細く，截頭。

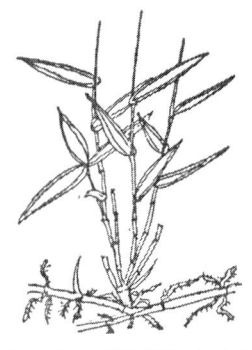

〔産地〕自生地なく栽植品とされる。〔適地〕土地を選ばない。〔生長〕早くはないが徐々に母竹の周辺およびやや遠くに蔓延してゆく。〔配植〕笹の類で庭園の下草，地被，根締，石付，前付などに用いる。〔類種〕**チゴササ** A. Fortunei *Riviere* 高さ0.6m，各節に1枝を出す，まれに分岐するが単生のもの，皮は永く残ってつく。葉は披針形，緑地に白色の縦縞あり，この白色は葉が乾くに従って黄色となる，下面は有毛，自生品はなく，栽植品のみ，庭園用としてはカムロザサと同じ。この変種に**トヨラザサ** var. tsumorii *Makino* あり，葉は狭長形，剛質，常に短い軟毛あり，同様に栽植している。**アケボノザサ** A. argenteostriata *Ohwi* var. Akebono *Makino* 矮性，葉は狭披針形，鋭尖，円脚・鈍脚，無毛，下方の葉は上面白色，舌片は短く，截形，葉鞘は無毛，鞘口に鬚毛あり，栽植品，庭園用として同じ。**キンジョウチク** A. chino *Makino* f. laydekeri *Ohwi* 基本種はアズマネザサで特用はないが本品種は葉に黄色縦斑が入って美しい。以上はいずれも庭園の地被，下草として使われる矮性のものでこれらを笹と総称する，これに反して高大な竹を倚竹と呼ぶ，喬木というに等しい。

【図は全株と葉】

しゅろ　やし科
Trachycarpus fortunei *H. Wendl.*

〔形態〕常緑喬木，雌雄異株で，幹は通直，直立，枝なく，分岐せず，繊維状の葉鞘は俗にシュロの毛と称し，暗褐色，細く，これに幹が被われる。葉は頂生，叢出，長柄（80～100cm，断面半円形，縁には短刺あり），傘状に開いて着生，旧葉は外側に下垂する。扇状円形，径60～100cm，掌状に深裂し，各裂片はさらに3～4の小裂片に分れ，広線形，幅1.5cm内外，やや鈍頭，革質，暗緑色，無毛，その先端はさらに浅く2裂する，合計40～50片となる。主脈は下面に凸出，葉の先端は少しく下垂する。花は5～6月，大形の肉穂花序は葉間に抽出して人目をひく，長さ200～250mm，分岐する，初めは外側に大形の苞があり花序を包んで三角形に現われる，淡黄色のものは雄株，黄に紅色を増して樺色のものは雌株の花である，花は細小，花蓋片，雄花には6雄蕊，雌花には1雌蕊あり。果実は10月成熟，核果で堅質，球形だがほぼ腎形，径9～10mm，初め緑色，のちに黒色，種子は1個，淡色。一名ワジュロ，ノジュロという。
〔産地〕南部九州の原産というが今日は自生品はない。
〔適地〕乾湿，陰陽の地を問わない。〔生長〕遅く，高さ3～15m，径0.15m。〔性質〕樹性強健，梢葉を冒す害虫以外に被害ない。〔増殖〕実生。〔配植〕通常庭園用には**トウジュロ** T. Wagnerianus *Becc.* を用いる。この方は葉柄，葉片は短く，葉端が垂下しない。中国産というが産地不明，すべて庭木としてはシュロ皮を剥がしたものは使えない。〔用途〕シュロ皮を利用する。
【図は葉，花，実】

シュロチク　　やし科
Rhapis humilis *Blume*

〔形態〕常緑小喬木，雌雄異株で，幹は細く直立して分岐せず，硬質，地下茎により生ずる新苗とともに株立状となる。幹は直径0.03m，生育に伴って肥大しない，旧葉鞘の遺物である繊維をもって包まれ，これを剝離すると緑色を呈する。葉は幹頂に7～8片開出，叢状を呈し，長柄（25cm，無刺，剛強，断面は半円形），掌状半円形，7～10裂，まれに15深裂，裂片は広線形，漸尖頭，長さ6cm×2cm，縁辺に細小の刺が列生する。主脈3～4本縦走し，薄革質，暗緑色・鮮緑色，光沢がある。花は5月，穂状花序の集った円錐花序，長さ300mm，その基部に褐色，強質の鞘苞あり，先端やや下垂する。花は細小，小球状の花蓋は淡黄色，黄色，花梗に赤褐色の軟毛密生する，日本では四国・九州の暖地でないと開花せず，また結実もまれである。

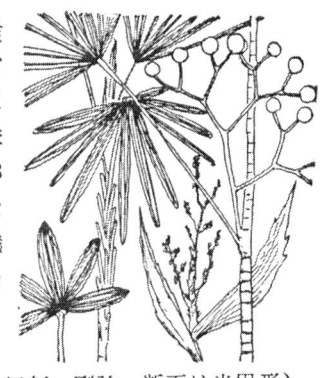

〔産地〕中国の産。〔適地〕露地植ではほとんど土性を問わない。〔生長〕やや遅い，高さ2～4m。〔増殖〕挿木，株分。〔配植〕暖地では露地植の庭木としているが寒地では多く鉢物として観賞する。この場合の株分は5月上旬を適季とする。地下茎は剛強，鋸を用いて切り分けるが常に3～4本の株立とする。〔類種〕**カンノンチク** R. flabelliformis *L' Her*. 葉の形を異にする，葉の裂数は少く，各裂片の幅はひろい，この方は露地植の庭木とすることきわめてまれである，耐寒力はシュロチクより乏しい。ともに暖地の庭木として利用される。通常は鉢植の観葉植物として利用，斑入品もある。

【図は葉，花，実，カンノンチクの葉】

ナギイカダ ゆり科

Ruscus aculeatus L.

〔形態〕常緑低灌木状草本, 雌雄異株で, 根茎は多肉, 多節, 黄白色。地上茎は単一, 分岐少なく細くして株立状に叢生, 深緑色, 高さ0.2〜0.7m, 葉のように見える三角形のものは実際は葉ではなく, 葉状枝または仮葉枝というもの, 基脚は捩れて斜立, 卵形・卵状披針形, 鋭刺端, 先端褐色, 鈍脚, 黒緑色, 主脈状のものは下面に凸出, 無毛, 全縁, 葉脈状のものはナギのように不著明だが葉縁に平行している, 革質, 長さ1.5〜3.5cm×1〜2cm。葉はその基部にあり, 微小で鱗片状, 不著明。花は3〜5月, 小形, 極小の花梗あり, 1〜2個, 葉状枝の上面主脈状部分の中央より少しく下方近くに着生, 帯緑白色, 小形, 花蓋6片は広鐘形, 外片3枚は卵状楕円形, 内片より大。果実は10月成熟, 漿果で, 球形, 紅色, 径10〜12mm, ほとんど無梗。種子は1個入り, 淡色。

〔産地〕地中海沿岸の南欧, 北阿の産。〔適地〕ほとんど土性を選ばない。湿気の多い地を好む。〔生長〕茎は伸長したままで生長しない, 株で増える。〔性質〕極陰樹, いかなる日陰地にも生ずる。〔増殖〕株分, 実生。

〔配植〕日陰地に植えられ, 葉状枝の刺端が鋭いので人畜の侵入にそなえて列状に植えられる, 下木, 根締, 石付にも用いられる, 用法はアリドオシに似ている, 黒緑色の葉状枝のために陰気であるのは欠点とされる。これほどの陰樹は他に見られない, 緑の下のような日陰地にも生育できる。全くの実用樹で多く列植している。

【図は花枝, 花, 実】

イトラン　　ゆり科

Yucca filamentosa *L.*

〔形態〕常緑無茎を常とし，有茎では時に高さ1mというが日本には見られない。根茎は肥厚して短く，地中を横走する，黒褐色。根は剛質，太い針状,粗生する。葉は頂生，30〜50片叢出，直立，長剣状，鋭尖，長さ30〜50，まれに60cm×2.5〜3cm，下方の葉は中辺から曲り上半は折れて下垂，葉縁にはきわめて細い白色線状繊維が遊離しつつ長く白髪のように粗生する。花は5〜6月，円錐花序は頂生，長さ1200〜2400mm，下方に苞あり，分岐し，花軸は帯白色，分岐し，これに100〜200花をつける。花被は鐘形，白色。花梗は6〜13mm，下垂し下向きに開く，無毛でまれに短い軟毛があり，花弁は6片，内外3片ずつ分れる。長楕円形，鋭尖,肉質，長さ50mm，幅20mm，内側中央に淡黄色の細い縦筋がある。

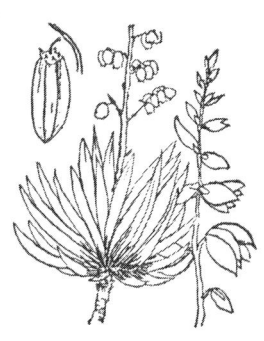

〔産地〕アメリカ南東部産。〔適地〕土性を選ばない。
〔増殖〕挿木，根分。〔配植〕庭園に用いて花木とする。
〔類種〕**アメリカキミガヨラン** Y. gloriosa *L.* 葉片は幅ひろく，厚く，先端下垂しない，縁糸なし。**キミガヨラン** Y. recurvifolia *Salisb*. 前種に似るが後に葉端下垂する。**センジュラン** Y. aloifolia *L.* 茎は太く，長く直立に単生し,葉は直生,花は白色だがやや紫色を帯びのこれだけは日本で結実する。以上を総称してユッカと呼ぶ，この4種が極めて普通に見られる。日本では洋風，庭園，公園などに用いられる。花は11月にも咲くものがある。東京以北では冬間葉を巻いて防寒とする。
【図は樹形，花，実】

ニオイシュロラン　　ゆり科
Cordyline australis *Hook.*

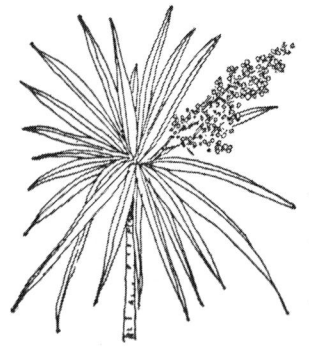

〔形態〕常緑喬木，幹は通直，分岐は少ない，灰白色，基部の根張りは太い。葉は頂生し斜上，きわめて多数叢出密生して葉冠をつくる，長剣状鋭尖，光沢ある緑色，長さ40〜60，まれに100cm×3〜7cm，主脈不著明，側脈が多い。花は5〜6月，頂生円錐花序は直立し，やや側向，長さ600mm，分岐は多く，花冠は白色，小形，鐘形，短筒あり，径6〜7mm，花時は芳香が強い。果実は10月成熟，核果で，白色または灰白色，青白色，球形，径4mm，きわめて多量に着果する。種子は1果に3〜8個，光沢ある黒色角粒状，ゴマ粒大，下種すればよく発芽する。

〔産地〕ニュージーランドの産。〔適地〕土性を選ばない。〔生長〕やや遅い，高さ5〜12，まれに15m，径0.3〜1.5m。〔性質〕移植力に富む。〔増殖〕実生，挿木。〔配植〕庭園木というより公園，緑地用，近来は暖地の並木用とする。〔類種〕アツバセンネンボクランC. indivisa *Steud.* 小喬木，高さ3〜4m，まれに10m，幹は細く単一または分岐する。葉は頂生するが光沢に乏しく，下面はやや青緑色，主脈は帯紅色。円錐花序は長さ100mm，下垂分岐する。花冠は白色，鐘形，長さ6〜7mm。核果は青白色，球形，径6mm，ニュージーランドの産。東京では小石川植物園の温室前に集団植込みあり。ともに一般に昔はドラセナといわれたもの，それからコルデリネ属に分化したのである。稀有の大木が江の島植物園に相当数植えられ，花季によく匂う。

【図は幹と花】

さるとりいばら　ゆり科

Smilax china L.

〔形態〕常緑灌木，雌雄異株で，やや攀緑性。根茎は地中にあって木質，太く，横臥して堅質，不斉に屈曲し，粗根性。枝は強剛，分岐し，ジグザグ形に伸長，無毛，ときに鈎刺がある。葉は互生，有柄（0.5～2cm），広楕円形・円形・卵形・卵円形，円頭，微凸端，円脚・心脚・楔脚，革質，光沢は強く，3～7行脈，長さ3～10まれに12cm×2～10cm，葉柄の下部に沿着する托葉の先端は約8本の痩長の巻ヒゲとなり強く他物に纏絡する。葉は餅を包むに用いられる。花は4～5月，腋生，繖形花序は球形，長梗，花蓋片は黄緑色，6片，深裂離生状で外反し，雄花は6雄蕊，雌花は3花柱。果実は10月成熟，漿果で，球形，ときに長楕円体，紅色，径7mm，きわめて光沢強し，種子は1果に2個を通常とする，きわめて堅質，黄褐色。

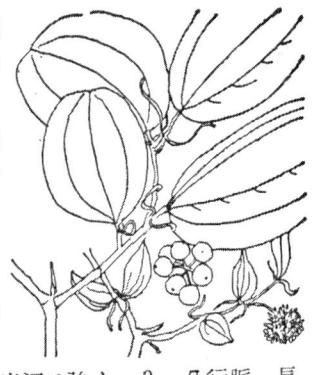

〔産地〕北海道・本州・四国・九州・琉球の産。〔生長〕やや早い，高さ0.5～2m，通常主幹を見ず。〔性質〕向陽の乾地を好む。〔増殖〕実生。〔配植〕本来の庭木ではないが紅色の手毬状の美果を賞してまれに庭園の添景木に用いるが剪定を充分に行いたい。〔類種〕ヒメカカラ S. biflora *Sieb.* 小灌木で高さ0.3m以下，屋久島の山上湿地帯に生ずるものだがこれを庭園の下草に用いる，樹形も葉も小形で雅趣に富む。この一類の中国産のものは薬用植物であり，薬学の方ではバッケイと呼ぶ，本種もこの名で呼ばれることもある。野外に普通に見られる雑木であるが近来この果枝を生花に用いる。

【図は葉，花，実】

リュウゼツラン　　ひがんばな科
Agave americana *L.* var. variegata *Nichols.*

〔形態〕常緑木本状の草本,通常無茎。葉は頂生し,1茎に20～40片も叢出する,長披針形・倒披針状ヘラ形,きわめて鋭い刺頭,多肉質,縁辺に鋭い鈎刺並列する。上面はやや白味ある緑色,縁辺に添って覆輪状に黄色の幅を有する,長さ60～150cm×8～14cm。花は7～8月,長梗を抽いて大形円錐花序を生ずる,長さ6000～9000mm,25～30枝に分岐。花梗は径15cm以上もある幹状を呈する,花は淡黄色・黄緑色,長さ45～90mm,ほぼ漏斗状の花筒があり,先端は6裂し正開せず,花弁は外反しない,鈍頭,線状披針形,6雄蕊は長く突出する,葯は大形。果実は10月成熟,円柱状長楕円体,種子は小粒,黒色を呈する。花は毎年開かず,まず10年目といわれるが開花すれば母株は枯死し花梗だけ長く枯れて残る。英名をセンチュリー・プラントという。

〔産地〕メキシコ原産。〔適地〕暖地でないと冬間霜除を必要とする,露地植では土性を選ばず,ただ湿地を好まない。〔生長〕年々根株が増大し,葉形を大きくする。〔増殖〕母株の根元に子苗多く発するので根分けする。〔配植〕暖地の庭木である。〔基本種〕学名に示されたものをアオノリュウゼツランという,この方は比較的個体数が少ない,葉に黄色の覆輪を見ず,上面帯白粉状の青緑色であることを異にする。花が何年目に開くか不明であるが今日まで各地で見た例は十指を屈するに足る。花茎とは思われないくらい雄大である。暖地の公園に適するもの,放任すれば子苗を生じ群落状となる。

【図は葉と花】

バショウ バショウ科

Musa basjoo *S. et Z.*

〔形態〕落葉木本状宿根大草本、雌雄同株。根茎は巨大な塊状、地下茎を発し母株の周囲に新子を側生する。地下茎には2型あり、一つは直根状で草体を維持し、他は地表下を走り新子を発生させる。その下に根がある、直立しているのは幹茎ではなく、偽茎と呼んで堅く包まれた長葉鞘からなるもの、その高さ4～6m、径0.2mに及ぶ。葉は初め巻葉で発生、開展すれば四方に開張し、大形、長柄(30cm)、長楕円形、円頭、鈍脚、長さ200～300cm×50～80cm。日本で露地植される植物のうちの最大のもの、鮮緑色、主脈は淡緑色、下面に凸出、軟質、側脈は主脈に直角に出て平行に走るが側脈に沿って容易に破れる。花は7～8月、大形の穂状花序は円柱状、緑色、長さ450～5000mm、黄褐色大形の苞葉が相重なり、各苞の内部に15内外の花を2列に列生、苞が開いて開花すれば苞は脱落する。下方のもの4～5節は雌性花、上方のものは雄性花である、雄花は60～70個、花蓋は黄白色、上下両唇からなり、5雄蕊。果実は1梗に30～60個、長楕円体、暗緑色、長さ75mm、食用とはならない。種子は黒色、小粒。本種は食用とするバナナを生ずるものとは別種である。

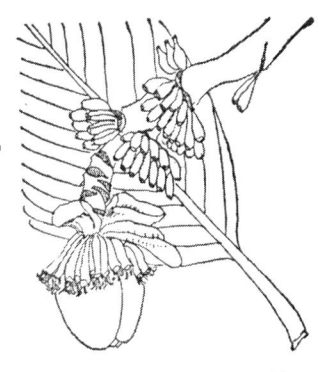

〔産地〕中国産といわれる。〔適地〕土性を選ばない。〔増殖〕株分。〔配植〕庭園用、寺院に多い、冬は地上部枯死し翌年発芽する。大庭でないと調和しないほど樹姿は大きい、他の樹木と調和する形でないのでこれだけを観賞する目的で植込むべきものである。

【図は葉、花】

まるはち　へご科

Alsophila mertensiana *Kunze*

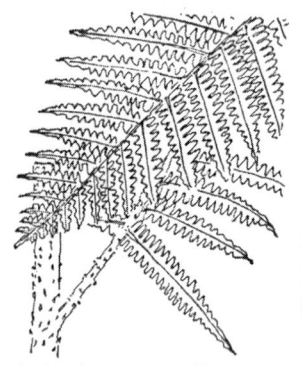

〔形態〕常緑木性羊歯，幹は直立，単幹，分岐せず，高さ5mにも及ぶ，葉柄は基部に関節あり，葉が落下したあとの葉痕は鮮明でその形は初めは角形，後に円形の輪郭のなかに葉柄維管束の残りが倒にした八の字形に配列するのでマルハチという。葉は幹頂に叢出，平開，大形のシダ葉を想わせ長さ100〜200cm，三回羽状複葉，葉柄は大形，淡褐色，硬い腺状突起粗生する。葉面は深緑色，大羽片は中軸の両側に約5双，長楕円状披針形，互に平行し，長さ30〜50cm，小羽片は広線形，鋭尖，羽片中軸より開出し，羽状に深裂，裂片は歪状楕円形，下面はやや青白色，ヘゴと異る点は性器にもあるが葉痕を見れば区別される。

〔産地〕小笠原島・琉球の産。〔適地〕湿気ある陰地を好むが栽植品では土性を選ばない。〔生長〕遅く，高さ2〜5m。〔増殖〕胞子を壁面等に吹きつけて培養し新苗をつくっている。〔配植〕熱帯植物園等の植栽材料として好適であるが寒地では相当注意して防寒法を講じても生育がむつかしく枯死させるものが多い。幹に気根を生ずるので水ゴケを充分にまきつけ，コケの間に粉状の油カスを混じた細土をまぶしてやると吸収して肥培に役立つ，灌水することは忘れてはならぬ。数年前江の島植物園に琉球産のものを取りよせ試植したが，冬期の防寒法は相当に注意して行ったのであるが生育は思わしくなかった。一見して特異な樹形を賞するに値する。

【図は葉】

重 要 用 語 解 説

〔ア　行〕

圧　着：接続する部分に圧しつけれらたように接着する。

板　根：根張りの一種，根元が隆起し，一部分板状にもり上る，断面は星形になる。

陰　樹：光線のない所，少ないところにも生育しうる樹木，陽光地にも生育しうる。→陽樹

雲竜型：香篆型と同じ。

腋　生(腋出)：枝梢の頂端でなく，その下方から発生すること。多くは枝，花のつけ根から出るものをいう。

縁起木：吉凶禍福に縁由つけられる樹木。

沿　着：接着する部分の在り方，その部分が明かでなく，いつとはなしに接合にうつるもの。

追　掘：なるべく根を切らず，根をさぐり出し，掘り出して掘り上げる移植法。

〔カ　行〕

回旋襞：幼部が着生している状態の一つ，右(左)めぐりにネジれてつきヒダをなす形，アサガオの蕾の形のようなものをいう。

花　芽：花となるべき芽で蕾の前の状態をいう。

花　蓋：花弁と萼との総称，花被に同じ。

花　冠：花弁の全体をいう。

革　質：質の厚いもの，膜質より厚い。

花　枝：花をつけている枝。これが果実となると果枝という。

花　序：花の着生している状態。

株立状：叢立（むらだち）より小形，根元から多くの
　　　　小幹の立つ形。
稈（かん）：竹の幹をいう。
幹　生：太い幹や枝に直接に花，果実をつける。
完全花：1花のうちに雌蕊，雄蕊をもつもの，両性花
　　　　と同じ。
灌　木：喬木に対する言葉。高さの低いだけのもので
　　　　はなく樹形に特徴があり，低木という語に当
　　　　るがこの言葉は用いたくない。
偽　果：花托などの上に果実のついているもので，本
　　　　格の果実とは違う形状。
気　孔：葉にある小孔で空気の流通に役立つもの，こ
　　　　の連続が気孔線である。
気　根：地上の幹から発生する根，接地してのち根の
　　　　機能をあらわす。
喬　木：灌木に対する言葉，ただ樹高の大であるだけ
　　　　でなく樹形に主幹をもつ特徴がある，高木と
　　　　いわれているがこの言葉は使いたくない。
香篆性（こうてんせい）型：枝が波状に曲りくねる形。
行　脈：葉の主脈下方から太い脈が左右に長く伸びて
　　　　いる形。

〔サ　行〕

枝　序：枝の派生する状態をいう。
脂　点：油脂を含んでいる部分が点状に存するもの。
樹　冠：枝，梢の先端の部分全部の総称。
宿　存：植物体の部分が開葉，開花，結実後も残って
　　　　いる。発育するもの，しないもの両様ある。
種　糸：種子についてる繊維状の細い糸。
雌雄異株：雌雄花が別々の樹木に生ずるもの。
雌雄雑株：一株の樹に雌雄花，両性花をつけるもの。
雌雄同株：一株の樹に雌雄花の別々につくもの。
種　鱗：種子についてる鱗状のもの。
正　開：花冠が完全に開くもの。半開に対す。

舌　片：イネ科植物の葉鞘の上に見る小片。
腺　　：細胞のうちに蜜，油脂等を含むもの。多く点状に現われる。
装飾花：不登花と同じ。
總　苞：苞の全体をいう。
早　落：宿存の反対で早く落下する。
側　芽：冬芽の頂芽の下にある副芽の一種。
粗　渋：面がざらつく手ざわりのもの。

〔タ　行〕

短　枝：短い枝の意味ではなく，通常の枝（短枝に対し長枝という）から出て生長しないかまたは生長度の少ない短い芽状の枝をいう。
単生花：雌（雄）性器官だけをもつ花，両性花または完全花に相対するもの。
虫　癭（ちゅうえい）：小形昆虫が葉に産卵し，その刺戟で葉のふくらんでくるもの。
中性花：結実する機能をもたない花，不登花のようなものをいう。
長　枝：通常の枝をいう，短枝に対する言葉である。特に長いという意味はない。
登　花：不登花に対する言葉で両性花の意である。
冬　芽：発芽や開花を始める前の状態の芽をいう，花芽と葉芽とがある。

〔ハ　行〕

皮　目：小枝についている空気流通の役目をする小さな孔，肉眼ではわからない。
品　種：変種より一層細分される種類のもの。
風衝形：海岸の風または常風の影響をうけて樹梢部分が風下に傾く樹形。
副　芽：冬芽の頂芽につづく小形の芽。
不定根：幹から発生する根。
不登花：結実する機能をもたず，多くは昆虫を誘引す

る目的でついている花。
- **苞**：葉の変形のもの，多くは花の下方につく。
- **縫合線**：果実が開裂するときこの線に沿って裂ける。

〔マ 行〕

- **無果枝**：花（果）をつけていない枝。
- **木 本**：草本に対する言葉。幹の木質化しているもの。

〔ヤ 行〕

- **葉 芽**：葉に開展する芽をいう。
- **葉 痕**：落葉したあとの形をいう。
- **葉 軸**：複葉の葉柄に相当するもの。
- **陽 樹**：太陽光線の梢頭に当らないところでは生育の困難なもの。
- **葉 鞘**：イネ科植物の梢頭に当る部分。
- **葉状枝**：葉のように見えるが実は枝であるもの（ナギイカダの例），仮葉枝ともいう。
- **葉状苞**：苞であって一見葉のように見えるもの，シナノキ科樹木の花，実に見られる，この上に花，実がつく。
- **葉 枕**：葉が枝につく部分で枝に沿着する状態のもの。
- **陽 面**：光線の当る部分。
- **葉 瘤**：葉の縁などに隆起があり，そのなかに細菌が共生しているところをいう。
- **翼 葉**：複葉にあって小葉の間に見られる幅せまい葉片，葉軸に沿ってつく。

科 名 (学名) 索 引

Aceraceae (かえで科) ……………… 251
Actinidiaceae (またたび科) ……… 292
Alangiaceae (うりのき科) ………… 315
Amaryllidaceae (ひがんばな科) …… 430
Anacardiaceae (うるし科) ………… 229
Anonaceae (バンレイシ科) ………… 124
Apocynaceae (きょうちくとう科) … 380
Aquifoliaceae (もちのき科) ……… 234
Araliaceae (うこぎ科) ……………… 318
Araucariaceae (ナンヨウスギ科) …… 8
Berberidaceae (めぎ科) ……………107
Betulaceae (かばのき科) ……………57
Bignoniaceae (ノウゼンカズラ科) … 389
Boraginaceae (むらさき科) ………… 382
Buxaceae (つげ科) …………………… 226
Calycanthaceae (ロウバイ科) ……… 123
Caprifoliaceae (すいかずら科) ……395
Casuarinaceae (モクマオウ科) …… 42
Celastraceae (にしきぎ科) ………… 242
Cercidiphyllaceae (かつら科) ……… 101
Chloranthaceae (せんりょう科) ……43
Clethraceae (りょうぶ科) …………… 335
Coriariaceae (どくうつぎ科) ……… 228
Cornaceae (みずき科) ……………… 328
Cupressaceae (ひのき科) ……………35
Cyatheaceae (へご科) ……………… 432
Cycadaceae (そてつ科) ……………… 1
Ebenaceae (かきのき科) …………… 357
Elaeagnaceae (ぐみ科) ……………… 308

―437―

Family	Page
Elaeocarpaceae (ほるとのき科)	284
Ericaceae (しゃくなげ科)	336
Euphorbiaceae (とうだいぐさ科)	221
Eupteleaceae (ふさざくら科)	100
Fagaceae (ぶな科)	71
Flacourtiaceae (いいぎり科)	304
Ginkgoaceae (いちょう科)	2
Graminae (いね科)	413
Guttiferae (おとぎりそう科)	302
Hamamelidaceae (まんさく科)	145
Hippocastanaceae (とちのき科)	272
Juglandaceae (くるみ科)	54
Lardizabalaceae (あけび科)	104
Lauraceae (くすのき科)	125
Leguminosae (まめ科)	196
Liliaceae (ゆり科)	426
Loganiaceae (ふじうつぎ科)	379
Lythraceae (みそはぎ科)	313
Magnoliaceae (もくれん科)	111
Malvaceae (あおい科)	289
Meliaceae (せんだん科)	219
Moraceae (くわ科)	93
Musaceae (バショウ科)	431
Myricaceae (やまもも科)	53
Myrsinaceae (やぶこうじ科)	353
Myrtaceae (ふともも科)	316
Oleaceae (もくせい科)	364
Palmae (やし科)	424
Pinaceae (まつ科)	10
Pittosporaceae (とべら科)	144
Platanaceae (スズカケノキ科)	150
Podocarpaceae (まき科)	5
Punicaceae (ザクロ科)	314
Ranunculaceae (うまのあしがた科)	102

Rhamnaceae（くろうめもどき科）	276
Rosaceae（いばら科）	151
Rubiaceae（あかね科）	391
Rutaceae（みかん科）	209
Sabiaceae（あわぶき科）	274
Salicaceae（やなぎ科）	44
Sapindaceae（むくろじ科）	273
Saxifragaceae（ゆきのした科）	135
Sciadopityaceae（こうやまき科）	28
Scrophulariaceae（ごまのはぐさ科）	388
Simaroubaceae（にがき科）	217
Solanaceae（なす科）	386
Stachyuraceae（きぶし科）	305
Staphyleaceae（みつばうつぎ科）	248
Sterculiaceae（あおぎり科）	291
Styracaceae（えごのき科）	361
Symplocaceae（はいのき科）	359
Tamaricaceae（ぎょりゅう科）	303
Taxaceae（いちい科）	3
Taxodiaceae（すぎ科）	29
Theaceae（つばき科）	293
Thymelaeaceae（じんちょうげ科）	306
Tiliaceae（しなのき科）	285
Trochodendraceae（やまぐるま科）	99
Ulmaceae（にれ科）	87
Verbenaceae（くまつづら科）	383
Vitaceae（ぶどう科）	283

科 名 (和名) 索 引

あおい科	289
あおぎり科	291
あかね科	391
あけび科	104
あわぶき科	274
いいぎり科	304
いちい科	3
いちょう科	2
いね科	413
いばら科	151
うこぎ科	318
うまのあしがた科	102
うりのき科	315
うるし科	229
えごのき科	361
おとぎりそう科	302
かえで科	251
かきのき科	357
かつら科	101
かばのき科	57
きぶし科	305
きょうちくとう科	380
ギョリュウ科	303
くすのき科	125
くまつづら科	383
ぐみ科	308
くるみ科	54
くろうめもどき科	276
くわ科	93

こうやまき科	28
ごまのはぐさ科	388
ザクロ科	314
しなのき科	285
しゃくなげ科	336
じんちょうげ科	306
すいかずら科	395
すぎ科	29
スズカケノキ科	150
せんだん科	219
せんりょう科	43
そてつ科	1
つげ科	226
つばき科	293
とうだいぐさ科	221
どくうつぎ科	228
とちのき科	272
とべら科	144
なす科	386
ナンヨウスギ科	8
にがき科	217
にしきぎ科	242
にれ科	87
ノウゼンカズラ科	389
はいのき科	359
バショウ科	431
バンレイシ科	124
ひがんばな科	430
ひのき科	35
ふささくら科	100
ふじうつぎ科	379
ぶどう科	283
ふともも科	316
ぶな科	71

科名	ページ
へご科	432
ほるとのき科	284
まき科	5
またたび科	292
まつ科	10
まめ科	196
まんさく科	145
みかん科	209
みずき科	328
みそはぎ科	313
みつばうつぎ科	248
むくろじ科	273
むらさき科	382
めぎ科	107
もくせい科	364
モクマオウ科	42
もくれん科	111
もちのき科	234
やし科	424
やなぎ科	44
やぶこうじ科	353
やまぐるま科	99
やまもも科	53
ゆきのした科	135
ゆり科	426
りょうぶ科	335
ロウバイ科	123

属 名 索 引

Abelia	405
Abies	19
Acanthopanax	322
Acer	251
Actinidia	292
Aesculus	272
Agave	430
Ailanthus	217
Akebia	105
Alangium	315
Albizzia	207
Aleurites	222
Alnus	57
Alsophila	432
Amelanchier	177
Aphananthe	87
Aralia	325
Araucaria	8
Arundinaria	423
Asimina	124
Aucuba	328
Berberis	110
Berchemia	278
Betula	62
Biota	38
Bladhia	353
Broussonetia	98
Buddleja	379

Buxus	226
Callicarpa	383
Callistemon	316
Camellia	293
Campsis	389
Caragana	199
Carpinus	65
Castanea	72
Castanopsis	73
Casuarina	42
Catalpa	390
Cedrela	220
Cedrus	27
Celastrus	247
Celtis	88
Cephalotaxus	7
Cercidiphyllum	101
Cercis	198
Chaenomeles	171
Chamaecyparis	35
Chimonobambusa	416
Chionanthus	373
Chloranthus	43
Cinnamomum	126
Cladrastis	204
Clematis	103
Clerodendron	384
Clethra	335
Cleyera	299
Cordyline	428
Coriaria	228
Cornus	329
Corylopsis	145
Corylus	69

Crataegus	184
Cryptomeria	29
Cunninghamia	32
Cycas	1
Cydonia	173
Cytisus	206
Damnacanthus	393
Daphne	306
Daphniphyllum	221
Dendropanax	319
Deutzia	140
Diospyros	357
Distylum	149
Edgeworthia	307
Ehretia	382
Elaeagnus	308
Elaeocarpus	284
Enkianthus	342
Eriobotrys	174
Eucalyptus	317
Euonymus	242
Euptelea	100
Eurya	297
Euscaphis	249
Evodia	215
Fagara	212
Fagus	71
Fatsia	318
Ficus	93
Firmiana	291
Forsythia	367
Fraxinus	375
Gardenia	391
Ginkgo	2

Gleditsia	205
Halesia	363
Hamamelis	148
Hedera	320
Helwingia	334
Hibiscus	289
Hovenia	277
Hydrangea	135
Hypericum	302
Idesia	304
Ilex	234
Illicium	122
Indigofera	208
Itea	143
Jasminum	368
Juglans	54
Juniperus	41
Kadsura	121
Kalmia	352
Kalopanax	321
Kerria	175
Lagerstroemia	313
Larix	26
Laurus	125
Lelebe	417
Lespedeza	201
Leucothoe	347
Ligustrum	371
Lindera	130
Liquidambar	147
Liriodendron	120
Lithocarpus	74
Lonicera	408
Lycium	386

Lyonia	348
Maackia	203
Machilus	128
Magnolia	111
Mahonia	108
Mallotus	223
Malus	169
Melia	219
Meliosma	274
Meratia	123
Metasequoia	34
Michelia	119
Microtropis	246
Millettia	197
Morus	97
Musa	431
Myrica	53
Nandina	107
Neolitsea	129
Nerium	380
Olea	374
Orixa	216
Osmanthus	364
Ostrya	70
Paeonia	102
Parabenzoin	133
Parthenocissus	283
Paulownia	388
Phellodendron	211
Philadelphus	141
Photinia	193
Phyllostachys	413
Picea	22
Picrasma	218

Pieris	346
Pinus	10
Pittosporum	144
Platanus	150
Platycarya	55
Podocarpus	5
Poncirus	209
Populus	49
Pourthiaea	194
Prunus	151
Pterocarya	56
Pterostyrax	363
Punica	314
Pyracantha	179
Quercus	75
Rapanea	356
Rhamnella	282
Rhamnus	279
Rhaphiolepis	178
Rhapis	425
Rhododendron	336
Rhodotypos	176
Rhus	229
Robinia	200
Rosa	189
Rubus	195
Ruscus	426
Sabia	275
Salix	44
Sambucus	412
Sapindus	273
Sapium	224
Sasa	418
Schefflera	326

Sciadopitys	28
Semiarundinaria	422
Serissa	392
Shibataea	421
Skimmia	210
Smilax	429
Solanum	387
Sophora	202
Sorbaria	180
Sorbus	181
Spiraea	185
Stachyurus	305
Staphylea	248
Stauntonia	104
Stewartia	300
Styrax	361
Symplocos	359
Syringa	370
Taiwania	32
Tamarix	303
Taxodium	33
Taxus	3
Ternstroemia	296
Tetrapanax	327
Thea	295
Thuja	37
Thujopsis	39
Tilia	285
Torreya	4
Trachelospermum	381
Trachycarpus	424
Trochodendron	99
Tsuga	25
Turpinia	250

Ulmus	89
Vaccinium	349
Viburnum	395
Weigela	406
Wisteria	196
Yucca	427
Zanthoxylum	214
Zelkowa	92
Zizyphus	276

和 名 索 引

(○字のあるのは題名に載せてあるものを示す)

[ア]

- あいぐろまつ……………………12
- あいはらだけ…………………422
- あおがし………………………128
- あおかずら……………………275
- ○あおき…………………………328
- ○あおぎり………………………291
- あおじくゆずりは……………221
- あおとどまつ……………………20
- あおなりひら…………………422
- アオノリュウゼツラン………430
- ○あおはだ………………………241
- あおみのくろうめもどき……279
- あおもりとどまつ………………21
- あかえぞまつ……………………23
- ○あかがし…………………………76
- あかぎ…………………………348
- アカサンザシ…………………184
- ○あかしで…………………………66
- あかそろ…………………………66
- あかとどまつ……………………20
- あかばなしきみ………………122
- あかばんだいしょう……………10
- ○あかまつ…………………………10
- あかみのいぬつげ……………235
- ○あかめがしわ…………………223

あかめもち	193
○あきぐみ	308
○あきにれ	90
○あけび	105
あけぼのざさ	423
あけぼのなにわいばら	190
○あこう	95
○あさがら	363
あさくらざんしょう	214
○あさだ	70
○あさのはかえで	253
○あさひかえで	258
○あじさい	136
あじさいばのさんごじゅ	395
○あしょうすぎ	30
○あずきなし	182
○あすなろ	39
あずまひがん	153
○あせび	346
アッシュ	375
アツバセンネンボクラン	428
アトラスシーダー	27
○アブラギリ	222
○あぶらちゃん	134
○あぶらつつじ	345
○あべまき	86
○アベリア	405
あまぎあまちゃ	137
○あまちゃのき	137
アメリカアサガラ	363
アメリカウロコモミ	8
アメリカキミガヨラン	427
○アメリカスズカケノキ	150
アメリカヅタ	283

アメリカネズコ	37
アメリカノウゼンカズラ	389
アメリカハナスホウ	198
アメリカヤマナラシ	51
○アラウカリア	8
○あらかし	78
あららぎ	3
○ありどおし	393
○あわぶき	274

〔イ〕

○いいぎり	304
いしげやき	90
○いすのき	149
○いそのき	281
いたびかずら	96
○いたやかえで	257
○いちい	3
○いちいがし	79
○イチジク	93, 96
○いちょう	2
いとがしわ	81
いとひば	38
いとまきいたや	258
○イトラン	427
いぬうめもどき	240
○いぬえんじゅ	203
いぬがし	129
○いぬがや	7
いぬぐす	128
いぬこりやなぎ	48
○いぬざくら	161
○いぬざんしょう	213
○いぬしで	65

○いぬつげ	235
○いぬびわ	96
いぬぶな	71
○いぬまき	6
いぶき	40
○いばたのき	372
いものき	322
いよみずき	146
いわうめずる	247
いろはもみじ	251
いわしもつけ	186
○いわなんてん	347
いわもち	99
○インドゴムノキ	94

〔ウ〕

○うぐいすかぐら	410
うけざきおおやまれんげ	117
○うこぎ	324
うこんばな	131
うしころし	194
ウスギモクセイ	364
うすげおがらばな	260
うすべにあせび	346
うすべにしきみ	122
うすゆきなぎ	5
○うだいかんば	64
○うつぎ	140
うつくしまつ	11
うのはな	140
うばひがん	153
○うばめがし	77
○うめ	163
○うめもどき	240

うらげいとまきかえで	258
うらげえんこうかえで	258
うらじろいたや	258
○うらじろがし	80
うらじろかんば	52
○うらじろのき	183
ウラジロハコヤナギ	64
うらじろもみ	21
うりかえで	256
○うりのき	315
○うりはだかえで	259
○ウルシ	233
○うわみずざくら	159
○ウンリュウヤナギ	45
ヴァージニアザクラ	161

〔エ〕

えいざんすぎ	31
えかきば	236
○えごのき	362
えぞさんざし	184
えぞにわとこ	412
えぞのうわみずざくら	160
○えぞまつ	23
えぞもみじいたや	258
えぞゆずりは	221
えどひがん	153
○エニシダ	206
○えのき	88
えんこうかえで	258
○えんこうすぎ	31
○エンジュ	202

〔オ〕

おおえぞいたや	258

おおかなめもち	193
○おおかめのき	401
おおしだれ	44
○おおしまざくら	155
おおしらびそ	21
おおちょうじがまずみ	404
おおつるうめもどき	247
○おおでまり	398
おおなら	83
おおばあさがら	363
おおばいそのき	281
おおばしらき	225
○おおばぼだいじゅ	287
おおばみねばり	63
おおばやしゃぶし	60
おおべにうつき	407
おおまんりょう	353
おおやまざくら	151
○おおやまれんげ	117
おうごんちく	414
○オウバイ	368
オウロ	233
○おがたまのき	119
○おかめざさ	421
おかめずた	320
○おがらばな	260
おくちょうじざくら	162
○おとこようぞめ	402
おにいたや	258
○おにぐるみ	54
おにもみじ	252
○おひょう	91
オリーブ	374
○オレイフ	374

〔カ〕

- かいずかいぶき ……………… 40
- かいどう ……………… 169
- カカバイ ……………… 123
- ○かきのき ……………… 358
- かきのきだまし ……………… 382
- ○がくあじさい ……………… 135
- ○かくれみの ……………… 319
- ○かざぐるま ……………… 103
- かしおしみ ……………… 348
- ○かじかえで ……………… 252
- ○かじのき ……………… 98
- ○かしわ ……………… 81
- かたそげ ……………… 148
- かたみめいげつ ……………… 254
- カタルパ ……………… 390
- ○かつら ……………… 101
- カナダツガ ……………… 25
- ○かなめもち ……………… 193
- かまくらひば ……………… 35
- ○がまずみ ……………… 399
- ○かまつか ……………… 194
- かまやまこうじ ……………… 355
- ○かみやつで ……………… 327
- かむしば ……………… 118
- ○かむろざさ ……………… 423
- ○かや ……………… 4
- ○からこぎかえで ……………… 262
- ○からすざんしょう ……………… 212
- からすもくれん ……………… 113
- ○カラタチ ……………… 209
- ○からたちばな ……………… 354
- カラタネオガタマ ……………… 119

○からまつ	26
カリステモン	316
○カリン	173
ガルデニア	391
○カルミア	352
カロライナシデ	68
カロリナポプラ	51
○かわやなぎ	48
かわらけやき	90
○かんちく	416
カンノンチク	425
○かんぼく	400

〔キ〕

きいいじまやだけ	419
きくざきやまぶき	175
キコク	209
○キササゲ	390
○きずた	320
キソケイ	368
きたごよう	14
キダチニワフジ	208
きたやますぎ	30
○きぬやなぎ	47
○きはだ	211
きばなうつぎ	407
キバナツキヌキニンドウ	408
○きぶし	305
キミガヨラン	427
きみたちばな	354
きみのいぬつげ	235
きみのうめもどき	240
きみのうらじろのき	183
きみのがまずみ	399

きみのしろだも	129
きみのせんりょう	43
きみのつるうめもどき	247
きみのにわとこ	412
きみのもちのき	234
キモッコウ	189
きゃらぼく	3
○キョウチクトウ	380
ぎょくすい	117
○ギョリュウ	303
○きり	388
○きりしまつつじ	338
きんぎょつばき	293
きんぎんぼく	411
キンコウボク	119
ギンコウボク	119
○キンシバイ	302
きんじょうちく	423
○ギンドロ	52
○きんめいちく	414
ぎんめいちく	414
ぎんめいはちく	414
キンモクモイ	364
ギンモクセイ	364
ギンヤマナラシ	52
ギンヨウカエデ	271

〔ク〕

ぐいまつ	26
○くこ	386
○くさぎ	385
○くさつげ	226
くさりすぎ	31
○くさばけ	172

くじゃくがしわ	81
○くすのき	126
○くちなし	391
クックアラウカリア	9
○くぬぎ	85
○くまざさ	418
○くまして	67
○くまのみずき	330
○くまやなぎ	278
○くり	72
くるめつつじ	338
クレマチス	103
○くろうめもどき	279
くろえんじゅ	203
○くろがねもち	239
○くろかんぼ	280
○クロチク	415
くろつりばな	245
くろばんだいしょう	12
くろひとはのまつ	12
くろべすぎ	37
○くろまつ	12
くろまめのき	350
○くろもじ	130
くろやなぎ	46
○くわ	97

[ケ]

○ゲッケイジュ	125
○けやき	92
ゲンペイクサギ	384
○けんぽなし	277

〔コ〕

こあさだ	70
○コウシンバラ	191
こうぞ	98
○こうやまき	28
○コウヨウザン	32
こからすざんしょう	213
○こくさぎ	216
コクチナシ	391
こくま	418
こくまざさ	418
○こけもも	351
コゴメザクラ	187
コゴメバナ	187
○こしあぶら	323
こしだれ	44
○ゴシュユ	215
こしょううめもどき	240
こしょうぶな	241
こつくばねうつぎ	405
○コデマリ	185
コトネアスター	179
○こなら	83
○コノテガシワ	38
こはくうんぼく	361
こばのがまずみ	399
こばのくろうめもどき	279
コバノズイナ	143
○こばのとねりこ	378
○こぶし	115
こぶにれ	89
ごまいざさ	421
○ごまぎ	403

—461—

ごましおやなぎ	403
こまゆみ	243
こめつが	25
ごもじゅ	396
○ごようまつ	13
こりやなぎ	47
こりんくちなし	391
こりんご	170
○ごんずい	249
ごんぜつ	323

[サ]

○さいかち	205
さいはだかんば	64
○ざいふりぼく	177
○さかき	299
○ザクロ	314
○さざんか	294
さつき	339
サツキギョリュウ	303
○さつきつつじ	339
○サトウカエデ	271
○さとざくら	154
○さねかずら	121
サネブトナツメ	276
○さらさどうだん	344
サラサレンゲ	112
サルスベリ	300, 313
○さるとりいばら	429
さるなし	292
○さわぐるみ	56
○さわしば	68
さわてらし	342
○さわふたぎ	360
○さわら	36

○さんごじゅ	395
○サンザシ	184
○サンシュユ	333
○さんしょう	214
サンバギータ	370
サンバック	370

[シ]

○しいのき	73
○しうりざくら	160
○しおじ	377
しおりざくら	160
○しきみ	122
しこたんまつ	26
○シジミバナ	188
じぞうかんば	64
しだれあかまつ	10
しだれいすのき	149
シダレエンジュ	202
○しだれざくら	153
○シダレヤナギ	44
したんぼく	298
○しでこぶし	114
しでざくら	177
しどみ	172
シナサネカズラ	121
シナツクバネウツギ	405
シナノガキ	357
○しなのき	285
シナフサザクラ	100
シナレンギョウ	367
しのぶひば	36
しほうがや	7
しまおかめざさ	421
シマナンヨウスギ	9

シモクレン	113
○しもつけ	186
○しゃくなげ	336
○しゃこたんちく	420
○しゃしゃんぼ	349
しゃら	300
しゃりんばい	178
○じゅずねのき	394
○しゅろ	424
○シュロチク	425
○しょうべんのき	250
○しらかし	75
しらかば	62
○しらかんば	62
○しらき	225
しらくちずる	292
しらすぎ	30
しらたまこうじ	355
しらはしのき	256
○しらびそ	21
しらふじ	196
しらべ	21
しろうめもどき	240
シロエニシダ	206
しろえんじゅ	203
しろしきぶ	383
しろそろ	62
○しろだも	129
しろばなうぐいすかぐら	410
しろばなたにうつぎ	407
しろばなはこねうつぎ	406
しろばなふうりんつつじ	344
しろばなふじ	196
しろばなやまぶき	175
しろみたちばな	354

しろみなんてん	107
しろみのさわふたぎ	360
○しろもじ	133
しろもも	53
○しろやまぶき	176
シンジュ	217
じんだいすぎ	31
○ジンチョウゲ	306

〔ス〕

○すいかずら	409
スイショウ	34
○ずいな	143
すいりゅうひば	35
すえひろいたや	258
○すぎ	29
すずかけ	187
スズカケノキ	150
すだしい	73
○ストロブマツ	18
○すのき	350
スノーボール	400
○ずみ	170
スモークツリー	233

〔セ〕

セイカ	191
セイヨウイヌザクラ	161
セイヨウイボタ	372
セイヨウカンボク	400
セイヨウキズタ	320
セイヨウシデ	68
セイヨウトネリコ	375
セイヨウバイカウツギ	142
センジュ	38

センジュラン	427
○せんだん	219
センチュリープラント	430
せんにんすぎ	31
せんのき	321
○せんりょう	43

〔ソ〕

ソケイ	368
ソシンロウバイ	123
○そてつ	1
ソトベニハクモクレン	112
○そめいよしの	156
○そよご	238
そろ	65

〔タ〕

○ダイオウショウ	17
○タイサンボク	111
だいすぎ	30
○たいみんたちばな	356
タイワンカエデ	269
タイワンサワフタギ	360
タイワンスギ	32
たかおもみじ	251
たかねざくら	158
○たかのつめ	322
○たぎょうしょう	11
たちばな	354
○タチバナモドキ	179
○たにうつぎ	407
たにぐわ	100
○たぶのき	128
○たまあじさい	139
たまみずき	241

たみ	128
○たむしば	118
○たらのき	325
○たらよう	236
たわらぐみ	310
○だんこうばい	131
だんちょうげ	392

〔チ〕

ちごかんちく	416
ちござさ	423
ちしまざくら	158
○ちしゃのき	382
ちどりのき	266
○ちゃのき	295
ちゃぼひば	35
○チャンチン	220
ちょうじかずら	381
○ちょうじがまずみ	404
○ちょうじざくら	162
○ちょうじゃのき	267
ちょうせんがや	7
チョウセンタギョウショウ	11
チョウセンヒメツゲ	226
ちょうせんまき	7
○ちょうせんまつ	15
チョウセンレンギョウ	367

〔ツ〕

つうだつぼく	327
○つが	25
○ツキヌキニンドウ	408
つくししゃくなげ	336
つくばねうつぎ	405
つくばねがし	80

○つげ	227
○つた	283
○つたうるし	232
つちしばり	61
つのはしばみ	69
つばき	293
つぶらじい	73
○つりばな	245
○つるうめもどき	247
○つるぐみ	312
つるまさき	242

〔テ〕

○ていかかずら	381
○てつかえで	264
テッセン	103
てまりかんぼく	400
てまりばな	398
テンダイウヤク	132

〔ト〕

ドイツトウヒ	24
○トウカエデ	269
トウギリ	384
○とうぐみ	310
トウジュロ	424
○どうだんつつじ	343
トウチャ	295
トウニレ	89
トウネズミモチ	371
○とうひ	24
トウロウバイ	123
○トキワギョリュウ	42
トキワサンザシ	179
○トキンイバラ	195

○どくうつぎ	227
○とさみずき	145
○とちのき	272
○とどまつ	20
○とねりこ	375
トネリコバノカエデ	270
○とべら	144
どようふじ	197
とよらざさ	423
ドラセナ	428
どろ	49
○どろのき	49

〔ナ〕

ながさきりんご	169
ながばかわやなぎ	48
ながばのくろうめもどき	279
ながばのごよう	13
ながばのやまぐるま	99
○なぎ	5
○ナギイカダ	426
○なつぐみ	309
なつずた	283
○なつつばき	300
なつはぜ	350
○なつふじ	197
○ナツメ	276
○ななかまど	181
ななみのき	237
○ななめのき	237
○なにわいばら	190
なら	84
ならごう	84
ならだんご	84
○なりひらだけ	422

○なわしろぐみ	311
○ナンキンハゼ	224
なんじゃもんじゃ	373
○なんてん	107
なんてんぎり	304
なんぶくろかんば	280
ナンヨウスギ	9

〔ニ〕

○ニオイシュロラン	428
ニオイヒバ	37
○にがき	218
にしきうつぎ	407
○にしきぎ	243
にしきまつ	12
○ニセアカシヤ	200
ニッケイ	127
○ニワウメ	166
○ニワウルシ	217
ニワザクラ	166
○にわとこ	412
○にわふじ	208
にんどう	409

〔ヌ〕

ヌマスギ	33
ぬりばしのき	348
○ぬるで	231

〔ネ〕

○ネグンドカエデ	270
ねこしだれ	46
ねこしで	62
○ねこのちち	282
○ねこやなぎ	46

○ねじき	348
ねず	41
○ねずこ	37
○ねずみさし	41
○ねずみもち	371
ねまがりだけ	420
○ねむのき	207

〔ノ〕

○ノウゼンカズラ	389
○のぐるみ	55
のじゅろ	424
のだふじ	196
ノニレ	90
のぶのき	55
○のりうつぎ	138

〔ハ〕

○バーベリー	110
はいいぬがや	7
○ばいかうつぎ	141
はいねず	41
○はいのき	359
はいびゃくしん	40
○はいまつ	16
○はうちわかえで	254
はかりのめ	182
○はぎ	201
○はくうんぼく	361
○はくさんぼく	396
○ばくちのき	168
○はくちょうげ	392
○ハクモクレン	112
ハクレン	112
はげしばり	61

- ○はこねうつぎ …… 406
  - はとやなぎ …… 49
  - はしどい …… 370
  - はじのき …… 230
- ○はしばみ …… 69
- ○バショウ …… 431
- ○はぜのき …… 229
  - はちく …… 415
  - はちじょういぼた …… 372
  - ハチス …… 289
  - バッケイ …… 429
  - ばっこやなぎ …… 48
  - はとやばら …… 190
- ○はないかだ …… 334
- ○ハナカイドウ …… 169
  - はなかえで …… 261
- ○ハナスホウ …… 198
  - ハナゾノツクバネウツギ …… 405
- ○はなのき …… 261
  - はなひょうたんぼく …… 411
  - はなひりのき …… 347
- ○ハナマキ …… 316
- ○ハナミズキ …… 332
  - ははか …… 159
  - ははそ …… 84
  - はびろ …… 361
  - はませんだん …… 215
- ○はまなし …… 192
  - はまなす …… 192
- ○はまひさかき …… 298
  - はまもっこく …… 178
- ○ばらもみ …… 22
  - ハリエンジュ …… 200
- ○はりぎり …… 321
  - はりもみ …… 22

- ○はるにれ　89
  - ハンテンボク　120
- ○はんのき　57

[ヒ]

- ○ひいらぎ　365
- ○ヒイラギナンテン　108
- ○ヒイラギモクセイ　366
- ○ひかげつつじ　342
- ○ひがんざくら　152
- ○ヒギリ　384
- ○ひさかき　297
  - ひさき　223
  - びっくりぐみ　310
  - ヒトエノシジミバナ　188
  - ヒトエノニワザクラ　166
- ○ひとつばかえで　265
  - ヒトツバトウカエデ　269
- ○ひとつばたご　373
  - びなんかずら　121
- ○ひのき　35
  - ひのきあすなろ　39
  - ひば　39
  - ヒマラヤシーダー　27
- ○ヒマラヤスギ　27
  - ひむろ　36
  - ひめあすなろ　39
  - ひめありどうし　393
  - ひめいたび　96
  - ひめうつぎ　140
  - ひめかから　429
  - ひめぐるみ　54
  - ひめこぶし　114
- ○ひめこまつ　14
- ○ひめしゃら　301

ひめつげ	226
ひめはまひさかき	298
ひめもち	234
○ひめやしゃぶし	61
ひめゆずりは	221
ひめりょうぶ	143
○ヒャクジツコウ	313
○びゃくしん	40
○ひゅうがみずき	146
○ひょうたんぼく	411
ビョウヤナギ	302
ひよくひば	36
ピラカンタ	179
びらんじゅ	168
ひりゅうがし	78
ヒリョウ	209
ひろはあらかし	78
ひろはけんぽなし	277
ひろはたむしば	118
ひろはのつりばな	245
○びわ	174
びわばがし	77

〔フ〕

ふいりうりかえで	256
ふいりうりはだかえで	259
ふいりやだけ	419
○フウ	147
○ふかのき	326
ふくらしば	239
ふくらもち	371
○ふさざくら	100
○ふじ	196
○ふじうつぎ	379
○ふじき	204

ふじざくら	157
ふじなんてん	107
ふしのき	231
ふじまつ	26
ブッデリヤ	379
ブツメンチク	413
○ぶな	71
ふゆずた	320
フヨウ	290
ブラジルアラウカリア	8
プラタヌス	150
ブラッシノキ	316
プリベット	372
フレップ	351
ぶんござさ	421
ブンヤブンヤ	9

〔ヘ〕

へご	432
べにこぶし	114
べにさらさどうだん	344
べにしだれ	153
べにのりうつき	138
ベニバナチャ	295
べにばなはこねうつぎ	406
ベニバナハナミズキ	332
べにやまざくら	151
○へらのき	288

〔ホ〕

ほうおうかしわ	81
○ホウオウチク	417
○ほおのき	116
ホオベニエニシダ	206
ホウライチク	417

- ○ボケ……………………………………… 171
  - ほざきあけび…………………………… 106
  - ほざきかえで…………………………… 260
- ○ほざきななかまど……………………… 180
  - ほざきのしもつけ……………………… 186
  - ほそばあらかし…………………………78
  - ほそばいそのき………………………… 281
  - ほそばいぬびわ…………………………96
  - ほそばしろだも………………………… 129
  - ホソバタイサンボク…………………… 111
  - ほそばたぶ……………………………… 128
- ○ホソバヒイラギナンテン……………… 109
  - ほそみのあらかし………………………78
- ○ボダイジュ……………………………… 286
- ○ボタン…………………………………… 102
  - ボタンイバラ…………………………… 195
  - ぼたんざくら…………………………… 154
  - ほていちく……………………………… 413
- ○ポプラ……………………………………51
- ○ポーポーノキ…………………………… 124
- ○ほるとのき……………………………… 284
  - ほんつげ………………………………… 227
  - ポンドサイプレス………………………33

〔マ〕

- ○まいくじゃく……………………… 254, 255
  - まかば……………………………………64
  - まき……………………………………… 6
- ○まさき…………………………………… 242
  - まさきずる……………………………… 242
  - まさきのかずら………………………… 381
  - まだけ…………………………………… 413
- ○またたび………………………………… 292
  - まつぶさ………………………………… 121
  - マツリ…………………………………… 369

〇マツリカ	369
〇まてばしい	74
〇マメガキ	357
〇まめざくら	157
まめぶし	305
〇まゆみ	244
まるばかえで	265
〇まるばしゃりんばい	178
まるばだんこうばい	131
〇まるはち	432
まるばにっけい	127
まるみつで	319
まるみのごょう	14
まるめろ	173
マロニエ	272
〇まんさく	148
〇まんりょう	353

〔ミ〕

〇みずき	329
〇みずなら	83
〇みずめ	63
〇みつでかえで	268
みつでもみじ	268
〇みつばあけび	106
〇みつばうつぎ	248
みつばかえで	268
〇みつばつつじ	341
〇ミツマタ	307
みどりざくら	157
みなずき	138
〇みねかえで	263
みやぎのはぎ	201
ミヤサマカエデ	269

みやまがまずみ	399
○みやまざくら	158
○みやましきみ	210
○みやまはんのき	59
○みやまほうそ	275

[ム]

○ムクゲ	289
○むくのき	87
○むくろじ	273
むしかり	401
○むべ	104
○むらさきしきぶ	383
○ムラサキハシドイ	370
むらだち	134
○ムレスズメ	199

[メ]

めいげつかえで	254
○めうりのき	256
○めぎ	110
メキシコサイプレス	33
めぐすりのき	267
めしゃくなげ	342
○メタセコイア	34
めだら	325

[モ]

もいわぼだいじゅ	287
○モウソウチク	413
もがし	284
○もくせい	364
モクマオウ	42
○もくれいし	246
○モクレン	113

もちさかき	299
○もちのき	234
○モックオレンジ	142
○モッコウバラ	189
○もっこく	296
○もみ	19
○もみじ	251
もみじうりのき	315
モミジバスズカケノキ	150
モミジバフウ	147
○もも	164
もんつきしば	236

〔ヤ〕

ヤエエニシダ	209
やえくちなし	391
やえざきかざぐるま	103
やえざくら	154
やえのぎょくだんか	139
ヤエノコデマリ	185
やえはくちょうげ	392
やえやまぶき	175
○やしゃぶし	60
○やだけ	419
やちいたや	262
○やちだも	376
○やつで	318
○やぶこうじ	355
○やぶつばき	293
○やぶてまり	397
○やぶにっけい	127
やぶむらさき	383
やまうぐいすかぐら	410
○やまぐるま	99
○やまぐわ	97

—479—

○やまこぅばし	132
○やまざくら	151
○やましばかえで	266
○やまつつじ	337
やまつばき	293
やまとれんぎょう	367
やまなしくろかんば	280
やまならし	51
やまはぎ	201
○やまはぜ	230
○やまはんのき	58
やまびわ	274
○やまぶき	175
やまふじ	196
○やまぼうし	331
やまもみじ	251
○やまもも	53

〔ユ〕

○ユーカリノキ	317
ゆきおこし	103
○ゆきやなぎ	187
○ユスラウメ	165
○ゆずりは	221
ユッカ	427
○ユリノキ	120

〔ヨ〕

よぐそみねばり	63
よしのざくら	156
よめなのき	143
よれねず	41
ヨーロッパトウヒ	24

〔ラ〕

- ライラック…………………………………… 370
- らかんまき…………………………………… 6
- ○ラクウショウ………………………………… 33
- ○らっきょうやだけ…………………………… 419
- ランダイスギ………………………………… 32

〔リ〕

- リュウキュウツツジ………………………… 338
- リュウキュウハゼ…………………………… 230
- リュウキュウマツ…………………………… 10
- リュウキュウヤナギ………………………… 387
- ○リュウゼツラン……………………………… 430
- ○りょうぶ……………………………………… 335
- リラ…………………………………………… 370
- ○りんぼく……………………………………… 167

〔ル〕

- るりみのうしころし………………………… 360
- ○ルリヤナギ…………………………………… 387

〔レ〕

- レバノンシーダー…………………………… 27
- ○レンギョウ…………………………………… 367
- ○れんげつつじ………………………………… 340

〔ロ〕

- ○ロウバイ……………………………………… 123
- ろっかくどう………………………………… 44

〔ワ〕

- わじゅろ……………………………………… 424
- わたげかまつか……………………………… 194
- ワビャクダン………………………………… 38

「樹木ガイド・ブック」終

著 者 紹 介

上原敬二

明治12年（1889年）東京市深川区富岡門前町19に生まれる。
大正3年（1914年）東京帝国大学農科大学林学科卒業。
大正4年(1915年)明治神宮造営局技手に任命される
大正12年(1923年)内務省都市計画局公園事務嘱託となる。帝都復興院技師に任命される。
　　　　　内務省よりアメリカ、カナダのナショナルパークの施設の調査を委託される。
大正13年(1924年)東京高等造園学校設立
大正14年(1925年)社団法人日本造園学会創設
昭和13年(1938年)日本造園士会創設
昭和39年(1964年)西ドイツ、カールスルーエ市長より日本庭園築造を委嘱される。
昭和50年(1975年)東京農業大学名誉教授の称号を受ける。
昭和56年(1981年)東京都三鷹市新川3－21－16にて他界。

上原敬二先生が設計管理された庭園は90余、著書は200冊以上、団体の顧問・理事などは30余に及ぶ。

樹木ガイドブック 定価は表紙に表示

2012 年 4 月 10 日　初版第 1 刷
2024 年 5 月 25 日　　　第 4 刷

著　者　上　原　敬　二

発行者　朝　倉　誠　造
発行所　株式会社　朝　倉　書　店
東京都新宿区新小川町 6-29
郵便番号　162-8707
電　話　03(3260)0141
F A X　03(3260)0180
https://www.asakura.co.jp

〈検印省略〉

© 2012〈無断複写・転載を禁ず〉　印刷・製本　デジタルパブリッシングサービス

ISBN 978-4-254-47048-2　C 3061　Printed in Japan

JCOPY ＜出版者著作権管理機構　委託出版物＞

本書の無断複写は著作権法上での例外を除き禁じられています。複写される場合は，
そのつど事前に，出版者著作権管理機構（電話 03-5244-5088, FAX 03-5244-5089,
e-mail: info@jcopy.or.jp）の許諾を得てください．

好評の事典・辞典・ハンドブック

火山の事典（第2版） 下鶴大輔ほか 編 B5判 592頁

津波の事典 首藤伸夫ほか 編 A5判 368頁

気象ハンドブック（第3版） 新田 尚ほか 編 B5判 1032頁

恐竜イラスト百科事典 小畠郁生 監訳 A4判 260頁

古生物学事典（第2版） 日本古生物学会 編 B5判 584頁

地理情報技術ハンドブック 高阪宏行 著 A5判 512頁

地理情報科学事典 地理情報システム学会 編 A5判 548頁

微生物の事典 渡邉 信ほか 編 B5判 752頁

植物の百科事典 石井龍一ほか 編 B5判 560頁

生物の事典 石原勝敏ほか 編 B5判 560頁

環境緑化の事典 日本緑化工学会 編 B5判 496頁

環境化学の事典 指宿堯嗣ほか 編 A5判 468頁

野生動物保護の事典 野生生物保護学会 編 B5判 792頁

昆虫学大事典 三橋 淳 編 B5判 1220頁

植物栄養・肥料の事典 植物栄養・肥料の事典編集委員会 編 A5判 720頁

農芸化学の事典 鈴木昭憲ほか 編 B5判 904頁

木の大百科［解説編］・［写真編］ 平井信二 著 B5判 1208頁

果実の事典 杉浦 明ほか 編 A5判 636頁

きのこハンドブック 衣川堅二郎ほか 編 A5判 472頁

森林の百科 鈴木和夫ほか 編 B5判 756頁

水産大百科事典 水産総合研究センター 編 B5判 808頁

価格・概要等は小社ホームページをご覧ください．

葉脚形

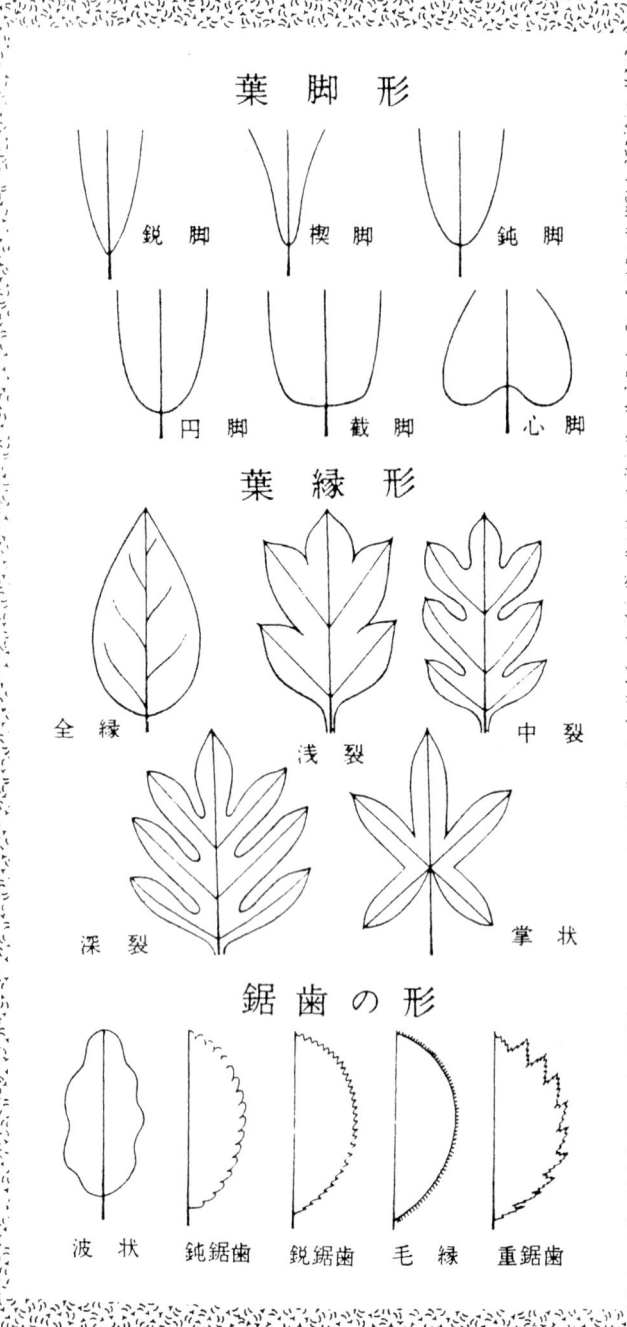

鋭脚　楔脚　鈍脚

円脚　截脚　心脚

葉縁形

全縁　浅裂　中裂

深裂　掌状

鋸歯の形

波状　鈍鋸歯　鋭鋸歯　毛縁　重鋸歯